复杂油气藏开发丛书

复杂油气藏欠平衡钻井理论与实践

孟英峰　李　皋等　著

科学出版社

北　京

内 容 简 介

本书主要介绍复杂油气藏欠平衡钻井技术相关的基本理论和最新研究成果，包括针对三大复杂油气藏形成的欠平衡钻井储层保护基础，欠平衡钻井提速基础理论，欠平衡钻井井壁稳定基础理论，欠平衡钻井多相流理论，欠平衡钻井的完井方法和技术，欠平衡钻井技术的装备、工具与仪器，以及复杂油气藏欠平衡钻井的典型应用范例，复杂油气藏欠平衡钻井技术潜力与应用前景的展望。本书对欠平衡钻井在复杂油气藏勘探开发中的应用实践具有重要的指导意义。

本书可作为油气勘探钻井、开发、地质、地热开发、能源储存、二氧化碳地质封存等相关专业本科生和研究生的教学参考书，亦可为有关科研和工程设计人员提供参考。

图书在版编目（CIP）数据

复杂油气藏欠平衡钻井理论与实践/孟英峰等著—北京：科学出版社，2016.8

（复杂油气藏开发丛书）

ISBN 978-7-03-042919-3

Ⅰ．①复⋯ Ⅱ．①孟⋯ Ⅲ．①复杂地层–油气钻井–研究 Ⅳ．①TE2

中国版本图书馆 CIP 数据核字（2014）第 309796 号

责任编辑：杨　岭　刘　琳/责任校对：韩雨舟
责任印制：余少力/封面设计：陈　敬

科学出版社 出版

北京东黄城根北街 16 号
邮政编码：100717
http://www.sciencep.com

四川煤田地质制图印刷厂 印刷

科学出版社发行　各地新华书店经销

*

2016 年 8 月第 一 版　开本：787×1092　1/16
2016 年 8 月第一次印刷　印张：23
字数：540 000

定价：268.00 元

（如有印装质量问题，我社负责调换）

丛书编写委员会

主　　编：赵金洲

编　　委：罗平亚　周守为　杜志敏

　　　　　张烈辉　郭建春　孟英峰

　　　　　陈　平　施太和　郭　肖

丛　书　序

石油和天然气是社会经济发展的重要基础和主要动力，油气供应安全事关我国实现"两个一百年"奋斗目标和中华民族伟大复兴中国梦的全局。但我国油气资源约束日益加剧，供需矛盾日益突出，对外依存度越来越高，原油对外依存度已达到 60.6%，天然气对外依存度已达 32.7%，油气安全形势越来越严峻，已对国家经济社会发展形成了严重制约。

为此，《国家中长期科学和技术发展规划纲要(2006—2020 年)》对油气工业科技进步和持续发展提出了重大需求和战略目标，将"复杂油气地质资源勘探开发利用"列为位于 11 个重点领域之首的能源领域的优先主题，部署了我国科技发展重中之重的 16 个重大专项之一《大型油气田及煤层气开发》。

国家《能源发展"十一五"规划》指出要优先发展复杂地质条件油气资源勘探开发、海洋油气资源勘探开发和煤层气开发等技术，重点储备天然气水合物钻井和安全开采技术。国家《能源发展"十二五"规划》指出要突破关键勘探开发技术，着力突破煤层气、页岩气等非常规油气资源开发技术瓶颈，达到或超过世界先进水平。

这些重大需求和战略目标都属于复杂油气藏勘探与开发的范畴，是国内外油气田勘探开发工程界未能很好解决的重大技术难题，也是世界油气科学技术研究的前沿。

油气藏地质与开发工程国家重点实验室是我国油气工业上游领域的第一个国家重点实验室，也是我国最先一批国家重点实验室之一。实验室一直致力于建立复杂油气藏勘探开发理论及技术体系，以引领油气勘探开发学科发展、促进油气勘探开发科技进步、支撑油气工业持续发展为主要目标，以我国特别是西部复杂常规油气藏、海洋深水以及页岩气、煤层气、天然气水合物等非常规油气资源为对象，以"发现油气藏、认识油气藏、开发油气藏、保护油气藏、改造油气藏"为主线，油气并举、海陆结合、气为特色，瞄准勘探开发科学前沿，开展应用基础研究，向基础研究和技术创新两头延伸，解决油气勘探开发领域关键科学和技术问题，为提高我国油气勘探开发技术的核心竞争力和推动油气工业持续发展作出了重大贡献。

近十年来，实验室紧紧围绕上述重大需求和战略目标，掌握学科发展方向，熟知阻碍油气勘探开发的重大技术难题，凝炼出其中基础科学问题，开展基础和应用基础研究，取得理论创新成果，在此基础上与三大国家石油公司密切合作承担国家重大科研和重大工程任务，产生新方法，研发新材料、新产品，建立新工艺，形成新的核心关键技术，以解决重大工程技术难题为抓手，促进油气勘探开发科学进步和技术发展。在基本覆盖石油与天然气勘探开发学科前沿研究领域的主要内容以及油气工业长远发展急需解决的主要问题的含油气盆地动力学及油气成藏理论、油气储层地质学、复杂油气藏地球物理勘探理论与方法、复杂油气藏开发理论与方法、复杂油气藏钻完井基础理论与关键技术、复杂油气藏增产改造及提高采收率基础理论与关键技术以及深海天然气水合物开发理论及关键技术等方面形成了鲜明特色和优势，持续产生了一批有重大影响的研究成果和重大关键技术并实现工业化应用，取得了显著经济和社会效益。

我们组织编写的复杂油气藏开发丛书包括《页岩气藏缝网压裂数值模拟》、《复杂油气藏储层改造基础理论与技术》、《页岩气渗流机理及数值模拟》、《复杂油气藏随钻测井与地质导向》、《复杂油气藏相态理论与应用》、《特殊油气藏井筒完整性与安全》、《复杂油气藏渗流理论与应用》、《复杂油气藏钻井理论与应用》、《复杂油气藏固井液技术研究与应用》、《复杂油气藏欠平衡钻井理论与实践》、《复杂油藏化学驱提高采收率》等 11 本专著，综合反映了油气藏地质及开发工程国家重点实验室在油气开发方面的部分研究成果。希望这套丛书能为从事相关研究的科技人员提供有价值的参考资料，为提高我国复杂油气藏开发水平发挥应有的作用。

丛书涉及研究方向多、内容广，尽管作者们精心策划和编写、力求完美，但由于水平所限，难免有遗漏和不妥之处，敬请读者批评指正。

国家《能源发展战略行动计划(2014—2020 年)》将稳步提高国内石油产量和大力发展天然气列为主要任务，迫切需要稳定东部老油田产量、实现西部增储上产、加快海洋石油开发、大力支持低品位资源开发、加快常规天然气勘探开发、重点突破页岩气和煤层气开发、加大天然气水合物勘探开发技术攻关力度并推进试采工程。国家《能源技术革命创新行动计划(2016—2030 年)》将非常规油气和深层、深海油气开发技术创新列为重点任务，提出要深入开展页岩油气地质理论及勘探技术、油气藏工程、水平井钻完井、压裂改造技术研究并自主研发钻完井关键装备与材料，完善煤层气勘探开发技术体系，实现页岩油气、煤层气等非常规油气的高效开发；突破天然气水合物勘探开发基础理论和关键技术，开展先导钻探和试采试验；掌握深-超深层油气勘探开发关键技术，勘探开发埋深突破 8000 m 领域，形成 6000～7000 m 有效开发成熟技术体系，勘探开发技术水平总体达到国际领先；全面提升深海油气钻采工程技术水平及装备自主建造能力，实现 3000 m、4000 m 超深水油气田的自主开发。近日颁布的《国家创新驱动发展战略纲要》将开发深海深地等复杂条件下的油气矿产资源勘探开采技术、开展页岩气等非常规油气勘探开发综合技术示范列为重点战略任务，提出继续加快实施已部署的国家油气科技重大专项。

这些都是油气藏地质及开发工程国家重点实验室的使命和责任，实验室已经和正在加快研究攻关，今后我们将陆续把相关重要研究成果整理成书，奉献给广大读者。

2016 年 1 月

前　言

随着油气资源勘探开发的深入，深层致密油气、海相碳酸盐岩油气、页岩油气、煤层气等复杂油气资源已成为主要的勘探开发对象，这些复杂油气藏在钻完井过程中普遍面临井漏、井塌等复杂事故频繁发生、机械钻速低、储层损害严重、井控风险大等技术难题。实践和理论研究表明，欠平衡钻井系列技术能够有效地保护储层、提高机械钻速、减少由于过高井筒压力引发的井下复杂情况，已成为复杂油气藏勘探开发工程技术领域的一项主流钻井技术。

围绕复杂油气藏欠平衡钻井相关的应用基础理论和最新研究成果，本书较为系统地阐述了欠平衡钻井的发展、工程分类及风险评价，复杂油气藏欠平衡钻井储层保护基础，欠平衡钻井提速基础理论，欠平衡钻井井壁稳定性基础理论，欠平衡钻井多相流基础理论，欠平衡钻井的完井方法和技术，欠平衡钻井的装备、工具与仪器，我国复杂油气藏的典型欠平衡钻井实践，以及在欠平衡钻井基础上衍生发展的控压钻井技术，并对欠平衡钻井系列技术的发展趋势进行了展望。

参与本书撰写的主要人员与任务分工为：第1、9、10章由孟英峰独立撰写，第2章由李皋、孟英峰、练章华撰写，第3章由石祥超、孟英峰撰写，第4章由刘厚彬、孟英峰、李皋撰写，第5章由魏纳、孟英峰、李皋撰写，第6章由孟英峰、万里平、邓虎、李皋撰写，第7章由孟英峰、李皋、邓虎、唐贵、王延民、梁红军撰写，第8章由孟英峰、李皋撰写，孟英峰、石祥超负责全书的统稿和审校。

团队的其他老师和博士、硕士研究生参与了大量的研究工作和著作撰写、图文编校整理，特别包括下列同志：杨谋、李永杰、林铁军、蒋俊、孙爱生、孙万通、孔斌、简旭、文科、曾辉、胡强、楚恒智、杨旭、龙俊西、方强等。

特别感谢川庆钻探工程有限公司钻采工程技术研究院塔里木油田分公司，以及中国石油、中国石化各油田及研究机构的大力支持和帮助。

由于著者水平的限制，书中难免存在疏漏和不足之处，敬请读者批评指正。

著　者

2015 年 12 月

目　　录

第1章 绪　　论

1.1　欠平衡钻井技术发展概述

1.1.1　过平衡钻井技术的起源与发展

石油工业的钻井技术起源于美国，它一方面是由于人类开采石油的需要，另一方面得益于第一次工业革命的蒸汽机发明。1859 年，美国 Drake，首次采用蒸汽机驱动顿钻，在 Western Hemisphere 钻成井深为 21m 的油井。到 1900 年前后，在美国的很多个油田，顿钻钻了很多口油井，那时顿钻被称为"标准钻井方法"[1]。在早期的顿钻过程中，破岩与清岩是分别进行的：缆绳带动井下钻头上下运动、冲击破碎地层，破碎的岩屑堆积在钻头内，一段时间后起出钻头捞出岩屑；在早期的顿钻过程中，井筒内充满静止、不循环的清水，井口敞开(uncapped)[2]。此时井内液柱压力与地层孔隙压力处于自然状态：如果地层孔隙压力低于井内液柱压力，油气就不会喷出；如果地层孔隙压力高于井内液柱压力，油气就会喷出。但当时绝大部分油层的孔隙压力梯度是高于或略高于清水密度的，而且人们希望看到油气喷出，称这种喷出为"Notable Gusher"，即"不喷就没有发现"。在顿钻时期，井内液柱压力与地层孔隙压力的关系是"欠平衡状态"。因此，"钻开油气层和油气流出"是同时的。

到 1900 年后，随着油井深度的增加，美国开始采用旋转钻代替顿钻。旋转钻利用旋转的空心钻杆驱动刮刀钻头破碎地层，利用泵通过空心钻杆和环形空间循环清水，循环的清水将岩屑带出，破岩与清岩同时进行[3]。1909 年，Howard 发明并成功应用牙轮钻头[4]。1914 年，Hamill Brothers 首次在钻井液池中加入黏土，并用牛在钻井液池中踩踏搅拌，产生钻井液钻井，不但携岩效果更好，而且井壁稳定问题有了明显好转[5]。但此时井内液柱压力与地层孔隙压力的平衡关系仍处于自然状态，人们仍然希望通过油气喷出发现油气并获得产量。

在 1900～1920 年，很多口井由于井喷过于猛烈而难以控制，喷出的油柱造成了严重的环保问题和油气浪费，许多井由于油气喷出时着火爆炸而造成严重事故，人们开始考虑控制井喷[6]。1914 年，Knapp 发明了下套管、注水泥的完井技术[7]。1919 年，James 发明了防喷器，后来又由 Herber Alen 发展为高压防喷器，由 Cameron 完善、制造，并于 1924 年实现市场化[8]。1929 年，George 发明了加重钻井液，并很快被接受为普遍性技术措施[9]。

究竟何时产生了液柱压力与孔隙压力平衡的概念，尚需仔细考证，目前可见较早的证据是 Hertel 在 1930 年提出了"液柱压力应该高于储层压力"的概念[10]。结合加重钻井液和井口防喷器的应用，过平衡钻井技术(Overbalanced Drilling，OBD)和井控技术(Well Control)开始得到普遍接受和推广[11]。大量的井控压力平衡的理论文章在 20 世纪 50～70 年代出现，井控装备和工具也趋于完善。再加上由 Baker 等发明了一系列套管、封隔器、注水泥和射孔的完井技术，过平衡钻井技术趋于完善，即在钻井过程中保持钻井液液柱压力始终高于储层压力，防止油气进入井内，确保井控安全[12]。钻穿储层后，如果是裸眼完井则通过降压方法使油气喷出；如果是套管完井则通过射孔再次沟通产层。显然，过平衡钻完井技术中"钻开油气层与油气流出"对应着先后两个独立的过程。

在过平衡钻井过程中，钻井液液柱压力高于储层压力。因此，在这个正压差的作用下钻井液会被压入储层，进入储层的钻井液会对储层造成伤害。正压差越大、作用时间越长，地层伤害越严重。最早出现储层伤害影响油井产能的叙述应该是 1925 年，那时称过平衡钻井造成的伤害为"产层泥糊"[13]；据说在 20 世纪 30 年代就出现了"Formation Damage"术语[14]，说明人们很早就认识到储层伤害的存在。到 50 年代，随着钻井深度的增加，储层伤害的严重性越发突出，开始出现越来越多的储层伤害方面的学术、技术研究论文。到 70 年代，储层保护的概念和技术普遍受到重视，国际石油工程师协会(Society of Petroleum Engineering，SPE)于 1974 年召开了第一届储层保护国际学术会议，自此每两年召开一次专门的储层保护国际学术会议。在 20 世纪 70 年代，过平衡钻井配套的储层保护技术迅速形成并得到推广应用，这也是当时石油技术的最重要成就之一。过平衡钻井配套的储层保护技术的出现，有力地保障了过平衡钻井技术的持续广泛应用。可以说，自 1900 年旋转钻井产生至 20 世纪末的近百年间，过平衡钻井方法是唯一被石油钻井界接受并采用的钻井方法。

储层保护技术是一项庞大的系统工程，是多工艺多学科的组合技术，其中与过平衡钻井直接相关的是"钻开储层过程中的保护技术"。过平衡钻井钻开储层的保护技术有两大体系：一是无伤害的工作液，即不怕在正压差下工作液侵入，因为侵入的工作液无害；二是防止工作液侵入，即暂时堵塞技术。早在 20 世纪 50 年代人们就发现了侵入的钻井液颗粒会堵塞储层喉道、会迅速降低储层的渗透率，实验室评价发现：固相颗粒最深的深入深度可达 12in[①][15]。1973 年，Abrams 首次提出[16]：利用正压差下侵入液体可以携带颗粒并堵塞孔道的特点，在钻井液中加入浓度为 5%、直径为喉道直径 1/3 的颗粒，在正压差作用下会在井壁内表面迅速形成厚度小于 1in 的低渗透堵塞带，该堵塞带能防止钻井液的进一步侵入、有效地保护储层。该观点和技术被美国钻井界迅速接受并广泛使用。在 20 世纪 80 年代，罗平亚院士将上述架桥堵塞技术加以提高和完善，形成了"可溶性架桥粒子、填充粒子、润湿反转的变形封堵粒子，三种粒子合理级配并配合合理工艺参数"的屏蔽暂堵技术，可以在井壁内表面更加迅速地形成更薄的、渗透率为零的屏蔽带，更好地保护储层[17]。屏蔽暂堵技术自 20 世纪 90 年代起就成为我国石油钻井界保护储层的主导技术。

1.1.2　欠平衡钻井技术的起源与发展

最早在文献中提出"平衡钻井""过平衡钻井""欠平衡钻井"学术术语的应该是 Bingham。他在研究钻井液液柱压力对钻速的影响时发现：过平衡钻井钻速低，欠平衡钻井钻速高；综合考虑提高钻速和井控安全，建议平衡钻井是最佳选择[18]。文献上最早

---

① 1in=2.54cm，英寸。

提到压力控制中欠平衡概念的应该是 Grace[19]。实际上，直至 20 世纪 90 年代初，欠平衡钻井只是作为一个描述钻井中井下压力的某种状态的学术术语而存在，并不是一项具体技术。

在 20 世纪 50 年代的美国，人们出于提高钻速、克服井漏等方面的考虑，发明了空气钻井、泡沫钻井、充气钻井等利用空气降低钻井液密度的技术，被称为气体钻井、含气流体钻井或气基流体钻井。由此国际钻井承包商协会（International Association of Drilling Contractors，IADC）的钻井液体系也形成了水基、油基、气基三大类。由于所用气体为空气，存在钻遇含油气地层时井下燃爆的危险，故当时的气体或气基流体钻井在应用对象上限于不含油气的地层、在应用目的上限于非储层的工程。在 20 世纪 90 年代以前，气体或气基流体钻井在美国所占的比例约为 12%[20]，在苏联为 5%[21]。尽管当时也有人称此类气体或气基流体钻井为"欠平衡钻井"或"负压钻井"，但实际上这并非真正意义上的欠平衡钻井，因为非储层地层没有可动流体，尽管液柱压力低于地层孔隙压力，但并未构成欠平衡的流动状态。

进入 20 世纪 80 年代后，在美国随着复杂油气资源勘探开发难度的不断增加，使得过平衡钻井、尤其是过平衡钻井配套的储层保护技术越来越难以满足保护复杂油气储层的技术需要，逐渐产生了以提高勘探中的发现率、提高开发中的单井产能为目的以及在储层钻井中降低钻井液密度的技术需求。真正工业意义用于储层的欠平衡钻井技术（Underbalanced Drilling，UBD）起源于 20 世纪 90 年代初，主要有三个不同需求类型的发源地。

第一，美国的 Austin Chalk 油田[22]，这是典型的高压高产缝洞型储层，井深 4000~5000m，储层压力系数在 1.6 以上。从 20 世纪 80 年代开始，先采用过平衡钻直井开发，发现直井钻遇高角度裂缝的概率太低；进而采用钻水平井技术，但由于过平衡钻水平井钻遇缝洞带面临着严重的井漏问题，井漏不但带来严重的储层伤害，同时也限制了水平井段在储层内的延伸。到 20 世纪 80 年代末、90 年代初出现了液柱压力低于储层压力的水基钻井液欠平衡钻开储层（多为水平井）的技术，由此消除了过平衡钻井钻开缝洞型储层时的严重井漏问题，进入储层的水平井井段长度大大增加，完井的单井产能大大增加，这种技术组合与泥浆帽钻井一起迅速成为 Austin Chalk 油田的标准开发技术，当时称为"Flow Drilling"或"Unadrbalanced Flow Drilling"。可见，美国 Austin Chalk 油田的难题孕育了应用于高压油气层的液体欠平衡钻井技术的产生。

第二，加拿大的 Weyburn 油田[23]，这是开发中后期储层压力严重衰竭的典型老油田，井深 2000m 左右，孔隙型砂岩，虽然油层压力系数已经降低到 0.6~0.7，但采出程度并不高。尝试采用钻水平井、分枝井等 MRC（Maximum Reservoir Contact）井技术扩大泄流面积以提高采收率，但效果很差。分析原因发现：储层压力太低，采用常规水基钻井液钻井造成过大正压差，使得整个井筒钻井液侵入太深、形成了整个井筒的严重伤害，因固相堵塞带太深太实而无法通过降压反排或酸洗解堵予以消除。如果采用水平段套管固井，然后深穿射孔射穿伤害带，则产气通道仅为射开孔眼，泄流面积仍然太小。可见解决问题的根本出路在于"将钻井液密度降低至 0.6~0.7g/cm³"，决定采用充气钻井液降低密度。由于是储层钻井，故所充气体不能是空气。因此，采用了液氮蒸发气，当时称为闭环钻井（Closed

Loop Drilling）。示范井效果极佳，水基钻井液充氮气的欠平衡钻水平井技术立即成为该油田的标准开发技术，直到现场膜分离制氮技术出现后，替代了液氮蒸发气技术。可见，加拿大 Weyburn 油田的难题孕育了应用于低压油气层的充气欠平衡钻井技术的产生。

第三，在美国的致密气、煤层气的开发中[24]，由于该类储层具有较大比表面积和超低初始含水饱和度，故该类储层对水基钻井液有强烈的吸水能力，再加上储层的致密超低渗特点，对由吸水造成的水相圈闭伤害非常敏感，水基钻井液，甚至无伤害水基钻井液都会对储层造成致命的伤害。因此，人们尝试使用气体钻水平井、多分支井钻开储层，以减轻或消除水基钻井液对储层的伤害。同时针对致密气和煤层气的低产、低效、低丰度的特点，大量采用气体钻井提高钻速、降低成本、缩短周期。虽然气体钻井技术最终并未成为煤层气、致密气勘探开发的主导技术(煤层气的主导技术是排水采气技术体系，致密气的主导技术是压裂改造技术体系)，但这毕竟催生了气体钻井由非储层走向储层的转变；氮气替代空气的膜分离制氮技术，催生了气体钻井由直井向水平井和分枝井的转变；电磁随钻测量和气动井下动力钻具，使 20 世纪 50 年代在非储层钻直井、以提速增效治漏为目的的空气钻井发展为以勘探开发为目的、在储层钻水平井的气体钻井技术。

自此，欠平衡钻井不再仅仅是一个学术名词，而是发展成了实实在在的技术，并开始在北美受到高度重视。1993 年起北美开始了每两年一届的国际欠平衡钻井技术研讨会。国际钻井承包商组织 IADC 于 1997 年正式成立了 IADC 欠平衡钻井委员会(IADC Underbalanced Operation Committee)。IADC UBO 委员会首次公布了欠平衡钻井技术的定义，即欠平衡钻井是指在钻进过程中使钻井液作用在井底的压力低于储层压力(如果钻井液密度不够低，则向钻井液中混气以降低密度)，使储层流体在钻进过程中有控制地流出井口。可见，IADC UBO 委员会的这个定义实际上是储层欠平衡钻井(Reservoir Underbalanced Drilling，RUBD)的定义。欠平衡钻井技术开始成为在全世界流行的新技术而迅速推广，如图 1.1 所示[25]。之后，欠平衡钻井技术继续发展，随着装备、工具、技术的完善，欠平衡钻井的技术效益明显增加，如图 1.2 所示[25]。

美国于 2004 年由储层欠平衡钻井派生出了以钻进安全为目的的控压钻井技术(Managed Pressure Drilling，MPD)。

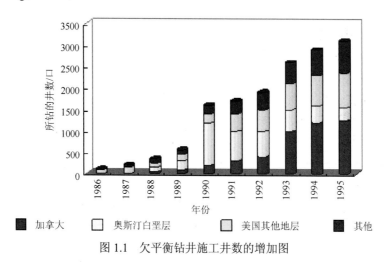

图 1.1　欠平衡钻井施工井数的增加图

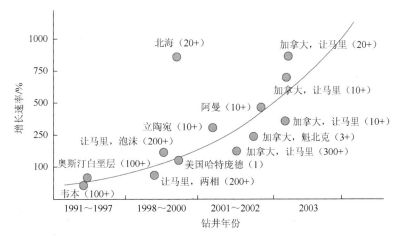

图 1.2　欠平衡钻井技术效益的改善图

至此，在这个技术领域有了三个明显的发展阶段和三项具体技术，这三项技术之间既有区别又有联系。其区别体现在：每项技术有不同的驱动力、不同的应用目的、不同的应用对象；其联系体现在：共同的装备、工具、理论、概念。美国 Weatherford 公司对这三个阶段、三项技术进行了如下的概括[25]。

（1）20 世纪 50 年代的以空气为气相流体的气基流体钻井，以提速增效防漏治漏为目的并针对非储层的空气钻井、雾化钻井、泡沫钻井和充气液钻井，称为提速增效钻井（PD）。

（2）20 世纪 90 年代的储层欠平衡钻井，既包括了用于高压油气层的液体欠平衡钻井，也包括用于低压油气层的充气欠平衡钻井。其应用对象是储层，应用目的是提高勘探效益或提高开发产能，称为储层欠平衡钻井。

（3）2004 年出现的以钻进安全为目的的控压钻井，一般情况下，其应用目标为高压油气层，钻井液为纯液体。

如何将上述三项技术统一起来，目前国际上尚无一致认识，美国 Weatherford 公司将这三个部分总结成为一个"三分天下"的轮子，如图 1.3 所示，整个大轮子包括的称为"欠平衡伞"（Underbalanced Umbrella）[25]。Don M. Hannegan 称其为"Family of Controlled Pressure Drilling"，理由是它们都共同拥有一套"密闭的可加压泥浆循环系统"（a colsed and pressurized mud return system）。但是，显然气体钻井的井口旋转头只用于"密封"而不用于"加压"，因此包括在"密闭的可加压"中不太合适，故"Family of Controlled Pressure Drilling"的归纳并不准确，究竟整个技术体系叫什么合适，目前尚无统一定论，或许称为"欠平衡钻井系列技术"更为妥当。

1.1.3　我国欠平衡钻井技术的发展

1. 我国欠平衡钻井技术的早期尝试

我国应该是世界上最早尝试欠平衡钻井技术的国家之一。早在 20 世纪 60 年代中期，在四川盆地人们就认识到了过平衡正压差对裂缝型气藏的严重伤害，试用了清水边喷边钻

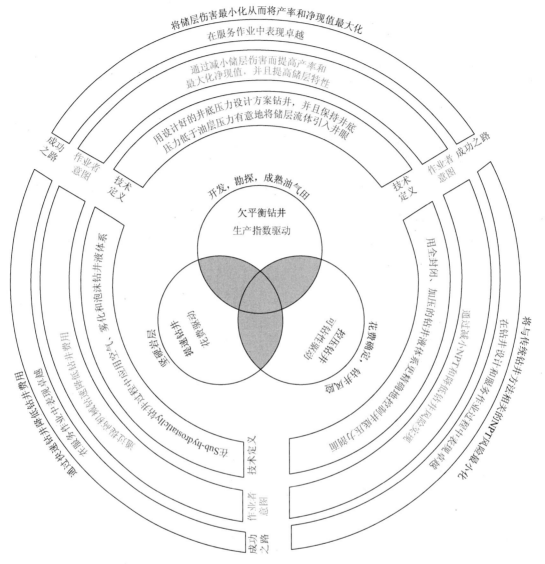

图1.3 欠平衡钻井系列技术的三个组成部分图

和不压井起下钻的技术，起到了良好的效果，相关设备如图1.4和图1.5所示，但同时也暴露了严重的安全问题。最终由于设备的安全问题和对技术本身认识的欠缺而于70年代末放弃此技术。

由于我国存在大面积的低压油气藏，常规水基钻井液钻井技术应用于这些油气藏会导致严重的井漏问题。因此，自20世纪80年代起，在新疆、长庆、辽河等油田开展过气基流体欠平衡钻井（充气钻井液钻井和泡沫钻井），当时统称为低压钻井。新疆是我国最早开始气基流体欠平衡钻井试验的，在20世纪80年代将泡沫钻井、充气钻井液钻井用于漏失型储层的钻井，并自制了低压旋转控制头、发泡器、泡沫剂等设备和化学剂。于80年代末，新疆引进了我国第一套国际标准化的空气雾化钻井装备（空压机3台、增压机3台、雾化泵1台、空气锤2套），开始了我国工业实用化的气体雾化钻井的尝试（四川在20世纪

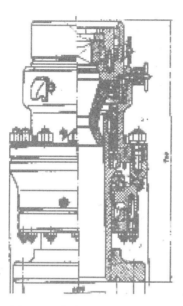

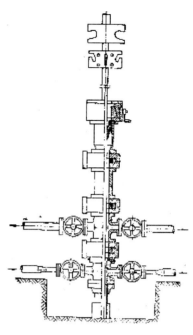

图 1.4　早期的旋转控制头结构图　　　　图 1.5　早期的不压井起下钻图

60 年代, 也曾利用国产空压机和天然气开展过气体钻井尝试, 但未形成工业化实用技术)。最初新疆空气钻井设备引进的目的是用于低压地层防漏治漏, 但该套设备在国内应用的第一批 9 口井中, 基本上都用于勘探方面的储层评价钻井, 取得了良好的初步效果。例如, 新疆夏子街油田于 1987 年投入勘探。为证实真实产能, 于 1989 年在 X1023 井和 X1026 井用空气钻井钻开产层, 两口井均在钻开产层时产出大量油气, 估计产油 $40m^3/d$, 产气 $10×10^4～15×10^4m^3/d$。X1023 井初期日产 14t, 稳产 12.1t；X1026 井初期日产 42t, 稳产 8t。而该地区钻井液钻井日产 4～5t, 气少于 $1×10^4m^3/d$。通过这两口空气钻井证实了该区的真实产能, 发现了能量很大的气顶, 改变了夏子街油田初期认为的溶解气驱或低能量气顶驱的观点。同时也说明钻井液钻井中存在严重的储层伤害。1991 年该构造开始了系统的储层保护技术, 这一举措的实施与这两口空气探井有直接关系。空气钻井应用于重点探井乌 24 井, 测井有油层, 空气钻开储层无产量, 最终得到了枯竭性油层的地质结论, 并取消了附近已布置的两口探井。在百 1 断块的百 1841 井的储层空气钻井, 证明了储层的低产本质, 澄清了长期以来认为该油区产能低是由于钻井液污染所致的错误认识, 取消了该断块西北部百 1811 等 6 口新井的钻探。最初的气体钻井试验也暴露了一系列的问题：发生了井下燃爆事故、完井技术不配套(空气钻井钻开储层后, 继续注入钻井液测井, 注入水钻井液固井, 使空气钻井的储层保护前功尽弃。同时, 空气钻井的井筒注入钻井液后普遍井塌)。

2. 我国欠平衡钻井的技术储备阶段

我国欠平衡钻井的早期尝试, 尽管没有形成工业化的配套实用技术, 但它开始了对欠平衡钻井的全面研究和技术发展，可以说是"点燃燎原之火的火种"。由此，我国开始了有规模、有计划的欠平衡钻井的技术发展。

1）欠平衡钻井的基础理论研究

在欠平衡钻井的技术发展方面，我国走了一条与国际发达国家完全不同的道路。美国、加拿大等发达国家，欠平衡钻井的发展走了一条"先实践后理论"的道路：利用雄厚的资金实力和发达的基础工业，在概念形成的基础上迅速发展了欠平衡钻井的装备、工具、仪器等硬件手段，然后大量投入现场应用，见到了突出效果，近年来才开始有人进行相应的基础理论研究。

我国是在投入大笔资金进行设备工具改造、大批实施工业化试验之前，投入少量资金对该技术的必要性、可行性、关键核心要素进行超前研究，在此基础上规划欠平衡钻井发展的模式、方向、重点，指导现场试验，达到以最低的投入获得最大的效益。首先，要充分论证该技术的必要性、不可替代性，预测技术市场的规模。因为，实施该项技术需要巨额投资进行装备、工具改造。其次，要论证欠平衡钻井是否可行、在什么条件下可行。尤其涉及油气井和人员的安全问题：传统方法是将油气压住的过平衡钻井，现在是将油气放开的欠平衡钻井，由此带来井喷、燃爆、环保、井壁稳定等安全问题。再次，如果现有条件下欠平衡钻井不可行，是否可以通过技术改造使其可行，必须进行哪些技术改造，应该如何进行这些技术改造。最后，如果某油气藏经评价后，认为"欠平衡钻井是必要的、可行的"，具体的欠平衡钻井施工应该如何实施。只有理论上有了正确、清醒的认识，才能确定实践中的信心和方向。西南石油大学（原西南石油学院）于 1988 年开始组团对气基流体钻井技术进行研究，并在 1990 年正式提出"欠平衡钻井，尤其是与水平井技术相结合，是钻井技术未来的发展方向"。中国石油天然气集团公司（以下简称中国石油集团）于 1990 年开始，连续立项支持、培育了我国的欠平衡钻井基础研究基地——西南石油大学国家重点实验室。经过 1990～2000 年十余年的基础研究和现场实践，终于比较明确地回答了欠平衡钻井发展的战略性决策问题和重要的战术性实施问题。并初步形成了欠平衡钻井决策、设计、施工、分析的实验评价体系和支持理论体系，这些不但有效地推动、支持了我国欠平衡钻井技术的发展，而且就目前资料跟踪来看，该基础理论体系的覆盖范围和深入程度，都是目前国际上所未有的。

2）欠平衡钻井装备的配套和国产化

近年来，随着欠平衡钻井应用前景的明朗化，中国石油集团有计划地配套了一批欠平衡钻井专用装备。具有从事液体欠平衡钻井作业进口装备的油田很多，如四川、长庆、新疆（钻井公司和钻井院）、大港、辽河、长庆、华北等。具有气体欠平衡钻井进口装备的有中国石油长城钻探工程分公司（简称长城钻探公司）、四川、新疆、长庆。具有不压井起下钻进口装备的有四川和新疆（钻井公司）。新疆钻井院具有进口井下套管阀的作业经历。四川石油管理局（以下简称四川局）于 2004 年首次进口了 $100m^3/min$ 标准的膜分离制氮设备。

欠平衡钻井专用设备的进口成本高、使用费用高。为了大面积推广使用欠平衡钻井技术，中国石油集团安排了一系列的具有独立知识产权的国产化装备、工具的攻关：利用四川局长期积累的高压气井各种装备制造的优势，重点支持了四川局的欠平衡钻井旋转控制头、不压井起下钻装置、专用节流管汇和阀件、气液分离系统等欠平衡钻井装备的国产化。

组织石油机械研究院和北京石油机械厂攻关气动螺杆钻具、井下空气锤、气体钻井用震击器、减振器、雾化泵等井下工具。西南石油大学与四川、长庆联合，攻关了柴油机尾气装置、双燃料尾气装置。国产化的气体增压机也已经投入现场使用(四川局)。这些国产化装备、工具的实现，不但为大规模在国内推广欠平衡钻井技术打下了良好的物质基础，同时也为今后的欠平衡钻井技术在国际技术市场竞争中增强了实力。

3) 专业化的欠平衡钻井队伍的建设

经过十多年的发展，我国已基本上形成了一个专业化的欠平衡钻井作业技术服务体系：长城钻探公司的空气钻井公司、四川局的欠平衡钻井公司和气体钻井公司、大港油田的欠平衡钻井公司，以及新疆、长庆、大庆等油田从事欠平衡钻井和气体钻井的作业队伍。这些作业公司或作业队伍都有国内服务或国际服务的经历和业绩，这些队伍的人员和技术相互流动、交流，有力地促进了我国欠平衡钻井技术的发展。例如，新疆钻井研究院是我国最早从事气体钻井试验的单位，最早发展了一支空气钻井作业队伍，正是这支队伍为我国在伊朗的承包项目中输送了空气泡沫钻井的业务骨干。而伊朗承包项目中培养的大批业务骨干，又在目前国内的气体钻井发展中起到了重要作用。

4) 实用技术的试验与摸索

在基础理论研究、装备工具配套、专业化队伍建设的不断发展过程中，根据条件的成熟程度，中国石油天然气集团公司和中国石油天然气股份有限公司不断地安排一系列的现场应用试验，试验内容从简到繁，试验目标由低到高，其目的就是逐步推动实用技术的形成。这些试验取得了一定的效果，但同时也暴露了一系列的问题。针对试验中暴露的问题，基础理论研究、装备工具改进、专业化队伍的素质也不断地发展。正是这种不断试验与研究深化的互动关系，使我国的欠平衡钻井技术逐步发展、成熟，避免了盲目大规模试验造成的损失。

3. 我国欠平衡钻井技术的现场应用阶段

随着基础理论研究的不断深化、装备和工具的不断完善、专业化技术队伍素质的不断提高，现场应用的欠平衡钻井技术开始进入可以进行现场应用的阶段，现场试验开始较多地出现突出效益的实例，某些地区开始出现欠平衡钻井技术、气体钻井技术的规模性应用，其中典型的实例是伊朗海外承包项目中的空气泡沫钻井、四川盆地全过程欠平衡钻井和四川盆地气体钻井、塔里木盆地的深层气体钻井。这标志着我国欠平衡钻井系列技术开始进入应用阶段，开始作为实用化的工业技术被全国性的规模性应用。

1.2　欠平衡钻井系列技术的工程分类及风险评价

1.2.1　欠平衡钻井系列技术的工程分类

欠平衡钻井系列技术主要在两个方面不同于常规过平衡钻井的技术体系:压力平衡关系与钻井液类型[7]。

欠平衡钻井系列技术的压力平衡关系一般希望处于有控制的欠平衡状态，即井内液柱有效压力小于储层压力一定值,故储层内的可动流体(油、气或水)都会有控制地流入井内、返至井口;这种有控制的欠平衡压差,有时会较大,如油井的边钻边产欠平衡,就是在无井控风险、无环保风险的情况下,加大欠平衡压差以便在钻井过程中多产油;有时控制的欠平衡压差会很小,如对高压高产气井、含硫气井、环保严格的油井等场合,控制压差、尽量减少油气产出。压力平衡关系也可以是无控制的欠平衡状态,如用纯气的气体钻井钻开高压油气层,井内液柱压力与储层压力之间将会达到极端的欠平衡状态。压力平衡关系也可以是在平衡点附近(近平衡、平衡或微过平衡),如控压钻井的情况。

欠平衡钻井系列技术的钻井液可以同常规钻井一样,可以是水基液体或油基液体,也可以是含气流体(充气或泡沫的气液混合流体),还可以是纯粹气体(空气、氮气、天然气或燃烧尾气)或雾化气体。也有用固相减轻剂降低钻井液密度的思路,但工业性应用并不是非常成功。不同类型的钻井液适应不同的地层压力梯度,如图 1.6 所示的密度半圆。从液体类型上讲可以沿用 IADC 对钻井液分类的叫法:气基、油基、水基。实际上气基又分为纯气、气体连续相(雾化钻井)、液体连续相(充气液钻井)和气液均混相(泡沫钻井)。气液两相的气基流体中,含气量最大的是雾化液(雾化液的注入气液比为 1000:1~2000:1),其次是泡沫流体(泡沫流体的注入气液比为 100:1~200:1),再次是充气液(充气液的注入气液比为 10:1~20:1)。至于气液两相的气基流体所能达到的最低全井平均当量密度,还与井深密切相关,井越深越不容易将密度降下去(如水基充气液钻井,在 2000m 井深可以将全井当量密度降至 0.7 以下,而在 4000m 井深则难以降到 1.0 以下)。

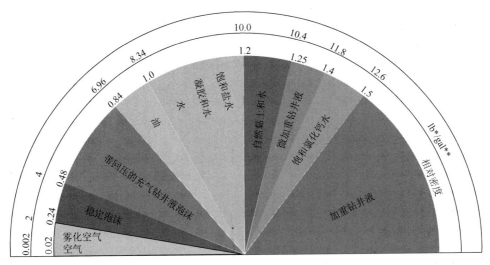

图 1.6　欠平衡钻井系列技术的工作液密度半圆图
*1lb=0.453592kg,磅;**1gal(US)=3.78543L,加仑

钻井液帽钻井(Mud Cap Drilling)是一种特殊的钻井方法,其应用对象多为缝洞发育、严重漏失的含硫气藏。钻井液帽钻井的工作原理如图 1.7 所示[26]:通过钻柱以正常排量向井内注入清水,同时以很低的排量由井口通过环空向井内注入加重钻井液,注入的清水携带岩屑全部进入地层。因此,钻井过程中无任何井内返出物质。当储层钻穿后,安装好井口,替出环空内加重钻井液,即可诱喷投产,一般是裸眼完井、钻杆投产。显然,可以

实施钻井液帽钻井的条件为：①地层缝洞非常发育可以容纳注入的全部清水和钻屑，进入地层的清水和岩屑并不对储层造成伤害；②有大量清水来源。钻井液帽钻井在美国墨西哥湾沿海浅海的缝洞型油气藏有所应用，此处有取之不尽的海水。在我国，尚未发现可以实施钻井液帽钻井的地区，曾听说中国石化南方石油分公司在长江的石宝寨钻过一口钻井液帽钻井，尚未证实。

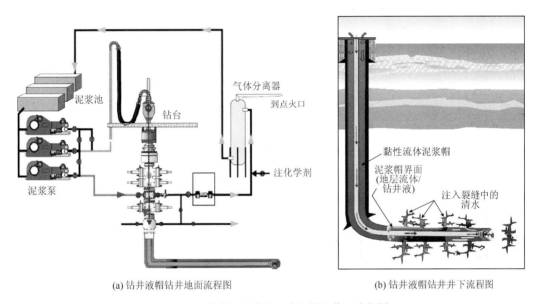

(a) 钻井液帽钻井地面流程图　　　　　　　　　　(b) 钻井液帽钻井井下流程图

图 1.7　钻井液帽钻井地面流程图和井下流程图

由压力平衡关系和工作液类型可以将欠平衡钻井系列技术进行如下分类，如图 1.8 所示。

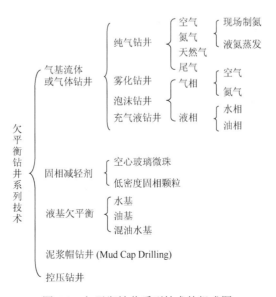

图 1.8　欠平衡钻井系列技术的组成图

1.2.2　欠平衡钻井系列技术的分类与风险评价

IADC 与有关欠平衡钻井的技术服务公司很早就开始研究对欠平衡钻井系列技术进行分类的风险评价。IADC 在 1998 年从施工目的、设备与工艺的复杂性以及施工风险的角度对欠平衡钻井系列技术进行分类评价(图 1.9)。

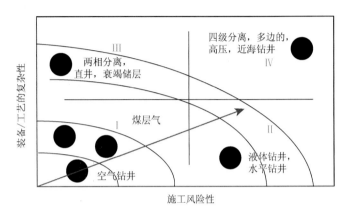

图 1.9　按装备/工艺的复杂性与施工风险性对欠平衡钻井系列技术进行分类评价图

国际钻井承包商协会欠平衡钻井分类矩阵如图 1.10 所示。

风险等级	0		1		2		3		4		5	
近平衡（A），欠平衡（B）	A	B	A	B	A	B	A	B	A	B	A	B
气体钻井	1	1	1	1	1	1	1	1	1	1	1	1
雾化钻井	2	2	2	2	2	2	2	2	2	2	2	2
泡沫钻井	3	3	3	3	3	3	3	3	3	3	3	3
充气钻井	4	4	4	4	4	4	4	4	4	4	4	4
液体钻井	5	5	5	5	5	5	5	5	5	5	5	5

图 1.10　国际钻井承包商协会欠平衡钻井分类矩阵

风险等级代码：0～5 从低风险到高风险的管理；压力代码：A. 近平衡钻井；B. 欠平衡钻井；操作代码：1～5 从轻到重流体

在控压钻井技术广泛应用之后，IADC 在 2005 年做出了新的分类风险评价方法[28]：国际钻井承包商对欠平衡钻井和控压钻井的分类系统，目前该方法是全世界通用的欠平衡钻井系列技术的风险等级分类评价方法，其内容包括以下几个方面。

IADC 欠平衡作业(UBO)与控压钻井(MPD)分类体系主要是为了描述钻井风险、应用类型和钻井液类型。

1)分类依据

(1)风险等级(0～5 级)。

(2)应用类别(A 类、B 类或 C 类)。

(3)钻井液类型(1～5 类)。

该标准主要是为确定必需的设备需求、特殊操作程序以及安全管理措施。其他信息参考 IADC 欠平衡作业 HSE 指南及其他相关文件。

2) 风险等级

一般来讲，作业风险会随着作业的复杂性和油井产能的提高而增加。

(1) 0 级：仅提速增效，非烃和非潜在产层，如利用空气钻井提高机械钻速。

(2) 1 级：靠自身压力油气无法流到地面，油井稳定且井控风险较低，如低压油井。

(3) 2 级：依靠自身压力油气可以流到地面，但是可以通过常规的压井方法进行控制。设备失效不会引起严重后果，如异常压力的水层、低产油井或气井、产能衰竭的气井。

(4) 3 级：地热井和非烃产层。最大预计关井压力(MASP)低于欠平衡作业/控压钻井设备的额定压力，如含硫化氢的地热井。

(5) 4 级：油气储层。最大预计关井压力(MASP)小于欠平衡作业/控压钻井设备的额定操作压力，设备失效会立即导致严重后果，如高压或高产油藏、酸性油气井、海洋环境、同时进行钻进和生产的作业井。

(6) 5 级：最大预计关井压力(MASP)大于欠平衡作业/控压钻井设备的额定操作压力，设备失效会立即导致严重后果。例如，任何最大预计关井压力大于欠平衡作业/控压钻井设备额定压力的油气井。

3) 应用分类

(1) A 类：控压钻井(MPD)。钻井液返至地面，保持环空内钻井液当量密度等于或大于裸眼井段孔隙压力当量密度。

(2) B 类：欠平衡钻井(UBO)。含油气流体返至地面，保持环空内流体当量密度小于裸眼井段孔隙压力当量密度。

(3) C 类：钻井液帽钻井(MCD)。钻井液和岩屑进入漏失地层而不返至地面，在漏失层上面的环空内保持一段重钻井液液柱。

4) 钻井液类型

(1) 气体：循环介质为纯气体，不注入液体。

(2) 雾化液：循环介质为连续气相中加有雾化液，典型的雾化液液体含量不超过2.5%。

(3) 泡沫：循环介质为包括液相、气相和表面活性剂的气液两相流，液体为连续相。典型的泡沫气体占 55.0%～97.5%。

(4) 充气液：循环介质为充气液相。

(5) 液相：循环介质仅为液体(指注入的钻井液)。

5) 应用示例

利用控压钻井技术，一口井正在从 3048m 钻进至 3657.6m。该段地层孔隙压力梯度为 1.74g/cm³，地层破裂压力梯度为 1.98g/cm³。设计钻井液密度为 1.56g/cm³，利用控制回压的方式维持静压力平衡。旋转控制装置(RCD)和紧急关井系统(ESD)的设计压力为 34.48MPa。

从上面的数据可知：

MASP 为井底压力减去地面压力或者套管鞋处的破裂压力减去地面压力中较小者。

$$MASP_{BHP}=3657.6×0.0098×(1.74-0.24)=53.8(MPa)$$

$$MASP_{frc}=3048×0.0098×(1.98-0.24)=52.0(MPa)$$

因为最大设计压力大于欠平衡操作/控压钻井设备的额定级别，这口井的分类应该为：风险等级5级，应用范围A类，流体系统5；或者表述为5A5。

1.2.3　欠平衡钻井系列技术的选用

欠平衡钻井系列技术的选用，虽然有些公司和个体研究者提出过不少数学模型、计算方法、经验法则等，但总体来看欠平衡钻井系列技术选用的完整评价体系并不存在，虽有一些定量化的单项评价方法可用，总体上仍然处于经验决策阶段。

新区初次实施欠平衡钻井技术，原则上应该有以下几个步骤。

(1)必要性评价：针对对象(即所选区块、井位、井段)，确定是否需要采用欠平衡钻井技术，以及采用何种类型的欠平衡钻井技术。

(2)可行性评价：针对所选区块、井位、井段和所选定的欠平衡钻井技术类型，评价是否具有实施欠平衡钻井的条件。

(3)技术经济性评价：评价技术实施的预期效果及其经济性。

之后依次是欠平衡钻井工程设计、欠平衡钻井工程实施、欠平衡钻井效果分析与施工总结。

通过"必要性评价、可行性评价、技术经济性评价"三步，决定是否有必要使用欠平衡钻井技术、采用何种类型的欠平衡钻井技术，以及欠平衡钻井技术实施的预期效果。这三步中的每一步都是有很多评价内容的复杂过程，而且评价的方法、手段、标准等在国际上都不完善、不统一，都是正在摸索、发展、总结的过程，有些也是公司秘而不宣的核心技术。例如，美国Weatherford公司基于数千口欠平衡井的实钻资料建立了对比数据库，并结合数学模型和室内评价，初步形成了一套评价"给定地层是否适于欠平衡钻井"的评价体系——SURE(Suitable for Underbalanced Driling of Reservoir Evaluation)(Introduction to Underbalanced Drilling, Weatherford公司内部手册)，如图1.11所示[25]。公开资料多为商业广告宣传和公司内部手册，而未详见于文献或著作。

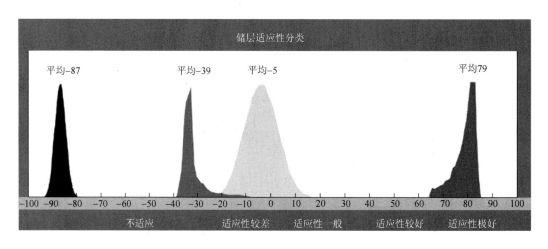

适应性	储层饱和度评价值	建议
极适应	70～100	进行欠平衡钻井
很适应	40～69	欠平衡钻井或者继续执行第二步确定阶段
适应性一般	0～39	执行RDA™或者第二步确定阶段
适应性很差	−21～0	不建议欠平衡钻井或者进行RDA™确认
适应性极差	−21～−100	不建议进行欠平衡钻井

图 1.11　美国 Weatherford 公司的 SURE 评价示例图

在美国、加拿大等国的欠平衡钻井中，虽然在储层评价方面做得相对到位一些，但更多的还是采用"Try and Err"（在实践中摸索前进）的方法——通过实钻证实欠平衡钻井的可行性和技术经济性，通过每口井的经验总结绘制学习曲线(Learning Curve)，使井越打越好，也有不少的专家经验、实践总结等公司内部的技术手册供施工参考。

参 考 文 献

[1] Requa M L. Comparative Costs of Rotary Drilling and Standard Drilling. New York Meeting，1915

[2] Kurt S，Eugene A S. Cable Tool Drilling. API-40-064，1940

[3] Lombardi M E. Improved Methods of Deep Drilling in the Coalinga Oil Field of California. New York Meeting，1915

[4] Howard R H. A Modern Rotary Drill. New York Meeting，1915

[5] Knapp I N. The Use of Mud-Ladened Water in Drilling Wells. New York Meeting，1915

[6] Keen C D. The Killing of the Burning Gas Well in the Caddo Oil Field of Louisiana. New York Meeting，1914

[7] Knapp I N. Cementing Oil and Gas Wells. New York Meeting，1914

[8] Madden T. Cameron Iron Works Inc.：The Development of Mechanical Control Equipment Used to Prevent Blowouts，Spring Meeting of Production. Dallas Texas，1937

[9] Hertel F W，Edson E W. Drilling Mud Practice in the Ventura Avenue Field. New York Meeting，1930

[10] Hertel F W. Drilling Mud Practice in the Ventura Avenue Field. New York Meeting，1930

[11] Seamark M C. The Drilling and Control of High Pressure Wells. WPC 1087，1933

[12] Madden T W. Blowouts-Causes and Prevention. Meeting of Southwest District of Production，Houston，Texas，1944

[13] Frank E O. Improved Production Methods in the California Fields. SPE-925077，1925

[14] 张绍槐，罗平亚等. 保护储集层技术. 北京：石油工业出版社，1993

[15] Howak T J. The Effect of Mud Particles Upon the permeability of Cores. API-51-164，1951

[16] Abrams A. Mud Design to Minimize Rock Impairment Due to Particle Invasion. SPE-5713-PA，1977

[17] 罗平亚. 钻井完井过程中保护油气层的屏蔽暂堵技术. 北京：中国大百科全书出版社，1997

[18] Bingham M G . What is Balanced Pressure Drilling. SPE-2541，1969

[19] Grace R D. Pressure Control in Balanced and Underbalanced drilling in Antarko Basin. SPE-5396，1975

[20] Carden R S. Technology Assessment of Vertical and Horizontal Air Drilling Potential in the United States. DOE Report，1993

[21] 孟英峰，罗平亚，杨龙. 国外低压钻井技术调研分析. 成都：电子科技大学出版社，1996

[22] McMann R E. Development of the Brookeland Field Austin Chalk Drilling Dual Lateral Horizontal Wells. SPE-26355，1993

[23] Falk K E. An Overview of Underbalanced Drilling Applications in Canada. SPE-30129，1995

[24] Yost A B.Overview of Appalachian Basin High-Angle and Horizontal Air and Mud Drilling. SPE-23445，1991

[25]　美国 Weatherford 公司. Introduction to Underbalanced Drilling. APR-WUBS-WFT-001，2006

[26]　GRI Reference No.GRI-97/0236. Underbalanced Drilling Manual. Published by Gas Research Institute，Chicago，Illinois，1997

[27]　郭柏云. 气体钻井技术. 成都：西南石油大学学术交流讲稿，2011

[28]　IADC Board of Directors. IADC Classification System for Underbalanced Drilling and Managed Pressure Drilling. Adopted by the IADC Board of Directors，2005

第2章 复杂油气藏欠平衡钻井储层保护基础

复杂油气藏所处地质条件异常复杂,储层损害的严重性、储层保护的重要性以及钻井面临的复杂工程事故空前增加,常规的过平衡钻井技术在技术和经济效益上已不能满足钻复杂油气藏的工程需要,而欠平衡钻井能够较有效地保护油气层,减少、避免大量由过平衡钻井方式引起的复杂工程事故,有效提高钻速,缩短建井周期,提高勘探开发综合效益。欠平衡钻井已逐渐成为一些特殊复杂油气藏勘探开发的首选钻井技术。因此,开展复杂油气藏欠平衡钻井储层保护基础研究,对开发复杂油气藏有着非常重要的意义,不仅保证了欠平衡钻井施工的顺利进行,还能最大限度地保护储层。

2.1 孔隙型储层钻完井储层损害

2.1.1 孔隙型储层地质特征

孔隙型储层储渗空间以孔隙为主,按照渗透率级别将孔隙型储层划分为三类。

(1)低渗透、超低渗透孔隙型储层。低渗透储层渗透率为 $1\sim10\text{mD}$[①],超(特)低渗透储层渗透率低于 1mD。由于低渗透、超低渗透储层在储层性质、损害机理、储层保护措施上较为接近,将此两类储层统一归为低渗透、超低渗透储层。该类储层广泛分布于川西盆地和鄂尔多斯盆地,多数深盆砂岩气藏均属于此类。

(2)中高渗透孔隙型储层。孔隙型基块渗透率为 $10\sim500\text{mD}$ 的储层,该类储层在油藏中较为常见,也有部分埋藏较浅的疏松气藏,如柴达木盆地第四系气藏属于此类。

(3)超高渗透孔隙型储层。孔隙型基块渗透率高于 500mD 的储层,该类储层岩石一般胶结较为疏松,在已开发的海上油田和一些埋藏较浅的稠油油藏中较为常见。

1. 低渗透、超低渗透孔隙型储层

以川西浅层蓬莱镇组低渗透气藏孔隙型砂岩基块和深层须家河组致密气藏孔隙型砂岩基块作为低渗透、超低渗透孔隙型储层的主要研究实例,兼顾同类油藏。

1)岩石胶结致密,低孔、低渗透

以川西低渗透、超低渗透砂岩为例,沉积物粒度一般较细,以细-粉砂岩为主,岩石成分成熟度和结构成熟度一般较高。成岩过程经历过较强的压实、压溶和胶结作用,岩石较为致密,以线接触和凹凸接触为主,如图 2.1 所示。

---

① $1\text{mD}=0.986923\times10^{-15}\text{m}^2$,毫达西。

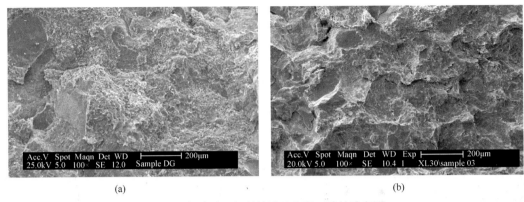

(a)　　　　　　　　　　　　　　　　　(b)

图 2.1　低渗透、超低渗透砂岩岩石胶结致密图

细粒沉积加上成岩作用改造，该类储层具有明显的低孔、低渗透特征。川西浅层蓬莱镇组砂岩孔隙度为 2.97%～21.42%，平均为 10.68%；渗透率为 0.00033～27.10mD，平均为 2.515mD，主要分布区间为 0.0051～11.21mD，如图 2.2 所示。

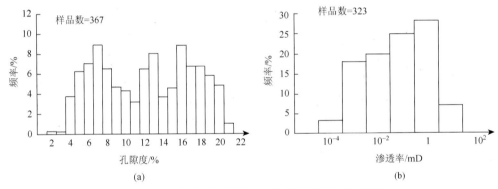

(a)　　　　　　　　　　　　　　　　　(b)

图 2.2　川西蓬莱镇组低渗砂岩储层孔隙度和渗透率图

2）小孔、细喉，孔隙结构复杂

该类储层孔隙空间多经溶蚀和充填作用改造，以残余粒间孔、溶蚀扩大粒间孔和粒内溶孔为主要的储集空间类型，孔隙直径较小，另外微裂缝和自生黏土矿物分割形成的晶间微孔隙普遍发育，如图 2.3 所示。

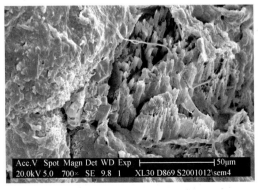

(a) 粒内溶孔　　　　　　　　　　　　　(b) 残余粒间孔

(c) 黏土晶间微孔隙 (须二段)　　　　　　　　　　(d) 微裂缝 (须二段)

图 2.3　低渗透、超低渗透砂岩储集空间类型图

　　由于压实和压溶作用较强，低渗透、超低渗透孔隙型储层以片状和弯片状为主，另外黏土矿物常常切割孔喉形成管束状喉道，孔喉直径比近于 1，与晶间微孔隙伴生，也是该类储层典型的喉道类型之一，如图 2.4 所示。

(a) 典型片状、弯片状喉道 (蓬莱镇组)　　　　　　(b) 黏土晶间束状喉道 (须二段)

图 2.4　低渗透、超低渗透储层孔隙型基块主要喉道类型图

　　研究还表明，该类储层孔隙结构分布具有明显的分形特征，如图 2.5 所示。

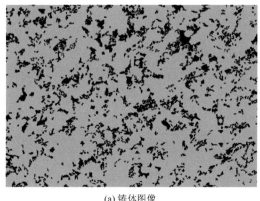

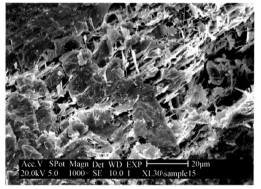

(a) 铸体图像　　　　　　　　　　　　　　(b) 扫描电镜图像

图 2.5　低渗透、超低渗透孔隙型砂岩的分形特征图

利用分形维数描述其孔隙结构的复杂程度[1~5]。利用压汞数据求取分形维数的公式如下：

$$\lg S = (3 - D)\lg P_c - (3 - D)\lg P_{min} \tag{2.1}$$

$$S = \left(\frac{P_c}{P_{min}}\right)^{3-D} \tag{2.2}$$

$$P_c = \frac{2\sigma \cos\theta}{r_{max}} \tag{2.3}$$

式中，D 为分形维数；P_c 为孔径；r 为对应的毛细管压力；P_{min} 为储层最大孔径；r_{max} 为对应的毛管压力，即入口毛细管压力。

对川西蓬莱镇组 18 块砂岩孔隙求取分形维数结果见表 2.1。可以看出，其分形维数普遍在 2.70 以上，而一般的中高渗砂岩分形维数在 2.6 以下。说明低渗透、超低渗透砂岩孔隙结构较为复杂，非均质性较强。

表 2.1　低渗透、超低渗透砂岩孔隙分形维数计算结果表

序号	分形维数 D	$r_{max}/\mu m$	R^2	序号	分形维数 D	$r_{max}/\mu m$	R^2
1	2.73	1.61	0.9965	10	2.74	1.64	0.9950
2	2.71	1.44	0.9920	11	2.75	1.78	0.9985
3	2.72	1.45	0.9973	12	2.85	2.59	0.9925
4	2.74	3.63	0.9924	13	2.75	1.91	0.9964
5	2.62	1.59	0.9913	14	2.84	2.58	0.9820
6	2.75	0.12	0.9966	15	2.77	1.57	0.9966
7	2.70	2.87	0.9940	16	2.72	1.73	0.9970
8	2.71	3.38	0.9944	17	2.81	4.14	0.9970
9	2.77	0.18	0.9944	18	2.85	4.72	0.9966

3) 黏土矿物改造作用强

(1) 黏土矿物含量和类型

对我国各个油气田低渗透、超低渗透砂岩储层黏土矿物类型及含量的统计表明，在深层致密砂岩中黏土矿物以伊利石和绿泥石为主，在浅层低渗砂岩中伊/蒙间层和绿/蒙间层黏土矿物相对含量较高[6,7]。

川西蓬莱镇组 32 个砂岩样品分析结果表明：黏土矿物含量平均为 13.43%，伊利石含量平均为 45.3%，绿/蒙间层含量平均为 25.9%，绿泥石含量平均为 23.7%，高岭石含量平均为 17.6%。间层矿物蒙脱石间层比高，一般为 20%~45%。须家河组二段的 17 个致密砂岩样品分析结果表明：黏土矿物含量平均为 6.3%，伊利石各井含量平均为 61%~67%，绿泥石含量为 23%~27%，伊/蒙间层含量为 10%~12%，蒙皂石间层比小于 15%。另外，不同储层黏土矿物由于成岩环境不同可能有差别，如鄂尔多斯盆地上部低渗透砂岩高岭石含量较高。

（2）对储层孔隙结构的改造作用

储层黏土矿物基本产状类型[8]：粒间分散充填、粒表薄膜衬垫和桥接，如图 2.6 所示。

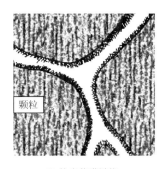

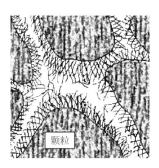

(a) 粒间分散充填　　　　　　　　(b) 粒表薄膜衬垫　　　　　　　　(c) 桥接

图 2.6　砂岩孔隙内自生黏土矿物的基本产状和类型图

低渗透、超低渗透孔隙型储层黏土矿物对储层的改造作用强烈。在较高渗透砂岩中黏土矿物往往以粒间分散充填为主，在低渗透砂岩中粒表衬垫和桥接式的黏土矿物对孔隙空间的分割和充填占主要地位，如图 2.7 所示。

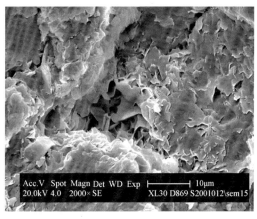

(a) 蠕虫状、分散状高岭石充填孔喉　　　　　　(b) 片状伊利石分割孔喉

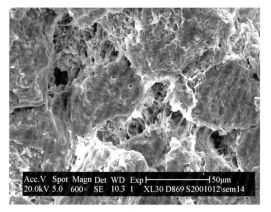

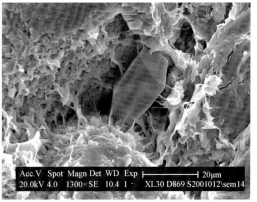

(c) 毛发状伊利石和伊/蒙间层分割孔喉　　　　　(d) 黏土矿物与自生石英共生

 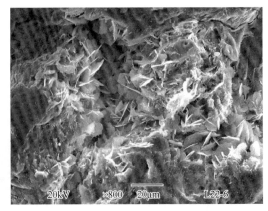

(e) 粒表衬垫蒙脱石缩小孔喉　　　　　　(f) 绿泥石对孔喉空间的充填和分割

图 2.7　黏土矿物对低渗透、超低渗透砂岩孔喉空间的充填和分割图

在相同孔隙度条件下，粒表衬垫式和桥接式黏土导致的缩径和分割作用对渗透率的影响更大。Galloway1978 年曾估计粒表衬垫的黏土薄膜能使颗粒半径增加 1%～6%，虽然颗粒半径增加较少，但可大大减小孔隙喉道。颗粒粒径增加 4%，孔隙、喉道直径要降低 26%。由于渗透率大致与孔隙喉道的直径平方成正比，因而渗透率降低更多。而黏土对喉道的分割作用形成大量的微细孔喉在更大程度上导致了渗透率的降低。

(3) 对孔隙表面性质的改造作用

黏土矿物相比于砂岩骨架颗粒具有巨大的比表面积，黏土矿物对孔隙表面产生强烈的粗化作用，往往决定了储层的润湿性。由于黏土矿物普遍具有亲水特征，因此对于低渗透致密砂岩储层而言往往具有极强的亲水特征[9]。

(4) 对储层损害的影响

由于流体进入储层最先与孔隙中的黏土矿物发生物理、化学及物理-化学反应，引起储层渗透率降低。因此，黏土矿物还决定了低渗透、超低渗透孔隙型储层的敏感性特征。黏土矿物对孔喉空间进行分割、充填，缩小孔喉半径，同时改变储层润湿性使其具有强亲水特征，也是导致低渗透、超低渗透砂岩储层强水锁损害的关键因素。

4) 气藏原始含水饱和度低

砂岩储层原始含水主要由毛细管水和薄膜水组成，对气藏而言一般以薄膜水为主。低渗透、超低渗透砂岩气藏的原始水饱和度特征不同于油藏，以具有较高的束缚水饱和度和低的原始水饱和度为特征。据国外文献报道，对于气藏原始含水饱和度低于5%并非罕见[10]，且不依赖于储层渗透性。有些气藏的原始含水饱和度近于零，如密歇根生物礁灰岩气藏。通常原始含水饱和度的范围为 10%～40%。

5) 储层潜在损害以液相侵入为主

通过储层地质特征分析可以看出，一方面，低渗透、超低渗透孔隙型储层岩石致密、孔喉细小，微粒很难在储层中大规模运移堵塞，外来固相较难侵入储层深部产生损害，但不排除工作液中的微固相，如细分散的膨润土或高分子聚合物侵入孔隙堵塞近井带产生损害；另一方面，该类储层亲水性强、储层原始含水饱和度低，接触外来润湿相流体时具有强的自吸势能，在正压差和自吸作用下，液相进入储层在产生强水锁损害的同时还与储层中的敏感性矿物反应产生敏感性损害。因此，该类储层损害以液相侵入损害为主。

此外，由于以狭窄片状和弯片状喉道为主，在有效应力增加的情况下，其可能发生闭合而产生一定的应力敏感性损害。

2. 中高渗透、超高渗透孔隙型储层

1)沉积物粒度较粗、胶结疏松、物性较好

中高渗透、超高渗透孔隙型砂岩储层沉积物粒度一般较粗，岩石结构成熟度和成分成熟度中等—低，砂岩多为细-中砂岩、粗砂岩或含砾砂岩；压实成岩作用较弱，以点接触为主，胶结疏松；部分超高渗透固结作用极弱，取心收获率极低，铸体图像显示颗粒几乎呈漂浮状，如图 2.8 所示。

(a) 中高渗透孔隙型砂岩储层 (SEM)　　　　　　　(b) 中高渗透孔隙型砂岩储层 (铸体)

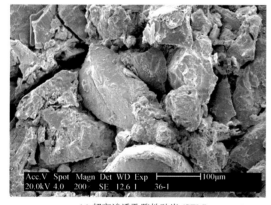
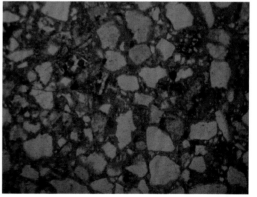

(c) 超高渗透孔隙性砂岩 (SEM)　　　　　　　　　(d) 超高渗透孔隙型砂岩 (铸体)

图 2.8　中高渗透、超高渗透孔隙型砂岩储层图

该两类储层孔隙较发育，孔隙度和渗透率较高。以某油田 L3 段储层为例，其孔隙度为 11.4%～24%，平均为 16.23%；渗透率平均为 197.2mD，10～200mD 区间和高于 200mD 的区间分别占 48.25%和 26.32%，如图 2.9 所示。

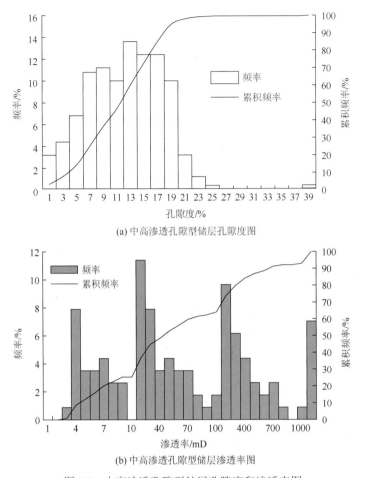

(a) 中高渗透孔隙型储层孔隙度图

(b) 中高渗透孔隙型储层渗透率图

图 2.9 中高渗透孔隙型储层孔隙度和渗透率图

2)孔喉直径较大、连通性好

储层原生粒间孔发育，溶蚀和胶结作用相对较弱，以中-大孔和中-粗喉为主，孔隙结构的非均质性相对较弱，排驱压力较低，连通性好，退汞效率较高，如图 2.10 所示。

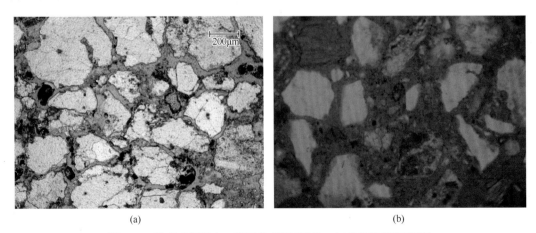

(a)　　　　　　　　　　　　　　　　(b)

图 2.10　孔喉直径较大、连通性好图(铸体：红色为孔隙和吼道)

以柴达木盆地 SB 气田疏松砂岩气层为例，其 I 类储层排驱压力不到 0.1MPa，中值压力小于 0.2MPa，中值孔喉半径高达 177.4μm，最小非饱和孔隙体积为 13.6%；II 类储层排驱压力为 0.1～0.5MPa，中值压力为 0.1～2.5MPa，中值孔喉半径大于 5μm，最小非饱和孔隙体积约 20%。S 油田超高渗透砂岩的孔喉半径普遍为 40～138μm。

3）黏土胶结疏松、原生黏土杂基发育

不同储层黏土矿物含量和类型有所差别。W 油田中高渗储层 L3 段黏土矿物绝对含量为 2.5%～17.2%，平均为 5.8%；高岭石相对含量平均为 56.1%，伊利石和伊/蒙间层矿物相对含量平均为 20.9% 和 13.5%，绿泥石相对含量为 0～36.6%，平均为 9.5%。柴达木盆地 SB 气田疏松砂岩黏土矿物类型主要为伊利石占 45%～67%、绿泥石占 18%～29%，高岭石占 12%～17%，其次为伊/蒙混层占 0～13%（混层比为 10%），少量蒙脱石小于 1%。而 S 油田超高渗透砂岩黏土含量在 10% 左右，主要为伊/蒙间层，次为高岭石。

储层原生黏土杂基普遍发育，黏土胶结疏松，地层微粒易于运移，如图 2.11 所示。

(a) (b)

图 2.11　胶结物及黏土杂基疏松、地层微粒易运移图

4）固液相侵入均可造成储层损害

该两类储层孔喉直径较大、连通性较好，一方面，外来工作液固相可以进入储层产生堵塞损害；另一方面，液相在正压差下侵入储层可与储层矿物反应产生敏感性损害。与低渗透致密储层相比，中高渗透和超高渗透储层的固液相侵入速度要快得多，损害半径要大得多。此外，岩石胶结疏松、富含弱胶结填隙物，外来流体的侵入和内部流体的流动均可导致严重的微粒运移损害。岩石胶结疏松还可能导致一定的应力敏感性。

2.1.2　孔隙型储层损害机理及评价

孔隙型储层损害的类型主要有不配伍液相损害、水锁损害、孔隙型基块固相损害、应力敏感损害以及漏失损害，下面对这些损害做一一的介绍。

1. 不配伍液相损害

1）水敏损害机理

影响储层水敏损害强弱的主要因素包括：黏土矿物特征、岩石孔渗性质、外来液体的矿化度及降低速度、外来液体中阳离子种类。一般认为富含膨胀性黏土矿物水敏分为水化膨胀和分散/运移两个阶段。水化膨胀可分为表面水化膨胀和渗透水化阶段，其中渗透水化膨胀引起的黏土体积增加要比表面水化膨胀大得多。

　　不同储层有不同的水敏损害机理。采用扫描电镜和 PMI 孔隙结构仪对蒸馏水驱替 72h 以上的砂岩储层岩心进行矿物的微观结构分析和孔隙结构分析，如图 2.12 和图 2.13 所示。

　　研究表明，外来液相侵入储层产生水敏损害的机理复杂，可能由黏土矿物的膨胀分散引起，也可能由填隙物结构的破坏和孔喉半径的缩小引起。因此，无论是否包含膨胀性矿物，也不管储层渗透率高低，外来液相进入储层均可引起较强的水敏损害。

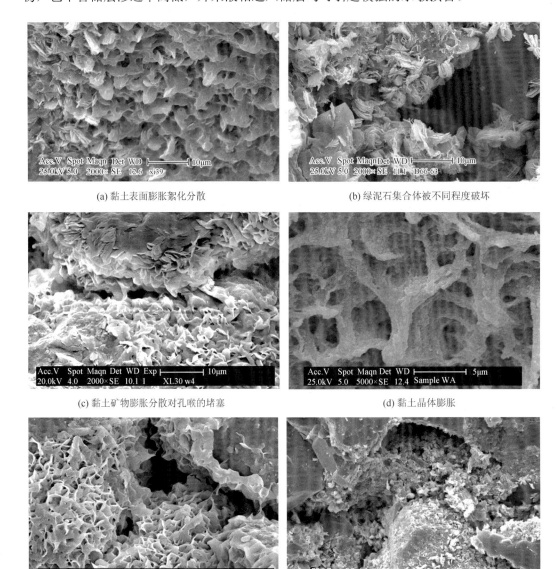

(a) 黏土表面膨胀絮化分散　　　　　　　　　　(b) 绿泥石集合体被不同程度破坏

(c) 黏土矿物膨胀分散对孔喉的堵塞　　　　　　(d) 黏土晶体膨胀

(e) 黏土层自骨架颗粒的脱落　　　　　　　　　(f) 孔隙微结构的破坏

图 2.12　水敏损害的复杂微观机理图

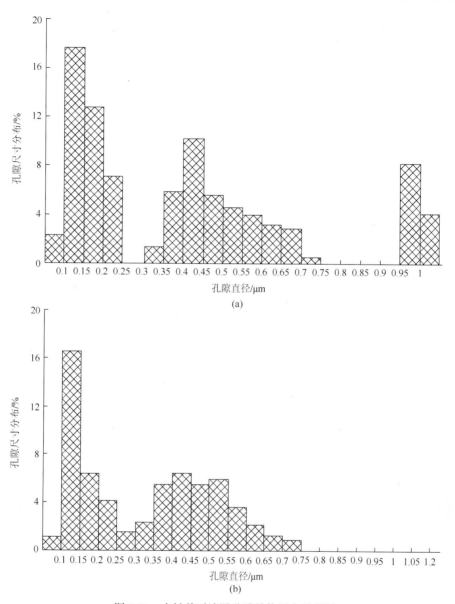

图 2.13 水敏前后连通孔隙结构测定结果图

2) 盐敏损害机理

盐敏损害的一般机理为：当流体离子组成和矿化度与储层黏土矿物不配伍，将发生阳离子置换，改变黏土表面电荷分布及吸附水膜厚度，不利于黏土微结构的稳定，导致分散/运移。但从上述实验评价结果可以看出，超高渗透孔隙型砂岩盐敏评价结果损害程度更强，可能还包括微粒运移损害的因素。

结合水敏损害分析，只要钻完井液中的液相在正压差或在自吸作用下进入储层均可能与储层发生不配伍反应引起渗透率降低。

3) 碱敏损害机理

往往通过提高钻井液的 pH 来稳定其某些性能，但高 pH 的流体进入储层会引发碱敏损害。高 pH 流体进入孔隙型储层可引起渗透率大幅降低，尤其对渗透率较低的储层影响较大。一般临界 pH 为 9～10.5。碱液进入储层不可避免地要与储层矿物反应，1987年 Monhot 对矿物碱耗机理归纳如下：①表面离子交换；②离子之间的反应；③氢氧化物的沉淀；④形成新矿物的不一致反应；⑤硅酸盐岩的沉淀；⑥碳酸盐岩的沉淀。目前国内所用的钻井完井液常用纯碱 Na_2CO_3 作为 pH 调节剂，其中 CO_3^{2-} 会与地层中的 Ca^{2+} 和 Mg^{2+} 作用生成沉淀、堵塞孔隙喉道、造成渗透率下降损害地层。同时，常用的钻井液、完井液体系一般都呈碱性，如果地层中含有大量的 Fe^{2+}、Fe^{3+}、Al^{3+}，则容易与 OH^- 反应产生沉淀。大量的 Fe^{2+}、Fe^{3+} 胶结物也会由于碱液的侵入而溶解，产生二次沉淀和引起微粒脱落。

4) 酸敏损害机理

一般认为酸敏损害的主要产生机理来自于两方面的作用：①酸岩反应产生二次沉淀降低岩石渗透率；②酸处理对岩石及黏土矿物产生破坏作用释放地层微粒降低岩石渗透率。采用扫描电镜进行酸处理前后岩样的微观结构分析发现，酸与储层矿物之间反应产生的结果十分复杂，包括酸对矿物的溶解、二次沉淀的产生、对填隙物结构的破坏、对骨架颗粒的破坏、对碳酸盐岩胶结物的破坏等，如图 2.14 所示。

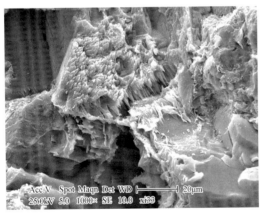
(a) 碳酸盐岩胶结被溶蚀成锯齿状

(b) 酸溶后绒球状绿泥石及沉淀

(c) 伊/蒙间层溶蚀残余

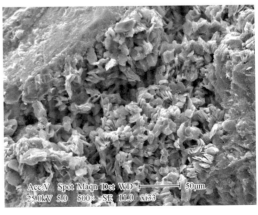
(d) 高岭石共生结构遭破坏

(e) 长石溶蚀残余及二次沉淀　　　　　　　　　(f) 微结构破坏、二次沉淀和溶蚀残余

图 2.14　酸岩反应的复杂微观机理图

　　酸对储层渗透率起改善作用还是降低作用与岩石原始渗透率之间没有必然的联系,而取决于上述各种复杂机理的综合影响。因此,并非所有的储层都能够通过酸处理达到恢复或提高渗透率的目的,钻完井过程防止固液相进入储层产生损害十分关键。

　　针对以上各种损害,可以参照相应的储层敏感性评价行业标准进行室内评价获得具体储层的各种敏感性损害程度和主要的损害类型。

2. 水锁损害

1) 水锁损害产生的地质基础

(1) 低渗透致密、小孔细喉

　　该类储层在原生成岩的过程中岩石颗粒与颗粒之间接触紧密,形成的原生粒间孔隙和喉道细小。成岩压实和胶结作用导致孔隙度和孔喉半径进一步降低。自生黏土矿物对原有孔喉的空间分割以及在黏土矿物之间重新形成的大量晶间微孔,极大地降低储层的孔喉半径,并改变了其喉道类型,使得储层的低渗透特征尤其突出。低渗透致密、小孔细喉特征使得储层接触润湿相时具有较大的毛细管效应。

(2) 原始含水饱和度特征

　　在低渗透、超低渗透砂岩气藏中原始含水饱和度和束缚水饱和度之间的差异使得其具有吸水趋势,并且在水相侵入后将导致其束缚滞留效应,而这往往是靠气藏自身的能量难以解除的。

(3) 黏土矿物与润湿性

　　对于低渗透、超低渗透砂岩储层,由于岩石碎屑矿物的水湿性,以及黏土矿物对孔隙表面润湿性和粗糙度的改变,表现出强亲水特征[11]。尤其对于气藏,气体作为强非润湿相,水作为润湿相并具有相对于气体大得多的黏度。因此,水相的侵入过程相比于气驱水排出的过程更为容易。

2) 水锁损害产生的外部条件

(1) 润湿相工作流体

　　由于气藏的亲水性,水相工作液一旦在正压差下滤失以及由于自吸效应侵入气层,就难于排出，导致气相渗透率降低甚至丧失，产生水锁损害。有实例表明，即使采用气体打开产层，在后续作业中一旦采用水基工作液，如水基压井液，则可能对气藏导致致命的水锁损害。

(2)作业压差

在常规正压差钻井中，液相滤失速率随压差的增大而增大。在采用屏蔽暂堵技术时，过低的正压差不能快速形成封堵性能好的滤饼，过高的正压差则可能导致滤饼击穿，固相和液相侵入加深。在近平衡和欠平衡钻井中，井壁没有滤饼的保护，过小的欠压值不足以抗拒毛细管力自吸效应。

(3)暴露时间

随着产层接触润湿水相时间的延长，侵入深度和侵入量增加，气体渗透率的降低程度增加，水锁损害加剧。

3)毛细管力的单向阀效应以及水相的侵入与滞留

(1)毛细管力单向阀效应

毛管力的方向始终指向非润湿相的一方，在气藏中毛细管力对水驱气和气驱水所起的作用截然相反。钻井完井等作业中，其推动水相向储层推进，而在采气过程中又阻止水相从气藏中排出。这种效应类似于单向阀的作用。

(2)水相的侵入及滞留

气藏在原始状态下，孔喉中充满气体，在钻完井水相侵入和侵入后气驱水反排的过程中，气水分布的相对关系将发生变化，如图2.15所示。

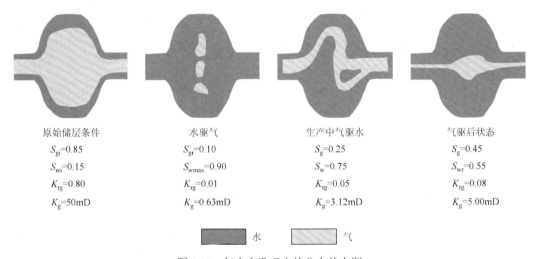

原始储层条件	水驱气	生产中气驱水	气驱后状态
$S_{gi}=0.85$	$S_{gr}=0.10$	$S_g=0.25$	$S_g=0.45$
$S_{wi}=0.15$	$S_{wmax}=0.90$	$S_w=0.75$	$S_{wr}=0.55$
$K_{rg}=0.80$	$K_{rg}=0.01$	$K_{rg}=0.05$	$K_{rg}=0.08$
$K_g=50mD$	$K_g=0.63mD$	$K_g=3.12mD$	$K_g=5.00mD$

　　水　　　　　　　气

图 2.15　气水在孔喉中的分布状态图

在钻井、完井等作业过程中，由于正压差的作用，或由于毛细管的自吸效应，水相驱替气体侵入气层并逐渐占据孔隙空间；气驱后由于润湿性和孔隙结构(如孔隙几何形状和连通状况等)的影响，水相在孔隙中形成明显的滞留。水相在气层中的侵入和滞留所产生的直接结果就是导致岩石的含水饱和度升高和气体的相对渗透率降低，如图2.16所示。

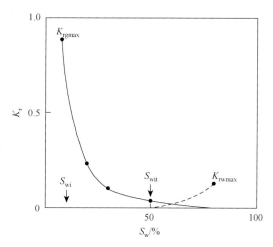

图 2.16 气水相对渗透率曲线示意图

(3)非达西渗流效应与反排过程

当岩石中存在滞留水相时,气体的渗流将偏离达西定律,出现"启动压差"和"临界压力梯度"。气体发生流动所需要的最小压差即为启动压差,描述了气体从静止到流动的突变和时间滞后现象。同时,气水两相要保持连续流动也必须保证一个最低的压差或压力梯度,称为"临界压力梯度"。

含水岩石的非达西渗流现象与岩石的孔隙结构密切相关。根据 Poiseuille 定律推导,得到气驱水时毛管的排液公式[12]:

$$t = \frac{4\mu L^2}{pr^2 - 2r\sigma\cos\theta}$$ (2.4)

式中,t 为液柱从毛管中排出所需要的时间;r 为毛细管半径;L 为液柱长度;p 为驱动压力;μ 为水相的黏度。可以看出,r 越小,排液时间越长。气层一旦形成水锁,首先解除的是相对较大的毛细管,相对较小的毛细管解除较慢,有的甚至形成水墙,难以消除。

(4)侵入水对气层特性的改变

水相在低渗透砂岩气层中的侵入和滞留除了导致含水饱和度的上升、气相渗透率下降之外,还会改变孔隙结构以及产生复杂的水-岩反应,包括敏感性损害。

4)水锁损害程度评价方法

(1)实验评价

除了必须进行深入的水锁损害理论研究以外,对于给定的储层可以采用简单的实验方法进行水锁损害程度评价,其步骤如下:①实验岩心样品的准备,包括钻取、洗油、烘干、孔隙度和气体渗透率测量、抽真空;②建立岩石原始束缚水饱和度或者完全真空饱和岩心;③采用含水饱和度递减法或递增法测定不同的含水饱和度及其对应的气体渗透率。

岩心的水锁损害程度通常采用水锁损害指数(I_w)来定义:

$$I_w = \frac{K_{S_{wi}} - K_{S_w}}{K_{S_{wi}}}$$ (2.5)

式中,$K_{S_{wi}}$ 为原始含水饱和度对应的气体渗透率;K_{S_w} 为对应的气体渗透率。

式(2.5)中，由于很多情况下要重建原始含水饱和度 S_{wi} 时存在困难，往往采用 $S_{wi}=0$，即干岩心的气体渗透率来代替 $K_{S_{wi}}$ 进行评价。如果 I_w 为 1，则气藏受到最为严重的水锁损害；如果 I_w 为 0，则 $K_{S_{wi}}=K_{S_w}$，气藏不存在水锁损害；如果 I_w 为 0～1，气藏受到一定程度的水锁损害。通过采取某些增产措施，有可能使得 $I_w<1$，气藏的水锁损害得到解除，渗流性能得到进一步改善。

(2) APTi 指数预测方法

Bennion 等最先提出采用 APTi 指数预测水锁损害的方法并得到广泛的应用[13]。其在大量实验数据统计的基础上，提出 APTi 指数概念，并用下式描述：

$$APTi = 0.25 \cdot \lg K_a + 2.2 S_{wi} - RP_a - IP_a + PR_a \tag{2.6}$$

式中，APTi 为水锁损害指数；K_a 为地层平均空气渗透率，mD；S_{wi} 为原始含水饱和度；RP_a 为相对渗透率校正因子；IP_a 为侵入深度校正因子；PR_a 为地层压力校正因子。

$$IP_a = 0.08 \lg(I_d + 0.4) \tag{2.7}$$

式中，I_d 为径向侵入深度，cm；$0 \leq I_d < 500$ cm，IP_a 为 -0.032～0.216。侵入深度越大，液相聚集损害程度越严重。

$$PR_a = 0.15 \lg P_r - 0.175 \tag{2.8}$$

式中，P_r 为现今气藏压力，MPa，0.1 MPa $\leq P_r \leq 50$ MPa；PR_a 为 -0.325～0.080，储层压力越大，可移动及克服毛管压力滞留液体的能力越高。

$$RP_a = 0.26 \lg(x - 0.5) \tag{2.9}$$

式中，x 为相对渗透率曲线形状因子，$x > 1.0$。

APTi>1.0 时，潜在水锁损害不明显；$0.8<$APTi<1.0 时，具有潜在水锁损害；APTi<0.8 时，潜在水锁损害严重。APTi 值越小，潜在水锁损害越严重。

3. 孔隙型基块固相损害

1) 损害机理

外部的固体颗粒进入地层后，堵塞孔隙的流动通道，进入岩石的孔隙当中，堵塞液体的流动通道，造成渗透率下降。导致地层堵塞和微粒运移的固相颗粒，一方面来自于各种固相添加剂，有的是为了稳定钻井液性能(如膨润土)，有的是有目的地加入一定粒径的固相粒子以实现对地层的人为封堵；另一方面来自于地层自身微粒，包括孔隙充填的黏土矿物或弱胶结的地层骨架颗粒。低渗透、超低渗透砂岩孔喉相对较小，仅钻井液中的微固相或者高分子聚合物可以进入产生堵塞，而且微粒在其中运移难度较大，堵塞深度较浅；中高渗透储层，尤其是超高渗透储层，钻井液中的大部分固相均有可能进入储层，且固相在其中运移较为容易，堵塞深度相对较深。

2) 评价方法

固相颗粒对储层的损害机理为：在正压差作用下，小于储层孔隙尺寸和裂缝宽度的固相颗粒进入储层，在孔喉或裂缝的窄小处发生堵塞而产生损害。其损害程度主要取决于裂缝宽度及分布、孔喉大小及分布、固相颗粒大小及分布、压差大小以及外滤饼形成速度和质量。

4. 应力敏感损害

1）损害机理

钻井、油气井开采均会导致孔隙流体压力的变化，进一步引起围岩应力的变化。岩石的孔隙空间大小、孔隙形状、孔隙连通性以及岩石微观结构等均受围岩应力变化的影响。围岩应力变化对岩石的影响在很大程度上又体现为岩石渗流能力的变化。岩石渗透率随围岩应力变化的现象称为岩石的应力敏感性。

2）评价方法

应力敏感性实验就是模拟围压条件考察物性随有效应力的变化关系。基块岩石应力敏感性实验评价方法如下：①选择天然岩心；②选择净应力点，如 3.5MPa、5MPa、7.5MPa、10MPa、15MPa、20MPa、30MPa、40MPa；③逐步升高围压，在全自动岩心测试仪上测定 K；④逐步降低围压，压力释放过程中，测定各个压力点渗透率的恢复情况。

进行应力敏感性评价用到的主要仪器有 CMS-300 岩心自动测定仪和改进的 PMI 孔隙结构流动仪，这两种装置的外观图如图 2.17 和图 2.18 所示。CMS-300 测岩样的孔隙体积是用气体膨胀法测定，岩样随氮气一起加压并达到稳定，然后把氮气膨胀到已知精确体积的室内，使压力再次稳定，用波义耳定律计算起始和结束状态下的空隙体积。

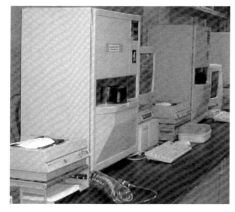 

图 2.17　CMS-300 岩心自动测定仪器图　　　　图 2.18　改进的 PMI 孔隙结构流动仪器图

5. 漏失损害

1）漏失损害的机理

对于超高渗透储层，沉积物粒度较粗、胶结疏松、物性较好，并且孔喉直径大、连通性好，容易造成外来工作液固相进入储层产生堵塞以及外来液与储层矿物发生敏感性损害，具体损害的机理参考不配伍液相损害及孔隙型基块固相损害。

2）评价方法

（1）实验评价方法

室内利用钻井完井液动态损害评价仪（图 2.19）进行屏蔽暂堵效果评价，基本流程为：

①岩心饱和地层水或煤油,并正向测定渗透率;②在一定正压差下循环钻井液反向污染岩心,记录钻井液滤失量,并利用滤失量计算暂堵层渗透率变化;③停止循环,用地层水或煤油正向测定岩心反排突破压差以及反排渗透率;④如果岩心反排渗透率恢复程度差,则截去污染端一定长度后正向测定渗透率,可同时评价固相堵塞深度。

图 2.19　钻完井液动态损害评价仪图

(2)暂堵粒子与孔径配比关系分析

孔隙型储层屏蔽暂堵的关键在于暂堵粒子级配能否在孔喉中有效形成架桥,一般按照平均孔喉直径的 1/2～2/3 设计架桥粒子级配。近来逐渐发展成根据储层孔喉直径分布频率来设计暂堵粒子级配的"广谱"屏蔽暂堵技术[14, 15]。

不同渗透率孔隙型储层孔喉直径分布不一,通过压汞的方法测定了渗透率为 0.04～407.9mD 孔隙型砂岩的孔隙直径分布(图 2.20)。

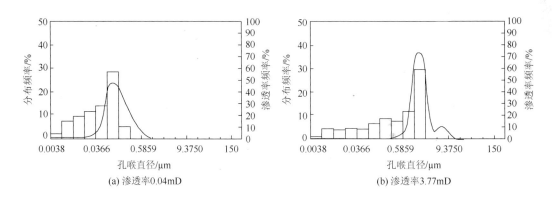

(a) 渗透率0.04mD　　　　　　　　　　(b) 渗透率3.77mD

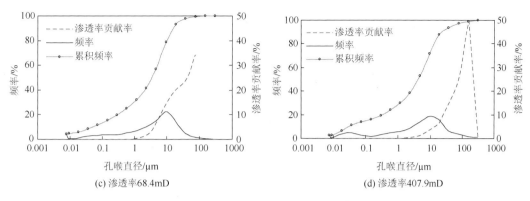

(c) 渗透率68.4mD　　　　(d) 渗透率407.9mD

图 2.20　不同渗透率孔隙型砂岩孔喉直径图

根据测定结果，渗透率低于 10mD 的孔隙型砂岩的孔喉直径一般低于 10μm，且多数在 1μm 以下，非常狭窄；而渗透率在 50mD 以上的孔隙型砂岩渗透率在 0.01μm 至几百微米的范围内均有分布。

几种孔隙型储层常用暂堵粒子的粒径分布测定结果如图 2.21 所示。可以看出，暂堵粒子的粒径从 0.05～500μm 均有分布，其主峰分布区间为 5～100μm。

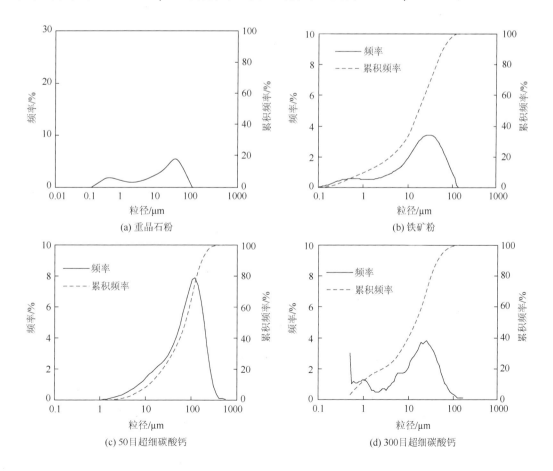

(a) 重晶石粉　　　　(b) 铁矿粉

(c) 50目超细碳酸钙　　　　(d) 300目超细碳酸钙

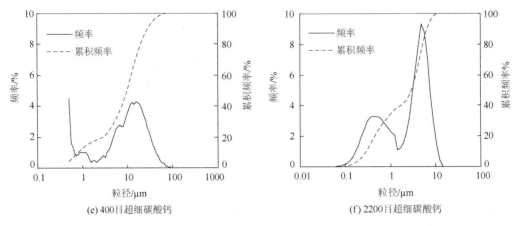

图 2.21　常用几种固相粒子粒径分布图

通过孔喉直径分布规律与暂堵粒子的粒径分布规律对比分析，对于低渗透和超低渗透储层，暂堵粒子主峰分布区间在储层孔喉分布区间之外，暂堵过程中绝大多数粒子很难进入孔喉形成双粒或多粒架桥，更多的是形成单粒架桥；对于中高渗透储层，其孔喉直径分布范围内均有合适尺寸的暂堵粒子可形成双粒或多粒架桥；而对于超高渗透储层，由于孔喉直径大，形成双粒或多粒架桥过程较为缓慢，过程中可有较多的小直径粒子进入孔隙，固相进入的深度较大。

(3) 暂堵固相侵入深度分析

使用屏蔽暂堵技术，暂堵半径可以使用以下经验公式进行计算：

$$r_a = r_w e^{\frac{\Delta P}{2.1(D_{粒}/D_{孔})^2 r_w}} \tag{2.10}$$

则暂堵层厚度 d 为

$$d = r_a - r_w = r_w e^{\frac{\Delta P}{2.1(D_{粒}/D_{孔})^2 r_w}} - r_w \tag{2.11}$$

式中，ΔP 为钻井液循环正压差，MPa；$D_{粒}$ 为暂堵粒子直径，μm；$D_{孔}$ 为孔喉直径，μm；r_w 为井眼半径，mm；r_a 为暂堵半径，mm；d 为暂堵层厚度，mm。

根据上述经验公式，按 $D_{粒}/D_{孔}$=1/2～2/3。取 r_w=100mm，则在 3.5MPa、5MPa、10MPa 条件下形成暂堵层的厚度应分别为 $d_{3.5MPa}$=3.82～6.89mm、d_{5MPa}=5.5～9.99mm、d_{10MPa}=11.31～20.98mm。说明对于暂堵效果较好的情况，暂堵层固相侵入深度一般不应超过 2cm。计算结果与屏蔽暂堵效果较好的岩样实验结果吻合，但超高渗透岩样的固相侵入损害明显要高于此值。

(4) 液相侵入深度分析

屏蔽暂堵的理想境界是暂堵层形成后滤饼的渗透率为零，但实际钻井过程中滤饼的渗透率绝大部分不为零，在钻井过程中可能一直存在钻井液滤液的渗漏。

现以室内暂堵实验评价的最小渗透率为钻井液的渗漏速率，来估算钻井液滤液的渗滤半径与渗滤量。假设：①均质孔隙型储层；②滤饼快速形成，形成后渗透率稳定；③仅考虑钻井液液相漏失；④钻井液循环过程中，暂堵层不会被击穿或堵死；⑤冲洗带孔隙完全被滤液占据。在平面径向流条件下，经推导得到：

在时间 t 内，钻井液滤液渗滤半径和滤失量为

$$r = \sqrt{\frac{2K_{\mathrm{mud}}\Delta Pt}{\phi\mu\ln\dfrac{r_{\mathrm{e}}}{r_{\mathrm{w}}}} + r_{\mathrm{w}}^2} \tag{2.12}$$

$$Q = 2\pi r_{\mathrm{w}}h \cdot v = \frac{2\pi K_{\mathrm{mud}}h\Delta P}{\mu\ln\dfrac{r_{\mathrm{e}}}{r_{\mathrm{w}}}} \cdot t \tag{2.13}$$

2.2 裂缝型储层钻完井储层损害

2.2.1 裂缝型储层地质特征

1. 裂缝基本特征

1) 成因复杂

裂缝的形成归因于各种地质因素：储集层内局部岩体遭到变形或破坏(褶皱或断裂)、长期的区域应力作用、失水引起页岩和泥质砂岩岩石体积收缩、受热岩石冷却收缩、岩层顶面附近长期遭受风化剥蚀导致岩石机械破裂等。按成因可以将裂缝分为构造成因裂缝和非构造成因裂缝两类。

2) 构造成因裂缝分布具有组系性和方向性

构造成因裂缝在区域上具有一定的方向性和规律性。同一时期、相同应力作用产生的方向大体一致的多条裂缝，组合起来形成一个裂缝组；同一时期、相同应力作用产生的两组和两组以上的裂缝组，组合起来为一个裂缝系；多套裂缝组系连通在一起形成裂缝网络。单条裂缝往往与裂缝组(系)方向之间有一较小的锐角夹角，但不排除个别或较少裂缝与裂缝组(系)方向之间存在较大夹角。统计发现，裂缝型油气藏中一般中高角度裂缝发育较普遍。例如，石西油田以倾角为 60°~80° 的构造缝为主；雁翎油田倾角为 80°~90° 的垂直裂缝占 69%，70°~80° 的裂缝占 23%；边台变质岩潜山油气藏倾角大于 45° 的裂缝占 68% 以上，大于 70° 的垂直裂缝占 19.3%。非构造成因裂缝没有方向上的一致性，它们一般是不规则的、弯曲的、不连续的。

3) 储层中多种裂缝并存

受埋藏深度、孔隙压力和岩石类型等因素的影响，裂缝型储层中存在不同级别的裂缝。就裂缝长度而言，大裂缝可以延伸几十米到几百米不等，中等裂缝能穿透几个层，小裂缝仅局限于单个岩层内分布。孔隙-裂缝型储层中，通常裂缝延伸长度小于 1m，通常以 cm 量级考虑，但也有裂缝较长；裂缝张开度小于 1mm，通常以 μm 量级出现。裂缝开度的变化范围为 5~200μm，且最常见的范围为 10~20μm。

4) 渗透率高，孔隙度有限

裂缝孔隙度通常远比基质孔隙度小，而裂缝渗透率往往是基质渗透率的几倍到几千倍。Nelson 提出下列确定宏观裂缝孔隙度的经验指标：裂缝孔隙度一般小于 0.5%，最大裂缝孔隙度一般不超过 2%，溶蚀裂缝孔隙度可以大于 2%[16]。

5) 裂缝发育影响因素复杂

裂缝发育影响因素较多，其中储集层岩石物理力学性质、岩石结构、层厚、构造应力是最基本的影响因素。裂缝发育程度与储集层岩石致密、脆性呈正相关关系，一般说来，碳酸盐岩储集层裂缝发育程度由低到高顺序是泥质碳酸盐岩—石灰岩—白云岩—硅质白云岩；砂岩储集层裂缝发育程度顺序为粉砂岩—细砂岩—钙质砂岩；页岩储集层裂缝强度随硅质含量的增多而增高。岩石结构为粗晶，则晶间结合不牢，粗晶矿物解理发育、晶间缝发育，但裂缝发育密度降低，岩石粒度增加会使裂缝密度降低。构造应力场与地层构造的匹配方式，可以造成不同性质和不同发育程度的构造裂缝。同时，若其他条件相同，裂缝间距随着层厚的减薄而减小，薄层比厚层岩石具有更大的裂缝密度。

2. 裂缝型储层发育特征

1) 发育控制因素

裂缝型储层在形成过程中往往受沉积、压实、断裂、风化、溶蚀、充填等多种地质作用的影响，尤其断裂作用的影响非常明显。地层断裂运动和构造运动导致断层或断块的产生，并在断裂带附近高度发育裂缝，最终影响地层的流体储集能力和渗流能力。裂缝发育的构造控制因素主要是构造应力的大小、性质、受力期次、破裂变形环境等。

2) 储集空间组合特征

在裂缝型储层中，裂缝、溶孔、溶洞、基质孔隙有不同组合类型，并决定着储层的储集能力和渗滤能力。按照储集空间及其组合类型，可将裂缝型储层划分为孔隙-裂缝型和孔缝洞复合型储集层。本章主要研究孔隙-裂缝型储层。

3) 岩性特征

按储层岩性，裂缝型储集层基本上可分为三种储集层类型，即碳酸盐岩类、砂泥岩类变质岩、火成岩类裂缝型储集层。

4) 非均质性

在裂缝型储层形成过程中，沉积环境和沉积方式复杂，成岩作用多样，后期构造作用复杂，储层在岩性、物性、孔隙结构、流体分布等方面表现出了强烈的非均质性。

3. 裂缝识别与描述

1) 地面露头分析

对地面露头进行仔细的观察、测量、描绘，是对裂缝进行描述的重要方法，如图 2.22 所示。

(a)　　　　　　　　　　　　　　　　　(b)

图 2.22　野外露头观察到的岩石裂缝发育情况图

2）岩心观测法

岩心观测法利用井下取出的岩心，通过肉眼直接观测、镜下观察，形成对储集层裂缝的发育强度、分布等的直观认识，并通过裂缝宽度（张开度）、裂缝长度、裂缝倾角、裂缝方位以及裂缝充填情况、裂缝密度、裂缝间距、裂缝孔隙度等参数定量地表示出来，为油田开发、开采提供地质依据。

3）地震预测法

地震资料检测地下原地裂缝技术进展较快，产生了多种裂缝预测、识别方法。归纳起来主要有两类：一类是近年来提出的利用纵波方位各向异性检测裂隙的方法；另一类是利用横波分裂现象检测裂隙。但由于目前常规地震资料分辨率较低，使得地震方法在识别大断距断层方面起到重要作用，而对裂缝的预测识别仍然处于初期的理论研究阶段。

4）钻井工程识别方法

在钻遇地层裂缝的过程中，常出现钻井液大量漏失的情况，而钻井液的漏失大多与所钻地层裂缝发育或者诱导裂缝的存在有关，且当钻到各种裂缝地层时，机械钻速可大大增加，因而可用于间接探测裂缝。此外，还包括井壁崩落、固井质量显示、钻井曲线分析等。

5）测井资料解释法预测

由于裂缝的存在会影响电阻率、声波、密度等参数，所以测井资料可以反映裂缝的发育情况。随着测井技术的不断发展，尤其是微电阻率成像测井（FMI）、方位电阻率成像测井（ARI），以及各种声波成像测井技术的迅速发展，为人们认识裂缝及裂缝型油气储层提供了更多、更丰富的方法和技术。对裸眼井段进行超声波扫描录像，可以直接观测井壁上的天然裂缝方向和大小，如图 2.23 所示。

6）试井信息法预测

储层裂缝发育时，在生产试井曲线上就会有显著的裂缝特征。在试井评价表皮系数很小时，存在两个径向流段压力曲线，在单对数试井曲线上出现两个平行的直线段，第一个直线段代表裂缝径向流，第二个直线段代表总系统径向流，如图 2.24 所示。实际上由于储层损害不可避免，大多数裂缝储层试井曲线只出现一个总系统的径向流。对于裂缝型油气储层来说，试井解释也可以定量计算反映裂缝特征的参数。

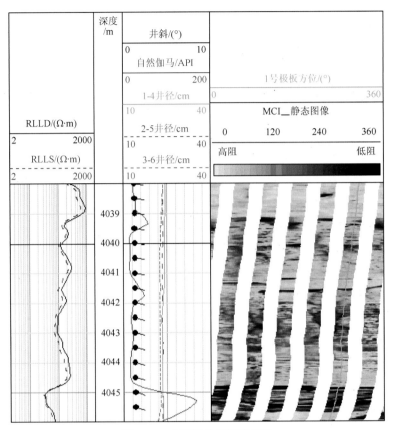

图 2.23　成像测井探测裂缝图

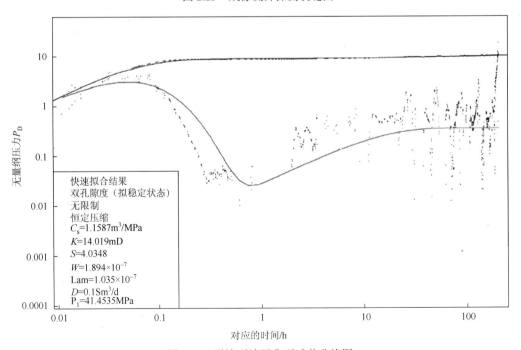

图 2.24　裂缝型地层典型试井曲线图

7) 井下照相法预测

小型的井下照相机和电视摄像机可用于井下储层裂缝的照相。若配置定向装置,井下照相能提供与定向取心相同的裂缝全方位资料,这些资料对于完整了解裂缝型储集层特征是很重要的。这种方法的最大缺陷是由于井壁上钻井液的存在,储层直接照相会受到影响或不能进行,但在气体钻井或充气钻井过程中,可以使用该技术研究储层裂缝,国外这种技术已被应用于气体钻井中,如图 2.25 所示。已采用无线传输的方法成功地将井下 1500m 以内的视频信息传输至地面。

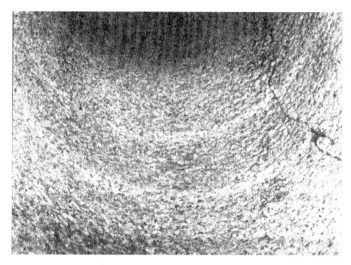

图 2.25　井下电视观察的地层裂缝图

8) 铸体薄片法

铸体薄片中带色的树脂部分就是代表岩石二维空间的裂缝孔隙结构状态,如图 2.26 所示,因此可以很方便地直接观察到岩石薄片中的面孔率、裂缝、孔隙、喉道及孔喉配位数等。

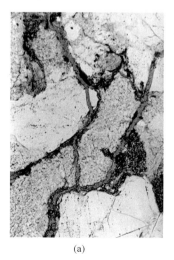

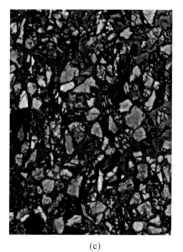

(a)　　　　　　　　　　(b)　　　　　　　　　　(c)

图 2.26　铸体薄片研究裂缝特征图

9) 扫描电镜分析

通过扫描电镜可以观察微观裂缝以及裂缝面微凸体特征, 如图 2.27 所示。

图 2.27　岩心裂缝扫描电镜照片图

4. 裂缝三维空间精细描述技术

(1) 利用三维面形数据合成裂缝宽度三维分布。假设粗糙裂缝面相对于各自的基准面的高度值分别为 $h_1=z_1(x, y)$, $h_2=z_2(x, y)$, 那么合成表面的高度值为[17]

$$h=h_1+h_2=z_1(x, y)+z_2(x, y) \tag{2.14}$$

从合成裂缝表面图 (图 2.28) 的特征可以看出, 它实际反映了两个粗糙裂缝面之间的相关程度, 较好地体现了两粗糙裂缝面微凸体之间的接触特性, 可以用来分析裂缝受力, 微凸体接触变形特征和获取岩石内裂缝宽度分布。

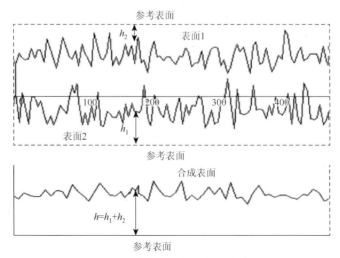

图 2.28　裂缝合成表面生成原理图

利用测量数据，在 MATLAB 中就可以获得岩心裂缝三维立体合成图，如图 2.29 所示。

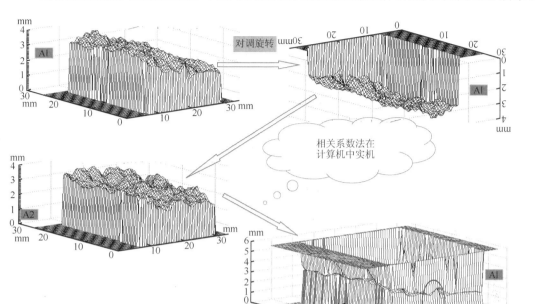

图 2.29　岩心裂缝三维立体合成图

研究岩心内部裂缝三维结构，需要利用三维面形仪获取裂缝端面图像提取端面裂缝宽度数据。图 2.30 为对扫描灰度图二值化处理获得的端面裂缝宽度，其平均宽度为 80μm。

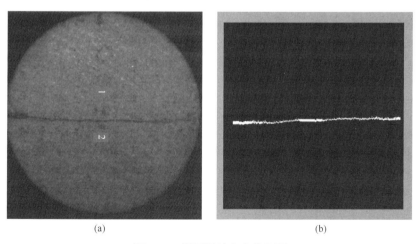

(a)　　　　　　　　　　　(b)

图 2.30　端面裂缝宽度提取图

利用端面裂缝宽度数据、裂缝两表面三维面形数据完成了岩心裂缝内部结构的三维重构，获得了裂缝空间任意位置宽度分布，如图 2.31 所示。该项工作对于分析储层裂缝闭合过程中微凸体力学性质、闭合动态模型预测以及预测裂缝闭合过程中储层渗流能力有着重要意义。

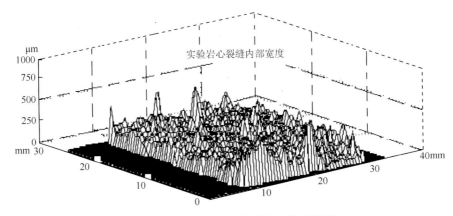

图 2.31　岩心裂缝内部宽度的三维重构图

(2) 利用多层螺旋 CT 成像对裂缝三维空间可进行精细的描述，裂缝三维重构图如图 2.32 所示，具体原理将在裂缝型储层评价方法章节进行详细描述。

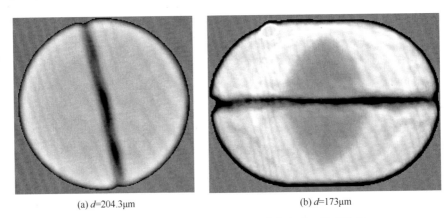

(a) d=204.3μm

(b) d=173μm

图 2.32　多层螺旋 CT 成像获取裂缝宽度及三维重构图

2.2.2　裂缝型储层损害机理及评价

1. 裂缝变形机理及评价

1) 裂缝变形机理

(1) 微凸体接触变形分析

微凸体对裂缝的闭合有重要的控制作用，按照微凸体作用形式将裂缝闭合划分为三个阶段：①裂缝闭合初始阶段，微凸体之间相互接触较少，对裂缝面支撑作用较弱，以裂缝表面整体变形为主；②裂缝面局部变形阶段，相互接触的微凸体数量逐渐增多，并对裂缝面产生支撑作用，以裂缝面局部变形为主；③裂缝变形最后阶段，多数微凸体接触脆-弹性破坏引起的裂缝变形闭合。在气体钻井过程中，由于欠压值的存在，裂缝受力闭合多以裂缝闭合的初始阶段为主。

当裂缝所承受的有效应力发生变化时，裂缝面上微凸体所承载的有效应力随之发生变化，微凸体间相互接触发生变形，引起裂缝闭合。裂缝面内微凸体变形的主要类型有弹性变形、塑性变形及二者之间的过渡类型——弹塑性变形三种类型，并以弹塑性变形为主。在弹性状态下，应变唯一决定于应力状态；在塑性状态下，应变不仅与应力现状有关，还与加载历史、加卸载的状态、加载路径以及裂缝面内微凸体的微观结构等有关。因此，弹塑性变形的本构模型要比弹性变形的本构模型复杂得多。

　　分析裂缝面上微凸体受力变形导致裂缝闭合的机制：第一种是微凸体颗粒本身受力发生的线性弹性变形而引起的裂缝闭合，且所引起的闭合量与微凸体所承受的应力大小有关，称为微凸体本体变形；第二种是裂缝两表面上微凸体受力接触发生颗粒之间相互移动而导致的裂缝闭合，且其所引起的裂缝闭合量与微凸体之间相互接触点所受的平均应力大小有关，称为微凸体结构变形，如图 2.33 所示。

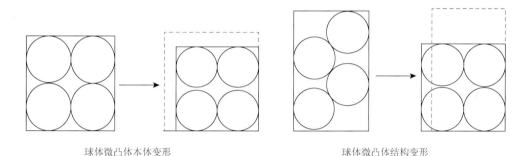

球体微凸体本体变形　　　　　　　　　　球体微凸体结构变形

图 2.33　微凸体受力变形示意图

　　考虑到在钻井以及开发过程中，储层压力的改变并不十分剧烈，因而裂缝面上微凸体接触的本体变形一般是一个可逆的线弹性变形过程。但其结构变形由于裂缝面上相互接触的微凸体颗粒之间产生了相对位移，通常是不可恢复的，是微凸体的永久性塑性变形过程，其变形过程是不可逆的。不过由于不同的裂缝型储层，其裂缝面上微凸体特性不尽相同，微凸体受力所产生的变形也是各具特色的。

　　(2) 微凸体受力分析

　　裂缝闭合的初级阶段是裂缝面变形引起的，在此阶段裂缝空间内的微凸体受裂缝内部应力作用；裂缝闭合后两个阶段，微凸体不仅仅受裂缝内部流体应力作用，还受裂缝面法向外部应力作用，使得裂缝面内的微凸体受力情况变得十分复杂。为了简化研究，引用有效应力研究裂缝闭合微凸体受力情况。

　　对裂缝面上微凸体受力分析之所以采用有效应力的原因主要有两个：一是因为裂缝及微凸体的微观和宏观结构特征十分复杂，二是因为储层裂缝微凸体的受力状态十分复杂。地下裂缝内充满着流体，流体压力可以承担和分散作用在裂缝面的作用力，这种作用与裂缝表面的形态特征和微凸体的接触情况等因素有关。裂缝中流体压力的存在改变了基质间的应力分配状况，进而对岩体的力学性质构成影响，通过裂缝基质间接触面传递的应力，显然只有有效应力才对裂缝闭合的后两个阶段产生直接影响。

　　裂缝面上微凸体的有效应力可认为是一个等价应力或等效应力，它作用于微凸体上对其所产生变形的效果与微凸体所受到的外部应力和内部应力共同作用所产生的变形效果完全相同。外部应力和内部应力共同作用时所产生的效果可能是不同方面的，因而微凸体受有效应力也可能不仅仅只有一个。

可以将储层裂缝面上微凸体所受的有效应力表示成下列函数关系：

$$\sigma_{\text{eff}} = f(\sigma_{ij},\ P_{\text{f}},\ P_{\text{f}},\ \lambda_1,\ \lambda_2,\ \cdots,\ \lambda_n) \tag{2.15}$$

式中，λ_n 为裂缝面上微凸体的特征参数。

(3)裂缝闭合与裂缝结构特征的关系

裂缝受力两粗糙裂缝面上微凸体的接触面积：裂缝两表面上微凸体的接触面积越小，微凸体越易发生后变形，裂缝越容易闭合。

裂缝的初始宽度(d_0)：一般来说，储层裂缝的开启程度越大，即初始裂缝宽度值越大，在有效应力作用下储层裂缝越容易发生闭合，闭合量就相对越大。

储层岩心裂缝表面的粗糙程度：在定量描述裂缝的表面粗糙程度时，使用较多的一个参数就是裂缝表面微凸体高度的标准差 σ，也称为均方粗糙度。一般情况下，σ 值越大，裂缝表面就越粗糙。表面粗糙度不同的裂缝闭合过程微凸体受力有区别。

2)评价方法

(1)裂缝动态变形的可视化测量

①裂缝变形可视化测量系统研究

利用所建立的可视化观测系统可以很直观地测到裂缝受力后微凸体的微观接触变化和裂缝宽度在不同应力条件下的变化情况。该系统包括：图像摄取与存储单元、岩心端面可视的特殊岩心夹持器、孔隙结构与物性测试单元和围压系统，其中孔隙结构与物性测量采用 PMI 孔隙结构仪完成。利用该系统可以完成三项实验研究：单条裂缝闭合规律的实验、单裂缝闭合微凸体微观接触连续变形实验、单裂缝闭合过程中渗流规律变化的实验，如图 2.34 所示。

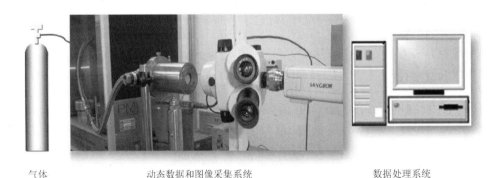

气体　　　　　　　动态数据和图像采集系统　　　　　　　数据处理系统

图 2.34　高精度裂缝变形可视化测量系统图

图 2.35 为在不同有效应力下获得的裂缝端面图像，其中 A、B、C、D 为四个不同的微凸体。结合渗透率测试数据，在有效应力由 1MPa→2.5MPa→5MPa→7.5MPa 的变化过程中，裂缝明显闭合，裂缝的机械宽度明显变窄，微凸体先后接触，裂缝的液测渗透率从 97.4mD 降低到 1.1mD；在围压增加到 10MPa 以后，由于裂缝两表面微凸体

形成的接触点数量增多，支撑作用增强，裂缝宽度不再发生明显变化，但裂缝的渗透率有一定下降，说明微凸体和裂缝面仍有一定的弹塑性变形。随裂缝面变形和微凸体先后接触，裂缝空间逐渐被分割成多个连通程度不同的次级裂缝空间，裂缝内部的渗流通道发生变化。这一裂缝空间的变化特征导致裂缝闭合过程中的渗流不同于平行板模型的情况。

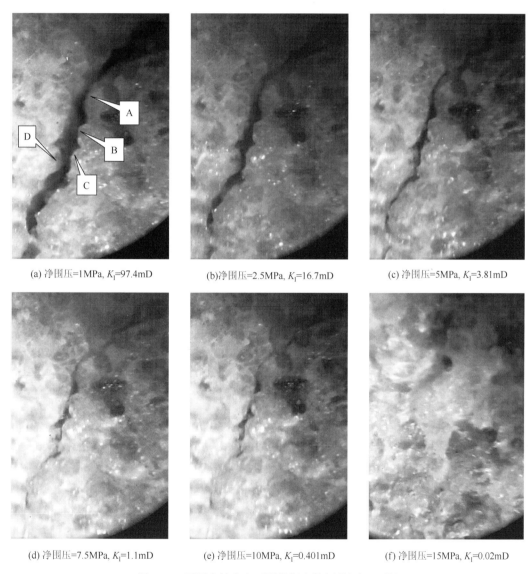

(a) 净围压$=1$MPa, $K_1=97.4$mD　　(b)净围压$=2.5$MPa, $K_1=16.7$mD　　(c) 净围压$=5$MPa, $K_1=3.81$mD

(d) 净围压$=7.5$MPa, $K_1=1.1$mD　　(e) 净围压$=10$MPa, $K_1=0.401$mD　　(f) 净围压$=15$MPa, $K_1=0.02$mD

图 2.35　不同有效应力下裂缝闭合特征(放大 25 倍)

②多层螺旋 CT 三维成像研究

利用多层螺旋CT机对有代表性的裂缝岩心在不同的有效应力条件下进行扫描和三维成像，以观测、研究储层裂缝在各种条件下的受力闭合特征。为了适应 CT 扫描的要求，研制了适合于 CT 扫描的特殊岩心夹持器与配套的加压系统，如图 2.36 所示。

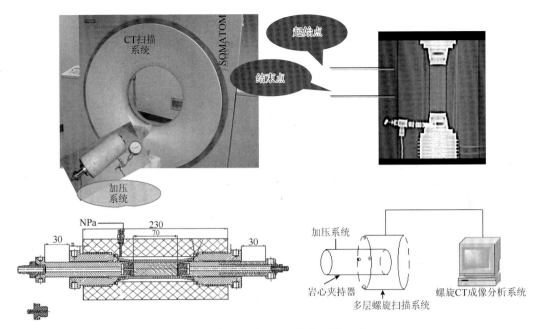

图 2.36　多层螺旋 CT 成像实验原理图

该系统可以完成两项实验研究：单个固定裂缝面在不同围压下的闭合规律对比实验；单条裂缝在不同压力条件下的裂缝空间的变化规律实验。实验具体步骤略。

通过多层螺旋 CT 三维成像系统扫描到不同有效应力下岩心不同端面裂缝宽度的动态变化。选取代表性裂缝岩样，分别在围压是 0MPa、2.5MPa、5MPa、12MPa 的四个压力点扫描，每个压力点扫描 18 层。为了便于比较，选择每次扫描的第 8 层作为分析图像，并且图像的窗体大小不变。通过对 CT 扫描二维图像数字化，计算两裂缝面间的像素横向点个数来计算出扫描裂缝各层面在不同围压条件下的宽度数据，如图 2.37 所示。

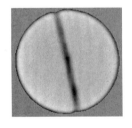 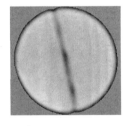 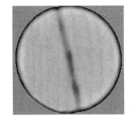 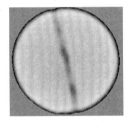

(a) 围压=0MPa, d=195μm　(b) 围压=2.5MPa, d=123.8μm　(c) 围压=5MPa, d=78.2μm　(d) 围压=12MPa, d=52.3μm

图 2.37　不同有效应力下裂缝端面特征(岩心第 8 扫描层)图

可以看出，围压增加的初始阶段，裂缝宽度迅速减小，此后裂缝宽度大小随着有效应力的增加变得缓和，与裂缝可视化系统实验结果一致。

通过 CT-3D 工作站处理，对单层图像进行三维重构，获得不同围压下裂缝空间形态，并以二维或三维图像的形式准确地显示裂缝岩心的立体视图，如图 2.38 所示。该手段为裂缝研究提供了新的重要途径。

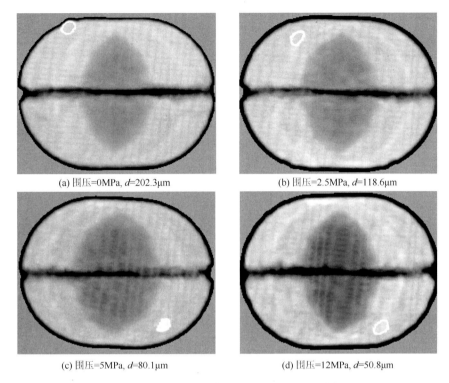

(a) 围压=0MPa, d=202.3μm　　　　(b) 围压=2.5MPa, d=118.6μm

(c) 围压=5MPa, d=80.1μm　　　　(d) 围压=12MPa, d=50.8μm

图 2.38　多层螺旋 CT 扫描裂缝三维空间(不同围压)图

(2)单缝应力敏感性综合评价

①裂缝有效流动空间应力敏感性测定

裂缝型储层岩石的孔径结构对储层流体的微观渗流特征有重要的影响，尽管前人对裂缝型储层岩石孔隙结构进行了大量的研究，但是全面深入系统的研究工作较少见，为此采用前述可视化裂缝研究系统测量典型裂缝岩心在不同的有效应力下其裂缝水力学宽度分布的情况。在有效应力点 2.5MPa、5MPa、9MPa、14MPa、20MPa 测量裂缝岩心在不同的法向有效应力条件下其水力学宽度的变化。图 2.39 为不同有效应力条件下，同一砂岩裂缝的空间结构测试结果，图中 K_f 表示裂缝气测渗透率，横坐标为单一裂缝内部宽度分布区间，右侧为宽度最大值(单位为 μm)。

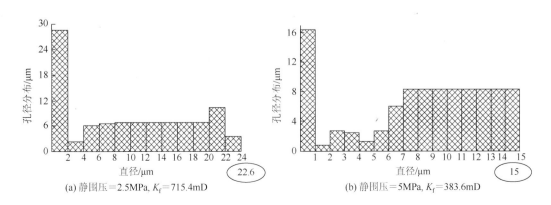

(a) 静围压=2.5MPa, K_f=715.4mD　　　　(b) 静围压=5MPa, K_f=383.6mD

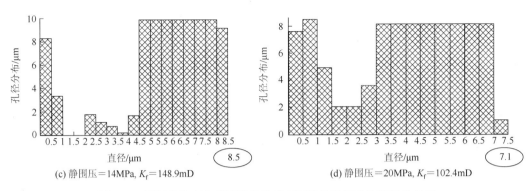

图 2.39　不同有效应力(净围压)条件下裂缝的空间结构测试结果图

可以看出,通过孔隙结构仪所得到的裂缝宽度则为一定的裂缝宽度分布区间,精细刻画了粗糙裂缝表面引起的裂缝内部宽度空间分布特征,而平行板模型仅能得到平均水力学宽度。对比不同围压下的裂缝空间结构特征,可以发现裂缝的宽度分布随有效应力的变化而变化,在有效应力增加前一阶段,对应裂缝闭合初始阶段,裂缝闭合量最大。该实验数据对于裂缝屏蔽暂堵效果评价有重要意义。

结合裂缝面的三维面形特征、裂缝空间结构及其在闭合过程中的空间结构演化分析,可知裂缝闭合主要与微凸体的支撑作用和裂缝面形态变化有关。裂缝闭合过程中,微凸体接触另一裂缝面后将起支撑作用并阻止裂缝的继续闭合,于是裂缝面开始变形,再有更多的微凸体参与接触和支撑。在此过程中裂缝的空间结构是逐步变化的,裂缝空间也被分割成越来越多的次级空间,渗流通道随之而变。

②裂缝渗透率应力敏感性测定

利用应力敏感性测量方法,测试 6 块砂岩裂缝岩样渗透率随有效应力变化结果见表 2.2 和图 2.40、图 2.41。

表 2.2　裂缝岩心样品有效应力与渗透率实验结果数据

有效应力/MPa	裂缝岩心渗透率/mD					
	A	B	C	D	E	F
1	81.92	105.68	715.4	509.89	2562.8	1276.8
2.5	23.96	54.91	439.8	248.05	1595.3	964.93
5	7.42	22.19	300.96	120.12	1156.2	748.95
7.5	3.40	12.33	219.06	78.23	913.57	623.97
10	2.58	7.73	184.04	60.34	784.45	557.64
12.5	1.89	5.69	151.58	54.96	684.8	499.19
15	1.87	4.33	138.01	49.87	653.75	451.33
20	1.62	3.13	112.86	41.62	587.91	373.45

可以看出,裂缝的渗透率应力敏感性远远高于孔隙型砂岩,且有效应力增加初始阶段渗透率下降较快;在有效压力达到 5MPa 以上时,由于微凸体支撑作用,渗透率的降低幅度明显趋于缓和。

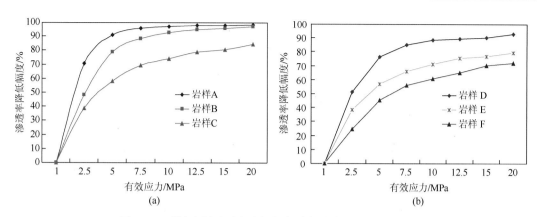

图 2.40　裂缝岩样渗透率降低幅度随有效应力的变化规律图

数据拟合结果表明,裂缝渗透率与有效应力之间呈乘幂关系(平均相关系数为 0.9887):

$$K_f = a\sigma_{eff}^{-b} \tag{2.16}$$

式中,a,b 分别为拟合系数,与裂缝面内微凸体特性以及流体类型有关。

③裂缝导流能力应力敏感性

用式(2.17)来统一表示裂缝岩石渗透率与法向有效应力之间的关系:

$$K = f(\sigma_{eff}) \tag{2.17}$$

法向有效压力与导流能力之间的关系:

$$T = \sqrt{12}w[f(\sigma_{eff})]^{\frac{3}{2}} \tag{2.18}$$

式中,w 为裂缝岩心面的宽度。

则法向有效应力与导流能力之间的变化关系:

$$T = \sqrt{12}w[a\sigma_{eff}^{-b}]^{\frac{3}{2}} \tag{2.19}$$

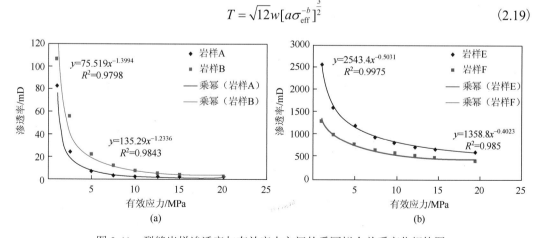

图 2.41　裂缝岩样渗透率与有效应力之间的乘幂拟合关系变化规律图

在前面的推导过程,是把裂缝假设成十分理想的平行板模型进行的,没有考虑实际裂缝两表面的粗糙程度,并且忽略了流体本身的可压缩性和重力的影响。而在实际的裂缝中，裂缝表面的形态十分复杂、多组裂缝之间互相交错、裂缝的延伸方向变化不定，以及裂缝中流体在高温高压下所表现出一些不可忽视的特征，且当裂缝受法向应力作用时，两粗糙裂缝面间微凸体的接触面积就会增加，裂缝两粗糙表面间流体的流动所受阻力也会增加，所有这些肯定降低了裂缝的导流能力。考虑这些因素的影响，对裂缝岩石样品法向有效应力与导流能力之间的变化关系进行修正，分别引入修正系数 λ，于是有

$$T = \lambda \sqrt{12} w [a \sigma_{\text{eff}}^{-b}]^{\frac{3}{2}} \tag{2.20}$$

式中，λ 为与岩石粗糙裂缝面特性以及流体特性有关的无因次量；w 可以用游标卡尺测得，根据前面实验获取裂缝渗透率与有效应力的关系可以得到参数 a，b，把这些参数代入式(2.20)就能得到不同应力下裂缝的导流能力。

2. 裂缝液相侵入损害

1)正压差下裂缝内液体突进与基质渗透

裂缝-孔隙双重介质储层在正压差下的伤害，最主要来自于液体在裂缝中的突进和裂缝通过缝面基质的水渗吸。为研究这种现象，完井中心自制了"长岩心驱替实验装置"，岩心长 45cm，人工裂缝、基质为低渗砂岩(人造岩心)，可以用于研究裂缝中的液体突进和基质水渗吸伤害。裂缝长岩心的封堵实验中，大于 200μm 的缝很难封住。在 3MPa 正压差下，工作液穿透 0.45m 长的微缝，几乎不需要时间。

针对裂缝在正压差下的液体突进与基质水渗吸做了数值模拟研究。如图 2.42 所示，为一条宽 0.1mm、高 10cm、长 1.5m 的垂直裂缝在 311.15mm 井眼中(气藏地层)用 3MPa 正压差打开时的数值模拟结果。结果表明：钻井液在正压差下的突进速度极快，占据整条裂缝仅需数秒。之后便是通过裂缝表面向基质的渗流和水渗吸。之后，随时间延长，缝面渗透、吸水带范围扩大，直至含水的平衡饱和。

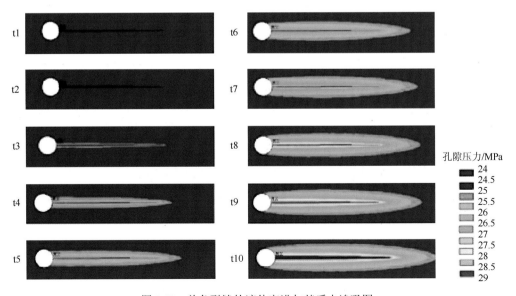

图 2.42 单条裂缝的液体突进与基质水渗吸图

目前的技术可以做到：只要有了裂缝的空间网络描述和裂缝相应参数，有了孔隙型基质的参数，在给定工艺条件下可以模拟过平衡钻井打开储层的伤害过程与伤害程度。

外来工作液为水基，渗吸通道为基质孔隙和裂缝，孔缝内饱和流体为油、气或水，渗吸动力为界面润湿能力和界面张力，渗吸阻力为各种动静流动阻力。实验表明：沿裂缝的渗吸速度和侵入深度都比孔隙大，图 2.43 为苏里格气田石千峰组岩样，说明了这个区别。

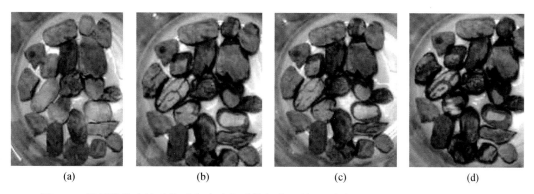

(a)   (b)   (c)   (d)

图 2.43 沿裂隙的水渗吸快于在孔隙基质的水渗吸(水沿裂缝的浸润比无缝基质快得多)图

2) 双重介质液相侵入对产能的影响

利用数值模拟技术，对邛西 3 井裂缝-孔隙型储层的产能进行了模拟，所得结果与实钻结果吻合，如图 2.44 所示。结果表明，在过平衡钻井条件下，有液相侵入储层并沿裂缝表面形成水锁损害，裂缝失去沟通能力，产气量仅为 $0.8 \times 10^4 \mathrm{m}^3/\mathrm{d}$；而采用全过程欠平衡钻井技术，很好地保护了裂缝，在近井裂缝发育带形成较大的负压梯度，气井产能达 $39.8 \times 10^4 \mathrm{m}^3/\mathrm{d}$，提高 49 倍。

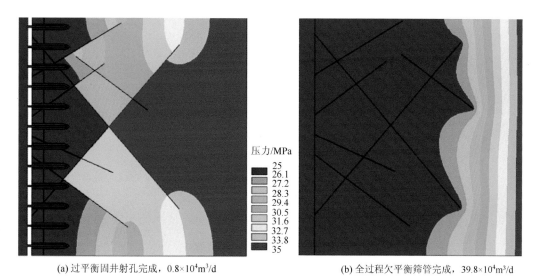

压力/MPa
25
26.1
27.2
28.3
29.4
30.5
31.6
32.7
33.8
35

(a) 过平衡固井射孔完成，$0.8 \times 10^4 \mathrm{m}^3/\mathrm{d}$ (b) 全过程欠平衡筛管完成，$39.8 \times 10^4 \mathrm{m}^3/\mathrm{d}$

图 2.44 双重介质液相侵入前后产能数值模拟图

　　图 2.45 为过平衡钻井、固井射孔完成情况下，裂缝和井壁被污染损害后近井区域流速场数值模拟结果。可以看出，在该种情况下，液相沿裂缝侵入造成的水锁损害带起着压力封隔作用，射孔无法有效沟通储层高压区，储层基块只能沿裂缝尖端绕流供气，出口流速极低，气井低产。

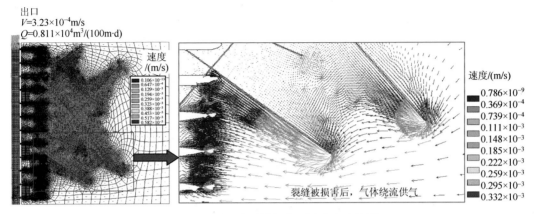

图 2.45　裂缝和井壁被损害后近井流速场图

　　在全过程欠平衡钻井，筛管完井情况下，裂缝被很好地保护，在裂缝网络与储层之间形成压降梯度较大，气体由基质向裂缝的传输和裂缝向井筒的传输速率较高，气井产能较高，如图 2.46 所示。

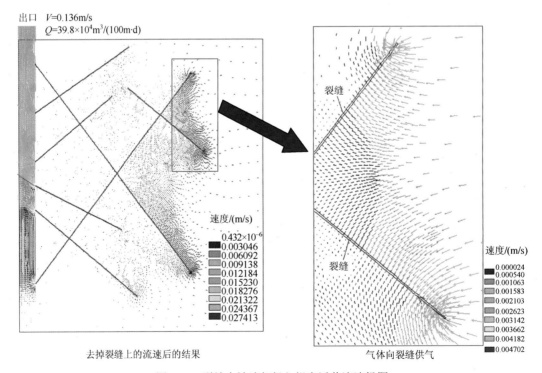

图 2.46　裂缝未被液相侵入损害近井流速场图

对比分析可以看出，对于以裂缝贡献为主的双重介质储层，通过欠平衡钻井避免液相侵入裂缝引起损害可以获得较高的原始产能。

3)评价方法

假设介质中全部为贯穿裂缝，裂缝简化为光滑平行板，则基于流体在裂缝中的流动方程，根据等效渗流阻力原理和叠加原理可以得到包含任意方位裂缝的渗透张量表达式，然后进行主值、主轴以及各向异性的分析等。

(1)单条水平裂缝的渗透张量

建立直角坐标系 x_i，x_1、x_2 位于水平面内，x_3 为垂直方向。取一个长方体作为表征性体积单元，如图 2.47 所示，该体积单元的边长分别设为 L_1、L_2、L_3。在体积单元内有一水平贯穿裂缝，裂缝面的尺寸设为 l_1、l_2，裂缝的水力宽度为 b。裂缝面的单位法向量 n 平行于坐标轴 x_3，如图 2.47 所示。

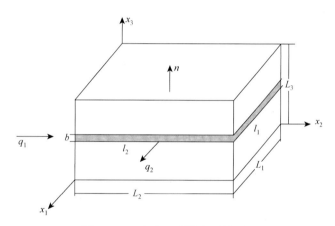

图 2.47　一条水平裂缝介质模型图

通过推导得到岩块单元的渗透张量表达式：

$$\left[\boldsymbol{K}_{ij}\right] = \frac{b^3}{12L_3}\begin{bmatrix} 1 & 0 \\ 0 & 1 \end{bmatrix} \tag{2.21}$$

(2)一组平行裂缝的渗透率

裂缝组合的最简单形式就是一组间隔相等、具有相同开度的平行裂缝。考虑一个规则形状的岩石块，使之只包含一组任意方位的平行裂缝。为了研究该岩石块的渗流特征，取一特征体积单元(REV)，体积单元与裂缝的间距和方位有关，经过设计使之便于进行分析和计算。

由等效渗流阻力通过推导得到特征体积单元的渗透张量表达式：

$$\left[\boldsymbol{K}_{ij}\right] = \frac{A_{fi}}{A_i}\frac{b^2}{12}\Omega_{ij} \tag{2.22}$$

$$\left[\boldsymbol{K}_{ij}\right] = \frac{b^2}{12d}\begin{bmatrix} n_2^2 + n_3^2 & -n_1n_2 & -n_1n_3 \\ -n_1n_2 & n_3^2 + n_1^2 & -n_2n_3 \\ -n_1n_3 & -n_2n_3 & n_1^2 + n_2^2 \end{bmatrix} \tag{2.23}$$

分析式(2.22)和式(2.23)容易看出：得出的渗透张量仅与裂缝的尺寸和方位有关，与特征体积单元无关，因此可以看作是一组平行裂缝的渗透率表达式。

(3)多组平行裂缝的渗透率

在地下储层中，一般都有几组裂缝并且相互交叉。流体在裂缝中的流动可能不是独立的，在交叉处会相互干扰，这时流量不能进行简单叠加。但根据多位学者的研究证明，如果流动比较缓慢处于稳定状态，且不存在封闭性边界，则每条裂缝中的流动为自由流动，在裂缝交叉处的损失微乎其微，可以认为流动之间的相互干扰忽略不计。假定储层中共有 M 组平行裂缝，每组裂缝的开度和间距相同，设第 m 组裂缝的开度、间距和法向量分别为 b^m、d^m 和 n^m。则储层的渗透张量可表示为每组平行裂缝渗透张量的和：

$$[K] = \sum_{m=1}^{M} \frac{(b^m)^2}{12d^m} \begin{bmatrix} (n_2^m)^2 + (n_3^m)^2 & -n_1^m n_2^m & -n_1^m n_3^m \\ -n_1^m n_2^m & (n_1^m)^2 + (n_3^m)^2 & -n_3^m n_2^m \\ -n_1^m n_3^m & -n_3^m n_2^m & (n_1^m)^2 + (n_2^m)^2 \end{bmatrix} \quad (2.24)$$

3. 裂缝的可封堵性

保护裂缝-孔隙双重介质储层，首要的是保护缝，防止外来工作液沿裂缝迅速地长驱直入。因此，裂缝的可封堵性与封堵实验就显得尤为重要。与孔隙型介质相比，裂缝封堵有诸多不同：①架桥颗粒的尺寸不再是孔隙介质的多粒架桥，而是 80%左右的裂缝平均宽度的单粒架桥；②架桥颗粒的浓度要大幅度增加，是孔隙型介质堵剂的 2～3 倍；③在封堵剂中增加纤维素，利用纤维素在裂隙力成网的颗粒浓集化提高架桥效率；④尽量实现低压差下的屏蔽暂堵，不是常规孔隙型介质的 3～5MPa，而是降至 1MPa 或更低，还要保证封堵高效。

利用自行研制的岩心动态损害评价仪进行裂缝屏蔽暂堵实验。在该装置上，将岩心裂缝还原到地下宽度，然后用设计的屏蔽暂堵工作液在模拟地层条件下进行封堵实验。由于天然裂缝型岩心的获取非常困难，量非常少，而封堵实验的实验次数多，需岩心量大，因此人造裂缝技术在此处就显得非常重要。

人造裂缝是采用相同地层无裂缝基块的岩心，模拟天然裂缝的成因(如张拉作用、剪切作用、扭曲作用等)采用专用装置人工产生裂缝。此类人工裂缝与天然裂缝有相同的岩性，相似的裂缝开度和裂面几何形态，可以代替天然裂缝进行各种封堵实验、固相颗粒伤害实验和应力敏感性实验。

选取某潜山油藏所用钻井液体系，并在其中加2%400 目＋0.5%300 目＋0.5%150 目的混合(ZD-6)暂堵粒子，以达到适应多级宽度分布的目的。其粒径分布如图 2.48 所示：分布范围为 0.1～300μm，主峰分布在 5～40μm，主要暂堵孔缝尺寸为 5～80μm。同时加入 1%～2%LF-1，专门的裂缝暂堵材料，由一定比例的纤维状架桥粒子和细粒碳酸钙组成，LF-1 粒径分布特点如图 2.49 所示，呈单峰，主峰为 20～40μm。

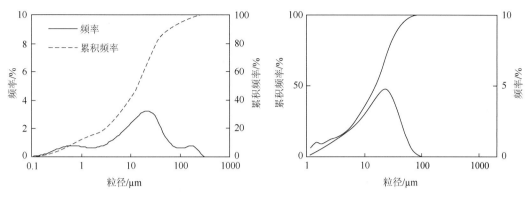

图 2.48　暂堵颗粒粒径分布曲线图　　　图 2.49　裂缝屏蔽暂堵剂 LF-1 的粒度分布曲线图

实验流程为：①选择石灰岩人工造缝，缝面中嵌入锡薄、塑料胶片形成不同的裂缝宽度。②岩心抽空饱和地层水，地层水正向测岩心的渗透率。③钻井液在不同的正压差、90℃条件下，反向循环 2 小时，循环过程中注意观察钻井液的漏失情况，并计算渗透率的变化状况；钻井液密度为 $1.10\sim1.15g/cm^3$，加重材料经过动态损害评价实验确定。④地层水正向再测渗透率，测量过程中一定要注意观察突破压差，最后测定岩心渗透率的恢复程度。⑤如果岩心的渗透率恢复程度差，则要求反向截断岩心一定长度后，再正向测渗透率，目的在于评价钻井液的损害深度。实验结果见表 2.3。

表 2.3　裂缝屏蔽暂堵效果评价表

样号	造缝情况	$K_{初始}$/mD	$K_{排}$/mD	$K_{反排}$/mD	$K_{反排}/$ $K_{初始}$/%	滤失量 /(mL/h)	长度 /cm	折算突破 压差 /(MPa/m)	钻井液 循环压 力/MPa	裂缝暂 堵剂
3	无锡薄	18.47	0	9.17	49.7	0.56	7.13	1.56	3.5/5.0	2%LF-1
9	胶片 1 层	1710.0	0.0014	0	0	0.7	6.49	>16.95	3.5/5.0	2%LF-1
6-1-2	无锡薄	22.58	0.004	0.62	0.07	0.7	4.22	15.17	3.5	2%LF-1
	锡薄 1 层	31.81	0	15.7	45.6	0.05	7.12	1.97	2.5	2%LF-1
10	胶片 1 层	934.2	0.0019	21.0	2.1	0.25	6.44	6.21	2.5	2%LF-1
30	锡薄 1 层	71.16	0	0	0	0.1	6.13	>6.53	2.5	2%LF-1
20	无膜	8.50	0	5.98	70.5	0.14	6.53	6.89	2.5	无
12	胶片 1 层	278.8	0	23.0	7.15	0.8	6.04	4.01	2.5	无

实验结果表明，在钻井液循环过程中裂缝渗透率下降接近零，但基本反排不通，折算反排压差高。通过切取岩心断面观察，发现几乎所有岩心裂缝整个被固相填充，说明裂缝渗透率的下降是以裂缝被全部堵塞为代价的。可以推断，液相侵入速率远高于固相，且可引起缝面液相损害而使裂缝失去沟通能力。就实验岩样来说，裂缝屏蔽暂堵难以达到保护储层的目的。

裂缝具有不同于孔隙的复杂三维空间结构，是其难于有效封堵的根源，如图 2.50 所示。

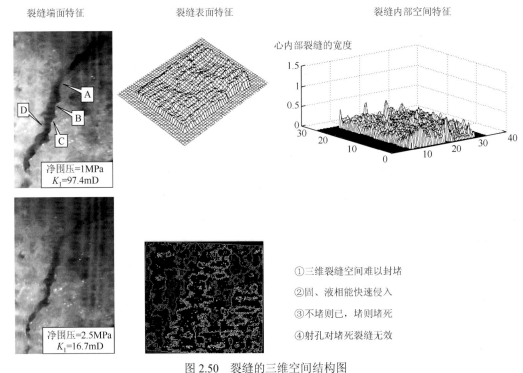

图 2.50　裂缝的三维空间结构图

裂缝的封堵面临以下问题：

(1)缝面流道宽，缺乏形成架桥的孔喉结构。颗粒只要能进入缝内，就会一直移动，直至随机卡住。

(2)裂缝流道中某点的凸起，不同于砂岩的孔喉组合，不能形成架桥。

(3)裂缝内一般不能形成多粒架桥，而是单粒不稳定架桥(两个方向不稳定)。

(4)因单粒架桥是孤立的、周围无约束的，故无法形成逐级充填和软粒子封堵。

(5)各架桥点不集中、概率不相关，同一流线上反复架桥，直至架桥点足够多，架桥的点与点之间相互接触、成片连接，变缝成孔，之后才能进一步充填、封堵。

目前所做实验的基本结论是：①裂缝的封堵所需时间要长得多，堵塞深度大，液体滤失量大。一般砂岩封堵只要 3min 以内，深度在 1cm 以内；而微缝封堵要 10min 以上，深度多超过 3cm，甚至 5cm 处见原浆颗粒。②可封堵缝的缝宽上限是 100～200μm，超过此范围基本上封堵不住。③对裂缝型储层，尤其是缝宽在 100μm 以上的缝，推荐采用欠平衡钻井保护储层，而不是屏蔽暂堵保护储层。

2.3　漏失型储层钻完井储层损害

2.3.1　漏失型储层地质特征

1. 岩石学特性

岩石是形成特殊储集空间的基础。由于碳酸盐岩比碎屑岩或火山岩更容易被各种流体溶蚀形成连通性极好的裂缝和溶洞，因此孔缝洞漏失型储层多在碳酸盐岩中发育。以轮南奥陶系储层为例，其主要岩石类型包括以下几个方面。

1）灰岩类

亮晶颗粒灰岩：颗粒为砂屑、藻砂屑、砾屑、生屑及鲕粒、藻凝块、粉屑，含量为50%～94%，颗粒间主要为亮晶方解石充填，不含或仅含少量泥晶方解石。

泥晶颗粒灰岩：颗粒为砂屑、砾屑、藻砂屑、生屑及鲕粒、藻凝块、粉屑、球粒，含量为50%～94%，颗粒间主要为泥晶方解石充填，不含或仅含少量亮晶方解石。

颗粒泥晶灰岩类：包括颗粒泥晶灰岩和含颗粒泥晶灰岩，深灰色、灰褐色，中层状，泥晶方解石胶结，颗粒含量为10%～50%。

泥晶灰岩类：褐灰色、灰褐色，中层状。颗粒含量小于10%，砂屑为0～8%，生屑为0～5%，泥晶方解石为90%～99%。

生物灰岩类：主要类型有藻叠层石灰岩、藻灰岩、泥晶海绵灰岩等，广泛分布于台地和陆棚内生物丘、礁，以及台地边缘丘、礁及生物层。

白云质灰岩：包括白云质泥晶灰岩、白云质藻黏结灰岩和白云质砂屑灰岩。

2）白云岩类

含灰质白云岩：原岩为纹层状泥晶粉屑灰岩、泥晶灰岩，几乎不含生物，偶见介形虫屑。

灰质白云岩：方解石占25%～27%，白云石占73%～75%，晶径0.02～0.04mm，富集处成紧密镶嵌状，他形；局部成漂浮状分布于泥晶方解石之中，自形，0.06～0.08mm，具雾心亮边。

白云岩：方解石占0～2%，白云石占98%～100%，自形，0.05～0.1mm，具雾心亮边，生物潜穴发育。

3）特殊岩类

岩溶角砾岩：角砾成分以石灰岩为主，次为紫红色钙泥质粉砂岩及少量硅质砾岩，产出位置为处于渗流带的垂直溶缝洞及潜流带的水平溶洞中，在岩溶高地和岩溶斜坡地带这类岩石较为发育。

瘤状灰岩：由瘤体和瘤间两部分组成。瘤间泥少则瘤体成近顺层断续分布，瘤间泥多则瘤体成团块状孤立分布。瘤体由泥晶灰岩、泥灰岩、含生屑泥晶灰岩、粉屑灰岩、亮晶生屑藻砂屑灰岩、泥晶藻砂屑生屑灰岩等构成，瘤体大小为(2×0.6)cm～(5×3.5)cm。瘤间为灰绿色、紫红色泥纹层。

上述岩类中以颗粒灰岩、生物灰岩、白云岩以及岩溶角砾岩溶蚀孔洞最发育。

2. 储集空间特征

1）孔、洞、缝级别划分

通常孔、洞、缝的划分级别见表2.4。

2）基块储集空间特征

在三重介质储层中，孔径和裂缝宽度小于2mm的微观孔缝洞是该类储层基块的主要储集空间类型，主要通过铸体分析、扫描电镜分析等手段进行分析。

表 2.4　碳酸盐岩孔、洞、缝级别划分表

孔		洞		缝	
类型	孔径/mm	类型	洞径/mm	类型	缝宽/mm
大孔	0.5～2	巨洞	≥1000	巨缝	≥100
中孔	0.25～0.5	大洞	100～1000	大缝	10～100
小孔	0.01～0.25	中洞	20～100	中缝	1～10
微孔	<0.01	小洞	2～20	小缝	0.1～1
				微缝	<0.1

晶间孔、晶间溶孔：主要是白云石晶间孔和晶间溶孔，如图 2.51 所示，并且多见于沿缝合线分布的白云石晶体间。在重结晶作用较强的亮晶颗粒石灰岩中偶见。

图 2.51　白云石晶间孔和晶间溶孔图

粒内溶孔：主要发育在亮晶生屑灰岩、亮晶砂砾屑灰岩中，为选择性溶解棘屑、砂屑、砾屑而形成的孔隙。

缝合线伴生溶孔：由于压溶作用强烈，在生物灰岩、颗粒灰岩和泥晶灰岩中压溶缝合线非常发育，大多被泥质、铁质充填，但局部可见缝合线发生溶解，形成缝合线伴生溶孔，这类孔隙形态不规则，面孔率较低。

微裂缝：微裂缝作为一种特殊的孔隙类型，起到了储集空间和渗滤通道两种作用，其中构造缝、溶蚀缝和压溶缝对渗透率贡献较大。碳酸盐岩储层微裂缝普遍发育，见表 2.5。

表 2.5　STM 地区基块铸体薄片孔、洞、缝样品个数统计表

井号	铸体个数	裂缝		孔洞	
		裂缝铸体薄片个数	百分比/%	孔洞铸体薄片个数	百分比/%
LN54	53	51	96.2	26	49.1
LG16	54	54	100.0	23	42.6
LG100	20	19	95.0	10	50.0
LG12	16	15	93.8	13	81.3
LG101	19	16	84.2	3	15.8
LG17	20	11	55.0	11	55.0
LG102	28	28	100.0	9	32.1
合计	210	194	92.4	95	45.2

3）溶洞特征

溶洞是指不受岩石结构控制的因淋滤溶蚀作用而形成的直径大于 2mm 的孔隙空间，其测井响应为井径扩大、高自然伽马、低电阻率，如图 2.52 所示。溶洞与裂缝的发育有密切联系，一般沿裂缝溶蚀扩大形成溶洞，从而形成以缝洞系统为主要储集空间的碳酸盐岩储集体，如图 2.53 所示。

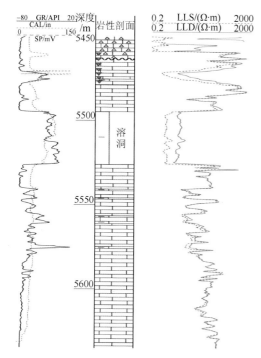

图 2.52　钻遇的溶洞系统(LG17)图 　　　　　图 2.53　地面露头缝洞系统(硫磺 3 沟)图

溶洞从溶蚀作用的时限上可以分层间溶蚀、风化壳岩溶溶蚀、深埋藏溶蚀，产生溶蚀作用的流体可以是大气淡水、地下水、地层水溶蚀，或者深埋环境下的有机酸和富含 CO_2 的流体。风化壳岩溶相带的发育程度和分布主要受古地貌的控制。通常岩溶高地边缘、岩溶斜坡以及岩溶残丘有利于形成缝洞发育带，而岩溶谷地、岩溶洼地和岩溶高地的缝洞发育较差或者保存不好。岩溶作用的深度一般在侵蚀面之下 300m 左右，在垂向上可分为四个带：地表岩溶带、渗流岩溶带、水平潜流岩溶带和深部缓流岩溶带。

地表岩溶带：侵蚀面上岩溶作用、岩溶地表形态(如岩溶高地、岩溶斜坡、岩溶谷地、岩溶残丘及岩溶洼地等)及与之伴生的残积物、覆盖沉积物的综合特征。

渗流岩溶带：位于侵蚀面之下的地下水渗流带。岩溶水主要沿着岩层中的垂直裂隙向下渗流，以垂向岩溶为主。

水平潜流岩溶带：位于垂直渗流岩溶带与深部缓流岩溶带之间的地下水潜流部位，距侵蚀面距离一般为 30～200m。该带岩溶水受压力梯度控制并沿水平方向流动，且溶蚀能力强，其最明显的岩溶特征是出现大型的水平溶洞层、孔洞发育带及地下暗河、洞穴坍塌充填物。

深部缓流岩溶带：位于水平潜流岩溶带之下，最大底界是岩溶作用的下限。该带地下水的运动和交替极为缓慢，因此，岩溶作用也比较微弱，主要以溶孔、溶缝的零散发育为特征，多为粒状方解石、泥质、粉砂质充填或半充填。

4) 裂缝特征

裂缝是碳酸盐岩重要的储集空间，也是主要的渗流通道之一，从成因来分主要有三种类型：构造缝、溶蚀缝和成岩缝。以轮南奥陶系为例，岩心观察可看到裂缝非常发育，其特点以高角度构造缝为主，约占 60% 以上，层间缝次之，且不同时期的构造缝相互交叉重叠，常常与溶洞相连，局部网状微裂缝发育。溶蚀缝主要与古岩溶作用有关，一般近于直立，宽度 0.2～5mm 常见，一般沿早期缝溶蚀扩大或沿缝壁岩石或易溶充填物不均匀溶蚀形成孔洞。缝合线是一种特殊的成岩缝，包括沉积压溶缝和构造压溶缝，形成于埋藏早中期，在泥晶灰岩、含泥质条带或条纹的泥晶灰岩以及生屑灰岩中最发育，缝宽 0.2～0.5mm，长 2～10cm，通常被铁泥质充填。

构造缝在不同构造部位发育程度不同。单向应力下，以发育单一方向缝为主，其他方向派生缝次之；在多向应力交汇处，以发育网状缝为主，是较理想的储渗空间。裂缝的发育和分布严格受构造断裂活动及应力场的控制，常与局部构造圈闭伴生并具有低孔高渗的特点。按充填方式的不同，构造缝可以被方解石、泥质全充填或半充填。

何远碧等根据这几种裂缝彼此交切的一系列现象，将岩心构造裂缝的形成相对分成三个或四个时期，第一期为方解石全充填张裂缝；第二期为泥质全充填压扭性裂缝；第三期为方解石半充填张裂缝和未充填微细裂缝，这两种裂缝可能是两期形成。

(1) 洞穴型

储集空间主要是未充填的大型溶洞、地下暗河。这种洞穴型储层一般具有规模较大的储渗体，具有储量规模大、产量高、易开采的特点。据测井解释其孔隙度可高达 50%。这类储层在钻井过程中，常伴有井漏、放空等显示。

(2) 裂缝-孔洞型

储集空间主要是溶蚀孔洞，渗滤通道为裂缝和岩溶管道。这种缝洞系统及由它连通的先成孔隙，具有储渗空间数量较多、匹配好、储产油气能力较强等特点。在电性特征上表现为低阻、低自然伽马，声波、中子、密度等具跳变特征。

(3) 裂缝型

其储集空间主要是裂缝和少量沿层分布的溶孔或孔隙薄层，后者由微小喉道连通，渗滤通道为裂缝和少量毛细管—超毛细管级喉道。裂缝发育可使无储渗能力的致密灰岩形成裂缝型储层，裂缝既是储集空间更是渗滤通道。多组系构造缝相互交叉，构成网络状裂缝系统。当裂缝系统范围大、厚度大时，可形成工业性油气藏。在钻井过程常伴有井漏显示。在电性特征上表现为齿状低阻、低自然伽马，声波、中子、密度等无显著变化。

以塔中 62 井区奥陶系储层为例，孔洞型储层占 57.8%，裂缝-孔洞型储层占 24.8%，裂缝型储层占 17.3%。

3. 储层物性特征

碳酸盐岩基质密度大，岩石致密，孔隙结构差，孔隙度和渗透率都很低。据轮南奥陶系 24 口井 500 多个岩心分析结果，岩石视密度基本上都大于 $2.56g/cm^3$，孔隙度分布在 0.6%～4.7%，绝大多数分布在 1%～3%，渗透率基本小于 0.01mD；据塔中 62 井区 48 个岩石样品分析，平均孔隙度为 2.58%，渗透率为 0.78mD，孔喉结构较差，喉道细，其中值半径平均只有 0.036μm，结构系数平均为 0.34，歪度系数为 2.96，属细歪度。

次生裂缝形成的网络以及岩溶作用形成的溶孔、溶洞和溶缝是风化壳的主要储层空间。一般缝洞孔隙度都占总孔隙度的 50% 以上，缝洞孔隙度占总孔隙小于 50% 的大都是岩溶作用较弱地带。许多高产层位是因为溶孔和溶洞发育，裂缝密集，连通性好，呈现出优质储层的情况，如 LN1 和 LN41 等井上潜流带，渗透率最高可达到 1000～2000mD，这种情况在许多井的上岩溶带相当普遍。

4. 漏层识别技术

1）测井识别

各种成像测井资料可以直接反映宏观可见的漏失通道（位置、形状、尺寸及分布），以及各种描述局部构造和断裂发育的倾角测井、VSP 测井等。微电阻率成像测井（FMI）和声波成像测井（USI）是利用井下电、声信号的间接成像，可以测量宏观可见的裂缝和溶洞。但这两种成像测井必须在井筒内充满液体的条件下获取信号。因而在井内液体漏空和含气介质钻井（气体钻井、泡沫钻井、充气液钻井）的条件下不适用。

成像测井资料的应用方面要注意区分天然裂缝和各种诱发裂缝。天然裂缝是天然的漏失通道，诱发裂缝有些是非连通的表面缝，没有漏失，如钻具振动诱发裂缝、应力释放诱发裂缝。钻井液密度过高造成的诱发压裂缝，往往穿深较深、尺寸较大，与天然缝沟通造成漏失。如图 2.54～图 2.57 分别为天然裂缝、钻具振动缝、应力释放缝和诱导压裂缝。

识别诱导压裂缝非常重要，因为它是漏失型的人工诱导缝。诱导压裂缝有三个基本特征：①诱导压裂缝主要为一条垂直张性缝，并在两旁伴有两组高角度的共轭剪切缝；②张性压裂缝的走向总是与最大主应力方向平行（最大主应力为上覆岩层压应力）；③诱导压裂缝的径向延伸不大，但纵向延伸很大，会穿越、沟通邻近层位。

还有一些测井资料可以间接反映漏失层位，如井温测井、深浅双侧向测井、放射性示踪、岩性密度、井筒波（斯通利波）等。

2）岩心资料与地面露头识别

岩心资料是对漏层的直接观察、测量的实物资料。由岩心可以直接对可见缝、洞进行观察和测量，如图 2.58 所示。

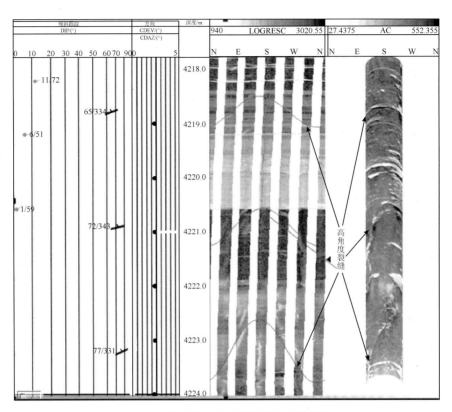

图 2.54 川东渡 3 井的高角度天然裂缝图

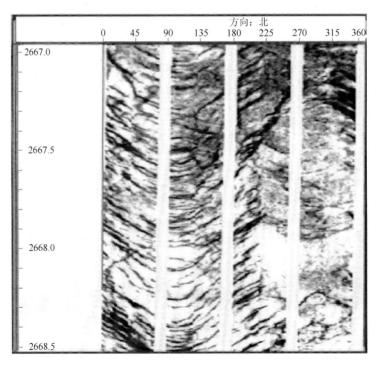

图 2.55 钻具振动缝图

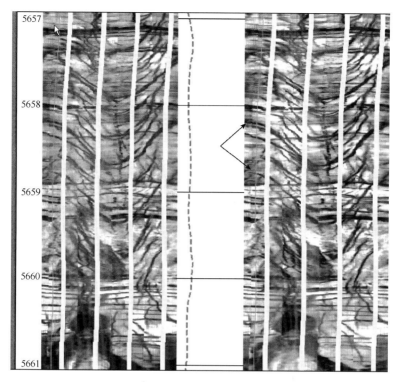

图 2.56　应力释放缝图

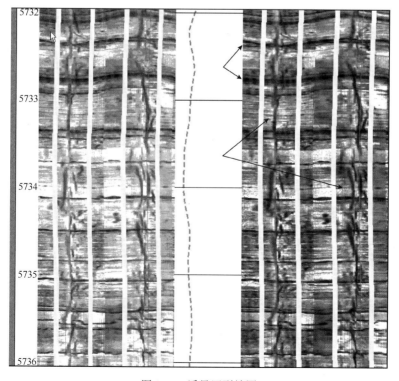

图 2.57　诱导压裂缝图

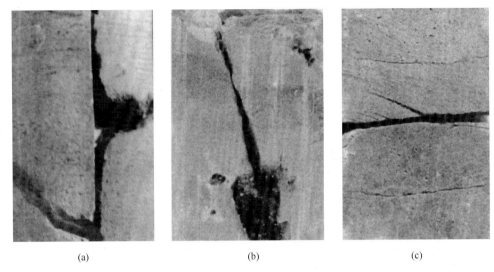

(a)　　　　　　　　　　(b)　　　　　　　　　　(c)

图 2.58　岩心上的可见缝洞(川东渡 3 井)图

对岩心的薄片显微、电镜扫描、压汞等分析,对漏层的微小裂缝、溶孔,以及成岩孔隙等可以进行量化评价,如图 2.59 所示。

(a)　　　　　　　　　　　　　　　　(b)

图 2.59　薄片上的溶孔与微缝图

找到地层的出露点,对漏层的地面露头进行详细的观测和分析,是漏层描述的重要信息源。地面露头往往范围较大,各种漏失通道以及这些通道形成的空间网络,表现得相对完整;再结合地质分析,可以为推测地下漏层分析提供直接的、定量化的依据。

3)钻井与录井识别

钻井过程中发生井漏时的录井资料和工程资料,对于分析漏层位置、性质、漏失程度等,具有很好的参考价值。如果能够对录井仪器系统进行一些改造,使其可以更加完整、准确地记录井漏发生过程中的物质平衡关系,则记录的资料可以更加准确、完整地反映漏层性质。如果准确、系统地井漏监测得以实施,则有可能依据监测资料进行漏失过程反演,反推漏层位置、性质和尺寸。

2.3.2　漏失型储层损害机理及评价

1. 漏失规律研究

1) 影响因素分析

当裂缝宽度较大时就会出现井漏。裂缝的产状对井漏有较大影响。对垂直井眼，高角度缝、垂直缝比低角度缝、水平缝造成的漏失要严重得多；而对水平井眼，低角度缝、水平缝比高角度缝、垂直缝造成的漏失要严重些，如图 2.60 所示。实际裂缝型储层中高角度缝占主导地位。

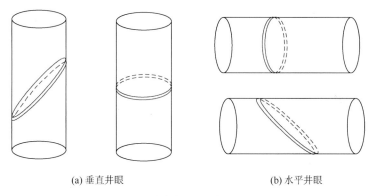

(a) 垂直井眼　　　　　　　　　　(b) 水平井眼

图 2.60　裂缝产状对井漏的影响图

裂缝的宽度(尺寸)是影响井漏的最大因素。当裂缝网络的缝宽达百微米以上，就有明显的漏失现象。而对直井高角度缝，缝宽达毫米级时，就会出现严重井漏，甚至失返。裂缝引起的井漏，一般是不易封堵的，如图 2.61 所示，宽度在 $100\,\mu m$ 以上的裂缝就比较难以封堵了。尤其是裂缝型储层，裂缝作为油气流动的主要通道，封堵之后难以恢复其原始导流能力。

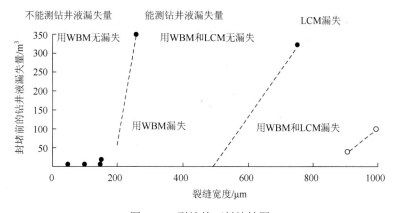

图 2.61　裂缝的可封堵性图

影响裂缝漏失的因素还有储层压力、储层流体类型、钻井液流变性等。低压、枯竭性储层更易产生漏失。气藏的漏失现象比油藏严重。钻井液的流变性对漏失有明显影响。影响来自于两个方面：一方面，黏稠钻井液在裂缝内流动阻力大，有助于减少漏失；另一方面，黏稠钻井液造成更大的井底流动动压，增大了漏失。究竟哪一方面更具主导，要具体分析。粗略讲，浅井黏稠钻井液有助于防漏，而深井则相反。

2）评价方法

（1）规律实验模拟

利用重力置换溢漏同存实验装置，可直接观察、记录裂缝或溶洞型气藏的漏失现象，并进行实验研究，该装置主体部分采用有机玻璃材料加工，井筒为有机玻璃管，裂缝为有机玻璃板，因此裂缝和井筒内的气液两相特征可直接观察，其装置示意图如图 2.62 所示。

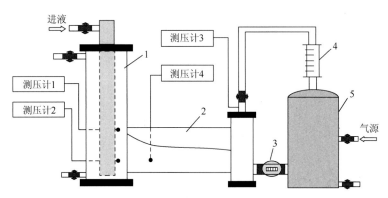

图 2.62　重力置换式溢漏同存可视化模拟装置示意图
1.井筒；2.裂缝；3.液体流量计；4.气体流量计；5.储气瓶

该装置实验流程如下：

第一，将某一缝宽的实验装置固定到实验架上，连接管线，关闭模拟地层一侧的阀门，打开井筒一侧使液体正常循环的相关阀门。

第二，启动水泵，使液体进入井筒，调节液流量，启动空压机并调节气压。

第三，当井筒压力达到实验预定值后打开地层一侧的阀门，气体由裂缝进入井筒，调节气流量到达实验预定值。由于实验装置的主体部分采用有机玻璃材料加工，承压能力有限，实验中的井筒液柱压力和气压都不超过 25kPa。

第四，通过调节液流量和气流量控制阀使漏失、溢流维持在较稳定状态，记录测压计1、测压计 3 的值，记录一定液流量对应的时间。

第五，调节液流量和气压来改变井筒与地层的压差，重复进行第四步直到完成实验设计的压差系列。

第六，采用不同黏度的液体、更换不同缝宽的实验装置，完成对应液体黏度、对应缝宽的实验。

（2）采用数学方法进行评价

连续性方程：

$$\frac{\partial u_i}{\partial x} + \frac{\partial v_i}{\partial y} + \frac{\partial w_i}{\partial z} = 0 \tag{2.25}$$

动量方程：

$$u_i\frac{\partial u_i}{\partial x} + v_i\frac{\partial u_i}{\partial y} + w_i\frac{\partial u_i}{\partial z} = F_x - \frac{1}{\rho_i}\frac{\partial p_i}{\partial x} + \frac{\mu_i}{\rho_i}\left(\frac{\partial^2 u_i}{\partial x^2} + \frac{\partial^2 u_i}{\partial y^2} + \frac{\partial^2 u_i}{\partial z^2}\right) \tag{2.26}$$

$$u_i\frac{\partial v_i}{\partial x} + v_i\frac{\partial v_i}{\partial y} + w_i\frac{\partial v_i}{\partial z} = F_y - \frac{1}{\rho_i}\frac{\partial p_i}{\partial y} + \frac{\mu_i}{\rho_i}\left(\frac{\partial^2 v_i}{\partial x^2} + \frac{\partial^2 v_i}{\partial y^2} + \frac{\partial^2 v_i}{\partial z^2}\right) \tag{2.27}$$

$$u_i\frac{\partial w_i}{\partial x} + v_i\frac{\partial w_i}{\partial y} + w_i\frac{\partial w_i}{\partial z} = F_z - \frac{1}{\rho_i}\frac{\partial p_i}{\partial z} + \frac{\mu_i}{\rho_i}\left(\frac{\partial^2 w_i}{\partial x^2} + \frac{\partial^2 w_i}{\partial y^2} + \frac{\partial^2 w_i}{\partial z^2}\right) \tag{2.28}$$

式中，$i=1$ 表示气相，$i=2$ 表示液相；u_i、v_i、w_i 分别为 x、y、z 方向的速度分量；ρ_i 为流体密度；p_i 为压力；μ_i 为动力黏度；F_i 为流体微元受到的应力。

边界条件：

$$x = 0, \quad p = p_0 + \rho_1 gy \tag{2.29}$$

$$x = l_f, \quad p = p_r, \quad U_g = Q_g / A_g \tag{2.30}$$

$$y = 0, \quad U_1 = 0 \tag{2.31}$$

$$y = h_f, \quad U_g = 0 \tag{2.32}$$

井壁端为静液柱压力分布边界，储层端为地层压力边界与气体流速边界，裂缝上下端为无滑移边界条件。

通过实验研究与数学模型研究，得出如下结论：

①在垂直裂缝内存在自由面。自由面以下为液体由井内向地层漏失的通道，自由面以上为气体由地层向井内涌出的通道，如图 2.63 所示。尤其是垂直缝和高角度缝，此现象尤为突出。

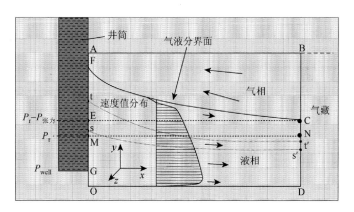

图 2.63　裂缝漏失时的自由面图

②在垂直裂缝内的流动规律已不符合达西定律。

在接近平衡点的过平衡条件下，以漏失为主，但也有少量气体以鼓泡形式进入井内，形成气侵。缝面尖部气体的浮力作用、向上流动液体的裹挟作用、井内液体压力波动的诱导作用，如图 2.64 所示。在接近欠平衡点的欠平衡条件下，大量气体涌入（喷出）井内，但仍有少量液体漏入地层。这种规律导致了"又漏又喷、漏喷同层"的现象。对于这种漏失，第一是欠平衡(使液柱压力小于地层压力)钻井，第二是减少钻井液与地层流体间的重度差，第三是采用高黏流体(如泡沫)的流动阻力减少重度差诱导型漏失。

 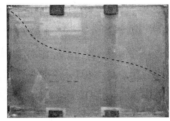 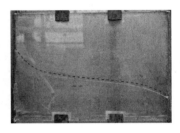

图 2.64　裂缝重度差漏失图(或重力置换漏失)(近平衡→欠平衡)

③在孔隙型漏失层，漏失量与过平衡压差基本上成正比(符合达西渗流定律)，而且随漏失而形成的孔喉堵塞大大地缓解了漏失的严重程度。但在裂缝型地层，漏失量与过平衡压差基本上成 1.5～1.6 次方的关系，且无任何内外滤饼作用。因此，井漏时不必要的高液柱压力是很不利的。过平衡压差的增大将引起井漏迅速增大，导致严重井漏、恶性井漏。

④在过平衡条件下，裂缝型漏失会很严重，但同时仍有少量气体侵入井内，故表现为井漏的同时有微弱气侵。例如，在 4000m 深有 4 条 1cm 宽、50cm 长的垂直缝，钻井液性能：密度为 1.2g/cm³，塑性黏度为 20×10^{-3}Pa·s，动切力为 20 达因/cm²，表面张力为 102N/m。当附加钻井液密度为 0.05g/cm³ 时，漏失量为 14m³/h，气侵量为 1.6m³/min；如果将附加钻井液密度加大到 0.2g/cm³，气侵量无明显降低，但漏失量增大至 114m³/h。过平衡条件下裂缝型漏失地层的气侵，很大程度上与过平衡压差关系不大，而主要是受自由面存在、压力波动和缝尖端的影响。这种现象可能导致过度加重的误操作。

⑤在欠平衡条件下，不但有大量气体喷入井内，同时还有部分液体漏入地层，对伤害敏感性地层，这种漏失会造成严重的储层伤害。随着欠平衡度的增大，喷入井内的气体量会增加，漏入地层的液体量减少。但欠平衡仍是制服井漏的最有效办法，如图 2.65 所示，单缝漏失量随压差变化的情况。可见，当储层与液柱之间的压力差进入欠平衡区域后，漏失量将极大地减少。

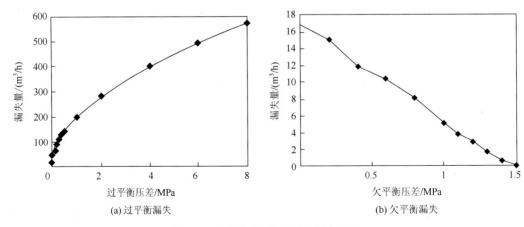

图 2.65　不同压差条件下的漏失量图

⑥不同缝高、不同缝宽、不同倾角的裂缝的漏失规律均可模拟。由不同缝宽漏失规律的数值模拟可知，缝宽对漏失的影响很大。相关的数值模拟还表明：高角度缝以及缝高和缝宽均较大的高角度缝，漏失问题特别严重。

⑦不同液体性质(密度、黏度、切力、张力等)对漏失的影响很明显，调整钻井液性能用于减缓井漏应该是有效的方法之一。调整钻井液性能克服漏失，要注意问题的两面性：提高黏切一方面由于增大了漏层阻力而减少漏失量；另一方面由于增大了循环摩擦力而增加漏失量，因此要进行综合分析。浅层漏失以提高黏切为主，增大漏层阻力；深层漏失以降低黏切为主，减小循环动压。最好是在提高黏切的同时改善钻井液的剪切稀释特性，使其既可以增大漏层流动阻力，又不明显增加环空循环动压。

2. 井漏储层损害分析

研究表明，不同的储层对井漏的敏感程度不同，有的储层由于井漏会受到严重的储层损害，而有的在井漏后仍然可以保持较高的产能。

1)害敏感型储层

阿曼的 Shuaiba 油田，低渗透有裂缝发育，渗透率为 $1\sim10mD$ 的碳酸盐岩油藏，压力系数为 $0.8\sim0.9$。长期用密度 $1.10g/cm^3$ 左右的钻井液过平衡钻水平井。发现水平井的平均产量只有理想产能的 10%，故安排了如下实验井，如图 2.66 所示。

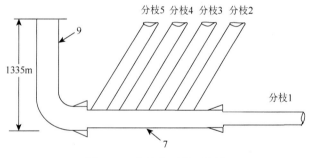

图 2.66　分枝水平井示意图

分枝 1 用传统过平衡钻进，长 1493m，漏失 485m^3 液体，酸洗解堵后无产。

分枝 2 用传统过平衡钻进，长 1632m，漏失 366m^3，酸洗解堵后无产。

分枝 3 用油基钻井液钻进(过平衡)，完钻后测试表明，其增产指数比邻井增加 16%。

分枝 4、分枝 5 用充气的欠平衡钻井，未发现明显漏失。分枝 4 钻进 22m 后出油，长 1340m，测试增产指数达 1.83。分枝 5 钻进 8m 后出油，总长 1266m，增产指数 1.8。分枝 4、分枝 5 的最终采收率增加了 5%。

该油田后续的欠平衡钻水平井采用了更为优化的参数和工艺，在段长 450m 左右达到了 6.0 和 6.4 的增产指数，创全油田最高纪录。

这个实例充分说明了井漏对产层造成了致命的伤害。我国大港千米桥区块的板深 7 井也是井漏造成无产的例子。该井欠平衡正常钻进时，两根放喷管线放喷点火，喷势很大。但后来由于处理钻具事故而用盐水压井，之后再恢复欠平衡，产层已经失去了原有生产能力。

该类储层属于裂缝-孔隙或微孔洞储层，孔隙和微孔洞是主要储集体，裂缝是主要流动通道。一般产层厚度都不大，裂缝在纵向延伸有限。同时裂缝的开度也较小，横向伸展有限，缝与缝之间弱连通或不连通，如图 2.67 所示。此类储层对"漏失伤害"非常敏感。

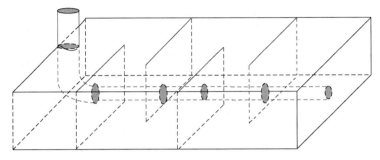

图 2.67　井眼逐一钻穿孔隙基质中的孤立裂缝图

此类储层以孔隙基质为储集空间，以裂缝网络为流动通道，在生产过程中遵循如下模式：

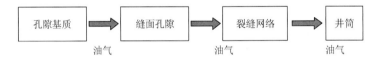

而在储层被钻开时发生井漏，则钻井液的伤害恰与上述过程相反：

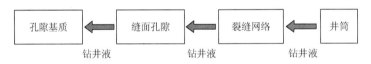

当井眼将孔隙基质中的孤立裂缝逐一钻开时，漏失液体迅速充满了近井带的整个裂缝网络。裂缝内的液体进而通过裂缝面侵入孔隙型基质，在裂缝面上造成一个伤害带，如图 2.68 所示。

图 2.68　井漏敏感性储层损害示意图

漏失液体不会将整个裂缝网络的缝完全堵死，也不会沿缝面过深地侵入孔隙基块，但缝面孔隙被完全关闭了。大量油气被锁在地层内，只有裂缝网络和极少数较大孔有很少供应能力。缝面孔隙的伤害，以水锁和聚合物吸附为主。就目前技术而言，尚无有效方法解除裂缝网络中缝面孔隙的此类伤害。其损害程度的预测和评价可以采用孔隙型储层损害的评价方法。

2) 不敏感储层

典型实例是美国的 Austin Chalk。在这个地区采用钻井液帽钻井、边漏边钻、海水强钻等。严重时井口甚至无返出物，大量的海水带着钻屑进入地层。钻完产层后，采用注氮诱喷，则井就给出很好的生产能力，似乎井漏未对产层造成明显影响。四川也存在类似的构造，早在 20 世纪 60～70 年代川西南矿区就有一种说法："大漏高产，小漏低产，无漏不产"。可见井漏不但未造成低产，反而成为产能大小的一项预测指标。

该类储层属于裂缝-孔隙双重介质或者是裂缝型介质(基质无储渗贡献)。但此类储层一般厚度大，裂缝发育好，裂缝网络在纵向、横向延伸范围大，裂缝宽大且相互连通性很好，如图 2.69 所示。

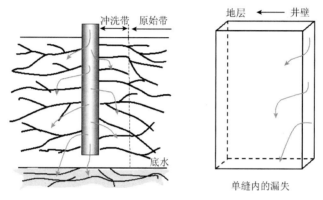

图 2.69　"井漏伤害"不敏感的储层图

由于裂缝网络纵向、横向连通好，漏失的液体在进入地层较短距离内便由于重力作用而改向下流，进入并存积在储层凹底成为底水的一部分。在漏失液体所影响的冲洗带，由于裂缝宽大，各种表面吸水、聚合物吸附、固相颗粒等伤害都影响很小，甚至极小，冲洗带的导流能力仍然很好。因此，一旦负压差建立，则未受影响的原始带将大量油气通过导流能力很好的冲洗带输送至井筒，井便可以获得良好产能。

但是，对上述两种储层，无论是否造成储层损害，井漏一直以来是困扰工程界的难题，可以导致钻井事故增多，钻井成本增加，很多储层甚至由于严重井漏而无法开采。因此，有必要深入开展漏层相关基础研究。

3. 复杂漏失数学模型

复杂漏层的漏失通道有：孔隙(各种成岩作用所造成的多孔介质的孔隙、尺寸小而大量分布)、裂缝(各种构造作用、成岩作用及其他作用造成的裂缝)、溶洞(地下溶蚀作用造成的各种溶洞)，属于"孔缝洞"三重介质。

如图 2.70 所示，以垂直井眼地面中心点为原点建立大地直角坐标，z 轴垂直向下，x 轴与正北方向重合。

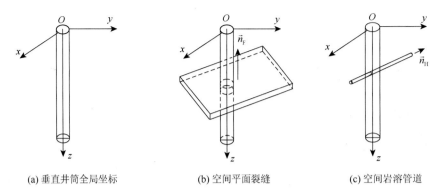

(a) 垂直井筒全局坐标   (b) 空间平面裂缝   (c) 空间岩溶管道

图 2.70 孔缝洞三重介质的基本单元图

由于总体裂缝网络是由不同时期、不同构造作用产生的裂缝网络叠加而成，那反之也可将总体裂缝网络分解为若干组简单裂缝网络的叠加。将总体裂缝网络分解为若干组由单一类型裂缝组成的简单网络，每个简单网络的缝具有相同的成缝机制、产生期次和岩性，具有相近的缝宽、缝长、产状和改造作用(溶蚀或充填)。

设共有 M 组裂缝，每组具有相同特征。设第 m 组缝有开度 δ^m、间距 L^m、法向量 $\vec{n}_F^m$。

设共有溶洞(溶岩管道)N 个，第 n 个溶管直径为 d^n、轴向量 $\vec{n}_H^n$。

设孔隙型基质为均质、各向同性，渗透率为 k_m。

经过研究(过程略)，得到如下结果。

孔缝洞三重复杂介质渗透率张量：

$$[K] = k_m \begin{bmatrix} 1 & 0 & 0 \\ 0 & 1 & 0 \\ 0 & 0 & 1 \end{bmatrix} + \sum_{n=1}^{N} \frac{(d^n)^2}{32} \cdot \frac{f_{HLaminar}^n}{f_{HTure}^n} \begin{bmatrix} n_{H_1}^n & & \\ & n_{H_2}^n & \\ & & n_{H_3}^n \end{bmatrix} + \sum_{m=1}^{m} \frac{[\delta^m]^2}{12L^m}$$

$$\cdot \frac{f_{FLaminar}^m}{f_{FTrue}^m} \cdot \begin{bmatrix} \left(n_{F2}^m\right)^2 + \left(n_{F3}^m\right)^2 & -n_{F1}^m n_{F2}^m & -n_{F1}^m n_{F3}^m \\ -n_{F1}^m n_{F2}^m & \left(n_{F1}^m\right)^2 + \left(n_{F3}^m\right)^2 & -n_{F3}^m n_{F2}^m \\ -n_{F1}^m n_{F3}^m & -n_{F3}^m n_{F2}^m & \left(n_{F1}^m\right)^2 + \left(n_{F2}^m\right)^2 \end{bmatrix} \tag{2.33}$$

式中，f 为流动摩阻系数；角标 Laminar 为层流，角标 True 为真实流态，它或为紊流(Turblence)或为层流(Laminar)；下角标 F，为裂缝(Fracture)，上角标 m 为第 m 组裂缝；下角标 H 为溶管(Hole)，上角标 n 为第 n 根溶管。

统一的 H-B 流变模式(Herchel-Buckly)：

$$\tau = \tau_0 + k\gamma^n \tag{2.34}$$

$\tau_0 = 0$，$n = 1$ 为牛顿模式。

$\tau_0 \neq 0$，$n = 1$ 为宾汉模式。

$\tau_0 = 0$，$n \neq 1$ 为幂律模式。

$\tau_0 \neq 0$，$n \neq 1$ 为 H-B 模式。

雷诺数计算：

溶管：

$$Re_{H} = \frac{8^{1-n}d^{n}v^{2-n}\rho}{k\left(\dfrac{3n+1}{4n}\right)^{n}\left[1+\dfrac{3n+1}{2n+1}\left(\dfrac{d}{2v}\cdot\dfrac{n}{3n+1}\right)^{n}\dfrac{T_{0}}{k}\right]} \tag{2.35}$$

裂缝：

$$Re_{F} = \frac{12^{1-n}\delta^{n}v^{2-n}\rho}{k\left(\dfrac{2n+1}{3n}\right)^{n}\left[1+\dfrac{2n+1}{n+1}\left(\dfrac{\delta}{4v}\cdot\dfrac{n}{2n+1}\right)^{n}\dfrac{T_{0}}{k}\right]} \tag{2.36}$$

摩擦系数：

$$f_{\mathrm{HLaminar}} = 16/Re_{H}, \quad f_{\mathrm{FLaminar}} = 24/Re_{F} \tag{2.37}$$

进入紊流(广义紊流区，含水力光滑区、混合摩擦区、完全粗糙区)，各类非牛顿流体都表现为牛顿特性，此时对应一个紊流黏度(即紊流时的牛顿黏度)。粗略来说，对宾汉流体，紊流黏度 $\mu = n/3$ (塑性黏度的 1/3)，对幂律流体，则有 $\mu = k/3n$。

摩擦系数(即 f_{HTurb} 或 f_{FTurb})见表 2.6。

表 2.6　摩擦系数 f 的计算表

流动状态	雷诺数范围	摩擦系数 f
层流	$Re \leqslant 2000$	$f = 16/Re$ (或 $24/Re$)
紊流 (水力光滑区)	$2000 < Re \leqslant \dfrac{59.7}{\varepsilon^{8/7}}$	$f = \dfrac{0.059}{R_{e}^{0.2}} - (1-\eta)$ (Blasius)
紊流 (混合摩擦区)	$\dfrac{59.7}{\varepsilon^{8/7}} < Re < \dfrac{665-765\lg\varepsilon}{\varepsilon}$	$\dfrac{1}{\sqrt{4f}} = -1.8\lg\left[\dfrac{6.8}{Re} + \left(\dfrac{\varDelta}{3.7D}\right)^{1.11}\right] - (1-8)$ (ИсаеВ)
紊流 (完全粗糙区)	$Re \geqslant \dfrac{665-765\lg\varepsilon}{\varepsilon}$	$f = \dfrac{1}{16\left(\lg\dfrac{3.7D}{\varDelta}\right)^{2}} - (1-9)$ (Nikuradse)

注：$\varDelta$ 为绝对粗糙度；D 为流道尺寸；$\varepsilon = \dfrac{2\varDelta}{D}$ 为相对粗糙度

实际应用时，确定真实流态可依如下试算法框图求 f 值，如图 2.71 所示。

实际上，只有在漏失通道尺寸很大、过平衡液柱压力很大、钻井流体黏度很低(如清水)时，才有可能出现紊流。大部分情况下井漏在层流范围，此时 $f_{\mathrm{Laminar}}/f_{\mathrm{True}}=1$ (即 $f_{\mathrm{True}}=f_{\mathrm{Laminar}}$)，上述复杂计算不涉及。

在等效渗透率张量的基础上，钻井液向地层的漏失可用如下广义达西定律描述：

$$\vec{V} = \frac{1}{\mu}[K]\nabla P \tag{2.38}$$

式中，$\vec{V}$ 为速度矢量，m/s；∇P 为压力梯度场，MPa/s；μ 为液体有效黏度，mD；$[K]$ 为等效渗透率张量。

将式(2.38)写为分量形式，则如下：

$$v_{i} = \frac{1}{\mu}k_{ij}\nabla_{j}P \qquad (i,j=1,2,3) \tag{2.39}$$

式(2.39)求和中隐含爱因斯坦约定——对重复角标求和。

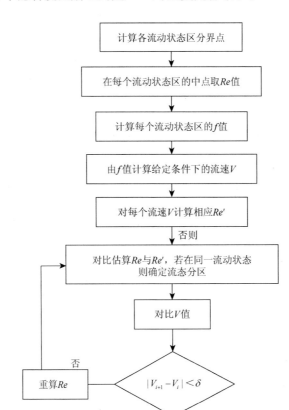

图 2.71　流动状态的迭代判断图

　　近井筒带与其相邻的容纳漏失液体的地层之间用相应的边界条件相联立。边界条件有如下三种。

　　1) 开放型漏层

　　漏失通道直接由井筒通往大气(地表空间)。此时的漏失量直接由漏层内的流动阻力所控制，如图 2.72 所示。在山地、高地钻井，开放型漏层时有出现。

　　2) 定压漏层

　　漏失的液体，进入具有恒定压力、容积无限大的容纳体，称为定压漏层。定压漏层常见有两种。如图 2.73 所示的"定水头含水漏失层"，漏层在纵向连通性极好的气藏：漏失液体进入地层后，不是沿横向向地层深部推进，而是在重力作用下在近井筒附近向下到达气藏底部。

　　3) 定容漏层

　　漏失的液体，进入封闭的定容容纳体，称为定容漏层。此时进入漏层的液体要压缩或置换漏层中原有液体，方可挤出容纳漏失液体的空间。在实际中定容漏层是很少出现的。

只有对超压或常压封闭的小型储集体，且储集体内饱和液体(油或水)时，才表现为定容漏层。即便是超压或常压封闭的小型储集体，但其为气饱和时，由于气体的可压缩性，这种漏层也表现为定压漏层特性(当漏失量相对于总存储容量而言很少时)。

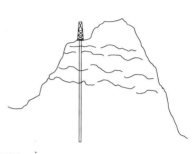

图 2.72　开放型漏层图

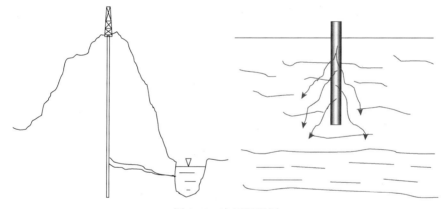

图 2.73　定压漏层图

对于大型储集体，由于漏失液体量相对于总存储量极少，细微的体积压缩就可容纳漏失液体，故基本上类似于定压漏层，无论其饱和流体是油、水或气。

在分析漏层时，如果少数几条大中型漏失通道的漏失量占据了总漏失量的绝大部分，则在分析中可以略去众多微细漏失通道的存在(如孔隙型基块、微小裂隙等)，只分析少数几条大中型漏失通道的漏失规律和特征，达到简化和实用的分析目的。

漏失通道有应力敏感性和压力敏感性，在深井、压力封闭型漏层表现突出。应力敏感性是指液柱压力变化导致漏失通道的尺寸变化引起的漏失量变化，主要发生在裂缝型漏失通道，尤其是沿井筒延伸的纵向长缝，井内液柱压力的增大会使裂缝张开，通常所指"压漏地层"就是裂缝张开或原有闭合缝变为张开缝。压力敏感性是指在漏失通道尺寸不变的条件下，液柱压力的增加使漏失加剧的现象。压力敏感性的本质是在高速紊流下流阻系数变小、黏度变低而引起的漏失量增大。对溶管型漏失通道，只存在压力敏感性，不存在应力敏感性；而对裂缝型漏失通道，压力敏感性和应力敏感性同时存在。

4. 漏失型储层钻井的防漏治漏技术

1) 常规的防漏治漏技术

目前常规的防漏治漏技术主要有以下几种。

(1) 随钻堵漏

桥堵材料堵漏。在钻井液中加入大量片状、纤维状、颗粒状材料，随着液体漏入地层，桥堵材料在裂缝中滞留、堆积，直至将裂缝堵死，达到制服漏失的目的。

高黏低流动性化学剂。当工作液进入漏层后，由于某种化学-物理作用而产生高黏、强结构，使其减弱流动性，用很大流动阻力抵抗正压差造成的漏失。

固化材料堵漏。当工作液进入漏层后开始固化，形成不流动固体，达到止漏的目的。

在上述三种随钻堵漏方法中，后两种虽然有一些应用报道，但尚不成熟配套，未形成工业界广泛接受的技术。实际用得最多的还是"桥堵浆"技术。

(2) 欠平衡钻井

使液柱压力降低，这是最有效的防漏制漏技术。当液柱压力降到低于地层压力之后，正压差造成的漏失就完全消除了。此时剩下的漏失就只有重度差诱导型漏失。根据前面研究结论，通过调节欠平衡压差，可以减少重度差漏失。

(3) 填堵大尺寸漏失空间

对于大尺寸溶管、溶洞，由于漏失通道使井壁部分或全部缺失，对井内液体丧失了固体表面的支撑、阻挡作用，使得任何可流动物质都无刚性边界约束，造成持续的严重漏失——注入流体立刻流走、注入多少漏失多少。对这种漏失有时可采用"填"的办法，利用固体碎块、黏稠速凝材料等在溶洞附近形成堆积，形成新的人工井壁。再钻开新井眼恢复钻进。

(4) 边漏边钻

对于难以封堵的漏层，当有大量水源供应时，可以采用"边漏边钻"的方法进行抢(强)钻，注入液体与钻屑一同进入漏层。国外常采用"海水抢钻"，和此基础上发展起来的"泥浆帽钻井"。国内也常采用"清水抢钻"。

(5) 工具堵漏与分段堵漏

人们曾开发过多种堵漏工具——袋式工具、封隔器类工具、波纹管、膨胀筛管等，对恶性漏失层进行封堵，但应用不太普遍。

对长井段漏失层，常用"强钻一段堵漏一段"的分段堵漏方法。堵漏常用的是高浓度桥堵浆、堵漏水钻井液，或多种材料的混合浆。

所有上述处理漏层的技术中，真正实用、有效的方法主要有三种：第一，对可堵住的漏层就"堵"，也就是常规的桥堵浆边钻边堵；第二，对常规桥堵浆堵不住的漏层就"欠"；第三，非常特殊的情况下采用边漏边钻。

对于非储层的漏失，可以采用各种"堵"的办法。而对于储层，漏失通道就是良好的生产通道，不希望"堵死"。况且，对于大于 $200\mu m$ 的裂缝，过平衡屏蔽暂堵已很难封堵；当缝宽达毫米级(或溶洞、溶管直径达厘米级)时表现出明显井漏，且漏失的液体对储层造成严重伤害，常规过平衡堵漏技术难以有效封堵该类漏层。采用空气、泡沫或充气液钻井。

空气钻井由于对井底无压力、空气来源不受限制和低成本而成为克服漏失的有效措施。泡沫钻井,不但具有低的液柱压力,同时泡沫具有良好的封堵能力和填充能力。因此,泡沫钻井是最有效的制服井漏措施。充气钻井液,只是在一定程度上降低了液柱压力,由此而减少(或对正压差型漏失可以消除漏失)。

2)欠平衡防漏治漏技术

(1)注气稳压防漏治漏技术

为解决现有钻井技术无法适应窄"漏喷安全压力窗口"的含流体地层,解决该类地层钻井过程中井喷、井漏或又喷又漏的技术难题,研究了一种利用调节注气量进行稳压钻井以适用窄"漏喷安全压力窗口"储层的钻井方法。在钻井液密度不变的情况下,通过注入氮气、尾气、燃气、天然气或空气,调节注气量和回压,实现迅速、灵活、准确、大幅度地改变井底压力,使井底压力状态按需要在不同的欠平衡状态、平衡状态、过平衡状态之间变化,以供消除附加摩阻动压、随钻测试、安全井控、储层保护等的需要。通过灵活、迅速的注气量和回压调节方式,调节钻井液的井底压力,实现循环动压等于流体静压,从而使井下压力变化窗口缩窄为一条线,以适应窄"漏喷安全压力窗口"。

(2)控压钻井防漏治漏技术

控压钻井的目的是针对窄窗口类型的复杂地层,通过精确控制井筒压力剖面达到减少井漏、减少井涌、降低钻井风险的目的,最终实现提高"井的可钻性"。控压钻井技术将在第 9 章做详细的介绍。

(3)欠平衡完井防漏治漏技术

在欠平衡钻井过程中,采用欠平衡完井技术,能够及时有效地封堵地层,不仅可以防止井漏事故发生,还能有效地保护储层。

2.4　复杂油气藏欠平衡钻井储层保护评价流程

2.4.1　复杂储层欠平衡钻完井决策基本思路

1. 总体思路

储层合理钻井方式的选择以及能否适应欠平衡钻井方式。国外公司建立了不同的专家评判系统,主要依赖于多口井的钻井实施经验。目前,国外公司也越来越多地注重利用地质参数来评估欠平衡钻井的适应性。本书建立了一套欠平衡钻井评价体系。该评价体系以具体储层的工程地质特征为基础,通过针对性的系统且针对性的基础评价实验,对实验结果结合理论研究成果进行综合分析,进行钻井风险评估和储层保护效果预测,最后在此基础上,根据不同钻井方式的具体工艺技术特征确定合理的钻井方案。

2. 储层欠平衡钻井评价的基本内容

1)储层工程地质特征

综合储层的地质特征、钻井完井过程的储层损害特征以及钻井完井工程工艺特点,将目前的储层分为三大类：孔隙型、裂缝型(孔缝双重介质)、漏失型(孔洞缝三重介质)。在该评价体系中以及进行合理的钻井方式选择时，需要评价的储层工程地质特征参数主要包括：①区域地质与工程概况。待钻区域的区域地质情况、以往实施的钻井情况、基本生产情况。区域地质情况包括区域构造及构造运动发育史、区域地层与沉积史。②岩相与岩相展布特征。对储层的岩相类型、组成以及岩相的纵横向展布特征开展研究。对于沉积岩地层需要开展其沉积相、沉积微相、储层砂体展布特征，非储层的岩相展布、纵横向展布特征的研究。③储层构造与地应力特征。主要研究了解构造基本形态、断层发育状况、储层的构造应力情况与地应力情况。④岩电特征。主要研究分析待钻储层与非储层的主要岩石类型与分布、岩石矿物组成、产状、理化特征、表面特性等相关参数，尤其是敏感性矿物组成、产状、含量特征；岩石的电性特征与测井响应特征。⑤储集空间与物性特征。主要了解储集空间类型、结构特征、参数、孔隙度与渗透率等物性参数，孔隙裂缝发育特征。⑥流体特征。流体(油、气、水)组分与饱和度、流体的理化性质，是储层损害评价与钻井方式选择的基础。⑦温度压力特征。分析待钻地层的温度与孔隙压力情况。⑧储层潜在损害因素分析与潜在损害预测。确定储层基础评价方案。⑨钻井工程难点基本特征。结合已钻井情况，初步评估待钻储层可能面临的工程难题，初步确定备选钻井方案。

2) 储层损害评价

针对不同类型储层的工程地质特征综合分析结果，对可能存在的关键损害类型进行系统评价，是进行储层钻井方案确定的基础。分不同类型储层，需要开展的评价如下。

(1) 孔隙型储层

按渗透率及其在钻井过程中的储层损害特征将孔隙型储层分为三类：超高渗透(渗透率大于 500mD)，中高渗透(渗透率为 10~500mD)，低渗透、超低渗透(渗透率小于 10mD 及渗透率小于 1mD)。

对超高渗透储层，根据其钻井过程的漏失及可封堵性特征，需要开展下列评价：①漏失型与可封堵性评价，通过屏蔽暂堵和钻井液动态损害评价装置，评价储层的漏失规律，进行屏蔽暂堵效果评价，包括固液相侵入深度评价、漏失评价。具体包括：常规的水基钻井液，在过平衡钻井条件下漏失的本质性。对于堵漏有效且可解堵的储层评价形成屏蔽暂堵钻井及解堵配套技术；对于堵漏无效的储层，评价漏失参数及其对储层的损害和对井壁稳定性的影响，以及制定合理工艺参数减少漏失的效果。②储层敏感性评价，主要开展速敏、水敏、盐敏、酸敏、碱敏、微粒运移评价和应力敏感性评价。其中尤为重要的是速敏和微粒运移评价。③固相堵塞评价，开展漏失对储层的损害评价。

对中高渗透储层，主要开展下列储层保护效果相关的评价：①储层敏感性评价，主要包括水敏、盐敏、酸敏、碱敏、速敏和应力敏感性评价，评价储层的常规敏感性损害程度；②钻井液完井液体系的储层损害评价，对待用钻井液完井液体系进行静态流动实验评价与动态损害评价实验，评价其储层损害与保护效果；③屏蔽暂堵效果评价，对储层岩心模拟过平衡钻井井下条件，设计合理的屏蔽暂堵粒子级配，评价并改进屏蔽暂堵与解堵效果。

对低渗透、超低渗透储层，主要开展下列储层保护基础评价：①常规敏感性评价，主要是水敏、盐敏、酸敏、碱敏、速敏、应力敏感评价，评价储层的敏感性损害程度；②水锁损害(水相圈闭)评价，评价储层产生水锁损害的程度及可恢复性，是该类储层的重要评价内容；③屏蔽暂堵效果评价，主要评价该类储层能否通过屏蔽暂堵以获得钻井完井过程的良好储层保护效果；④水基欠平衡及评价，评价欠平衡条件下的液相及对储层的损害程度；⑤非水基工作液对储层的损害评价，主要评价非水基工作液对储层的损害程度及可恢复性。

(2) 裂缝型(孔-缝双重介质)储层

裂缝型储层的损害机理不同于一般的孔隙型储层，需要开展的评价主要包括：①裂缝的分布规律分析，主要研究裂缝的三维空间结构特征，包括裂缝的密度、产状与充填情况等，发育部位等裂缝网格描述；②裂缝特征描述，主要描述裂缝的表面特征参数、三维空间结构参数；③裂缝动态闭合评价，采用实验与数值模拟的方法评价裂缝对有效应力的响应，评价其动态闭合程度在不同应力下的闭合规律；④裂缝的渗流能力评价，评价裂缝在不同有效应力条件下的渗流能力与渗流规律，双重介质产能复比评价；⑤裂缝的液相侵入损害评价，评价在不同钻井方式下的液相侵入程度及液相侵入后引起的裂缝渗透率与基质渗透率损失，数值模拟；⑥裂缝的固相损害评价，评价裂缝的固相侵入损害；⑦裂缝的可封堵性评价，评价裂缝的可封堵特性；⑧基块的损害评价：同孔隙型储层部分。

(3) 孔-洞-缝三重介质或漏失型储层

孔-缝-洞三重介质储层面临的最严重的问题就是漏失问题，其中钻井完井过程对孔隙裂缝的基础评价方法与前面裂缝型储层和孔隙型储层的评价方法相同，关键的基础评价部分主要包括：①裂缝漏失规律评价，主要评价过平衡条件下与欠平衡条件下的固液相漏失规律，可以采用数学的方法和实验的方法，包括正压差漏失、裂缝置换漏失、裂缝置换气侵、裂缝负压喷屑、裂缝置换与产状、井身轨迹的关系；②溶洞漏失规律评价，评价溶洞漏失特征；③漏失造成的储层损害评价；④堵漏措施与评价，主要评价常规钻井完井过程堵漏措施的有效性与可行性。

3) 钻井方式选择与合理欠平衡钻井方案的确定

结合可能的钻井方式的工程工艺特征，评价其应用具体储层可能面临的井壁稳定、地层流体产出、压力控制、携岩、提速效果等问题，在前述储层评价的基础上优选合理的钻井方案。

可备选的主要钻井方式包括：水基过平衡、油基过平衡、水基过平衡、水基欠平衡、水油基的近平衡钻井、充气欠平衡、泡沫钻井、雾化钻井、气体钻井等。

其中，过平衡钻井配套的技术措施包括：清水强钻、屏蔽暂堵、过平衡膜封堵、润湿反转等技术；欠平衡钻井配套的技术措施包括：随钻测试、连续循环注气；近平衡钻井配套的技术措施包括：注气控压等。

通过储层损害评价认为必须用欠平衡钻井达到储层保护效果的储层，还必须结合至少下述基本评价确定合理的欠平衡钻井方案：井壁稳定性评价；压力控制(井控)风险评价；地层流体产出与循环介质优选评价；携带岩屑能力评价；钻井速度评价；经济效益评价；等等。

2.4.2　复杂储层欠平衡钻完井评价流程

图 2.74～图 2.78 分别为储层欠平衡适应性评价体系总图与各类储层的欠平衡钻井适应性评价基本流程。在开展储层欠平衡钻井的选区、选井、选层，以及确定具体的欠平衡钻井评价方案时可依此评价体系及相应的评价方法进行。

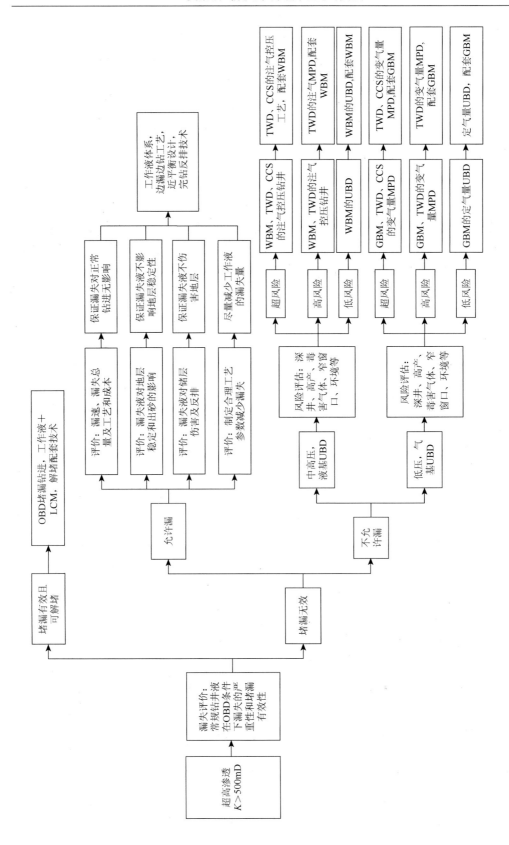

图2.74 超高孔渗透型孔隙型储层欠平衡钻井评价流程图

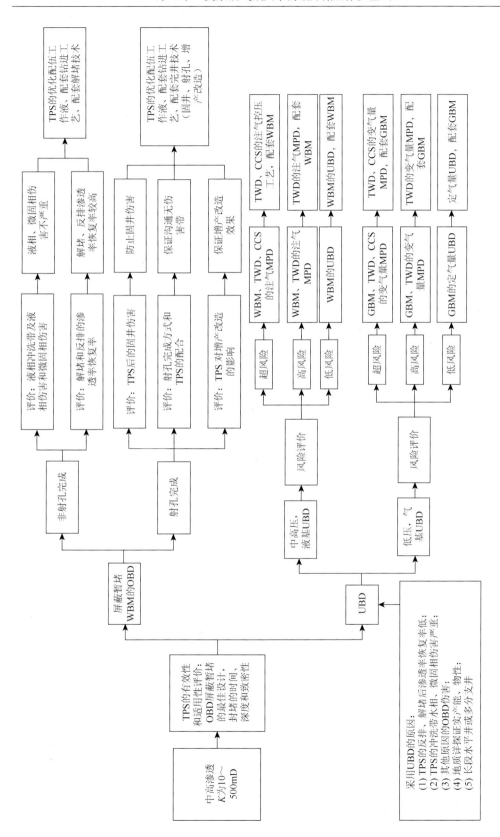

图2.75 中高孔、渗透型孔隙型储层欠平衡钻井评价流程图

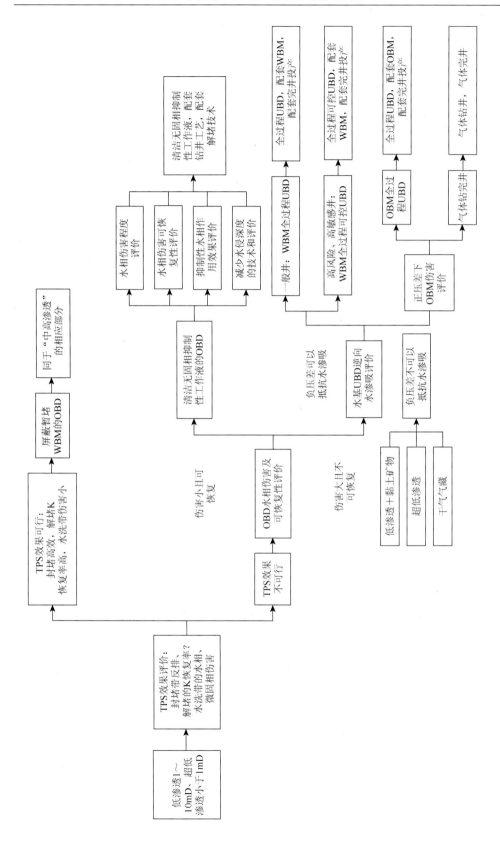

图2.76　低孔、低渗透型孔隙型储层欠平衡钻井评价流程图

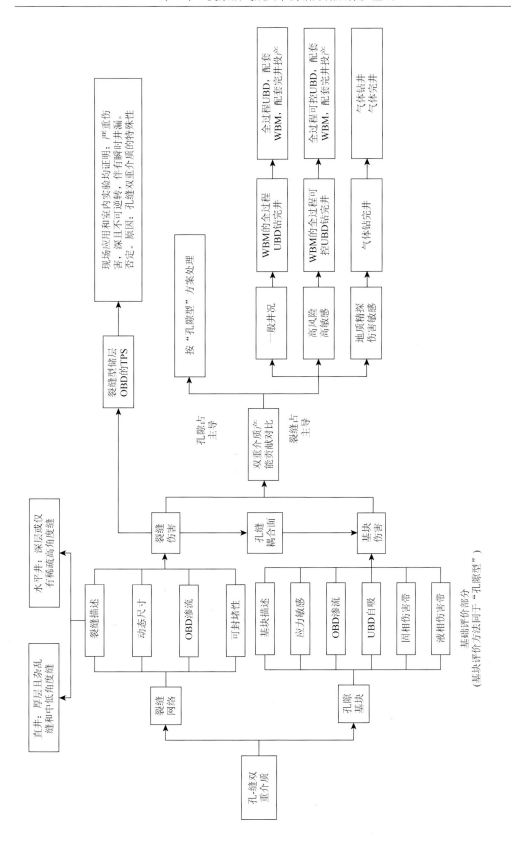

图2.77　孔-缝双重介质欠平衡钻井评价井评价流程图

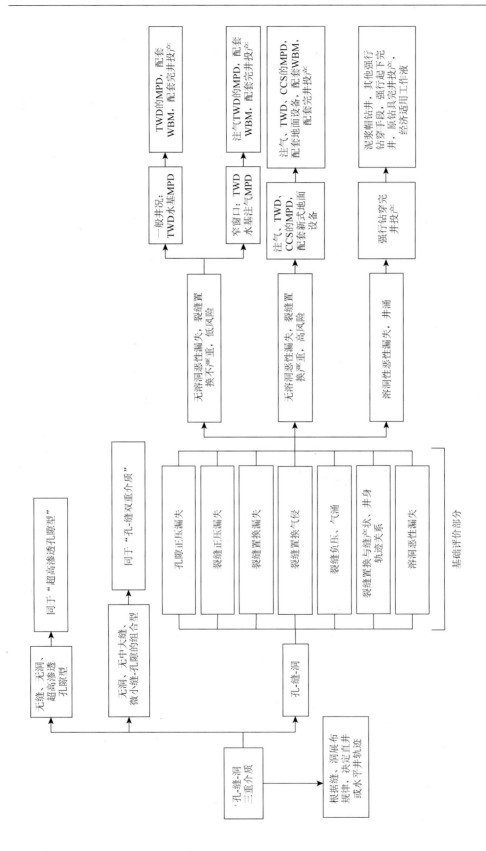

图2.78　孔-洞-缝三重介质漏失型储层欠平衡钻井评价流程图

参 考 文 献

[1] Pfeifer P，Avnir D. Chemistry in noninteger dimensions between two and three. Journal of Chemical Physics，1983，79(7)：3369～3558

[2] Krohn C E. Sandstone fractal and euclidean pore volume distributions. Journal of Geophysical Research Atmospheres，1988，93(B4)：3286～3296

[3] 辛厚文.分形理论及其应用.北京：中国科学技术大学出版社，1993

[4] 贺承祖，华明琪.储层孔隙结构的分形几何描述. 石油与天然气地质，1998，19(1)：15～23

[5] Krohn C E. Fractal measurements of sandstone，shales and carbonates. Geophysical Research Letters，1988，93(B4)：3297～3305

[6] 徐同台，王行信，张有瑜等. 中国含油气盆地黏土矿物. 北京：石油工业出版社，2003

[7] 王行信，周书欣. 砂岩储层黏土矿物与油层保护. 北京：地质出版社，1992

[8] Li K W，Firoozabadi A. Wettability Change to Gas-Wetness in Porous Media.SCA，1998

[9] Bennion D B，Bietz F R，Thomas F B. Reduction in the productivity of oil and low permeability gas reservoirs due to aqueous phase trapping. JCPT，1994，33(9)：45-54

[10] 张曙光，刘景龙，邓颖. 储层岩石表面接触角的不确定性研究. 矿物岩石，2001，21(1)：48～51

[11] 贺承祖，华明琪. 水锁效应研究. 钻井液与完井液，1996，13(6)：13～15

[12] Bennion D B，Thomas F B，Bietz R F，et al. Water and hydrocarbon phase trapping in porous media-diagnpsis，prevention and treatment. CIM(95-69)，1996，35(10)：29～36

[13] 蒋官澄，马先平，纪朝凤等. 广谱"油膜"暂堵剂在油层保护技术中的应用. 应用化学，2007，(6)：665～668

[14] 李玉娇，吕开河. 自适应广谱屏蔽暂堵剂 ZPJ 研究. 钻采工艺，2007，(3)：111～114

[15] Nelson R A. 天然裂缝型储集层地质分析. 柳广第等译. 北京：石油工业出版社，1991

[16] Dicman A. Modeling Fluid flow through single fracture using experimental Stpchastic and Simulation Approaches. SPE 89442，2012

第3章 欠平衡钻井提速基础理论

钻井提速是石油钻井永恒的主题,我国拥有丰富的深层油气资源(深层海相油气资源、深层火山岩油气资源以及其他类型的深层油气资源),深层油气资源的勘探开发是我国目前和未来油气能源生产的最重要领域。然而,深层油气资源勘探开发中最大的难题之一是由于"油气层埋藏深、所需钻穿的井段长,深埋和超致密压实造成岩石高强度、高硬度、高研磨性,加之深井使用稠重钻井液产生的液柱压力效应等"共同导致的"井深、钻速慢、周期长、成本高",这成为制约深层油气资源高效开发的技术瓶颈。国内外大量的室内实验和现场实践证明:欠平衡和气体钻井能够大幅度提高机械钻速,与传统钻井方式相比,其最大区别就是井底液柱压力(简称"井底压力")低于地层孔隙压力,并且机械钻速降低越多提速效果越显著,但是为什么降低井底压力就能够提高机械钻速?到目前为止,井底压力对井底破岩影响机理的认识仍然沿用了 1959 年 Garnier 和 Van Lingen 利用模拟井底环境开展旋转破岩试验得出的成果[1],该成果认为,液柱压力除了增强岩石的强度外,还起着对破碎坑岩屑的"压持作用"(Chip hold-down),这一理论得到了众多学者的支持。但液柱压力对机械钻速的影响决不止于此,本章将主要介绍在欠平衡钻井提速机理上的认识及欠平衡钻井提速潜力评价方法。

3.1 欠平衡钻井井底岩石力学与破岩特征分析

3.1.1 欠平衡钻井对井底岩石力学性质的影响

欠平衡钻井提速的重要贡献是降低了井筒的液柱压力,导致了机械钻速的增加。从破岩机理上液柱压力的降低改变了岩石的力学性质,体现在以下几个方面。

1. 降低了井底岩石的强度

岩石的强度极限随着围压的增大而增大,不同的岩石种类有不同的增长速率,如图 3.1 所示。图 3.2 表明岩石的强度极限随埋藏深度的增加而增加,这也从破碎强度的侧面说明了"为什么岩石埋藏越深越难钻"。

钻井过程中,井筒内的液柱压力相当于图 3.1 中的围压。钻井液密度越大,井底液柱压力越大,岩石的破碎强度越大,地层越难破碎;反之相反。因此,在钻井中尽可能减少井底压力,总是有利于降低岩石强度、提高钻速。

2. 改变井底岩石的塑脆性

岩石在破坏前的变形量表示了塑性的大小。在相同载荷形式下,不同塑性的岩石不但破坏强度不同，而且破坏形式大大不同。在钻井过程中钻头牙齿对岩石的冲压作用，希望得到的是脆性破坏，不希望只是得到一个压入的塑性坑，而没有体积破坏，见表 3.1，岩石的塑脆性不是固有不变的，是随着围压的增大而增大。而且这种增加不是随围压的连续变化，而存在一个明显的塑脆性转化点：当围压低于此点，岩石呈脆性；当围压高于此点，岩石呈塑性，如图 3.3 所示。不同的岩石有不同的转化点，这个转化点与温度有关。

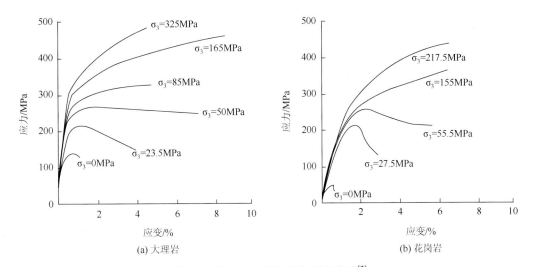

图 3.1　岩石三轴试验应力-应变曲线[2]

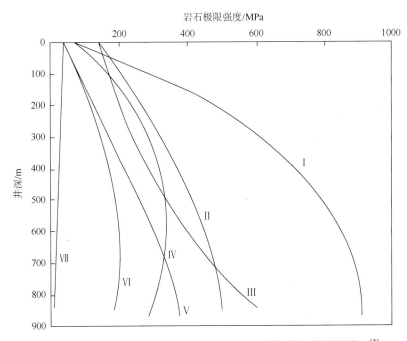

图 3.2　各种沉积岩的强度随其(室温 24℃)埋藏深度而变化的情况[2]

Ⅰ. Oil Creek 石英砂岩；Ⅱ. Hasmark 白云岩；Ⅲ. Blain 硬石膏；Ⅳ. Yule 大理岩；Ⅴ. Barns 砂岩及 Marianna 石灰岩(曲线重合)；Ⅵ. Muddy 页岩；Ⅶ. 盐岩

表 3.1　三轴试验时岩石从脆性破坏到塑性流动的变化

破坏形态类型	1	2	3	4	5
破坏前的典型变量	<1	1~5	2~8	5~10	>10
抗压试验					
拉伸试验					
典型的应力-应变曲线					

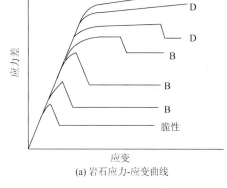

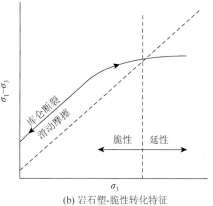

(a) 岩石应力-应变曲线　　　　　　　　　(b) 岩石塑-脆性转化特征

图 3.3　岩石的脆-延性转化特征[3]

(a) 单轴压缩破坏　　　(b) 围压19MPa压缩破坏

图 3.4　脆性破坏与塑性变形

图 3.4 是对埋深 1600m 蓬莱镇组页岩所做的岩石力学实验：图 3.4(a) 为模拟气体钻井条件下的压缩试验，页岩呈脆性破坏；图 3.4(b) 为模拟 $1.4g/cm^3$ 钻井液条件下的压缩试验，岩样呈明显的塑性变形。

结合围压对强度影响和对塑脆性影响可见：随着围压的增加岩石的强度增加，破坏方式由脆性破坏逐渐转变为塑性破坏，降低围压有助于降低岩石强度，并使岩石向脆性破坏转变。因此，降低液柱压力就是降低了围压，有助于降低岩石强度，发生脆性破坏，从而提高破岩效率。

3. 减小破岩力有利于岩石破碎

如上所述：高液柱压力下岩石的破碎强度会增加，同时岩石也会由脆性向塑性转化，这种强度增加和塑性增加都会影响到钻头牙齿的破岩效果。在常规三轴岩石力学实验机上进行如图 3.5(a) 所示的改造，以模拟不同液柱压力下的单齿压入实验。模拟牙齿在蓬莱镇组砂岩的压入破碎坑如图 3.5(b) 所示，对破碎坑进行三维数据体重构如图 3.5(c) 所示，分析破碎坑的深度、形状和体积。不同液柱压力下的单齿压入的压入力和破碎坑体积的变化如图 3.6 所示，随液柱压力增加，压入破碎力增加、破碎坑体积减少。

(a) 三轴单齿压入实验　　　(b) 压入实验的破碎坑　　　(c) 破碎坑的三维数据体重构

图 3.5　模拟不同液柱压力下的三轴单齿压入实验

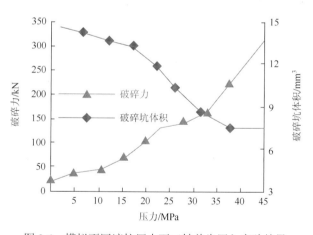

图 3.6　模拟不同液柱压力下三轴单齿压入实验结果

4. 地层孔隙压力有利于岩石破碎

无论是渗透型地层，还是非渗透型地层，欠平衡条件下孔隙压力的释放，都有利于破碎裂纹扩展和井底净化。

对渗透型地层，地层内饱和的流体可以流动。欠平衡条件下向外流动的流体将破碎岩屑推离井底，避免了重复破碎和产生更多的微粒。在过平衡条件下，正压差下向地层内的渗流失水，首先将岩屑压在井底，之后迅速形成浅层滤饼，不但将岩屑紧紧压在井底，造成岩屑的重复破碎，而且造成液柱压力与孔隙压力之差集中作用于井底薄层，形成该层的集中应力，如图 3.7 所示。另外，欠平衡条件下地层流体的向外流动，由渗流产生的流固耦合作用也给井底表面的岩石产生骨架上的拉应力，有利于清岩和破裂裂纹的产生与扩展。

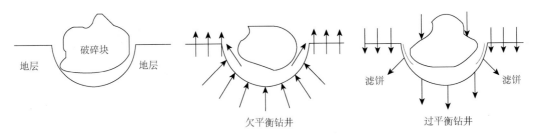

图 3.7　欠平衡钻井与过平衡钻井条件下的井底净化

饱和有束缚流体的极低渗透岩石，如泥页岩，表现为不渗透特性，但仍然有孔隙压力，只是在可能的压差作用下孔隙流体不可流动，呈束缚状态。此时欠平衡条件下的孔隙压力相当于多孔介质岩石内部的内张力，这个内张力促使压入齿周围裂缝的产生和扩展，促使破碎的岩屑崩离井底。在过平衡条件下，则是过平衡压差作用在井底，使岩石骨架受压缩，既不利于压入齿周围裂缝的产生和扩展，也不利于破碎的岩屑脱离井底，如图 3.8 所示。

5. 消除固相微粒对钻速的影响

在过平衡钻井情况下，由于重复破碎和矿物的水相分散，钻井液中微米级固相微粒很多。这些高浓度的固相微粒是在瞬时失水推动下迅速造成井底表面堵塞、成饼的重要原因，因而也是严重影响机械钻速的重要因素之一，如图 3.9 所示。

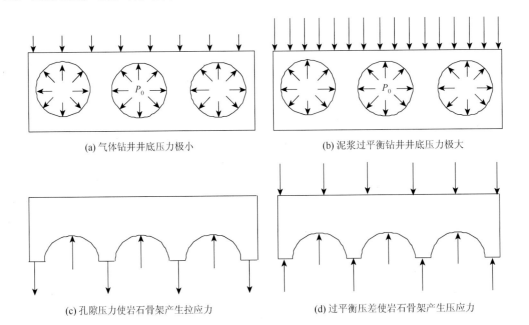

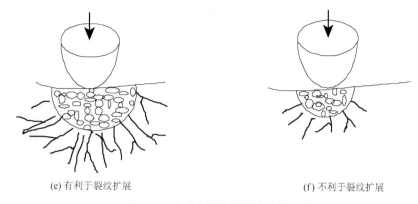

(e) 有利于裂纹扩展　　　　　　　(f) 不利于裂纹扩展

图 3.8　压差对非渗透地层破碎的影响

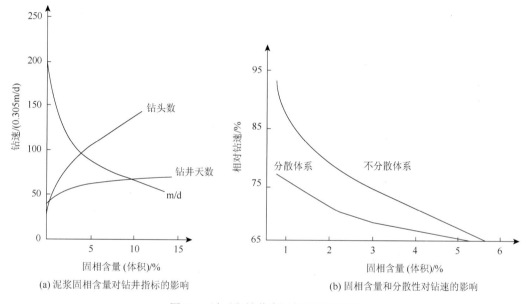

(a) 泥浆固相含量对钻井指标的影响　　　　(b) 固相含量和分散性对钻速的影响

图 3.9　过平衡钻井中固相微粒的影响

在欠平衡钻井条件下，由于无过平衡钻井的瞬时失水，从而无井底表面的堵塞、成饼，也就消除了微粒固相对机械钻速的影响。尤其是气体钻井，井底粉尘级固相微粒不但产生少(没有水化分散和过多重复破碎)，井口排出的粉尘绝大部分是岩屑在井筒运移中的再次破碎，而且井底粉尘一旦产生则被立即排走，不会在井底滞留，对机械钻速无任何影响。

6. 脆性岩石的冲击破碎方式更有利于破岩

钻进过程中井底岩石的主要破碎方式有：压入(牙轮钻头的主要方式)、剪切(PDC 钻头的主要方式)、冲击(井下气动锤的主要方式)和混合(有剪切滑移作用的牙轮钻头，压入为主，有剪切和冲击作用)。在冲击载荷下，虽然岩石的破碎强度有所增加、使岩石不易破碎，但同时冲击载荷使岩石的脆性大大增加，从而有利于破碎，如图 3.10 所示。

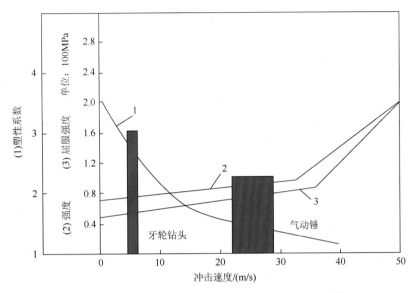

图 3.10　冲击速度对大理石硬度及塑性系数的影响[2]

　　将冲击速度适当提高，岩石破碎强度增加不多，但其脆性大幅度增加，从而总体有利于提高破碎效率。另外，冲击载荷要足够大，能够产生二次撞击，使岩石产生损伤，有利于岩石的破碎，冲击过程中拉应力作用下产生的拉伸裂纹有助于岩石破碎，如图 3.11 所示。气体钻井配套适当冲击频率、适当冲击载荷的气动锤和锤击钻头，提高钻速非常有效。以冲击压入破碎为主的牙轮钻头的气体钻井也是不错的选择。气体钻井配剪切破碎为主的PDC 钻头，也有不少成功使用的范例(如大庆深层火山岩的空气钻井提速)。

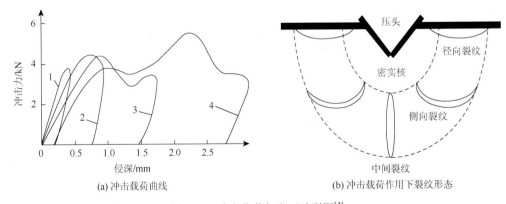

(a) 冲击载荷曲线　　　　　　　　　(b) 冲击载荷作用下裂纹形态

图 3.11　冲击载荷与岩石破裂图[4]

3.1.2　欠平衡钻井井底牙齿侵入裂纹扩展机制

　　钻头牙齿的垂向侵入，在牙齿下面形成一个压碎坑，在坑内是已经破碎的岩屑或者重复破碎的岩屑，在岩屑下面形成了剪切压实区或称为密实核，剪切压实区下面产生了破裂损伤区。在破裂区外有三个主要的裂纹：径向裂纹、侧向裂纹、中间裂纹，如图 3.12 所示。侧向裂纹往往起始于压实区附近或者由锥形赫兹裂纹分叉后到达自由表面，侧向裂纹平行于试件的表面，形状一般为圆形或饼状，侧向裂纹在很多情况下会扩展至试件表面，引起压头周围的表层脱落或者崩落，侧向裂纹对钻头牙齿破岩有着最重要的贡献，破岩过程主要是钻齿间的侧向裂纹间连接导致岩屑脱离母体，形成破碎的岩屑。

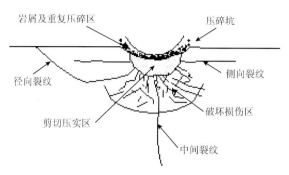

图 3.12　球齿侵入岩石形成的裂纹系统[5]

　　侧向裂纹的起裂和扩展需要用断裂力学相关理论来解释。岩石的断裂韧性是表征材料阻止裂纹扩展的能力，而在大多数情况下岩石的断裂韧性都是在无围压条件下测试的，测试的断裂韧性不能反映井底围压条件下岩石的真实性质。与无围压条件相比，岩石在围压下表现出来的断裂韧性与其本身的断裂韧性有了极大的差别，将围压下的断裂韧性称为表观断裂韧性。2001 年，陈勉等[6]建立了围压下岩石断裂韧性的测试方法，发现在低围压条件下随着围压的增加，岩石的断裂韧性增加，如图 3.13(a)所示，2007 年，楼一珊等[7]的实验数据得出了这样的结论：在一定范围内断裂韧性与围压呈现较好的线性关系，但在高围压条件下，断裂韧性的增加趋于平缓，如图 3.13(b)所示。

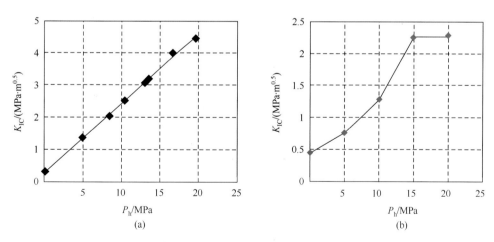

图 3.13　Ⅰ型断裂韧性与围压的关系

　　井底液柱压力产生的围压会抑制裂纹的扩展(图 3.14)，这在侵入破岩侧向裂纹长度和岩石破碎体积则表现为在低围压(P_h<20MPa)下使岩石的破碎体积显著地减少 50%，而随着围压的继续增加，围压对破碎体积的影响逐渐减弱，趋势趋于平缓，因此，围压下岩石的表观断裂韧性是影响岩石破岩效率的机制。

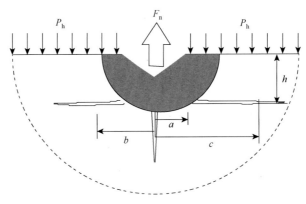

图 3.14 井底侧向裂纹模型

利用数值模拟，系统研究了不同井底压力条件下双齿侵入井底岩石的裂纹扩展机制。图 3.15～图 3.18 为不同井底压力下裂纹扩展过程。由图可以看出，在井底压力为 0MPa，计算到 600 步时，在表层下邻齿间的裂纹出现了汇交，也就是说此时已经形成了大块的破碎岩块(图 3.15)。井底压力为 2MPa，到 800 步时，虽然在左齿的右边和右齿的左边都产生了较长的侧向裂纹，但是仍然未能见到裂纹的相交，说明井底压力对裂纹扩展产生了影响，在一定程度上抑制了裂纹的扩展，裂纹扩展能力大大降低，此时在齿间没有形成破碎体，没有成块的岩屑脱离母体，由此说明了井底压力对井底牙齿破岩效果的影响(图 3.16)。当井底压力为 4MPa、6MPa 时(图 3.17、图 3.18)，侧向裂纹受到严重抑制，只有极短的侧向裂纹，并未见到径向裂纹的产生和扩展，只在表面产生了零星的破碎单元，而在两齿间也没有径向裂纹的发生和扩展。由此看来，齿间破碎块体的形成，仍然主要是由于侧向裂纹的汇交而产生，由于井底压力的存在，极大抑制了齿间侧向裂纹和径向裂纹的产生及交汇，使齿间的岩屑坑不能连成一片，影响破岩效果，图 3.19 为拉伸裂纹尺寸与井底压力的关系。

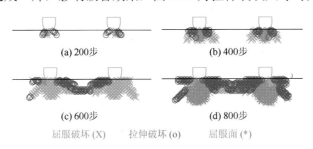

图 3.15 井底压力为 0MPa 时牙齿侵入裂纹扩展过程

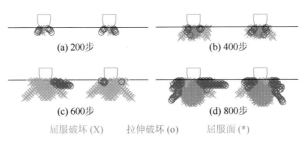

图 3.16 井底压力为 2MPa 时牙齿侵入裂纹扩展过程

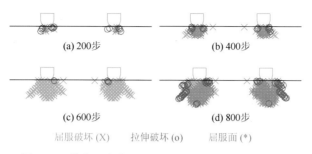

(a) 200步　　　　　　(b) 400步

(c) 600步　　　　　　(d) 800步

屈服破坏 (X)　　拉伸破坏 (o)　　屈服面 (*)

图 3.17　井底压力为 4MPa 时牙齿侵入裂纹扩展过程

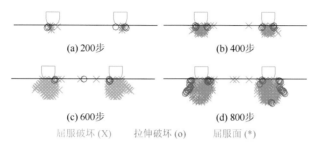

(a) 200步　　　　　　(b) 400步

(c) 600步　　　　　　(d) 800步

屈服破坏 (X)　　拉伸破坏 (o)　　屈服面 (*)

图 3.18　井底压力为 6MPa 时牙齿侵入裂纹扩展过程

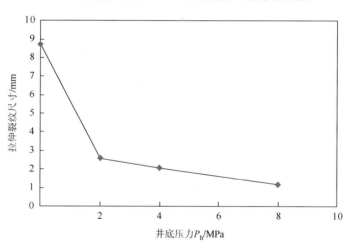

图 3.19　井底压力与拉伸裂纹尺寸的关系

3.2　欠平衡钻井井底应力场特征分析

随着钻井深度的增加,原地应力不断增加,液柱压力增加,井底应力场发生了重要变化,这对井底岩石破碎有着重要的影响,井底应力场的研究对岩石的破碎机理、井壁稳定、井斜有着重要的意义。为此,采用有限元数值模拟的方法研究了不同钻井方式下的井底应力场。

3.2.1　孔隙压力对不同钻井方式下井底应力场的影响

为了便于分析井底应力场的变化规律及分析各个因素对井底应力场的影响,分析路径

A—B，如图 3.20 所示，A 为起始点，B 为终点。

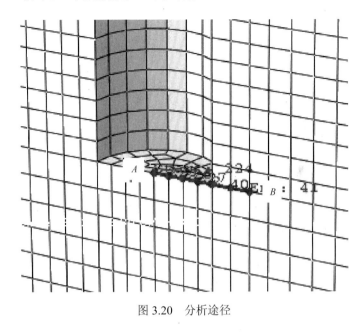

图 3.20　分析途径

图 3.21～图 3.23 为不同孔隙压力下不同钻井方式井底的等效应力和最小主应力在应力途径 A—B 上的变化曲线，可以看出，气体钻井时，最小主应力数值最小，说明受到的压应力最小，接近于 0MPa，此时的岩石强度最低，更易于破碎。孔隙压力的改变对井底应力场都有一定的影响，随着孔隙压力的增加，井底的最小主应力值增加，也就是说，孔隙压力相当于多孔介质岩石内部的内张力，这个内张力使得井底最小主应力增加，向着拉伸状态发展，使得井底的岩石更易于受拉破坏。由于开挖卸荷的作用在井底形成了低应力区，在井壁和井底交界处产生应力集中现象，在此处的岩石更加容易破碎。

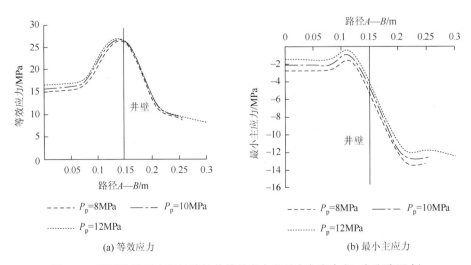

(a) 等效应力　　　　　　　　　　　　　　　(b) 最小主应力

图 3.21　不同孔隙压力下气体钻井等效应力和最小主应力(P_p 为孔隙压力)

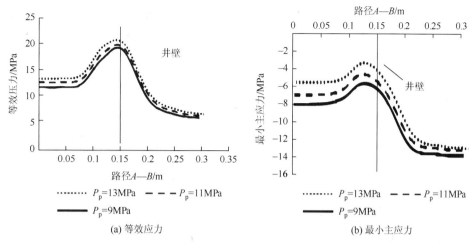

(a) 等效力 　　　　　　　　　　(b) 最小主应力

图 3.22 不同孔隙压力下欠平衡钻井井底等效应力和最小主应力曲线

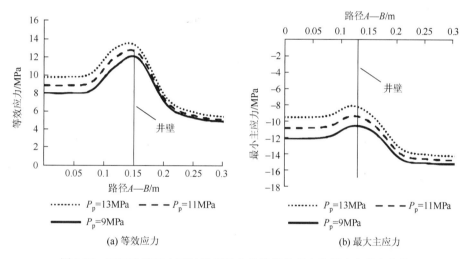

(a) 等效应力 　　　　　　　　　　(b) 最大主应力

图 3.23 不同孔隙压力下过平衡钻井井底等效应力和最小主应力曲线

3.2.2 不同原地应力条件下井底应力场分析

图 3.24 为原地应力 $\sigma_z > \sigma_H > \sigma_h$ 条件下不同钻井条件下井底应力场曲线。由图 3.22(a) 可以看出，钻井方式的改变对最小主应力的影响最大，沿着路径 $A—B$，气体钻井条件下的井底最小主应力井底附近为负值，但是只有-2MPa，随着半径的增加在靠近井壁的附近略微增加，在靠近井壁的附近出现了正值(压为负，拉为正)，随着半径的继续增加，出现了急剧的下降，逐渐向原始地应力的最大主应力值靠近；在欠平衡和过平衡条件下，井底最大主应力随着半径的增加同样呈现出先增加后减小的趋势，然后随着直径的继续增加逐渐向原始地应力最大主应力值逼近。

由图 3.24(b)、(c) 可以看出，钻井方式的改变对中间主应力和最大主应力的影响不大。

由图 3.24(d) 可以看出，在其他参数相同的条件下，气体钻井井底应力场的等效应力最大，液体欠平衡的次之，过平衡的最小，也就是说随着液柱压力的增加，等效应力逐渐减小，随着半径的增加，等效应力先增加后减小，在井壁附近最大，也就说在接近井壁与井底相交的附近出现了较强的应力集中，气体钻井条件下出现的应力集中情况更为显著。由图中还可以看出出现应力集中的位置没有发生变化，也就是说在靠近井壁附近的岩石更容易破碎。

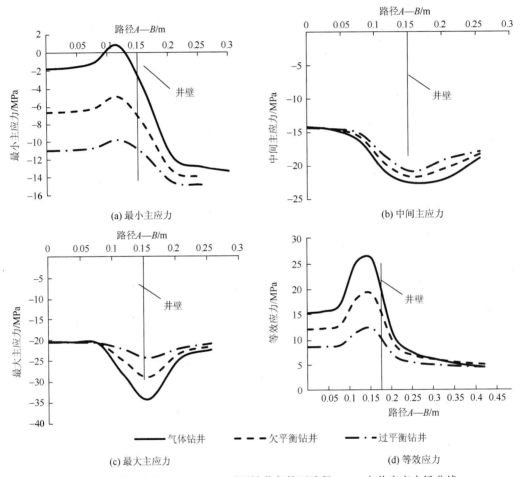

图 3.24　原地应力 $\sigma_z > \sigma_H > \sigma_h$ 不同钻井条件下路径 A—B 上井底应力场曲线

图 3.25 为原地应力 $\sigma_H > \sigma_h > \sigma_z$ 条件下不同钻井条件下路径 A—B 上井底应力场曲线。由图 3.25(a)可以看出，$\sigma_H > \sigma_h > \sigma_z$ 情况下垂向地应力为最小地应力时，气体钻井井底岩石的最小主应力全部为正值，也就是说处于拉伸状态，随着半径的增加应力趋于原地最小主应力。这主要是由于在 $\sigma_H > \sigma_h > \sigma_z$ 原地条件下，垂向地应力为最小主应力，而两个水平主应力为最大和中间主应力，在此情况下，水平主应力对井底产生较强的挤压作用使得井底在垂直方向产生了较强的拉应力，当挖孔卸荷后则出现较大拉应力。

由图 3.25(b)、(c)可以看出在不同钻井条件下井底的中间主应力和最大主应力值变化不大, 导致在接近井壁的附近不同的钻井方式应力值变化稍微变大, 这可能是由于在井壁和井底接触处出现应力集中造成的。

由前述分析可以看出, 钻井开挖卸荷, 主要对井底的岩石产生了卸荷作用, 液柱压力是影响卸荷作用大小的主要因素, 由于气体钻井液柱压力极低, 形成的卸荷作用最大, 对气体钻井井底的最小主应力影响最大, 能够使气体钻井的井底处于拉应力状态, 欠平衡钻井卸荷作用次之, 过平衡钻井的液柱压力最大, 卸荷效应最差。

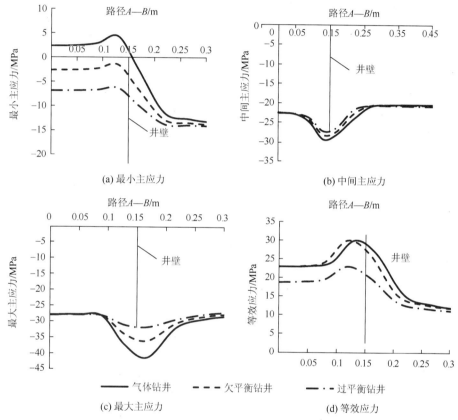

图 3.25　原地应力 $\sigma_H > \sigma_h > \sigma_z$ 条件下不同钻井条件下路径 A—B 上井底应力场曲线

3.3　欠平衡钻井提速潜力评价方法

3.3.1　欠平衡对井底岩石可钻性的影响

岩石的可钻性表征了钻头破碎岩石的难易程度, 常规的岩石可钻性测试方法未考虑钻井方式及井底环境对可钻性的影响。为了研究不同钻井条件下岩石破碎规律, 西南石油大学欠平衡钻井研究室研制了深井、超深井岩石可钻性测试装置, 如图 3.26 所示, 该装置可以实现模拟井底应力条件下的可钻性测试, 具体性能指标为: ①三轴室试件尺寸为 $\phi 50 \times 100$mm; ②围压最大为 120MPa、孔压最大为 100MPa、液柱压力最大为 100MPa; ③钻压最大为 5kN；④钻杆最高转数 200r/min；⑤系统的位移分辨率 0.001mm；⑥压力控制精度 0.1MPa；⑦钻压控制精度 10N。

图 3.26　三轴可钻性测试装置实物照片

根据中华人民共和国石油天然气行业可钻性测试标准（SY/T 5426—2000），在钻压 890N、转速 55r/min 实验条件下，预钻深 0.4～1mm（以保证钻头各齿与岩石均匀接触）、工作钻深为 2.4mm，测量此工作钻深所需的时间(s)，定为岩石的可钻性。通过微钻实验所获得的钻进时间，可以求取岩石的可钻性级值。可钻性级值的计算公式为

$$K_\mathrm{d} = \log_2 t \tag{3.1}$$

式中，K_d 为可钻性级值；t 为钻进时间平均值，s。

采用四川隆昌须家河组须二段砂岩露头，开展了模拟不同井筒压力条件下岩石可钻性的试验研究，岩心制备情况如图 3.27 所示，为了保证试验结果的科学性，采用声波法对试验岩心进行挑选，对差异性较大的岩心给予剔除，图 3.28 为实验采用的岩心，保证了试验岩心的均质性。采用每个压力开展三次实验，实验数据取三次实验结果的平均值。

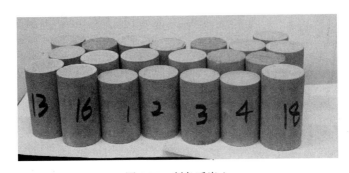

图 3.27　制备后岩心

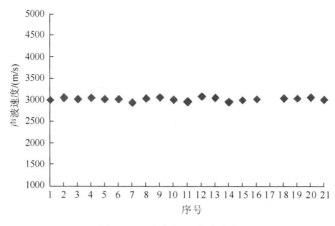

图 3.28　试验岩心声波速度

　　图 3.29 为不同岩石可钻性试验结果，从图中可以看出，岩石初始可钻性为 3.3，随着液柱压力的增加，可钻性级值逐渐增加，在液柱压力小于 20MPa 时，可钻性增加极为显著，当液柱压力大于 20MPa 后，可钻性级值增加趋于平缓。

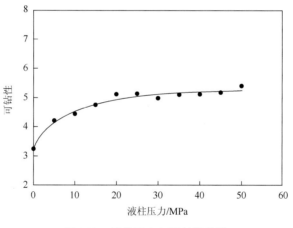

图 3.29　液柱压力与可钻性关系

3.3.2　欠平衡钻井提速潜力评价模型

　　欠平衡钻井与过平衡钻井主要差别在于，不同循环介质和井底压差引起井底岩石受力状态和破岩机理发生改变。井筒压力越大，井底岩石应力也就越高，钻进过程中的机械钻速也就越低，很多的室内和现场试验研究也证明了这一点。图 3.30 是在实验室内用 32mm 牙轮钻头钻不同岩石时，井底压差与钻速的关系曲线。压差影响钻速的实验结果表明，压差对钻速的影响系数不是一个常量，而是随着岩性的变化而变化。

　　如果不考虑钻井参数影响，机械钻速主要由井底压差和岩石的力学性质确定，在只考虑岩石的力学性质与井底压差因素时，机械钻速模型可以写为

$$\text{ROP} = R_{\text{c}} + (\text{ROP}_0 - R_{\text{c}}) \times e^{-b \times (P_{\text{h}} - P_{\text{p}})} \tag{3.2}$$

式中，ROP 为钻速，m/h；R_{c} 为极限压差下机械钻速，m/h；ROP_0 为初始压差时的钻速，m/h；P_{h} 为井内液柱压力，MPa；P_{p} 为地层孔隙压力，MPa；b 为与岩性有关的常数。

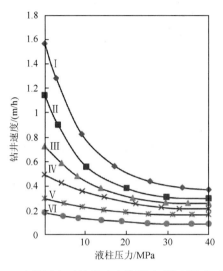

图 3.30　液柱压力对钻井速度的影响（微型钻头试验）[8]

Ⅰ. Rifle 页岩；Ⅱ. Spraberry 页岩；Ⅲ. Woyomin 红层；Ⅳ. Pennsylvanian 灰岩；Ⅴ. Rush Sping 钡盐岩；Ⅵ. Ellenberger 白云岩

利用式(3.2)对图 3.30 中的实验数据进行拟合，拟合结果见表 3.2。由结果可以看出，ROP_0 可以使用无液柱压力机械钻速，实际钻井条件下为气体钻井机械钻速，关键因素是确定参数 R_{c}、b，R_{c}、b 跟液柱压力和岩石本身的属性都有很大的关系，b 与岩性的关系更大，一般为 0.15～0.06，对于极软岩石取 0.15，对于极硬岩石则取 0.06。

表 3.2　实验数据拟合结果

序号	岩性	R_{c} /(m/h)	ROP_0 /(m/h)	b	相关性系数 R^2
Ⅰ	页岩	0.346	1.57	0.15	0.99
Ⅱ	页岩	0.28	1.14	0.1	0.98
Ⅲ	红层	0.23	0.73	0.08	0.99
Ⅳ	灰岩	0.178	0.495	0.08	0.97
Ⅴ	钡盐岩	0.15	0.30	0.07	0.99
Ⅵ	白云岩	0.07	0.18	0.06	0.99

利用砂岩液柱压力条件下可钻性的实验结果及式(3.1)可以反算微钻头机械钻速，并用式(3.2)对计算结果进行拟合，拟合结果为：$b=0.15$、$R_{\text{c}}=0.20$、$\text{ROP}_0=0.75$，如图 3.31 所示。由此可见，可以用负指数关系来描述液柱压力对机械钻速的影响，ROP_0 为无液柱压力条件下的机械钻速，可以根据岩石可钻性进行反算，可钻性实验的钻压为 890N、转速为 55r/min，与实际钻井过程中的钻压差别较大，需要得出钻压、转速与钻速之间的关

系才能对实际钻速作出准确的预测。但这不影响欠平衡钻井提速潜力的评价。对于沉积岩，参数 b 一般为 1.0~1.5，在式(3.2)中，b 一般决定了曲线的变化趋势，若无足够的试验数据 b 可以取 0.12~0.13，R_c 则需要根据实验进行确定。

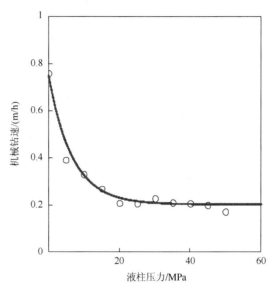

图 3.31　致密砂岩液柱压力对机械钻速的影响

利用表 3.2 中的数据，建立 R_c 与 ROP_0 之间的关系(图 3.32)，则 R_c 与 ROP_0 符合直线关系：

$$R_c = 0.179 \times ROP_0 + 0.0774 \tag{3.3}$$

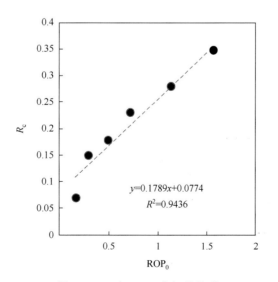

图 3.32　R_c 与 ROP_0 之间的关系

由此，式(3.2)可以表示为

$$\text{ROP} = (0.179 \times \text{ROP}_0 + 0.0774) + [\text{ROP}_0 - (0.179 \times \text{ROP}_0 + 0.0774)] \times e^{-b \times (P_h - P_p)} \qquad (3.4)$$

假设 b 为 0.125，若能知道 ROP_0 及井底压差 $P_h - P_p$ 就能对机械钻速进行预测，ROP_0 可以由无围压条件下的可钻性级值反算，但是此时预测的机械钻速钻压为 890N，转速为 55r/min 条件下的机械钻速，即使这样仍能够计算出不同钻井条件下的提速潜力。

为了评价地层的可钻性，国内外学者建立诸多可钻性与测井数据之间的关系，一般认为，岩石声波时差与可钻性之间符合指函数关系：

$$K_d = a e^{-b\Delta t} \qquad (3.5)$$

梁启明等[9]给出了不同岩性岩石可钻性与声波时差的关系，见表 3.3。

表 3.3　声波时差与可钻性关系系数

岩性	a	b
灰岩	10.705	0.0025
泥岩	9.7213	0.0026
砂岩	8.792	−0.0018

利用对川西莲花山构造某地层声波时差数据进行可钻性计算，结果如图 3.33 所示。

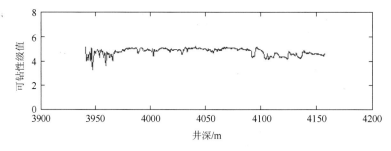

图 3.33　川西莲花山构造某地层无液柱压力可钻性剖面

利用式(3.1)可以预测出钻压为 890N，转速为 55r/min 无液柱压力条件下的机械钻速 ROP_0，如图 3.34 所示。

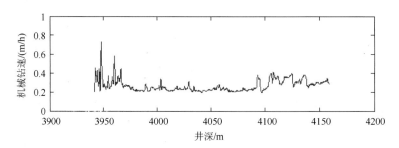

图 3.34　西莲花山构造某地层无压差机械钻速剖面

假设 b 为 0.125，利用式(3.4)可以计算出钻压为 890N，转速为 55r/min 时不同压差条件下的机械钻速，假设正压差为 20MPa，则钻速预测如图 3.35 所示，对该井段预测机械钻速取平均值可得，正压差为 20MPa 时，机械钻速降低了 60%～70%，由此就实现了不同钻井条件下机械钻速提速潜力评价。

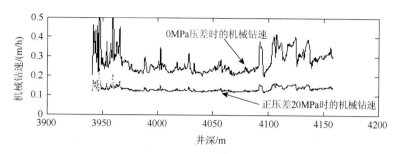

图 3.35　川西莲花山构造某地层 20MPa 压差时的机械钻速剖面

参 考 文 献

[1]　Gamier A J，Van Lingen N H. Phenomena affecting drilling rates at depth. Trans.，AIME，1959，216：232～239

[2]　刘希圣. 钻井工艺原理. 北京：石油工业出版社，1988

[3]　Mogi K. Experimental Rock Mechanics. London：Taylor and Francis Group，2007

[4]　赵伏军. 动静载荷耦合作用下岩石破碎理论及试验研究. 长沙：中南大学博士学位论文，2004

[5]　Lindqvist P A，Svensk Kärnbränslehantering A B. Rock Indentation Database-testing Procedures，Results and Main Conclusions. SKB Project Report，PR 44-94-023，1994

[6]　陈勉，金衍，袁长友. 围压条件下岩石断裂韧性的实验研究. 力学与实践，2001，23(4)：32-35

[7]　楼一珊，陈勉，史明义等. 岩石Ⅰ、Ⅱ型断裂韧性的测试及其影响因素分析. 中国石油大学学报(自然科学版)，2007，(4)：85～89

[8]　Murray A S，Cunningham R A. Effect of mud column pressure on drilling rates. AIME，1955，204：196～204

[9]　梁启明，邹德永，张华卫等. 利用测井资料综合预测岩石可钻性的试验研究. 石油钻探技术，2006，31(1)：17～20

第4章 欠平衡钻井井壁稳定基础理论

欠平衡钻井作为一项钻井新技术,可有效提高机械钻速、及时发现及保护油气储层、解决井漏等复杂问题。但在欠平衡钻井过程中,井底液柱压力低于地层孔隙压力,井筒钻井液对井壁岩石的有效支撑作用小于常规过平衡钻井,欠平衡钻井过程中井壁能否保持稳定是欠平衡钻井安全实施的前提条件。因此,基于欠平衡钻井的自身特征,开展欠平衡钻井岩石力学特性、井壁岩石应力分布和井壁稳定研究具有重要的研究意义及现场应用价值。

4.1 欠平衡钻井岩石力学特性

欠平衡钻井井筒液柱压力普遍低于地层孔隙压力,而气体钻井循环介质为干燥的低密度气体,欠平衡钻井井筒流体与井壁表面岩石之间的物理化学作用与常规钻井存在明显区别,欠平衡钻井井壁岩石力学性质也有别于常规过平衡钻井。因此,开展欠平衡钻井井壁岩石力学性能及评价方法研究,建立欠平衡钻井条件下井壁表面岩石力学参数剖面是开展欠平衡钻井井壁稳定性评价的前提。

4.1.1 欠平衡钻井岩石力学基础理论

在石油钻井过程中,圆形井眼形成后,井内循环介质自重产生的液柱压力取代了所钻岩层对井壁的支撑,引起井眼周围应力重新分布。当作用在井壁岩石上的有效应力超过岩石自身力学强度时,井壁岩石发生力学破坏。反之,井壁岩石保持稳定。

石油钻井过程中,井壁岩石破坏的主要方式包括压缩破坏、剪切破坏和拉伸破坏,所涉及的岩石弹性参数及力学强度有弹性模量、泊松比、单轴抗压强度、内聚力、内摩擦角和抗拉强度等。目前,石油工程上用于确定地层岩石力学参数的方法分为两种,一种是利用室内岩石力学参数测试仪器设备确定井下压力、温度环境下岩石的力学参数,为了研究现场钻井液或不同工况条件下岩石力学性质,在开展岩石力学参数测试之前,需要采用适当的措施方法制备满足一定特殊要求的室内标准岩样。例如,浸泡现场钻井液,沿某一特定方向钻取岩心等。另一种是利用现场常规测井资料,并依据室内实验数据拟合的经验公式,确定评价区块评价井段岩石力学参数剖面。一是利用室内相关仪器设备确定井下压力、温度环境下的岩石力学参数;二是利用现场常规测井数据,依据室内建立的经验公式,建立评价区块地层岩石力学参数剖面,并利用室内实验数据校核建立的力学参数剖面。

1. 岩石的弹性模量和泊松比

任何固体在外力作用下都要发生形变,当外力的作用停止时,形变随之消失,这种形变称为弹性形变。在石油工程上，主要利用杨氏弹性模量（E）和泊松比（μ）描述岩石弹性形变、衡量岩石抵抗变形能力和程度。

杨氏弹性模量主要是岩石张变弹性强度的标志。设长为 L，截面积为 S 的岩石，在纵向上受到力 F 作用伸长或缩短 ΔL，则杨氏弹性模量表示为

$$E = \frac{F / S}{\Delta L / L} \tag{4.1}$$

在工程上，通常利用现场测井数据确定杨氏弹性模量，现场测井资料包括纵波速度、横波速度和密度测井数据。常规声波测井主要获得地层的纵波时差，横波时差可由纵波时差和密度数据获得[1]：

$$\Delta t_{S} = \frac{\rho_{b} \Delta t_{P}^{2}}{x \Delta t_{P} + y \rho_{b} + z} \tag{4.2}$$

$$\Delta t_{S} = \frac{\Delta t_{P}}{\left[1 - 1.15 \dfrac{(1/\rho_{b}) + (1/\rho_{b})^{3}}{e^{(1/\rho_{b})}} \right]^{1.5}} \tag{4.3}$$

$$\Delta t_{S} = \zeta \cdot \Delta t_{P} \tag{4.4}$$

式中，Δt_{S}、Δt_{P} 分别为地层横波时差、纵波时差，$\mu s/m$；ρ_{b} 为地层体积密度，g/cm^{3}；ζ 为转换系数。

纵波速度、横波速度可由纵波时差、横波时差计算获得，换算公式如下：

$$V_{P} = \frac{1}{\Delta t_{P}} \times 10^{6} \tag{4.5}$$

$$V_{S} = \frac{1}{\Delta t_{S}} \times 10^{6} \tag{4.6}$$

结合声波测井及密度测井数据，便可计算动态弹性模量，计算关系式可表示为

$$E_{d} = \rho V_{S}^{2} (3V_{P}^{2} - 4V_{S}^{2}) / (V_{P}^{2} - 2V_{S}^{2}) \tag{4.7}$$

泊松比（μ），又称为横向压缩系数，静态泊松比表示为横向相对压缩与纵向相对伸长的比值。假设岩样长 L，直径为 d，在受到压应力时，岩样长度缩短 ΔL，直径增加 Δd，那么，静态泊松比则可表示为

$$\mu = \frac{\Delta d / d}{\Delta L / L} \tag{4.8}$$

动态泊松比与声波测井数据之间的关系可表示为

$$\mu_{d} = (V_{P}^{2} - 2V_{S}^{2}) / 2(V_{P}^{2} - 2V_{S}^{2}) \tag{4.9}$$

在预测地层的坍塌压力和破裂压力的过程中，需要掌握地层的弹性模量和泊松比，利用纵横波速度确定的地层动态弹性模量和动态泊松比反映的是地层在瞬间加载时的力学性质，与地层所受载荷为静态的不符，因而不能直接应用于实际。在以往的研究中是先求出岩石的动态弹性参数，再建立动、静参数间的相关转变关系来求取静态参数。现今可以通过室内岩石力学动、静弹性参数的同步测试试验，建立砂岩的动、静弹性参数转换关系式为

$$\mu_{s} = A_{1} + B_{1} \mu_{d} \tag{4.10}$$

$$E_s = A_2 + B_2 E_d \tag{4.11}$$

式中，μ_s、μ_d 分别为静态和动态泊松比；E_s、E_d 分别为静态和动态弹性模量；A_1、B_1、A_2、B_2 为转换系数。

2. 岩石的抗压强度

抗压强度是指岩石在轴向压应力作用下达到岩体破坏的极限强度，数值上等于岩体破坏时的最大压应力。围压为零（无围压）时获得的岩石抗压强度称为单轴抗压强度，围压不为零时获得的岩石抗压强度称为三轴抗压强度。

岩石的抗压强度通常在压力机上进行，将样品置于压力机承压板之间，轴向加载荷，记载样品破坏时的载荷 F，结合岩样横截面积 A，岩石抗压强度（σ_c）则表示为

$$\sigma_c = \frac{F}{A} \tag{4.12}$$

Deer 和 Miller[2]根据大量的室内实验结果建立了砂泥岩的单轴抗压强度和动态杨氏模量以及岩石的泥质百分含量 V_{cl} 之间的关系：

$$\sigma_c = (0.0045 + 0.1135 V_{cl}) E_d \tag{4.13}$$

式中，σ_c 为单轴抗压强度，MPa；E_d 为动态弹性模量，MPa；V_{cl} 为泥质含量（0～1）。

2010 年，Zoback[3]统计了全球不同地区、不同岩性地层岩石抗压强度与测井响应之间的关系，并给出了各自的适用对象。

表 4.1、表 4.2 和表 4.3 分别统计了全球砂岩、泥岩和灰岩地层抗压强度与岩体物理性质之间的经验关系。

表 4.1 砂岩地层抗压强度与岩石物理性质之间的关系

序号	单轴抗压强度/MPa	适合区域	简单描述	参考文献
1	$0.035 V_P - 31.5$	图林根，德国		Freyburg (1972)
2	$1200 \exp(-0.036\Delta t)$	鲍文盆地，澳大利亚	细粒度，所有孔隙度范围的砂岩地层	McNally (1987)
3	$1.4138 \times 10^7 \Delta t^{-3}$	墨西哥湾	胶结性较差的砂岩	Unpublished
4	$3.3 \times 10^{-20} \rho^2 V_P^4 [(1+\nu)/(1-\nu)]^2 (1-2\nu)[1+0.78 V_{clay}]$	墨西哥湾	单轴抗压强度高于 30MPa 的砂岩	Fjaer 等 (1992)
5	$1.745 \times 10^{-9} \rho V_P^2 - 21$	库克湾，阿拉斯加	低强度砂岩	Moos 等 (1999)
6	$42.1 \exp(1.9 \times 10^{-11} \rho V_P^2)$	澳大利亚	孔隙度为 0.05%～0.12%，单轴抗压强度高于 80MPa 的砂岩	Unpublished
7	$3.87 \exp(1.14 \times 10^{-10} \rho V_P^2)$	墨西哥湾		Unpublished
8	$46.2 \exp(0.000027 E)$	—		Unpublished
9	$A(1-B\phi)^2$	全球范围内的沉积盆地	孔隙度小于 0.3% 的砂岩	Vernik 等 (1993)
10	$277 \exp(-10\phi)$	—	孔隙度为 0.02%～0.33%，单轴抗压强度为 2～360MPa 的砂岩	Unpublished

表 4.2 泥岩地层抗压强度与岩石物理性质之间的关系

序号	单轴抗压强度/MPa	适合区域	简单描述	参考文献
1	$0.77(304.8/\Delta t)^{2.93}$	北海	高孔隙的泥岩	Horsrud(2001)
2	$0.43(304.8/\Delta t)^{3.2}$	墨西哥湾	上新统或更早的泥岩	Unpublished
3	$1.35(304.8/\Delta t)^{2.6}$	—	—	Unpublished
4	$0.5(304.8/\Delta t)^{3}$	墨西哥湾	—	Unpublished
5	$10(304.8/\Delta t-1)$	北海	—	Lal(1999)
6	$0.0528E^{0.712}$	—	强压实的泥岩	Unpublished
7	$1.001\phi^{-1.143}$	—	低孔隙度(小于 0.1%)泥岩	Lashkaripour 和 Dusseault(1993)
8	$2.922\phi^{-0.96}$	北海	高孔隙度泥岩	Horsrud(2001)
9	$0.286\phi^{-1.762}$	—	高孔隙度($\phi>0.27\%$)泥岩	Unpublished

表 4.3 灰岩地层抗压强度与岩石物理性质之间的关系

序号	单轴抗压强度/MPa	适合区域	简单描述	参考文献
1	$(7682/\Delta t)1.82/145$	—	—	Militzer 和 Stoll(1973)
2	$10(2.44+109.14/\Delta t)/145$	—	—	Golubev 和 Rabinovich(1976)
3	$0.4067E^{0.51}$	—	单轴抗压强度为 10~300MPa, 灰岩	Unpublished
4	$2.4E^{0.34}$	—	单轴抗压强度为 60~100MPa, 白云岩	Unpublished
5	$C(1-D\phi)^2$	俄罗斯 Korobcheyev 盆地	系数 D 可变化, 取决于孔隙形状($2<D<5$)	Rzhevsky 和 Novik(1971)
6	$143.8\exp(-6.95\phi)$	沙特阿拉伯		Unpublished
7	$135.9\exp(-4.8\phi)$	—	低中孔隙度($0<\phi<0.218\%$)高单轴抗压强度($10\,\text{MPa}<\text{UCS}<300\text{MPa}$)	Unpublished

表 4.1、表 4.2 和表 4.3 中，ϕ 为孔隙度；Δt 为声波时差，$\mu\text{s/ft}$ [①]；ρ 为岩石密度，g/cm^3；E 为弹性模量，MPa；V_p 为纵波波速，m/s；V_clay 为泥质含量；ν 为泊松比。

3. 内聚力

在评价井壁岩石剪切垮塌失稳过程中，除了采用单轴抗压强度，通常需要确定岩石的内聚力和内摩擦角。内聚力又称为黏聚力，是指岩石内在连接力，通常利用室内三轴岩石力学实验机获取不同围压条件下岩石抗压强度，然后利用莫尔圆确定岩石内聚力和内摩擦角，如图 4.1 所示。

① 1ft=3.048×10^{-1}m，英尺。

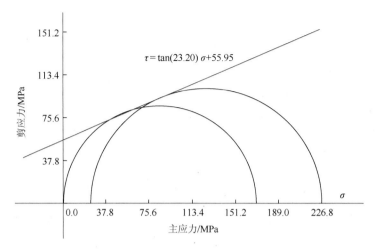

图 4.1　利用莫尔圆确定内聚力、内摩擦角

同时，也可利用现场测井资料确定地层岩石内聚力大小。Coates 和 Denoo[4]提出了沉积岩的内聚力 C 和单轴抗压强度 σ_c 的经验关系式：

$$C = 3.625 \times 10^{-6} \sigma_c K_d \tag{4.14}$$

式中，K_d 为岩石的体积压缩模量；σ_c 为单轴抗压强度。

式(4.14)是前人提出的经验公式，不具有普遍性，对于不同的探区，应该对其修正后才能应用。修正如下：

$$\sigma_c = a\left(0.0045 + 0.0035 \cdot V_{cl}\right)E_d \tag{4.15}$$

将式(4.15)代入式(4.14)中得

$$C = b\left(0.0045 + 0.0035 \cdot V_{cl}\right)E_d K_d \tag{4.16}$$

式中，a、b 为修正系数，根据试验确定。

4. 内摩擦角

内摩擦角的确定对于研究井壁稳定性问题具有十分重要的意义。在斯伦贝谢公司推出的力学稳定性测井软件(MSL)中假定所有岩石的内摩擦角均为30°，这与实际情况是不相符合的，岩石的类型、颗粒大小等均对内摩擦角(φ)值有很大的影响。通过试验发现岩石的 φ 值与岩石的 C 值存在着一定的对应关系，其相关关系的建立可以根据试验数据的回归来实现。西南石油大学岩石力学实验室对岩心的实测强度参数值进行回归分析得到了砂泥岩地层内摩擦角 φ 与内聚力 C 之间的相关关系式为

$$\varphi = a\lg\left[N + \left(N^2 + 1\right)^{\frac{1}{2}}\right] + b \tag{4.17}$$

式中，$N = a_1 - b_1 \times C$；a、b、a_1、b_1 为与岩石有关的常数。

2006 年 Zoback 统计了不同地区页岩内摩擦角与常规测井数据之间的经验关系，见表 4.4。

表 4.4　页岩内摩擦角与测井数据之间的经验关系

编号	φ	适用对象	参考文献
1	$\sin^{-1}[(V_P-1000)/(V_P+1000)]$	页岩	Lal(1999)
2	$70-0.417GR$	60API<GR<120API 的页状沉积岩	
3	$\tan^{-1}[(78-0.4GR)/60]$	页状沉积岩	

5. 抗拉强度

对于高压致密地层，当用低密度钻井或欠平衡钻井时，井壁表面岩石容易发生拉伸崩落失稳。或钻井液密度过高会导致作用在井壁表面岩石上的周向应力由压应力转换为拉应力，发生拉伸破裂，导致地层漏失。而在这些井壁稳定性评价过程中，需要确定地层的抗拉强度。抗拉强度表征了岩石抵抗拉应力破坏的能力，大小等于岩石发生拉伸破坏时的拉应力。通常岩石抗压不抗拉，抗拉强度远小于岩石抗压强度。

可结合现场测井数据计算地层岩石抗拉强度，抗拉强度值可以由下式近似求得：

$$S_t = 3.75 \times 10^{-4} E_d (1-0.78 V_{cl}) \qquad (4.18)$$

另外，抗拉强度可取为

$$S_t = \frac{\sigma_c}{k} \qquad (4.19)$$

式中，k 的取值范围为 8~20，应根据不同区块和岩性而定。

抗拉强度低的原因主要是受岩石内部孔隙的影响。一般情况下，由于岩石内部微裂缝、孔隙较为发育，这种缺陷对低抗拉强度尤为敏感，在拉应力作用下具有削弱岩石强度的效应。岩石的抗拉强度还受到岩石本身内部组分的影响，如矿物成分、颗粒间胶结物的强度都影响岩石的抗拉强度。

6. 岩石有效应力系数的确定

对于沉积岩石多孔介质，其孔隙中含有一定的压力流体，因此，地层孔隙压力对岩石的强度会产生明显的影响。一般来说，地层孔隙压力越大，岩石骨架所受到的有效应力和强度越小，但其影响的程度取决于其孔隙度的大小、孔隙间的连通情况、渗透率以及进入孔隙的流体的化学性质。

Terzaghi[5]提出了有效应力的概念来衡量沙土中的地层孔隙压力对岩石应力的影响，假设对岩石施加正应力 σ 和地层孔隙压力 P_p 时，沙土的骨架实际上承受的有效应力 σ_e 为两者之差值，即

$$\sigma_e = \sigma - P_p \qquad (4.20)$$

由于泥页岩的孔隙度和渗透率很小，Biot[6]在研究多孔材料的弹性性质时提出了对式 (4.20) 的修正式：

$$\sigma_e = \sigma - \alpha P_p \qquad (4.21)$$

式中，α 为有效应力系数 (Biot 系数)，对于多数沉积岩 $\varphi \leqslant \alpha \leqslant 1$。

$$\alpha = 1 - \frac{C_r}{C_b} \tag{4.22}$$

式中，C_r 为岩石骨架的体积压缩率；C_b 为岩石的容积压缩率。

岩石的有效应力系数 α 值在岩石井壁力学稳定性研究方面是一个十分重要的参数，只有当岩石的孔隙度和渗透率足够大时，可以近似地取为 $\alpha = 1$，对于孔隙度和渗透率较小的致密岩石：可以采用声波方法测定 α 值的大小。其方法是以高度致密性的板岩及石英分别作为泥页岩及砂岩的骨架来测定岩石骨架的体积压缩系数 C_r，用实际岩石测定的岩石的容积压缩系数 C_b。

用声波仪分别测出泥页岩、砂岩和板岩及石英的纵横波传播速度，并测出两者的密度值，则可用下式计算系数 α 值：

$$\begin{cases} C_r = 10^9 \rho \left(V_P^2 - \frac{4}{3} V_S^2 \right) \\ C_b = 10^9 \rho_g \left(V_{Pg}^2 - \frac{4}{3} V_{Sg}^2 \right) \\ \alpha = 1 - \dfrac{C_r}{C_b} \end{cases} \tag{4.23}$$

式中，ρ、ρ_g 分别为岩石密度及岩石骨架密度，g/cm^3；V_{Pg}、V_{Sg} 分别为地层岩石骨架的纵波速度、横波速度，m/s；V_P、V_S 分别为地层的纵波速度、横波速度，m/s。

4.1.2 欠平衡钻井岩石力学参数实验评价方法

岩石力学实验是认识不同环境下岩石力学性质的主要途径，也是开展欠平衡钻井井壁稳定性评价的关键内容。室内力学实验主要是评价不同钻井方式、不同工况或不同钻井液体系下井壁岩石力学性质，获取井下实际情况下岩石力学参数，为准确开展井壁稳定性评价提供基础参数。

1. 单轴岩石力学实验

岩石单轴压缩是指岩石在单轴压缩条件下的强度、变形和破坏特征。实验的试样通常为圆柱体，为了减少端部效应的影响，长度和直径的比值一般为 2～3。在标准的室内压缩试验中，岩心通常是经过加工并置于实验机的十字头和工作台之间进行压缩实验的。试件所受围压为零，轴向加载连续加载。其典型的全应力应变曲线如图 4.2 所示。

全应力应变曲线，表征了岩石从开始变形，逐渐破坏，到最终失去承载能力的整个过程。根据岩石的变形把全应力应变曲线分为六个阶段，各个阶段的特征和反映的物理意义体现在以下几个方面。

OA 段，应力缓慢增加，曲线朝上凹，岩石试件内裂隙逐渐被压缩闭合而产生非线性变形，卸载后全部恢复，属于弹性变形。

AB 段，线弹性变形阶段，曲线接近直线，应力应变属线性关系，卸载后可完全恢复。

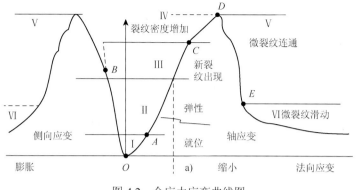

图 4.2　全应力应变曲线图

BC 段，曲线偏离线性，出现塑性变形。从 B 点开始，试件内部开始出现平行于最大主应力方向的微裂隙。随应力增大，数量增多，表征着岩石的破坏已经开始。

CD 段，岩石内部裂纹形成速度加快，密度加大，D 点应力到达峰值，到达岩石最大承载能力。

DE 段，应力继续增大，岩石承载力降低，表现出应变软化特征。此阶段内岩石的微裂隙逐渐贯通。

通过单轴压缩试验可以测定如下常规岩石参数。

(1) 计算岩石单轴抗压强度。

$$R = \frac{P}{A} \tag{4.24}$$

式中，R 为岩石单轴抗压强度，MPa；P 为破坏载荷，N；A 为试件截面面积，mm^2；

(2) 计算弹性模量和泊松比。

在应力与纵向应变关系曲线上，确定直线段的起始点应力值（σ_a）和纵向应变（ε_{aa}）及终点应力值（σ_b）和纵向应变（ε_{ab}）。该直线段斜率为弹性模量，按式 (4.25) 计算的弹性，泊松比按式 (4.26) 计算：

$$E_e = \frac{\sigma_b - \sigma_a}{\varepsilon_{ab} - \varepsilon_{aa}} \tag{4.25}$$

$$\mu_e = \frac{\varepsilon_{cb} - \varepsilon_{ca}}{\varepsilon_{ab} - \varepsilon_{aa}} \tag{4.26}$$

式中，E_e 为岩石弹性模量，MPa；μ_e 为岩石弹性泊松比；σ_a 为应力与轴向应变关系曲线上直线段起始点的应力值，MPa；σ_b 为应力与轴向应变关系曲线上直线段终点的应力值，MPa；ε_{aa} 为应力为 σ_a 时的纵向应变值；ε_{ab} 为应力为 σ_b 时的纵向应变值；ε_{ca} 为应力为 σ_a 时的横向应变值；ε_{cb} 为应力为 σ_b 时的横向应变值。

2. 三轴岩石力学实验

深层的岩石处于各向异性应力场中，即受到三轴应力的作用。岩石三向压缩强度是指在不同的三向压缩应力作用下，岩石抵抗外部荷载的极限能力。由于三向应力状态在水平和垂直方向有多种应力组合，所以，岩石的三向压缩强度并不是一个确定的值，而是随着三向应力的不同组合而发生变化。只有通过测定岩石在某种组合的三向应力作用下发生破坏时的极限应力值，才能得到岩石的三向压缩强度。岩石的三向压缩强度与应力组合呈函数关系，通常用一个公式表示，即

$$\sigma_1 = f(\sigma_2, \sigma_3) \tag{4.27}$$

或

$$\tau = f(\sigma) \tag{4.28}$$

式中，σ_1 为最大主应力；σ_2、σ_3 分别为中间主应力和最小主应力；σ 为正应力；τ 为剪应力。

不同岩石的三向压缩强度有不同的函数表达式。通过岩石三轴压缩强度试验可得到各种岩石的三向压缩强度函数表达式。以此来研究岩石三向压缩强度和变形特性。总的来说，当 σ_2 和 σ_3 一定时，该函数是一个单调函数，即随着中间主应力和最小主应力的增加，相应的极限最大主应力(三轴压缩强度)随之增加。

岩石常规三轴压缩强度试验一般用于测定岩石在三向应力作用下的抗剪强度参数。通常的方法是对若干个标准试件施加不同围压，在围压保持不变的情况下，连续施加轴向荷载使试件破坏。用多个试件破坏点的强度值绘制强度包络线，利用强度包络线在纵轴上的截距和斜率求出岩石的内摩擦角和内聚力等抗剪强度参数。岩石常规三轴压缩变形试验可测定岩石在三向应力作用下的弹性模量、泊松比等三轴压缩变形参数。试验仪器如图4.3所示。

三轴压缩试验对试件的要求与单轴压缩试验完全一致。一般情况下，同一含水状态每组试样的数量不少于5个。

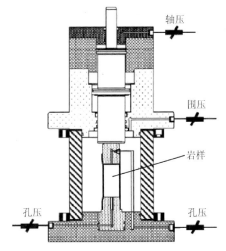

图 4.3　三轴岩石力学参数测试仪器示意图

3. 巴西劈裂实验

巴西劈裂法测定岩石抗拉强度是国际岩石力学学会标准推荐的方法，对称圆盘试样在集中载荷 P 的作用下拉伸破坏岩样，实验效果如图4.4所示。

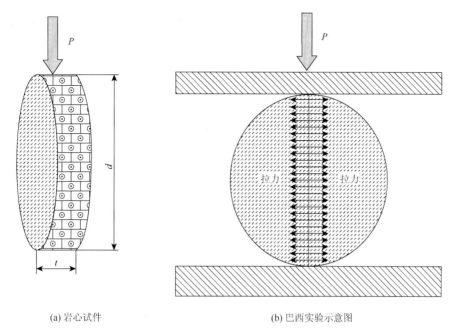

(a) 岩心试件　　　　　　　　(b) 巴西实验示意图

图 4.4　岩石抗拉强度测定示意图

依据弹性理论得知，圆盘加载直径上任一点 $(0，y)$ 的应力状态为

$$\sigma_x = -\frac{2P}{\pi DL} \tag{4.29}$$

$$\sigma_y = \frac{2P}{\pi DL}\left(\frac{4D^2}{D^2 - 4y^2} - 1\right) \tag{4.30}$$

式中，P 为载荷；D、L 分别为试样的直径和厚度，试样中心处 $(y=0)$ 的应力状态为

$$\sigma_{xo} = -\frac{2P}{\pi DL} \tag{4.31}$$

$$\sigma_{yo} = \frac{6P}{\pi DL} \tag{4.32}$$

由式(4.30)、式(4.31)得出，圆盘试样中心处压应力是拉应力的 3 倍，但由于岩石抗拉强度远低于抗压强度，一旦拉应力达到试样的抗拉强度时中心发生破坏，通常认为拉应力对破裂起主导作用。

岩石抗拉强度：

$$R_{\mathrm{L}} = \frac{2P}{\pi DL} \tag{4.33}$$

式中，R_{L} 为试样抗拉强度，MPa；P 为试样破坏载荷，N；D 为试样直径(立方体试样 D 为高度)，mm；L 为试样厚度，mm。

4.2　欠平衡钻井井壁岩石水化效应及评价方法

过平衡钻井井筒液柱压力高于地层孔隙压力,钻井液滤液在压力势能及化学势能等梯度下向泥岩地层近井壁地带渗流运移。当井筒钻井液离子组分及摩尔浓度分布与地层水存在差别时，泥岩地层近井壁地带岩石体积膨胀，在围岩束缚条件下膨胀应变转变为膨胀应力，改变近井壁地带作用在岩石上的有效应力分布，引起井壁岩石垮塌失稳。对于欠平衡钻井，井筒液柱压力低于地层孔隙压力，但由于地层通常具有亲水的特性，地层狭窄毛细孔道产生毛细管力，且毛细管力为水基钻井液向地层渗流的动力。因此，当井筒液柱压力与毛细管力的合力高于地层孔隙压力时，欠平衡钻井过程中仍然存在水溶液向地层渗流运移，井壁表面岩石仍会存在水化效应。

4.2.1 井壁岩石水化效应理论

水化效应主要发生在泥岩地层，其主要原因为泥岩地层以黏土矿物为主，黏土矿物由硅氧四面体与铝氧八面体组成，黏土可发生晶格置换，高价的阳离子为低价阳离子所置换，导致黏土矿物表面带有负电荷，而为了平衡表面负电荷，黏土通常吸附阳离子或者极性水分子来平衡表面负电荷。水化效应就是指泥岩黏土矿物表面吸附多层水分子而导致黏土晶层、黏土颗粒之间距离增大的现象。黏土膨胀性可分为内部膨胀性和外部膨胀性，内部膨胀性是指水分子和阳离子进入黏土晶片之间，导致黏土晶片之间距离增加，而外部膨胀性则是指水分子和阳离子进入黏土片（由多片黏土晶片沿 c 轴叠积而成）之间，导致黏土片之间距离增加。内部膨胀又称为晶间膨胀，外部膨胀则称为粒间膨胀[7, 8]。不管是晶间膨胀还是粒间膨胀，其水化膨胀均可以分为两个阶段。

一是表面水化（surface hydration），是由各基团和离子的剩余价力所引起的，属于近程作用，如图 4.5 所示。

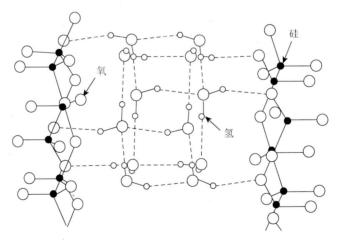

图 4.5　黏土表面水化示意图

由于黏土晶面表层的硅氧键和氢氧键都具有极性，它们可吸附极性水分子，此时起主要作用的是黏土片和黏土晶片表面水化能。黏土表面水化过程中最多可吸附四层水分子，大约为 1nm。第一层水是水分子与黏土表面的六角形网格的氧原子（或 OH 根）形成氢键，保持在黏土晶体表面上形成复三角形晶格。在含水量少的情况下，表面水分子吸附成窝状不连续分布；在含水量大大超过单层吸附量时，开始形成六角形晶格分布。第二层也以类似情况与第一层水分子氢键连接。氢键的强度随着离开黏土晶体表面的距离的增加而减弱。对于蒙脱石来说，黏土表面水化后的体积可以增加一倍，其他黏土矿物膨胀性更小，表面水化作用引起的黏土矿物体积膨胀较小。虽然表面水化作用引起的黏土矿物体积膨胀较小，但产生的膨胀压力较高，这是由于水分子与黏土表面的作用力较强，据有关文献介绍，除去黏土表面第一层水分子大约需要 $0.1J/m^2$ 的功，除去 0.25nm 厚度的单层水则需要的压力为

$$p = \frac{0.1}{2.5 \times 10^{-10}} = 4 \times 10^8 \, Pa \qquad (4.34)$$

一般认为这种黏土表面吸附水存在的距离为离开黏土表面 7.5~10Å。

二是渗透水化(osmotic hydration)，由于外来水溶液的离子类型和离子浓度不同于地层水，外来水溶液的侵入导致近井壁地层孔隙水离子类型和离子浓度发生改变，那么黏土片或黏土晶片之间阳离子类型和浓度不同于黏土片或晶片周围孔隙溶液中离子类型和浓度，导致水分子和阳离子在两体系间发生渗透扩散作用。由于两体系不同离子之间水化能与黏土片表面吸附能的差异导致不同类型阳离子之间发生吸附和交换作用。阳离子扩散、吸附和交换引起黏土片和黏土晶片之间阳离子类型和离子浓度发生改变，导致黏土片和黏土晶片表面电势分布发生变化，进而导致黏土片和黏土晶片之间双电层斥力发生改变，引起黏土片和黏土晶片之间的距离发生改变，黏土矿物表现为膨胀或收缩，也就是所谓的水化膨胀应变。在有外力束缚条件下，黏土片和黏土晶片之间距离不发生改变，水化膨胀应变转化为水化膨胀应力。渗透水化引起的黏土矿物膨胀要比表面水化作用大得多，井壁垮塌往往开始于泥页岩的渗透膨胀阶段。渗透水化作用主要受弱结合水的影响，它是强结合水向自由水的过渡层，也就是黏土片和黏土晶片表面扩散层中的水。在渗透水化过程中，黏土表面水化能已不能再起重要作用，扩散双电层斥力成为黏土晶片间的主要排斥力。表面水化过程中最多可吸附四层水分子，当渗透水化引起的黏土矿物晶间距超过四个水分子厚度，表面水化作用大大削弱，表面水化作用结束。如蒙脱石的表面水化膨胀阶段，每克干黏土可吸水 0.5g，体积可增加一倍，晶间距由 9.6Å 增大到 21.4Å；而在渗透膨胀范围内，每克干黏土可吸水 10g，体积增加 20~25 倍，平衡晶间距最大可达 120Å。由此可见，渗透水化膨胀作用对黏土矿物的影响远远高于黏土矿物表面的水化作用。通过泥页岩水化作用机理研究可以清楚地认识到泥页岩水化膨胀作用实际上是由泥页岩中黏土片和黏土晶片之间作用力发生改变造成的，在无外力束缚条件下，黏土片和黏土晶片之间作用力的改变引起黏土片和黏土晶片之间的距离发生改变，直到黏土片和黏土晶片之间作用力达到平衡，也就是所谓的泥页岩水化膨胀应变；在有外力束缚条件下，黏土片和黏土晶片之间距离不改变，黏土片和黏土晶片之间的双电层斥力改变量就是水化膨胀应力。

4.2.2　井壁岩石水化效应机理研究

在开展泥岩地层物理化学耦合作用井壁垮塌失稳分析过程中，如何定量评价井壁岩石

水化效应及其对井壁岩石有效应力分布、岩石力学强度、井壁稳定性的影响十分重要。

1. 理论模型

Yew 等[9]假设泥页岩为各向同性，水溶液在泥页岩地层中的渗透运移类似热扩散，可利用热扩散模型模拟吸附水扩散，近井壁地带含水量分布差异是吸附水扩散的动力。令 q 为水分吸附的质量流量，$W(r，t)$ 为距离井壁 r 处，时间为 t 的吸附水重量百分比。根据质量守恒方程可得

$$\nabla q = \frac{\partial W}{\partial t} \tag{4.35}$$

并假设：

$$q = C_f \nabla W \tag{4.36}$$

把式(4.35)代入式(4.34)，可以得到：

$$C_f \frac{1}{r} \frac{\partial}{\partial r}\left(r \frac{\partial W}{\partial r}\right) = \frac{\partial W}{\partial t} \tag{4.37}$$

边界及初始条件：

$$W\big|_{t=0} = W_0$$

$$W\big|_{r=r_w} = W_s$$

$$W\big|_{r=\infty} = W_0$$

式中，W 为近井壁地层含水量；C_f 为吸附扩散系数，m^2/s，由室内实验确定；W_0 为地层初始含水量；W_s 为地层饱和含水量。

结合边界初始条件，利用差分方法求解式(4.36)，假设时间步长 Δt，$j = 0,1,2,\cdots,M$，距离步长 Δr，$i = 0,1,2,\cdots,N$，如图 4.6 所示。

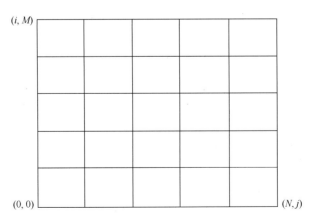

图 4.6　差分网格示意图

将式(4.36)进行中心差分，可表示为

$$W_{i,j} = \frac{C_f \cdot \Delta t}{\Delta r^2} w_{i+1,j-1} + \left[1 - \frac{2 \cdot C_f \cdot \Delta t}{\Delta r^2} + \frac{C_f \cdot \Delta t}{\Delta r \cdot (r_w + i \cdot \Delta r)} \right] w_{i,j-1} + \left(\frac{C_f \cdot \Delta t}{\Delta r^2} - \frac{C_f \cdot \Delta t}{\Delta r \cdot (r_w + i \cdot \Delta r)} \right) w_{i-1,j-1}$$

$$(4.38)$$

结合边界和初始条件，便可利用数值方法求解水溶液在泥页岩中的含量分布情况，如图 4.7 所示。

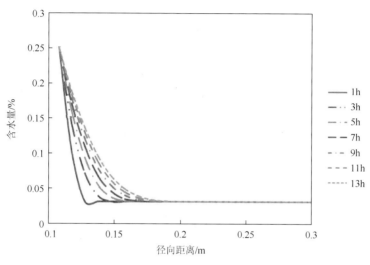

图 4.7　泥页岩径向含水量分布情况

2. 吸水扩散系数测定

泥页岩吸水扩散系数（C_f）是一个非常关键的参数，主要借助室内泥页岩自发吸水实验装置实测泥页岩径向含水量分布情况，然后结合获得的实验结果确定泥页岩吸水扩散系数，仪器设备如图 4.8 所示。

图 4.8　泥页岩自发吸水测试仪

实验过程中，假设水溶液只在泥页岩轴向扩散运移，那么式(4.36)可表示为

$$C_f \frac{d^2 W}{dx^2} = \frac{dW}{dt} \tag{4.39}$$

边界条件：

$$W\big|_{x=0} = W_s$$
$$W\big|_{x\to\infty} = W_0$$

式(4.38)的解析解为

$$W(x,t) = W_0 + (W_s - W_0)\,\mathrm{erfc}\left(\frac{x}{2\sqrt{C_f t}}\right)$$

利用泥页岩自发吸水测试仪可获得岩样轴向不同位置点含水量分布情况，见表4.5。

表4.5　常温常压下泥页岩含水量与水化距离的实验数据

离岩样端面距离/cm	0	0.4	1	1.4	2	2.4	3	3.4	3.72
含水量/%	0.031	0.038	0.044	0.044	0.071	0.088	0.104	0.11	0.113

结合室内实测数据，利用最小二乘法得出泥页岩的吸水扩散系数为 $0.0403\mathrm{cm}^2/\mathrm{h}$。

3. 泥岩吸水膨胀性测试

泥页岩吸水后体积膨胀，其膨胀程度与岩石含水量变化密切相关。图4.9为自发研制的泥页岩水化膨胀位移测试仪，通过该仪器设备可测试泥页岩与不同钻井液体系接触不同时间后，岩石膨胀位移变化情况。

图4.9　泥页岩水化膨胀位移测试仪

利用泥页岩水化膨胀位移测试仪，测试泥页岩膨胀应变与含水量之间的关系，如图4.10所示。

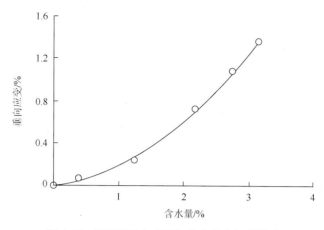

图 4.10　泥页岩垂向应变与含水量之间的关系

1989 年，基于大量的室内实验结果，Yew 和 Chenevert 发现泥页岩膨胀与含水量之间的关系可以表示为

$$\varepsilon_{v} = K_{1}(W - W_{0}) + K_{2}(W - W_{0})^{2} \tag{4.40}$$

式中，K_{1} 和 K_{2} 分别为实验确定的常数，结合室内实验结果，K_{1} 和 K_{2} 分别为 0.328 和 0.147。

4. 泥岩吸水后的力学参数变化

泥页岩吸水后不仅产生水化膨胀行为，还会导致岩体的力学参数发生变化，室内可以借助相关仪器设备定量评价分析水化作用对岩石力学参数的影响。

由于实验涉及泥页岩的浸泡，首先将岩心放入饱和装置，用真空泵抽真空，保持 0.1MPa 的负压 12h，直至岩心内无气体排出为止，由于地层水为 $CaCl_2$ 型，将抽过真空的 $CaCl_2$ 溶液缓慢注入。然后对饱和装置施加压力到 5MPa，保持 20h 或者相应时间，等待下一步岩石力学实验。由于不同地区坍塌层深度不同，其所处的压力和温度环境亦不同，因此实验采用模拟地层温度和压力的三轴实验。利用天然岩心加工成所需的岩样，但在加工时应避免使用水基润滑剂造成岩心的破损。表 4.6 列出实验中的岩心数据。

表 4.6　水化泥页岩实验基本数据

岩心	长度/cm	直径/cm	干重/g	总体积/cm³	体积密度/(g/cm³)	水化后重量/g	含水量/%
SH1	4.72	2.47	51.11	22.61	2.26		
SH2	4.92	2.46	53.28	23.37	2.28	54.39	2.08
SH3	4.59	2.49	49.64	22.34	2.22	51.37	3.49
SH4	4.88	2.49	53.91	23.75	2.27	56.43	4.68
SH5	5.12	2.48	56.61	24.72	2.29	59.88	5.78
SH6	4.82	2.48	51.43	23.27	2.21	55.66	6.79

表 4.6 中，SH1 为原来的岩样，SH2 为同区块 2 号岩心水化 10h 后的情况，SH3 为同

类型 3 号岩心水化 1d 后的情况, SH6 为同类型 6 号岩心水化 2d 后的情况。浸泡过后的含水量表示泥页岩吸水后的重量增量, 计算方法是直接用浸泡后的泥页岩重量减去浸泡前的泥页岩重量, 泥页岩的原始含水量为 3.42%, 换算到此时的初始含水饱和度为 38%, SH3 总含水量为 7.02%, 换算到此时的含水饱和度为 77%; SH6 总含水量为 10.31%时孔隙中已经完全含水, 即含水饱和度已经达到 100%。图 4.11 以 SH1、SH3 和 SH6 为例进行试验曲线分析。

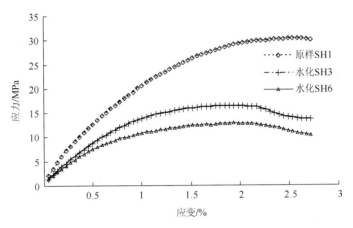

图 4.11　三轴抗压测试水化对泥页岩强度的弱化作用

　　从图 4.11 可以看出, 泥页岩接触溶液之后, 强度发生了明显的变化, SH3 水化 1d 后由 SH1 的 30.43MPa 变化为 16.44MPa; 随着泥页岩同溶液接触时间的增加, 强度继续降低, SH6 水化 2d 后由 SH3 的 16.44MPa 变化为 12.94MPa。这充分说明, 水化对泥页岩强度有明显的降低作用。尽管 $CaCl_2$ 具有抑制水化的能力, 试验表明对泥页岩抗压强度产生了巨大的弱化作用。图 4.12 分析水化对泥页岩弹性模量的弱化作用。

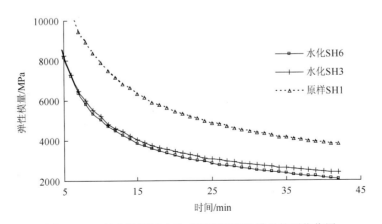

图 4.12　三轴实验测试水化对泥页岩弹性模量的弱化作用

　　从图 4.12 可以看出, 泥页岩随着水化的进行, 含水量增加, 弹性模量发生了急剧的下降。随着浸泡时间的增加, 弹性模量逐渐减小, 在浸泡早期阶段弹性模量降低速度快,后期弹性模量趋于稳定不变。

　　泥页岩水化除了对抗压强度、弹性模量具有弱化作用外,泊松比随着水化的进行也产生了变化。图 4.13 为泊松比变化分析图。

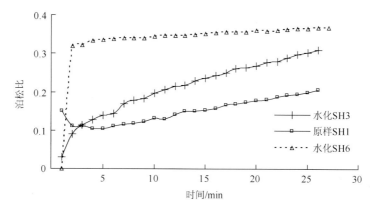

图 4.13　三轴实验测试水化对泥页岩泊松比的影响

　　从图 4.13 可以看出,水化对泊松比的影响规律是,随着水化时间的延长,含水量的增加,泥页岩的泊松比呈现增加的趋势。

　　基于室内实验数据,可以获得岩石力学强度、弹性模量和泊松比与含水量之间的关系,如图 4.14 所示。

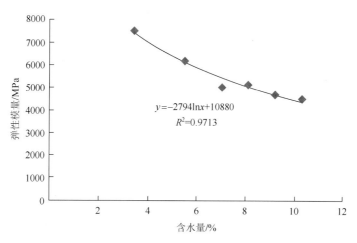

图 4.14　含水量与弹性模量关系曲线

　　从图 4.14 可以看出,弹性模量与含水量之间呈指数回归关系,相关性达到 93.21%。考虑到试验数据点比较少,指数关系是不是能代表含水量和弹性模量之间的相关关系,本书结合黄荣樽和陈勉的弹性模量及含水量的关系进行研究[10]。他们认为含水量和弹性模量的关系如下:

$$E = E_1 \mathrm{e}^{-E_2 \sqrt{W - W_1}} \tag{4.41}$$

为了得到含水量和弹性模量之间最理想的相关关系,本书按照式(4.40)的思路对实验数据进行统计回归，如图 4.15 所示。

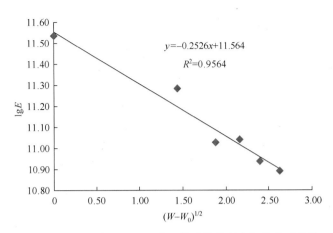

图 4.15　含水量变化与取对数后的弹性模量之间的关系曲线

从图 4.15 可以看出其回归结果的确好于简单的指数回归结果，因此本书按照图 4.15 回归系数求出式(4.40)中的 E_1 和 E_2。通过实验曲线可以求得，系数 E_1 为 104156，系数 E_2 为 0.2492。

图 4.16 是含水量和泊松比的回归曲线，我们可以看出，泊松比与含水量之间呈线性回归关系，相关性达到 95.71%。含水量和泊松比的变化关系如下：

$$\mu = K_3 + K_4 W \tag{4.42}$$

式中，K_3 和 K_4 分别为实验确定的常数，无量纲，本书的实验结果为 0.0283 和 0.0389。

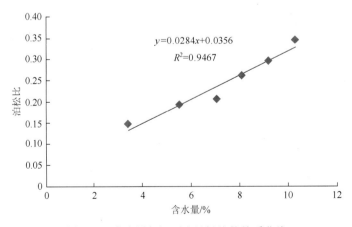

图 4.16　含水量与泥页岩泊松比的关系曲线

5. 泥页岩水化对地层井壁稳定性的影响

泥页岩水化学反应既导致岩体体积膨胀，也会对岩石力学参数产生影响，最终导致泥页岩井壁稳定性发生变化。下面结合应力应变方程、力学平衡方程和变形几何方程研究水化学反应对泥页岩井壁稳定性的影响。

　　根据实验,平行地层层理方向吸水产生的应变与垂直地层层面吸水产生的应变是不相等的,垂直井在均匀地应力下地层对水化学效应的反应呈各向异性,可用各向异性比值 m 来表示, m 的定义如下(m 的取值范围为 $0 < m < 1$)。

$$m = \frac{\varepsilon_{\mathrm{h}}}{\varepsilon_{\mathrm{v}}} \tag{4.43}$$

考虑泥页岩水化膨胀应变,平面应力状态下的应力应变方程可表示为

$$\varepsilon_r = \frac{1}{E}\left[\sigma_r - \mu(\sigma_\theta + \sigma_z)\right] + \varepsilon_{\mathrm{h}} \tag{4.44}$$

$$\varepsilon_\theta = \frac{1}{E}\left[\sigma_\theta - \mu(\sigma_r + \sigma_z)\right] + \varepsilon_{\mathrm{h}} \tag{4.45}$$

$$\varepsilon_r = \frac{1}{E}\left[\sigma_z - \mu(\sigma_\theta + \sigma_r)\right] + \varepsilon_{\mathrm{v}} = 0 \tag{4.46}$$

式中, ε_r 为应力为 σ_r 时的应变值; ε_θ 为应力为 σ_θ 时的应变值。

　　井眼周围力学平衡方程为

$$\frac{\partial \sigma_r}{\partial r} + \frac{1}{r}\frac{\partial \tau_{r\theta}}{\partial \theta} + \frac{\sigma_r - \sigma_\theta}{r} = 0 \tag{4.47}$$

　　几何方程为

$$\varepsilon_r = \frac{\partial U_r}{\partial r} \tag{4.48}$$

$$\varepsilon_\theta = \frac{1}{r}\frac{\partial U_\theta}{\partial \theta} + \frac{U_r}{r} \tag{4.49}$$

　　通过以上的平衡方程、几何方程和应力-应变关系,可得到用径向位移表达的井眼周围岩石的平衡状态方程:

$$\begin{aligned}
&\frac{\mathrm{d}^2 u}{\mathrm{d}r^2} + \left[\frac{1}{E}\frac{\mathrm{d}E}{\mathrm{d}r} - \frac{1}{1-\mu}\frac{\mathrm{d}\mu}{\mathrm{d}r} + \frac{1+4\mu}{(1-2\mu)(1+\mu)}\frac{\mathrm{d}\mu}{\mathrm{d}r} + \frac{1}{r}\right]\frac{\mathrm{d}\mu}{\mathrm{d}r} + \\
&\left[\frac{1}{1-\mu}\frac{\mathrm{d}\mu}{r\mathrm{d}r}\frac{\mu}{(1-\mu)E}\frac{\mathrm{d}E}{\mathrm{d}r} + \frac{(1+4\mu)\mu}{(1-2\mu)(1-\mu^2)r}\frac{\mathrm{d}\mu}{\mathrm{d}r} + \frac{1}{r^2}\right]u = \\
&\frac{m+\mu}{1-\mu}\left\{\left[\frac{1}{m+\mu}\frac{\mathrm{d}\mu}{\mathrm{d}r} + \frac{1}{E}\frac{\mathrm{d}E}{\mathrm{d}r} + \frac{1+4\mu}{(1-2\mu)(1+\mu)}\frac{\mathrm{d}\mu}{\mathrm{d}r}\right]\varepsilon_{\mathrm{v}} + \frac{\mathrm{d}\varepsilon_{\mathrm{v}}}{\mathrm{d}r}\right\}
\end{aligned} \tag{4.50}$$

由含水量和垂向应变的关系式(4.40),可以得出:

$$\frac{\mathrm{d}\varepsilon_{\mathrm{v}}}{\mathrm{d}W} = K_1 + 2K_2(W - W_0) \tag{4.51}$$

由含水量和弹性模量的关系式(4.41),可以得出:

$$\frac{\mathrm{d}E}{\mathrm{d}W} = -\frac{E_1 E_2}{2\sqrt{W - W_0}}\mathrm{e}^{-E_2\sqrt{W - W_0}} \tag{4.52}$$

由含水量和泊松比的关系式(4.42),可以得出:

$$\frac{\mathrm{d}u}{\mathrm{d}W} = K_4 \tag{4.53}$$

所有系数均通过实验得到,代入式(4.49)就可以简化方程,下面看边界条件。

(1)边界条件为在 $r=a$ 的井眼半径处，$\sigma_r = P_i$（井内压力）。

(2)在 $r \to \infty$ 处，$\sigma_r = \sigma_{H1} = \sigma_{H2}$（均匀的远场水平地应力）。

为了计算上述方程式，采用有限差分格式，先将 r 轴等分为一组等距离线段（图 4.17）。

$$r_k = r_a + K \times h \qquad K = 0, 1, \cdots, n \tag{4.54}$$

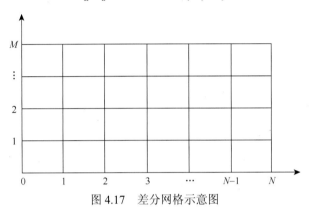

图 4.17　差分网格示意图

取 n_k 为充分大数，以便使得

$$r_n \gg r_0 \tag{4.55}$$

则方程可以变成：

$$\frac{\mathrm{d}^2 u}{\mathrm{d}r^2} + A \frac{\mathrm{d}u}{\mathrm{d}r} + B \frac{u}{r} = F \tag{4.56}$$

式中，

$$A = -\frac{1}{1-u} \frac{\mathrm{d}u}{\mathrm{d}r} + \frac{1}{E} \frac{\mathrm{d}E}{\mathrm{d}r} + \frac{(1+4u)}{(1-2u)(1+u)} \frac{\mathrm{d}u}{\mathrm{d}r} + \frac{1}{r} \tag{4.57}$$

$$B = -\frac{1}{1-u} \frac{\mathrm{d}u}{\mathrm{d}r} + \frac{u}{(1-u)E} \frac{\mathrm{d}E}{\mathrm{d}r} + \frac{(1+4u)u}{(1-2u)(1+u)(1-u)} \frac{\mathrm{d}u}{\mathrm{d}r} - \frac{1}{r} \tag{4.58}$$

$$F = -\frac{m+u}{1-u} \left[\frac{1}{m+u} \frac{\mathrm{d}u}{\mathrm{d}r} + \frac{1}{E} \frac{\mathrm{d}E}{\mathrm{d}r} + \frac{(1+4u)}{(1-2u)(1+u)} \frac{\mathrm{d}u}{\mathrm{d}r} \right] \varepsilon_v + \frac{\mathrm{d}\varepsilon_v}{\mathrm{d}r} \tag{4.59}$$

按照差分原理，有下式：

$$\left(\frac{\mathrm{d}^2 u}{\mathrm{d}r^2} \right)_i = \frac{1}{h^2} (u_{i+1} - 2u_i + u_{i-1}) \tag{4.60}$$

$$\left(\frac{\mathrm{d}u}{\mathrm{d}r} \right)_i = \frac{1}{2h} (u_{i+1} - u_{i-1}) \tag{4.61}$$

把式（4.60）和式（4.61）代入式（4.56），可以得到原方程的差分格式如下：

$$\left(1 + \frac{1}{2} h a_i\right) u_{i+1} + (-2 + h^2 B_i) u_i + \left(1 - \frac{1}{2} h a_i\right) u_{i-1} = h^2 F_i \tag{4.62}$$

边界条件：

$$(1-u) \frac{\mathrm{d}u}{\mathrm{d}r} + u \frac{u}{r} = (m+u) \varepsilon_v + \frac{(1-2u)(1+u)}{E} P_i \tag{4.63}$$

$$(1-u) \frac{\mathrm{d}u}{\mathrm{d}r} + u \frac{u}{r} = (m+u) \varepsilon_v + \frac{(1-2u)(1+u)(\sigma_{H1} + \sigma_{H2})}{2E} \tag{4.64}$$

综合上面的差分方程，得到最后的应力应变求解格式：

$$(1-u_0)u_1 + \left[\frac{u_0}{r_0}h - (1-u_0)\right]u_0 = h\left[(m+u_0)\varepsilon_{v0} + \frac{(1-2u_0)(1+u_0)}{E_0}P_i\right] \tag{4.65}$$

$$-(1-u_{n-1})u_{n-1} + \left[\frac{u_n}{r_n}h - (1-u_n)\right]u_n = h\left[(m+u_n)\varepsilon_{vn}\right] + \frac{(1-2u_n)(1+u_n)(\sigma_{H1}+\sigma_{H2})}{2E_n} \tag{4.66}$$

基于以上方程便可获得泥页岩水化作用后近井壁地带径向位移分布情况，结合变形几何方程、应力应变方程便可获得考虑泥页岩水化膨胀作用的近井壁地带有效应力分布情况，如图 4.18 所示。

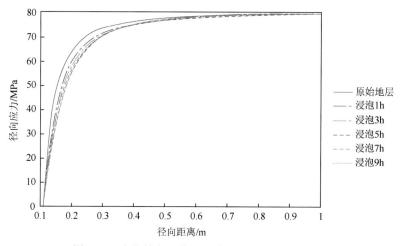

图 4.18　水化效应对井眼周围径向应力分布的影响

从图 4.19 和图 4.20 可以看出，泥页岩水化学反应对近井壁地带径向应力、周向应力分布具有明显影响作用。井壁表面岩石径向应力不变，随着径向深度的增加，径向应力有所减小；井壁表面岩石周向应力减小，随着径向深度的增加，周向应力增加。与原始地层相比，地层坍塌压力当量密度明显升高，但最大值不在井壁表面，而在距离井壁一定距离的地方。

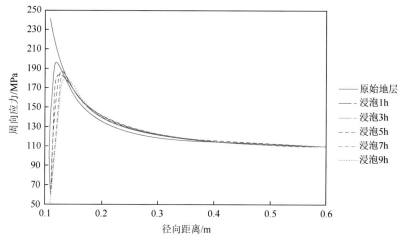

图 4.19　水化效应对井眼周围周向应力分布的影响

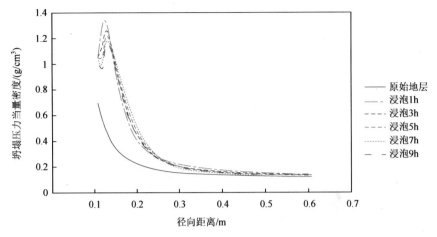

图 4.20　近井壁地带地层坍塌压力当量密度分布情况

4.2.3　岩石水化效应实验评价方法

在泥岩地层井壁稳定性评价过程中，水化效应及其对井壁稳定性的影响评价十分重要。通过开展岩石水化效应实验评价，可以了解岩石的水化性能及其对岩石力学参数、井周应力分布和井壁稳定性的影响，为后期钻井液体系及钻井方式优选提供依据。

1. 岩石矿物组分及含量分布测试

目前常用的泥页岩黏土矿物组分及相对含量评价手段主要有两种：一种为室内实验手段，通过对现场获取的岩心进行室内 X 射线衍射实验，可较为准确地获得泥页岩地层黏土矿物组分及相对含量分布[11]；另一种方法是利用现场测井数据，主要是自然伽马能谱测井数据，评价分析黏土矿物组分及相对含量[12]。

1）室内衍射实验

室内衍射实验评价分析主要是对现场获得的井下岩心进行 X 射线衍射实验，并对实验获得的数据进行相关处理，最终得到泥页岩矿物组分及含量分布情况。室内衍射实验评价主要包括全岩分析和黏土组分分析，全岩分析主要测定泥页岩矿物组分及相对含量，如石英、各类长石和黏土；黏土组分分析是分析黏土矿物组成及相对含量分布，即蒙脱石、伊利石、高岭石、绿泥石和黏土混层的相对含量。表 4.7 和表 4.8 分别为新场区块蓬莱镇组泥岩和须家河组硬脆性泥页岩的全岩分析和黏土矿物组分分析结果。

表 4.7　泥页岩全岩分析

岩石类型	石英含量/%	斜长石含量/%	钾长石含量/%	方解石含量/%	总黏土含量/%
蓬莱镇组泥岩	11.14	7.04	0	25.3	56.52
须家河组泥页岩	33.86	11.48	0	19.61	35.06

表 4.8　黏土矿物组分分析（相对含量）

岩石类型	伊利石/%	高岭石/%	绿泥石/%	伊/蒙混层/%	混层比/%
蓬莱镇组泥岩	55.7	0	0.16	44.15	80
须家河组泥岩	33.68	0	0.43	65.89	15

2）现场测井资料数据

利用室内实验方法获得泥页岩黏土矿物组分及相对含量分布数据较为准确，可靠性较高。但现场泥页岩岩心获取较为困难，岩心获取量较少，另外对现场岩心进行大量室内实验评价分析，增加了油田成本投入，降低了油田利润。因此，只能对现场有限的重点层段进行室内实验评价，而利用室内实验方法又不能获取整个井段黏土矿物组分及相对含量分布。现场测井数据恰恰填补了室内实验评价方法存在的缺口，现场测井数据连续反映了井下所有地层信息，充分利用现场测井数据可达到连续评价井下各层段岩石性质的目的。自然伽马能谱测井反映了 U、Th 和 K 在地下地层中的分布情况，不同类型黏土矿物其 U、Th、K 的相对含量有着明显的差异。因此，利用自然伽马能谱测井信息可以评价分析黏土矿物组分及相对含量分布，评价结果如图 4.21 所示。

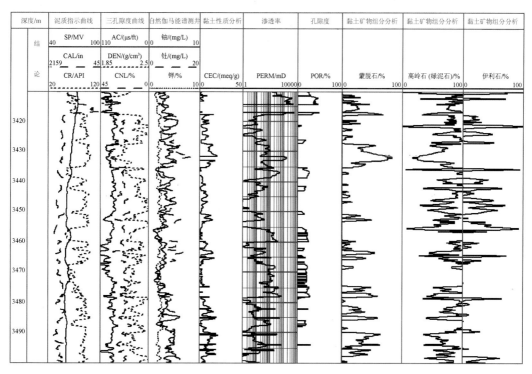

图 4.21　冀东油田奥陶系地层测井数据综合分析图

2. 阳离子交换容量

测定泥页岩阳离子交换容量主要有两种方法：一种是利用室内实验方法，实验方法又

分为 NH_4Ac 淋洗法、$BaCl_2$ 交换法、$MgSO_4$ 滴定法和亚甲基蓝法,室内常常采用亚甲基蓝法;另一种是通过现场测井数据连续评价整个井段黏土矿物组分分布情况,主要借助自然伽马能谱测井,确定各个层段黏土矿物组分及含量,然后根据每种黏土矿物组分的阳离子交换容量,确定地层岩石的总阳离子交换容量,即

$$CEC_{all} = \sum_i V_i \times CEC_i \qquad (4.67)$$

式中,V_i 为第 i 种黏土矿物体积百分含量;CEC_i 为第 i 种黏土矿物阳离子交换容量,meq/100g。

3. 比表面积

黏土矿物的表面积多用比表面积来表示,即每克黏土矿物所具有的表面积(m^2),单位是 m^2/g。泥页岩水化性能、水化膨胀能力及水化作用对岩石力学参数的影响与泥页岩比表面积大小密不可分[13]。泥页岩比表面积越大,岩石水化膨胀能力越强,对井壁稳定性的影响越严重;反之,泥页岩水化膨胀能力较弱,对井壁稳定性的影响较小。因此,比表面积可以作为一项初步评价分析泥页岩水化膨胀能力强弱的重要指标。

泥页岩比表面积的测定和计算方法较多,通常利用 N_2 吸附和 BET 方程(吸附等温式)去测定黏土矿物的外表面积。在样品制作过程中,由于低温真空条件下黏土矿物晶间失水,层间收缩,从而阻止 N_2 进入内晶层表面,结果使 N_2 仅仅吸附在外表面上。因此,用氮气吸附法测得的表面积只能代表外表面积。内表面积的测定可以通过测定总表面积,然后除去外表面积。总表面积的测定一般采用极性分子吸附法,如水、乙二醇、甘油等吸附法。一些主要黏土矿物组分的内、外表面积见表 4.9。

表 4.9 部分黏土矿物的表面积

黏土矿物	内表面积/(m^2/g)	外表面积/(m^2/g)	总表面积/(m^2/g)
蒙脱石	750	50	800
伊利石	5	25	30
高岭石	0	15	15
绿泥石	0	15	15

4. 井下压力环境下水化膨胀应变测试

目前,工程上用于岩石水化膨胀应变测试的仪器设备均为常温常压,无井下压力加载单元。在正常过平衡钻井过程中,井壁岩石的膨胀性能不仅与地层水和钻井液之间矿化度差异有关,还与钻井液的正压差穿透有关。在正压差作用下,钻井液向地层渗流,导致近井壁地带孔隙压力增加,作用在岩体上的有效应力减小,井壁岩石岩体膨胀(图 4.22)。因此,在评价某一特定钻井液体系下岩石膨胀性能时,需要考虑井下压力环境对岩石膨胀性能的影响。

图 4.22　井下压力环境泥岩水化膨胀应变测试装置

本次实验基本步骤如下。

(1)制备实验岩样，并在 50℃条件下烘干后记录岩样几何尺寸和质量。

(2)调整仪器，准备好实验流体。

(3)将岩样放入膨胀应变测试仪中，并加入实验流体。

(4)开始实验。初始围压设定为 0MPa，测量一段时间待岩样膨胀数小时后将围压逐级上调(围压按预先设定的梯度各级上调，分别为 4MPa、8MPa 和 10MPa)，开启设备记录。

(5)最后实验结束，处理实验数据，作出页岩在不同围压下的膨胀应力随时间变化曲线。

室内测试了龙马溪组页岩在水基钻井液条件下，围压分别为 8MPa 和 10MPa 时的膨胀应变，如图 4.23 所示。

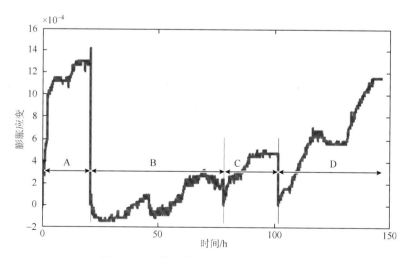

图 4.23　钻井液条件下页岩膨胀应变曲线

从图 4.23 可以看出，曲线主要分为四部分，即 A、B、C、D 四个区域，分别表示围压为 0MPa、4MPa、8MPa 和 10MPa 时的膨胀应变。总体上看，在每个区域内，随着时间的增加，页岩膨胀应变会增大。

A 区域应变增加比较明显,分析认为是由于较多的钻井液侵入干岩样使岩心发生较大的膨胀应变造成的。在刚开始测量时,应变在短时间内发生了明显的突变,这表明岩样与钻井液接触后,钻井液突然侵入岩样,之后应变变化相对比较平缓,反映钻井液平缓地侵入页岩,最后应变维持一个稳定的数值。A 区域末端,应变突然下降,这是由于突然上调实验所加围压至 4MPa 造成的。

B 区域为围压 4MPa 时的应变曲线,可以看出随着时间的增加,膨胀应变增加。中部有一个明显的膨胀应变突降过程,这是由于实验过程中围压不稳定,为了保持 4MPa 围压,当围压下降时人为通过液压控制上调压力造成的。之后曲线呈现平缓上涨的趋势,然后保持一个稳定的数值。

C 区域为围压 8MPa 时的应变曲线,在该区域内,应变随时间呈现连续上升的趋势,经过一段时间后,应变保持稳定。

D 区域为围压 10MPa 时的应变曲线,该区域内应变曲线斜率较之前区域大,说明 10MPa 时页岩的膨胀分散作用更强。在 D 区域中部,膨胀应变保持相对稳定,然后又继续上升,直到应变保持一个相对稳定的数值,分析认为可能是由于在较大的围压条件下,钻井液侵入后页岩沿层理面产生裂缝造成的。

综合分析 A、B、C、D 四个区域,可以发现,随着围压的增大,页岩膨胀应变增加。在一定的围压条件下,随着时间的增加,页岩膨胀应变达到一个稳定的数值。

5. 水化作用对岩石弹性参数及力学强度的影响

对于泥岩地层而言,当利用水基钻井液揭开地层后,井壁表面岩石水化膨胀,产生附加膨胀应力场。同时,水化效应也会影响井壁岩石的力学强度及弹性参数。因此,室内评价分析不同钻井液体系泥岩弹性参数及力学强度变化,为准确评价不同钻井液体系下泥岩地层井壁稳定性提供可靠依据。

室内主要利用三轴岩石力学试验机(图 4.8)测试浸泡不同钻井液体系岩样的弹性参数及力学强度,实验测试结果可用于对比研究不同钻井液体系稳定井壁效果,为钻井液体系优选提供理论依据。同时,可校核不同钻井液体系下地层岩石力学参数剖面,提高某特定钻井液体系井壁稳定性评价结果的准确度。测试结果如图 4.24～图 4.27 所示。

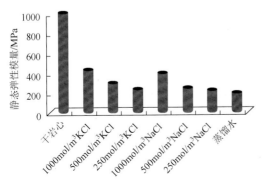

图 4.24　泥岩弹性模量对比图

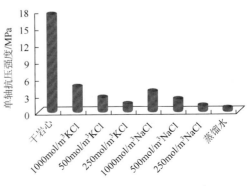

图 4.25　泥岩抗压强度对比图

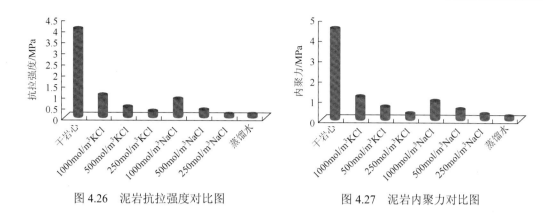

图 4.26　泥岩抗拉强度对比图　　　　　　图 4.27　泥岩内聚力对比图

4.3　欠平衡钻井井周地应力评价方法

在开展欠平衡钻井井壁稳定性评价过程中,评价区块评价井段地层地应力大小及井眼周围有效应力分布的确定十分关键。考虑欠平衡钻井自身特征,研究欠平衡钻井过程中,井壁岩石与井筒流体之间的渗流运移规律及其对井壁岩石有效应力分布的影响是准确评价欠平衡钻井井壁稳定性的前提。

4.3.1　地应力大小评价方法

岩石是地球表层的物质,经过漫长地质构造运动,使地壳物质产生了内应力效应,这种应力称为地应力。形成地应力的因素极为复杂,因为地应力是随时间和空间变化的。在石油工程中,研究的范畴属于区域性的地应力,主要是由于岩体的自重和地质构造运动产生的构造应力。通常地应力可用三个主应力表示:上覆地层压力、最大水平主应力和最小水平主应力。由于地质构造运动的方向性,两个水平向地应力大小是不同的。

形成地应力的因素较为复杂,其重要来源可归结为:岩体的自重和地质构造运动产生的构造应力。通常地应力大小可用三个主地应力表示:一个是上覆地层压力,另外两个为最大水平主应力、最小水平主应力,由于地质构造运动的方向性,两个水平向地应力大小是不同的[14]。

上覆地层压力称为垂向地应力,它是由岩石的自重产生的,可由密度测井曲线求得

$$\sigma_{\mathrm{v}} = \int_0^H \rho(z)g\mathrm{d}z \tag{4.68}$$

式中, σ_{v} 为深度为 H 处的上覆地层压力,MPa; $\rho(z)$ 为地层密度,由密度测井求得,g/cm^3; g 为重力加速度。

对于构造运动较为平缓地区,水平主地应力主要来自于上覆地层压力,另一部分来自地质构造运动,计算模型可表示为

$$\begin{cases} \sigma_{\mathrm{h1}} = \left(\dfrac{\mu_{\mathrm{s}}}{1-\mu_{\mathrm{s}}} + \beta\right)\left(\sigma_z - \alpha P_{\mathrm{p}}\right) + \alpha P_{\mathrm{p}} \\[3mm] \sigma_{\mathrm{h2}} = \left(\dfrac{\mu_{\mathrm{s}}}{1-\mu_{\mathrm{s}}} + \gamma\right)\left(\sigma_z - \alpha P_{\mathrm{p}}\right) + \alpha P_{\mathrm{p}} \end{cases} \tag{4.69}$$

对于构造运动较为剧烈地区,水平主地应力的很大部分来源于地质构造运动产生的构造地应力,地应力计算模型可表示为

$$\sigma_{h1} = \frac{\zeta_1 E_s + 2\mu_s(\sigma_z - \alpha P_p)}{2(1-\mu_s)} + \frac{\zeta_2 E_s}{2(1+\mu_s)} + \alpha P_p$$

$$\sigma_{h2} = \frac{\zeta_1 E_s + 2\mu_s(\sigma_z - \alpha P_p)}{2(1-\mu_s)} - \frac{\zeta_2 E_s}{2(1+\mu_s)} + \alpha P_p$$

(4.70)

式中,σ_z、σ_{h1}、σ_{h2} 分别为上覆地层压力、最大水平主应力和最小水平主应力,MPa;P_p 为地层孔隙压力,MPa;E_s、μ_s、α 分别为静态弹性模量(MPa)、静态泊松比和有效应力系数;β、γ、ζ_1、ζ_2 为表征构造运动剧烈程度的构造应力系数,由试验确定。

目前,工程用于确定水平地应力大小及方向的方法较多,常用的方法主要包括测井资料反演方法、现场水力压裂试验方法和室内声发射实验方法。

1. 测井资料反演方法

理论上,钻井井壁垮塌是由于地壳内存在水平应力差,在钻井井壁形成应力集中,若井壁岩石和井筒内液柱压力不能平衡此应力差,井壁岩石将挤压破碎,形成椭圆形井筒,其长轴方向与最小水平主应力方向平行,而最大水平主应力方向与地应力引起的井筒垮塌方向为90°的夹角。因此,通过分析多臂井径资料和成像测井资料,可以基本确定钻井井筒的形态,并筛选出哪些冲刷扩径和钻井键槽形成的井筒扩径,识别出哪些真正是由地应力因素引起的井壁垮塌,即可精确确定最大水平主应力的方向。常见的几种井筒垮塌类型如图4.28所示。

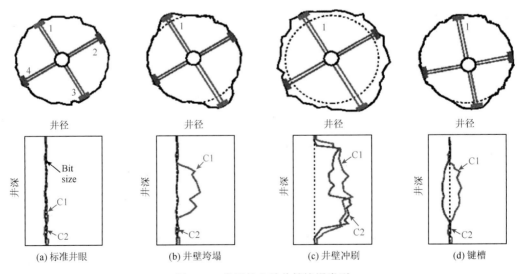

图 4.28   常见的几种井筒垮塌类型

利用测井资料综合解释水平地应力大小是获知地应力大小的主要方法之一,其主要原理是已知某深度点地层岩石力学强度,基于评价深度地层最小水平主应力方向扩径率及井

壁表面临界垮塌位置点,结合井壁垮塌失稳判断准则,建立力学平衡方程组,未知量为σ_H、σ_h,求解方程组便可获得未知量σ_H、σ_h的大小,如图4.29所示。

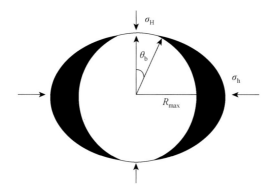

图4.29　测井法确定地应力

那么地层两个水平主应力σ_H、σ_h则可表示为

$$\sigma_{h1} = \frac{(d_1+d_2)(\tau_0 - e\cdot\Delta P) - (b_1+b_2)(\tau_0 - f\cdot\Delta P)}{(a_1+a_2)(d_1+d_2) - (b_1+b_2)(c_1+c_2)} \tag{4.71}$$

$$\sigma_{h2} = \frac{(a_1+a_2)(\tau_0 - f\cdot\Delta P) - (c_1+c_2)(\tau_0 - e\cdot\Delta P)}{(a_1+a_2)(d_1+d_2) - (b_1+b_2)(c_1+c_2)} \tag{4.72}$$

式中,

$$a_1 = -\mu\left[1 - 2\cos(2\theta_b)\right]$$

$$a_2 = \pm\left(1+\mu^2\right)^{\frac{1}{2}}\left[1 - 2\cos(2\theta_b)\right]$$

$$b_1 = -\mu\left[1 + 2\cos(2\theta_b)\right]$$

$$b_2 = \pm\left(1+\mu^2\right)^{\frac{1}{2}}\left[1 + 2\cos(2\theta_b)\right]$$

$$c_1 = -\mu\left(1 + \frac{r_w^2}{r_{max}^2}\right)$$

$$c_1 = \pm\left(1+\mu^2\right)^{\frac{1}{2}}\left(1 - \frac{r_w^2}{r_{max}^2} + 3\frac{r_w^2}{r_{max}^2}\right)$$

$$d_1 = -\mu\left(1 - 2\frac{r_w^2}{r_{max}^2}\right)$$

$$d_2 = \pm\left(1+\mu^2\right)^{\frac{1}{2}}\left(-1 + 3\frac{r_w^2}{r_{max}^2} - 3\frac{r_w^4}{r_{max}^4}\right)$$

$$e = \mu\left(1+\mu^2\right)^{\frac{1}{2}}$$

$$f = \mu\left(1+\mu^2\right)^{\frac{1}{2}}\cdot\frac{r_w^2}{r_{max}^2}$$

式中，τ_0 为岩石内聚力，MPa；μ 为岩石内摩擦系数，$\mu=\tan(\varphi)$；φ 为内摩擦角，°；ΔP 为钻井液液柱压力与地层孔隙压力之间差值，MPa；$\Delta P = P_w - P_p$，MPa。图 4.30 为某地区某地层成像测井资料及垮塌范围分析结果。

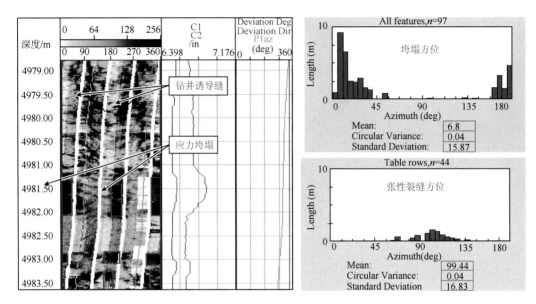

图 4.30　某井井筒坍塌和钻井诱导裂缝分布情况

从图 4.30 可以看出，该井在井深 4945～5076m 井段地层发育诱导裂缝及井壁垮塌，钻井诱导裂缝的方位为 80°～130°，平均方位为 105°，判断认为该方向为最大水平主应力方向。井壁垮塌失稳方位为 0°～45°，平均方位为 22.5°，判断认为该方向为最小水平主应力方向。图 4.31 为成像测井对应井段井眼扩径率分布情况。

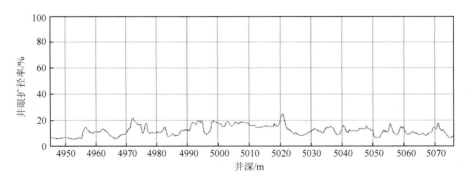

图 4.31　高石 1 井灯影组 4950～5076m 井眼扩径率分布情况

从图 4.31 可以看出，井深 4950～5076m 井段井眼扩径率普遍在 7%～20%范围内，4981～4982m 井眼扩径率为 11%，该井段井壁垮塌范围为 45°，结合前面建立的测井资料地应力大小计算模型，便可获得评价井 4981～4982m 井段最大水平地应力、最小水平地应力梯度，分别为 2.252MPa/100m、2.033MPa/100m。

2. 水力压裂试验方法

水力压裂法是根据井眼的受力状态及其破裂机理来推算地应力。如图 4.32 所示为一典型的现场破裂压力试验曲线，其中，P_f 为破裂压力，放映液压克服地层的抗拉强度使其破裂，形成井漏，造成压力突然下降；P_{ro} 为延伸压力，压力趋于平缓的点，为裂隙不断向远处扩展所需的压力；P_s 为瞬时停泵压力，该压力是指裂缝延伸到离开井壁应力集中区时进行瞬时停泵时的压力，其值与垂直于裂缝的最小水平地应力 σ_h 相平衡；P_r 为裂缝重张压力，即瞬时停泵后重新开泵时向井内加压的泵压。利用式(4.73)以及孔隙压力 P_p 可以获得地层某深处的最大水平主应力、最小水平主应力：

$$
\begin{aligned}
S_t &= P_f - P_r \\
\sigma_h &= P_s \\
\sigma_H &= 3\sigma_h - P_f - \alpha P_p + S_t
\end{aligned}
\tag{4.73}
$$

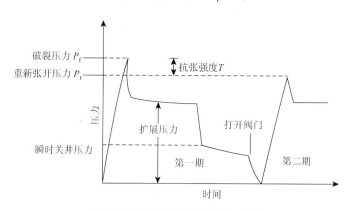

图 4.32　现场破裂压力试验曲线图

图 4.33 为某井某层段水力压裂实验数据，压裂井段为 5301~5391m，酸化压裂液的密度为 1.12g/cm³。

从图 4.33 可获得地层破裂及瞬间停泵时的油压，分别为 90MPa、50MPa，结合现场试油井史资料，酸化压裂液密度为 1.12g/cm³，那么，地层破裂压力、瞬时停泵压力分别为 149.92MPa、109.92MPa。结合前面巴西劈裂实验获得的高岩石抗拉强度普遍为 12.4MPa，该地区最大水平主应力和最小水平主应力梯度分别为 2.8MPa/100m、2MPa/100m。

3. 声发射实验方法

利用声发射方法测定地应力大小，首先是由 Kanagawa 提出来的，他认为对现场井下岩样在室内进行匀速加载过程中，岩样中由于微细裂纹的出现将出现一系列声信号，当加载载荷达到岩样在地下所受到的最大应力时，岩样产生的声信号将有一个突然显著的突变，这种现象称为凯瑟尔(Kaiser)效应。

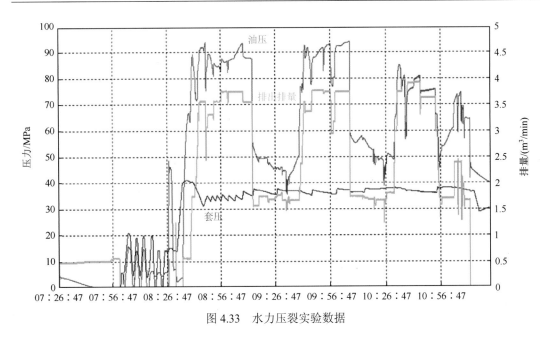

图 4.33　水力压裂实验数据

在开展声发射实验之前，首先要制备实验岩样，在井下全尺寸岩样环向方向上，钻取三块标准小岩心柱体，三块小岩样取心方向之间的夹角为 45°，如图 4.34 所示。

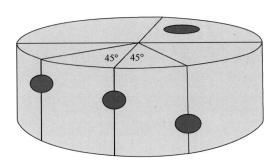

图 4.34　声发射实验岩样制备方法

图 4.35、图 4.36 分别为井下全尺寸岩样、用于测试地应力大小的标准岩样。

图 4.35　制备实验标准岩样的井下全尺寸岩样　　　　图 4.36　声发射实验标准岩样

室内实验岩样制备好后, 便可利用声发射实验测试装置测定井下围压条件下地应力大小, 测试装置如图 4.37 所示, 声发射实验装置包括三周岩石力学参数测试装置及超声波信号接收器。

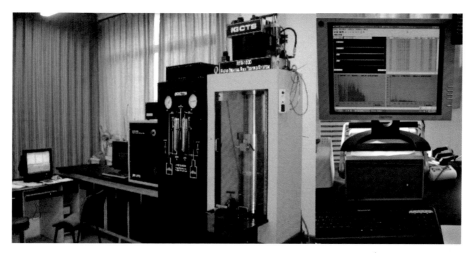

图 4.37　声发射测试装置

利用声发射测试装置便可获得三块小岩心柱体载荷、声发射能力与时间的关系, 如图 4.38 所示。

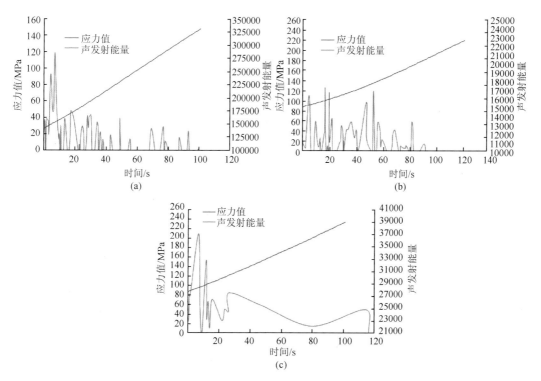

图 4.38　井下岩样载荷、声发射能量与时间之间的关系图

从图 4.38 可获得三块岩样在地下受到的最大地应力大小，见表 4.10。

表 4.10　不同角度岩样 Kaiser 效应点

角度/(°)	0	45	90
应力值/MPa	150.37	111.79	126.81

获得三个方向的地应力大小后，便可结合式(4.73)计算地层的最大水平地应力、最小水平地应力大小。

$$\sigma_{h1} = \frac{\sigma_1 + \sigma_3}{2} + \frac{\sigma_1 - \sigma_3}{2}\sqrt{1 + \tan^2(2\alpha)}$$
$$\sigma_{h2} = \frac{\sigma_1 + \sigma_3}{2} - \frac{\sigma_1 - \sigma_3}{2}\sqrt{1 + \tan^2(2\alpha)} \qquad (4.74)$$
$$\tan(2\alpha) = \frac{\sigma_1 + \sigma_3 - 2\sigma_2}{\sigma_1 - \sigma_3}$$

式中，σ_1、σ_2、σ_3 分别为环向方向三个小岩心柱体的 Kaiser 效应点正应力，MPa；σ_{h1}、σ_{h2} 分别为最大水平地应力、最小水平地应力，MPa。

结合表 4.10 和式(4.73)便可获得最大水平地应力、最小水平地应力大小，见表 4.11。

表 4.11　水平地应力大小测定结果

编号	井深/m	最大水平地应力/MPa	最大地应力梯度/(MPa/100m)	最小地应力/MPa	最小水平地应力梯度/(MPa/100m)
1#	7295.00	186.53	2.560	117.98	1.617

4.3.2　欠平衡钻井井眼周围应力场评价方法

1. 欠平衡钻井近井壁地带孔隙压力分布

在欠平衡钻井过程中，由于井筒液柱压力低于地层孔隙压力，地层孔隙压力在压力势能梯度作用下向井筒渗流运移，导致近井壁地带孔隙压力降低。同时，在气体钻井地层出水或水基钻井液置换过程中，水溶液在压力势能等梯度下向地层渗流运移，改变近井壁地带孔隙压力分布。因此，在评价欠平衡钻井井眼周围应力场分布时，需要确定近井壁地带地层孔隙压力分布情况。

1)单相渗流模型

在利用气体欠平衡钻井揭开地层后，井筒液柱压力低于地层孔隙压力，地层孔隙流体在压力势能梯度下向井筒做单相渗流运移。因此，可利用多孔介质单相渗流方程评价单向流体的渗流运移[15]。

$$\frac{\phi \times \mu_f \times C_t}{K_f} \times \frac{\partial P}{\partial t} = \frac{1}{r}\frac{\partial}{\partial r}\left(r\frac{\partial P}{\partial r}\right) \qquad (4.75)$$

边界条件：

$$r = r_{\mathrm{w}}, \quad P = P_{\mathrm{w}}$$
$$r = \infty, \quad P = P_0$$

式中，P_{w} 为环空压力，MPa；P_0 为地层初始孔隙压力，MPa；ϕ 为孔隙度；μ_{f} 为流体黏度，mPa·s；C_{t} 为流体压缩系数，MPa^{-1}；K_{f} 为渗透率。

　　利用数值方法求解多孔介质单相渗流方程，确定近井壁地层孔隙压力分布情况，如图 4.39 所示。

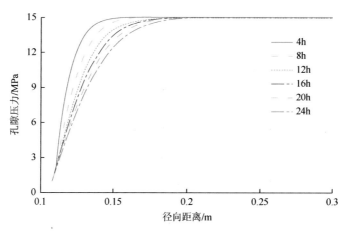

图 4.39　气体钻井过程中近井壁地层孔隙压力分布图

　　从图 4.39 可以看出，在气体钻井过程中，近井壁地层孔隙压力发生不同程度的降低。越是靠近井眼，地层孔隙压力越小，在井壁表面，地层孔隙压力等于环空压力，随着距井眼中心距离的增加，地层孔隙压力逐渐恢复到原始地层压力。

2) 两相渗流理论模型

在气体钻井过程中，近井壁地层饱和部分水（束缚水）和气，水气两相饱和度应该满足：

$$S_{\mathrm{w}} + S_{\mathrm{g}} = 1 \tag{4.76}$$

水相压力 P_{w}，气相压力 P_{g}，水气两相界面上的毛管力：

$$P_{\mathrm{c}} = P_{\mathrm{w}} - P_{\mathrm{g}} \tag{4.77}$$

在水气两相渗流评价过程中，认为近井壁岩石骨架和水是不可压缩的，气体则为可压缩；水和气的流动均满足达西渗流定律，近井壁地层孔隙完全被水和气体充满[16~19]。

用于描述水气的运动方程为

$$q_{\mathrm{w}} = -\frac{K_0 K_{\mathrm{rw}}(S_{\mathrm{w}})}{\mu_{\mathrm{w}}} \nabla P_{\mathrm{w}} \tag{4.78}$$

$$q_{\mathrm{g}} = -\frac{K_0 K_{\mathrm{rg}}(S_{\mathrm{w}})}{\mu_{\mathrm{g}}} \nabla P_{\mathrm{g}} \tag{4.79}$$

连续方程为

$$\phi \frac{\partial(\rho_{\mathrm{w}} S_{\mathrm{w}})}{\partial t} + \nabla(\rho_{\mathrm{w}} q_{\mathrm{w}}) = 0 \tag{4.80}$$

$$\phi \frac{\partial (\rho_g S_g)}{\partial t} + \nabla (\rho_g q_g) = 0 \tag{4.81}$$

由于水为不可压缩的，水的密度 ρ_w 为常数，而气体为可压缩的，气体的密度 ρ_g 与气体压力有关，在温度一定条件下，$P/\rho =$ 定值，利用气体压力消去气体密度值，式(4.80)则变为

$$\phi \frac{\partial (P_g S_g)}{\partial t} + \nabla (P_g q_g) = 0 \tag{4.82}$$

将公(4.77)、式(4.78)分别带入式(4.79)、式(4.81)可得

$$\phi \frac{\partial S_w}{\partial t} = \nabla \left(\frac{K_0 K_{rw}(S_w)}{\mu_w} \right) \nabla P_w + \frac{K_0 K_{rw}(S_w)}{\mu_w} \nabla^2 P_w \tag{4.83}$$

$$\phi \frac{\partial (P_g S_g)}{\partial t} = \nabla \left(P_g \frac{K_0 K_{rg}(S_w)}{\mu_g} \right) \nabla P_g + P_g \frac{K_0 K_{rg}(S_w)}{\mu_g} \nabla^2 P_g \tag{4.84}$$

在主坐标系下，式(3.82)和式(3.83)可写为

$$\phi \frac{\partial S_w}{\partial t} = \frac{K_0}{\mu_w} K_{rw}(S_w) \frac{\partial^2 P_w}{\partial r^2} + \frac{K_0}{\mu_w} \frac{\partial P_w}{\partial r} \frac{1}{r} K_{rw}(S_w) + \frac{K_0}{\mu_w} \frac{\partial P_w}{\partial r} \frac{\partial K_{rw}(S_w)}{\partial r} \tag{4.85}$$

$$\phi P_g \frac{\partial S_g}{\partial t} + \phi S_g \frac{\partial P_g}{\partial t} = K_{rg}(S_w) P_g \frac{K_0}{\mu_g} \frac{\partial^2 P_g}{\partial r^2} + K_{rg}(S_w) P_g \frac{K_0}{\mu_g} \frac{1}{r} \frac{\partial P_g}{\partial r}$$
$$+ \frac{K_0}{\mu_g} \frac{\partial P_g}{\partial r} P_g \frac{\partial K_{rg}(S_w)}{\partial r} + K_{rg}(S_w) \frac{K_0}{\mu_g} \left(\frac{\partial P_g}{\partial r} \right)^2 \tag{4.86}$$

初始条件为

$$S_w \big|_{t=0} = S_{w0}$$

$$S_g \big|_{t=0} = 1 - S_{w0}$$

$$P_w \big|_{t=0} = P_{w0}$$

$$P_g \big|_{t=0} = P_{g0}$$

$$P_{g0} - P_{w0} = P_c(S_{w0})$$

边界条件为

$$S_w \big|_{t>0, \ r=r_w} = S_{max\,w}$$

$$S_g \big|_{t>0, \ r=r_w} = 1 - S_{maxw}$$

$$P_w \big|_{t>0, \ r=r_w} = P_{mud}$$

$$P_g \big|_{t>0, \ r=r_w} = P_{mud} + P_c(S_{maxw})$$

式中，S_w、S_g、S_{w0}、S_{maxw} 分别为含水饱和度、含气饱和度、初始含水饱和度及最大含水饱和度；P_g、P_w 分别为气相压力、水相压力，MPa；K_0、$K_{rw}(S_w)$、$K_{rg}(S_w)$ 分别为地层绝对渗透率、水相相对渗透率和气相相对渗透率，m^2；μ_w、μ_g 分别为水相黏度、气相黏度，MPa·s；ϕ 为孔隙度；P_{w0}、P_{g0}、P_{mud}、$P_c(S_w)$ 分别为地层初始水相压力、气相压力、环空

压力和与含水饱和度有关的毛管力，MPa。

　　结合初始条件和边界条件，利用数值方法对式(4.85)和式(4.86)求解，便可得到近井壁地层气水两相压力、饱和度分布图及水侵前沿。在求解过程中，需要注意理论数学模型的初始条件——近井壁地层孔隙压力分布情况。由于气体钻井环空压力较低，导致近井壁形成一泄压带，近井壁地层孔隙压力分布如图 4.40 所示。

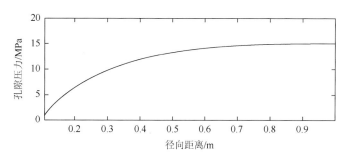

图 4.40　近井壁地层孔隙压力分布情况

　　从图 4.40 可以看出，在水侵之前，近井壁地层形成一压降漏斗，越是靠近井壁孔隙压力越低，随着径向距离的增加，孔隙压力恢复至原始地层压力。求解式(4.84)和式(4.85)，结果如图 4.41 和图 4.42 所示。

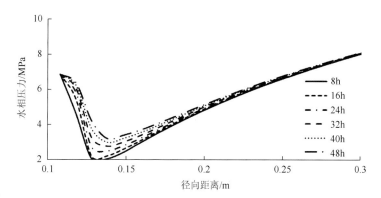

图 4.41　近井壁地层水相压力分布图

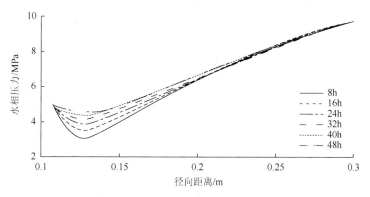

图 4.42　近井壁地层气相压力分布图

3）高压致密产层非线性渗流分布模型

气体钻井揭开深部致密气层后流-固耦合作用导致气体渗流、岩石力学参数、有效应力、孔隙压力、渗透率以及相邻含气泥岩的应力环境处于相互耦合的动态变化过程，且随着时间持续这一变化将越来越剧烈，近井壁地层有效应力变化也越来越剧烈，井壁发生失稳的风险不断增大。此外，气体钻开深部致密气层初期在极大负压差下气体高速产出，引发近井壁地层应力快速集中和应力能迅速释放，导致井壁地层应力在短时间内发生剧烈变化，这也是极易发生井壁失稳的阶段。相比于岩石基质，裂缝通常具有更高的渗透率，若钻遇裂缝性地层井下失稳风险将进一步增大。

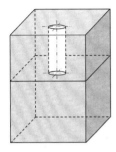

图 4.43　钻开基质产层
渗流模型图

（1）基质地层高速非线性渗流模型

假设地层为均质地层，忽略凝析油产出和重力影响，气体渗流为单相渗流。若所钻开的深部致密气层为纯基质地层，示意图如图 4.43 所示。利用质量守恒原理，可建立气体渗流过程中的连续性方程[式（4.87）]。

$$\frac{1}{r}\frac{\partial(r\rho_{g}v_{g})}{\partial r}=-\frac{\partial(\phi\rho_{g})}{\partial t} \tag{4.87}$$

式中，r 为地层距离井眼轴向的水平距离，cm；ρ_{g} 为储层气体密度，g/cm^3；v_{g} 为气体渗流速度，cm/s；ϕ 为地层岩石孔隙度，%。

气体钻井揭开深部致密产层，极大负压差下气体高速产出通常体现为高速非达西渗流。因此，应采用高速非达西渗流模型展开研究，建立产层气体渗流的运动方程：

$$\frac{\partial p}{\partial r}=-10^{-2}\cdot\left(\frac{\mu_{g}}{K}v_{g}+\beta\rho_{g}v_{g}^{2}\right) \tag{4.88}$$

令 $A=1+\dfrac{K\beta\rho_{g}v_{g}}{\mu_{g}}$，方程可化简为

$$\frac{\partial p}{\partial r}=-10^{-2}\cdot\frac{\mu_{g}}{K}Av_{g} \tag{4.89}$$

式中，μ_{g} 为气体黏度，mPa·s；K 为基质地层岩石渗透率，mD；β 为影响紊流和惯性阻力孔隙结构特征参数，经验估算式[20]为 $\beta=7.664\times10^{10}/K^{1.2}$；$A$ 为考虑惯性阻力影响达西渗流的修正系数，即紊流系数，达西线性渗流时为 1。

气体状态方程：

$$\rho_{g}=\frac{pM}{ZRT} \tag{4.90}$$

式中，M 为气体摩尔质量，g/mol；Z 为地层温度、孔隙压力下的天然气压缩因子；R 为通用气体常数，$R=8.314$J/(mol·K)；T 为地层温度，K。

将式（4.89）和式（4.90）代入式（4.87）可得到基质地层气体恒温高速非线性渗流微分方程：

$$\frac{1}{r}\frac{\partial}{\partial r}\left[\frac{p}{Z\mu_{\mathrm{g}}}\frac{M}{ART}rK\frac{\partial p}{\partial r}\right]=10^{-2}\cdot\frac{\partial}{\partial t}\left[\phi\cdot\frac{pM}{ZRT}\right] \tag{4.91}$$

(2) 裂缝地层高速非线性渗流模型

若钻遇裂缝，由于具有更高的渗透率，其渗流规律和孔隙压力分布规律将更为激烈。由于裂缝通常不会沿平面径向发育，而是具有一定的方位角和倾斜角，这使得气体在裂缝中的渗流并不是沿水平面的径向流动。假设地层具有一条径向延伸的单裂缝，考虑裂缝倾角，示意图如图4.44所示。不考虑凝析油产出和天然气的重力，假设气体渗流为单相恒温渗流。由于对于致密气层裂缝的产能远远大于基质地层的产能[21]，因此在分析气体钻井揭开裂缝型致密气层时忽略基质产气，将气体在裂缝中的渗流近似看作沿裂缝面所在平面的径向流动，并采用与基质地层气体渗流模型类比的方法，给出裂缝地层气体渗流连续性方程[式(4.92)]和运动方程[式(4.93)、式(4.94)]：

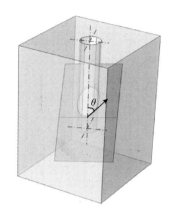

图4.44 气体沿裂缝渗流模型

连续性方程：

$$\frac{1}{r_{\mathrm{l}}}\frac{\partial(r_{\mathrm{l}}\rho_{\mathrm{g}}v_{\mathrm{g}})}{\partial r_{\mathrm{l}}}=-\frac{\partial(\phi\rho_{\mathrm{g}})}{\partial t} \tag{4.92}$$

运动方程：

$$\frac{\partial p}{\partial r_{\mathrm{l}}}=-10^{-2}\cdot\left(\frac{\mu_{\mathrm{g}}}{K}v_{\mathrm{g}}+\beta\rho_{\mathrm{g}}v_{\mathrm{g}}^{2}\right) \tag{4.93}$$

令 $A=1+\dfrac{K\beta\rho_{\mathrm{g}}v_{\mathrm{g}}}{\mu_{\mathrm{g}}}$，方程可化简为

$$\frac{\partial p}{\partial r_{\mathrm{l}}}=-10^{-2}\cdot\frac{\mu_{\mathrm{g}}}{K}Av_{\mathrm{g}} \tag{4.94}$$

式中，r_{l} 为裂缝某一位置沿裂缝延伸方向与井眼轴线的距离，$r_{\mathrm{l}}=\dfrac{r}{\sin\theta}$，cm；$\theta$ 为裂缝延伸方向与井眼轴线的夹角，对于已知地层的指定裂缝其值为常数，°。

将运动方程[式(4.94)]和气体状态方程[式(4.90)]代入式(4.92)即可得到地层裂缝处气体恒温高速非线性渗流微分方程：

$$\frac{1}{r}\frac{\partial}{\partial r}\left[\frac{p}{Z\mu_{\mathrm{g}}}\frac{M}{ART}rK\frac{\partial p}{\partial r}\right]=10^{-2}\cdot\frac{1}{\sin^{2}\theta}\frac{\partial}{\partial t}\left[\phi\cdot\frac{pM}{ZRT}\right] \tag{4.95}$$

2. 欠平衡钻井井眼周围应力场分布计算模型

根据线性孔隙弹性理论，以图 4.45 表示地层被钻开后近井壁地层受力物理模型，考虑渗流导致地层孔隙压力变化，可获得距离井眼轴线 r 处的有效地应力计算公式。

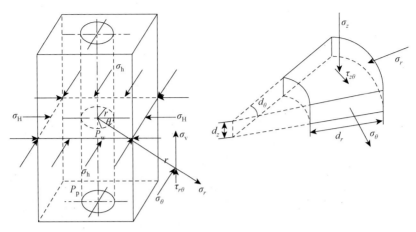

图 4.45　井壁受力与单元体分析示意图

结合应力应变本构方程，便可获得直井段井眼周围应力分布表达式：

$$
\begin{cases}
\sigma_r' = \dfrac{\sigma_{h1}+\sigma_{h2}}{2}\left(1-\dfrac{r_i^2}{r^2}\right) + \dfrac{\sigma_{h1}-\sigma_{h2}}{2}\left(1-4\dfrac{r_i^2}{r^2}+3\dfrac{r_i^4}{r^4}\right)\cos(2\theta) + \dfrac{r_i^2}{r^2}P_w - \alpha P_p \\[2ex]
\sigma_\theta' = \dfrac{\sigma_{h1}+\sigma_{h2}}{2}\left(1+\dfrac{r_i^2}{r^2}\right) - \dfrac{\sigma_{h1}-\sigma_{h2}}{2}\left(1+3\dfrac{r_i^4}{r^4}\right)\cos(2\theta) - \dfrac{r_i^2}{r^2}P_w - \alpha P_p \\[2ex]
\sigma_z' = \sigma_v - 2\mu\left(\sigma_{h1}-\sigma_{h2}\right)\dfrac{r_i^2}{r^2}\cos(2\theta) - \alpha P_p \\[2ex]
\tau_{r\theta} = \dfrac{\sigma_{h1}-\sigma_{h2}}{2}\left(1+2\dfrac{r_i^2}{r^2}-3\dfrac{r_i^4}{r^4}\right)\sin(2\theta) \\[2ex]
\xi = \alpha\left(1-2\mu\right)/\left(1-\mu\right)
\end{cases}
\tag{4.96}
$$

对于特殊轨迹井，则需要考虑井眼轨迹(井斜角、方位角)的影响，通过坐标转换便可得到斜井段任何位置点井周应力分布情况。

利用笛卡尔坐标转换，便可获得转换后的原地应力场：

$$
\begin{bmatrix}
\sigma_x & \tau_{xy} & \tau_{xz} \\
\tau_{yx} & \sigma_y & \tau_{yz} \\
\tau_{zx} & \tau_{zy} & \sigma_z
\end{bmatrix}
=
\begin{bmatrix}
\cos\beta\cos\alpha & \sin\beta\cos\alpha & \sin\alpha \\
-\sin\beta & \cos\beta & 0 \\
-\cos\beta\sin\alpha & -\sin\beta\sin\alpha & \cos\alpha
\end{bmatrix}
\begin{bmatrix}
\sigma_v & 0 & 0 \\
0 & \sigma_H & 0 \\
0 & 0 & \sigma_h
\end{bmatrix}
\begin{bmatrix}
\cos\beta\cos\alpha & -\sin\beta & -\cos\beta\sin\alpha \\
\sin\beta\cos\alpha & \cos\beta & -\sin\beta\sin\alpha \\
\sin\alpha & 0 & \cos\alpha
\end{bmatrix}
$$

$$\sigma_x = \cos^2\alpha\left(\sigma_H\cos^2\beta + \sigma_h\sin^2\beta\right) + \sigma_v\sin^2\beta$$

$$\sigma_y = \sigma_H\sin^2\beta + \sigma_h\cos^2\beta$$

$$\sigma_z = \sin^2\alpha\left(\sigma_H\cos^2\beta + \sigma_h\sin^2\beta\right) + \sigma_v\cos^2\alpha$$

$$\tau_{xy} = \cos\alpha\sin\beta\cos\beta\left(\sigma_h - \sigma_H\right)$$

$$\tau_{xz} = \cos\alpha\sin\alpha\left(\sigma_H\cos^2\beta + \sigma_h\sin^2\beta - \sigma_v\right)$$

$$\tau_{yz} = \sin\alpha\cos\beta\sin\beta\left(\sigma_h - \sigma_H\right)$$

叠加由 σ_x 引起的应力分布、由 σ_y 引起的应力分布、由 τ_{xy} 引起的应力分布、计算的应

力 σ_{zz}、由 τ_{xz} 引起的应力分布、由 τ_{yz} 引起的应力分布、由井内钻井液液柱压力 P_{w} 引起的应力分布、钻井液渗流效应，便得到斜井、水平井井壁 $r=R$ 岩石的应力分布：

$$\sigma_{r} = P - \delta f \times (P - P_{0}) - \alpha P$$

$$\sigma_{\theta} = -P + \delta\left(\frac{\alpha(1-2\mu)}{1-\mu} - f\right)(P - P_{0}) + \sigma_{x}[1 - 2\cos(2\theta)] + \sigma_{y}[1 + 2\cos(2\theta)] - 4\tau_{xy}\sin(2\theta) - \alpha P$$

$$\sigma_{zz} = \sigma_{z} + \delta\left(\frac{\alpha(1-2\mu)}{1-\mu} - f\right)(P - P_{0}) - \alpha P$$

$$\tau_{r\theta} = -2\tau_{xy}\sin(2\theta) + \tau_{yx}\cos(2\theta)$$

$$\tau_{z\theta} = 0$$

$$\tau_{rz} = 0$$

当井壁有渗流时，$\delta = 1$；当井壁无渗流时，$\delta = 0$。

气体钻井过程中，井筒内无钻井液液柱，取 $\delta = 0$ 得气体钻井条件下，斜井、水平井壁 $r=R$ 岩石的应力分布：

$$\begin{aligned} \sigma_{r} &= P \\ \sigma_{\theta} &= -P + \sigma_{x}[1 - 2\cos(2\theta)] + \sigma_{y}[1 + 2\cos(2\theta)] - 4\tau_{xy}\sin(2\theta) - \alpha P \\ \sigma_{zz} &= \sigma_{z} - \alpha P \\ \tau_{r\theta} &= -2\tau_{xy}\sin(2\theta) + \tau_{yx}\cos(2\theta) \\ \tau_{z\theta} &= 0 \\ \tau_{rz} &= 0 \end{aligned} \qquad (4.97)$$

式中，σ_{r}、σ_{θ}、σ_{zz} 分别为距离井眼轴线 r 处的径向有效应力、周向有效应力和垂向有效应力，MPa；σ_{H}、σ_{h}、σ_{z} 分别为地层最大水平主应力、最小水平主应力和上覆地层压力，MPa；θ_{l} 为最大水平主应力为始边的圆周角，°；δ 为系数，渗流时为 1，否则为 0；H 为井壁应力非线性修正系数，一般取 0.95；μ 为地层岩石静态泊松比；P_{w} 为井底流压，MPa；P 为距离井壁 r 处的地层压力，MPa；r_{w} 为井眼半径，cm。

4.4　欠平衡钻井井壁稳定判断准则及评价方法

4.4.1　井壁稳定性判断准则

1. 莫尔-库仑（Mohr-Coulomb）准则

当井眼围岩所受剪切应力超过岩石自身强度产生剪切破坏失稳，且随着近井壁孔隙压力降低时，岩石骨架承受的有效应力增加，井壁上周向有效应力和径向有效应力差值越大，越易发生剪切失稳，剪切破坏失稳是欠平衡钻井过程中常见的井壁失稳方式。

岩石破坏剪切面上剪切力 τ 必须克服岩石内聚力 C 及摩擦力 $\sigma\tan\varphi$：

$$\tau = C + \sigma\tan\varphi \qquad (4.98)$$

在主应力形式下，莫尔-库仑准则可表示为

$$\sigma_1 = \sigma_3 \cot^2\left(45° - \frac{\varphi}{2}\right) + 2C \cdot \cot\left(45° - \frac{\varphi}{2}\right) \tag{4.99}$$

目前常采用莫尔-库仑准则判断分析地层剪切垮塌失稳，利用莫尔-库仑准则便可得到地层的坍塌密度，保持井壁稳定所需的钻井液密度计算公式为

$$\rho_{\mathrm{m}} = \frac{\eta(3\sigma_{\mathrm{h1}} - \sigma_{\mathrm{h2}}) - 2C \cdot \cot(45° - \frac{\varphi}{2}) + \alpha P_{\mathrm{p}}(K^2 - 1)}{\left[\cot^2(45° - \frac{\varphi}{2}) + \eta\right]H} \times 100 \tag{4.100}$$

式中，H 为井深，m；η 为应力非线性修正系数；σ_{h1}、σ_{h2} 为两个水平主应力，MPa。

莫尔-库仑强度准则既适合于脆性材料，也适合塑性材料，缺点是未考虑中间应力。

2. Drucker-Prager 强度准则

考虑到中间主应力的影响，一定变形条件下，岩体内某平面上的剪应力达到剪切屈服极限，Von-Mises 提出用偏应力张量第二不变量 J_2 表示：

$$\sigma_{\mathrm{v-m}} = \frac{1}{\sqrt{2}}\left[(\sigma_1 - \sigma_2)^2 + (\sigma_2 - \sigma_3)^2 + (\sigma_3 - \sigma_1)^2\right]^{0.5} \tag{4.101}$$

Drucker-Prager 在此基础上提出强度判断准则：

$$\sqrt{J_2} - \frac{\sqrt{3}\sin\varphi}{3\sqrt{3 + \sin^2\varphi}}(\sigma_1 + \sigma_2 + \sigma_3) - \frac{\sqrt{3}C \cdot \cos\varphi}{\sqrt{3 + \sin^2\varphi}} = 0 \tag{4.102}$$

由于 Drucker-Prager 准则计算出的岩石理论强度比三轴实验值大，对于气体钻井，过高估计了岩石抵抗破坏的能力。

3. 拉伸崩落失稳准则

井壁产生坍塌崩落的另一个原因是井筒内压力小于地层的孔隙压力，导致井壁拉伸崩落。它多发生于过渡带的欠压实超高压低渗透泥页岩地层中拉伸崩落失稳准则可表示为

$$P_{\mathrm{p}} - P_{\mathrm{w}} = S_{\mathrm{t}} \tag{4.103}$$

式中，S_{t} 为地层的拉伸强度，MPa；P_{w} 为钻井液液柱压力，MPa。

4. 地层拉伸破裂准则

从力学角度讲，地层拉伸破裂是由于井内钻井液密度过大使井壁岩石所受到的周向应力超过岩石的抗拉伸强度造成的，地层破裂压力计算公式为

$$P_{\mathrm{f}} = 3\sigma_{\mathrm{h2}} - \sigma_{\mathrm{h1}} - \alpha P_{\mathrm{p}} + S_{\mathrm{t}} \tag{4.104}$$

5. 经典弱面理论准则

现有井壁失稳破坏机理大多基于多孔介质弹性力学理论，在连续介质中岩石稳定主要

受井壁应力和岩石强度控制。而在破裂介质岩体中，不连续裂缝的存在很大程度上改变了岩石力学性质，不但降低岩石强度，整体内聚力和内摩擦角减小，改变了井眼形成时的应力分布，使得围岩更易破坏。

1) 地层沿弱面滑动失稳

考虑围岩破坏受裂缝结构面影响，对于含有微裂缝地层，当裂缝面与最大主应力之间的夹角在一定范围内，地层将沿着裂缝面出现垮塌掉块，破坏准则表示为

$$\sigma_\theta - \sigma_r = \frac{2\left[C_w + \tan\varphi_w \cdot \left(\sigma_r - \alpha \cdot P_p\right)\right]}{\left(1 - \tan\varphi_w \cot\beta\right)\sin(2\beta)} \tag{4.105}$$

式中，σ_θ、σ_r 分别为井壁表面周向应力、径向应力；C_w、φ_w 分别为裂缝缝间的内聚力、内摩擦角；α 为有效应力系数；P_p 为地层孔隙压力；β 为裂缝面法向方向与最大主应力之间的夹角；c、φ 为岩样基质内的内聚力、内摩擦角。

对于直井，井壁表面三个主应力分别为 σ_r、σ_θ、σ_z，最大主应力、最小主应力分别为 σ_r、σ_θ，可表示为

$$\sigma_r = P_w \tag{4.106}$$

$$\sigma_\theta = \sigma_H\left[1 - 2\cos(2\theta)\right] + \sigma_h\left[1 + 2\cos(2\theta)\right] - P_w \tag{4.107}$$

当井壁表面岩石不沿微裂缝发生滑移失稳时，可采用莫尔-库仑准则计算地层坍塌压力，莫尔-库仑准则表示为

$$\sigma_\theta - \alpha \cdot P_p = \left(\sigma_r - \alpha \cdot P_p\right)\cot\left(45° - \frac{\varphi}{2}\right)^2 + 2C \cdot \cot\left(45° - \frac{\varphi}{2}\right) \tag{4.108}$$

地层坍塌压力计算公式则表示为

$$P_w = \frac{\sigma_H + \sigma_h - 2\left(\sigma_H - \sigma_h\right)\cos(2\theta) + \alpha \cdot P_p \cdot \left[\cot(45° - \frac{\varphi}{2})^2 - 1\right] - 2C \cdot \cot(45° - \frac{\varphi}{2})}{\cot(45° - \frac{\varphi}{2})^2 + 1} \tag{4.109}$$

若井壁表面岩石沿微裂缝产生滑移失稳，可采用弱面理论，地层坍塌压力计算公式则可表示为

$$P_w = \frac{\left[\sigma_H + \sigma_h - 2\left(\sigma_H - \sigma_h\right)\cos(2\theta)\right]\left(1 - \tan\varphi_w \cot\beta\right)\sin(2\beta) - 2C_w + 2 \cdot \tan\varphi_w \cdot \alpha \cdot P_p}{2\left[\tan\varphi_w + \left(1 - \tan\varphi_w \cot\beta\right)\sin(2\beta)\right]} \tag{4.110}$$

2) 含裂纹损伤和扩展的 Griffith 与 Griffith-Moclintok 强度准则

Griffith 认为岩石脆性破坏是由于局部拉张应力，裂缝在外力作用下端部产生很大应力集中，造成裂缝扩展、交割、集结，最后导致宏观破坏，并提出裂缝扩展的强度准则：

$$\frac{\left(\sigma_1 - \sigma_3\right)^2}{\sigma_1 + \sigma_3} = -8S_t \tag{4.111}$$

式 (4.111) 是基于张开椭圆裂缝，Moclintok 认为压应力占优势的情况下只有剪应力才

能引起缝端的应力集中，因此提出：

$$\sigma_1 = \frac{4S_t}{(1-\frac{\sigma_3}{\sigma_1})\sqrt{1+\tan^2\varphi}-(1+\frac{\sigma_3}{\sigma_1})\tan\varphi} \tag{4.112}$$

4.4.2　井壁稳定性评价方法

图 4.46 为 X 井须家河组、雷口坡组地层井眼扩径率与泥质含量对比分析图。

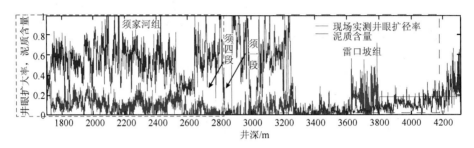

图 4.46　X 井须家河组、雷口坡组井眼扩径率及泥质含量对比分析图

图中红色为井眼扩大率，蓝色为泥质含量

从图 4.46 可以看出，X 井须家河组井眼扩径率普遍低于 20%，部分薄层略高于 20%，在 35% 左右，扩径井段普遍泥质含量比较高，判断为泥岩段扩径，由于泥岩地层水化效应的影响，导致井壁失稳。雷口坡组 3600m 以上地层井壁较为稳定，3600～3800m 井段扩径较为明显，普遍高于 20%，部分薄层扩径率为 40%～60%，泥质含量低，判断为力学井壁垮塌失稳。图 4.47 为 X1 井须家河组、雷口坡组气体钻井地层坍塌压力当量密度分布图。

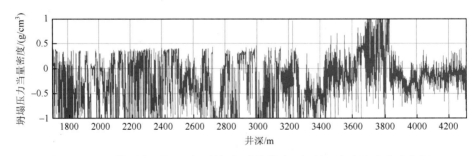

图 4.47　X1 井须家河组、雷口坡组气体钻井地层坍塌压力当量密度分布图

从图 4.47 可以看出，X1 井须家河组气体钻井地层坍塌压力当量密度普遍为 0～0.4g/cm³，满足气体钻井条件，但 3630～3830m 雷口坡组地层坍塌压力较高，高于 1g/cm³，气体钻井存在井下垮塌风险。建议气体钻井实施井段为 3630m 以上，在该井段尝试开展气体钻井，但需加强地层出水监测。图 4.48 为 X1 井三开井段泥质含量及井眼扩径率对比分析图。

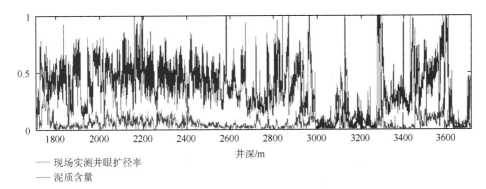

—— 现场实测井眼扩径率
—— 泥质含量

图 4.48　X1 井三开井段泥质含量及井眼扩径率对比分析图

从图 4.48 可以看出，X1 井三开井段须家河组整体较为稳定，须六段、须五段略有扩径，结合前面的须家河组泥岩微观组构、水理化性能测试分析，须家河组泥岩属于硬脆性泥岩，在水基钻井液环境下泥岩微裂缝张开，导致岩石力学强度降低，在气体钻井条件下，井壁岩石孔隙压力降低，加剧微裂缝闭合，有利于井壁稳定。但雷口坡组四段 3100m 左右，云岩地层扩径明显，扩径率接近 50%，判断认为这些地层无法实施气体钻井。

图 4.49 利用 X1 井三开井段测井数据及前面获得的须家河组泥岩地层岩石力学参数，计算 X1 井三开井段气体钻井井壁稳定。

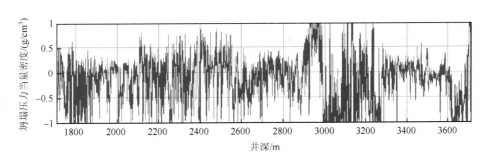

图 4.49　X1 井三开井段地层气体钻井坍塌压力当量密度预测剖面

从图 4.49 可以看出，2900m 以上地层坍塌压力当量密度普遍为 $0g/cm^3$，部分薄层为 $0.50g/cm^3$，这些薄层在气体钻井条件下存在轻微垮塌掉块，可优化气体钻井工艺参数，提高气体钻井携岩能力，初步判断认为 2900m 以上地层具备实施气体钻井的条件。2900～3200m 雷口坡组四段地层部分层段地层坍塌压力当量密度较高，普遍超过 $1g/cm^3$，这些层段实施气体钻井具有风险，建议不采用气体钻井。

参 考 文 献

[1]　刘向君，罗平亚. 石油测井与井壁稳定. 北京：石油工业出版社，1999

[2]　Deere D U，Miller R P. Engineering classification and index properties for intact rock. Illinois Univ at Urbana Dept of Civil Engineering，1966

[3]　Zoback M D. Reservoir geomechanics. Cambridge：Cambridge University Press，2010

[4]　Coates G R，Denoo S A. Mechanical properties program using borehole analysis and Mohr's circle//SPWLA 22nd Annual

Logging Symposium. Society of Petrophysicists and Well-Log Analysts，1981

[5]　Terzaghi K. Theoretical soil mechanics. New York：Wiley，1943

[6]　Biot M A. Theory of elasticity and consolidation for a porous anisotropic solid. Journal of Applied Physics，1955，26(2)：182～185

[7]　汪徽. 软岩膨胀特性测定方法研究. 北京：北京科技大学博士学位论文，2006

[8]　范奥尔芬，冀泉. 黏土胶体化学导论. 北京：农业出版社，1982

[9]　Yew C H，Chenevert M E，Wang C L，et al. Wellbore stress distribution produced by moisture adsorption. SPE Drilling Engineering，1990，5(4)：311～316

[10]　黄荣樽，陈勉. 泥页岩井壁稳定力学与化学的耦合研究. 钻井液与完井液，1995，12(3)：15～21

[11]　张有瑜，王彪. 泥页岩组构 X 射线衍射定量分析方法. 现代地质，1997，11(1)：29～35

[12]　黄茜,刘菁华,王祝文. 自然伽马能谱测井资料在确定黏土矿物含量中的应用. 吉林大学学报(地球科学版),2007,37(增刊)：143～146

[13]　格里姆. 黏土矿物学. 北京：地质出版社，1990

[14]　蔡美峰. 地应力测量原理和技术. 北京：科学出版社，2002

[15]　Osisanya S O，Chenevert M E. Physico-chemical modelling of wellbore stability in shale formations. Journal of Canadian Petroleum Technology，1996，35(2)：53～63

[16]　Van Genuchten M. A Closed form equation for predicting the hydraulic conductivity of unsaturated soil，Soil Science Society of America Journal，1980，144：226～302

[17]　Alpak F O，Lake L W，Embid S M. Validation of a Modified Carman-Kozeny Equation to Model Two-Phase Relative Permeabilities. SPE5-6479，1999

[18]　Naseby D，Yang Z，Rahman S. Two-Phase Flow Simulation of Mud Pressure Penetration. SPE-47233，1998

[19]　Mualem Y. A new model for predicting the hydraulic conductivity of unsaturated porous media. Water Resources Research，1976，12：513～522

[20]　刘新福，綦耀光，胡爱梅等. 单相水流动煤层气井流入动态分析. 岩石力学与工程学报，2011，30（5）：960～966

[21]　林铁军. 空气钻井中岩石力学及钻进过程仿真模拟. 成都：西南石油大学硕士学位论文，2006

第5章 欠平衡钻井多相流基础理论

欠平衡钻井技术是指在钻进过程中井底的压力低于储层压力,储层流体在钻进过程中有控制地流出井口。然而,正是由于这一工作模式,储层流体(气、地层水、油)不断侵入井筒,形成井筒多相流动。因此,有必要开展井筒多相流动特征参数计算,使井下压力安全可控[1~5]。

气液两相流动是自然界、人类日常生活和工程技术中常见的现象,其物理特性及数学描述却相当复杂。迄今为止,总的状况还停留在以实验为主,通过目视或借助某些仪表对流动形态进行观察和测量,由此得到一些经验的图表或公式。两相流的研究最初是通过实验方法来解决并提出相应的经验关系式。石油工业常用的经验关系式有:Poettmann-Carpenter 方法、Duns-Ros 方法、Hagedorn-Brown 方法、Orkiszewski 方法、Aziz&Goveier-Fogarisi 方法、Beggs-Brill 方法、Mukherjee-Brill 方法等[6~8]。

5.1 液基欠平衡钻井井筒多相流基本理论

液基欠平衡钻井是指欠平衡钻井过程中井筒充有液体循环介质,此时,一旦出现气体,井筒中将会产生气液多相流动。为使井底压力安全可控,有必要对井筒中的气液多相流动规律进行研究,建立各个流动形态的数学描述模型,从而计算井筒压力分布。

5.1.1 井筒多相流基本概念

1. 持气率

持气率指气液两相混合物中气相所占的体积分数,也叫空泡率,与采油工程常用的持液率相对,后者指气液两相混合物中液相所占体积分数[6]。持气率可用下式表示:

$$\alpha_g = \frac{Q_g}{Q_g + Q_l} \tag{5.1}$$

式中,Q_g 为气液两相中气体体积,m^3;Q_l 为气液两相中液相体积,m^3。

持液率为

$$\alpha_l = \frac{Q_l}{Q_g + Q_l} = 1 - \alpha_g \tag{5.2}$$

2. 表观速度

表观速度为气液两相中某相全部充满流道时该相的流速。表观速度用下式表示:

$$v_{si} = \frac{Q_i}{A} \tag{5.3}$$

式中，A 为流道面积，m^2；i 为混合物中存在的相，i=g，1。

3. 气液两相的真实速度

气液两相的真实速度为气液两相的实际流量与横截面积之比：

$$v_i = \frac{Q_i}{A_i} \tag{5.4}$$

式中，A_i 为两相所占流道面积，m^2；i 为混合物中存在的相，i=g，1。

则：

$$v_g = \frac{Q_g}{A_g} = \frac{v_{sg}}{\alpha_g} \tag{5.5}$$

$$v_1 = \frac{Q_1}{A_1} = \frac{v_{sl}}{\alpha_1} \tag{5.6}$$

显然，由于实际流动过程中，流道并非某相单独充满，因此气液相表观速度比其实际流动速度低。

4. 气液两相混合物密度

气液两相混合物密度对井内压力场分布有较大影响，进而影响气液两相在井内的流动速度，因此需要定义井内两相混合物密度[7]。

$$\rho_m = \rho_g \alpha_g + \rho_1 \alpha_1 \tag{5.7}$$

式中，ρ_g 为气相密度，kg/m^3；ρ_1 为液相密度，kg/m^3；α_1 为两相中液相体积分数；α_g 为两相中气相体积分数。

由混合物密度的定义可以看出如下规律：气相体积分数对混合物的密度影响较大，这在充气液钻井过程有一定的实际意义。在环空中靠近井底的地方由于气液比较低，液相体积含量较高，混合物密度较大，在这些区域压力也较高；在环空靠近井口处，压力降低，气体膨胀，气相体积含量较高，因此混合物密度下降。

5. 混合物黏度

混合物黏度与其他流体不同，为考虑气液两相有效黏度，本书没有采用专门的流变模式，混合物黏度只是各相有效黏度的代数和。

$$\mu_m = \mu_g \alpha_g + \mu_1 \alpha_1 \tag{5.8}$$

式中，μ_g 为气相黏度，$Pa \cdot s$；μ_1 为液相黏度，$Pa \cdot s$。

6. 气相黏度

要计算混合物黏度需要计算气相在该温度和压力下的黏度值[8]。本书采用 Lee 方法：

$$\mu_g = 10^{-4} K \cdot \exp\left(x \rho_g^y\right) \tag{5.9}$$

式中，

$$K = \frac{\left(1.875 + 0.116 S_g\right) T^{1.5}}{116 + 306 S_g + T}$$

$$x = 3.5 + \frac{548}{T} + 0.29 S_g$$

$$y = 2.4 - 0.2x$$

式中，S_g 为气体相对密度；T 为环境温度，K；ρ_g 为气体密度，kg/m³。

5.1.2　井筒气液两相流动流态划分标准

在气液两相流的研究中，首先需要预测流体沿井筒流动过程中不同深度处的流型[9, 10]。流型是气液两相流研究的核心问题，流型预测的目的是为了根据其流动特征建立适用于该流型的数学理论模型。对于垂直环空管内的气液两相流动，一般认为有以下四种流型存在，如图 5.1 所示。

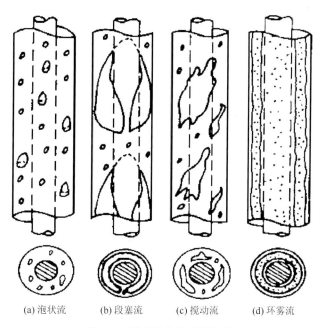

(a) 泡状流　　　(b) 段塞流　　　(c) 搅动流　　　(d) 环雾流

图 5.1　垂直井几种常见流型

1. 泡状流

泡状流中液相是连续的，气泡在连续的液体中分散地流动。直径在 1mm 以下的气泡是球形的；直径在 1mm 以上的气泡外形是多种多样的。泡状流的存在有两种情况：一是当气相的折算速度很低时，气相以小气泡的形式比较均匀地分布在液相之中；另外就是当液相折算速度很高时，此时强烈的紊流扰裂过程使小气泡无法聚合，并且气泡的尺寸小得能保持球形，小气泡将以弥散气泡的形式分布在液相中，形成泡状流，也称弥散泡状流。

2. 段塞流

在气相的流速较高时，气泡合并，最后气泡的直径接近于管直径。当这个现象发生时，最明显的特征是大的弹状气泡(也称 Taylor 气泡)形成，这些大气泡被含有分散的较小气泡的液弹段所分隔。最典型的是液相以下降的形式在大气泡的周围向下流动。

3. 搅动流

随着流速的进一步增加，弹状流中的大气泡破裂，形成一个不稳定的流态。此时大小不一的块状气体在液相中以混乱状态流动。

4. 环雾流

在这种流型中，液相形成一层膜在管壁上流动，而气相则在管子中心流动。通常会有一部分液相以小液滴的形式被夹带在气心之中，并且随着气相速度的增加夹带液滴随之增多，在液膜之中可能存在少量的小气泡。

几十年来国内外学者在理论和实验的基础上建立了稳态多相流模型，其依靠气液相表观流速的比较关系作为流型划分的标准[11]，如图 5.2 所示。

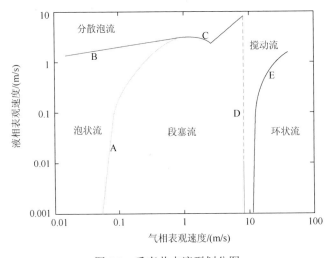

图 5.2　垂直井中流型划分图

根据流型图各种流型所限定的范围，得到了两相流各种流型的判别关系。

泡状流：

$$v_{sg} < 0.429 v_{sl} + 0.057 v_{0\infty} \tag{5.10}$$

$$d < 19.01 \sqrt{\frac{\sigma}{g(\rho_l - \rho_g)}} \tag{5.11}$$

段塞流：

$$v_{sg} \geqslant 0.429 v_{sl} + 0.357 v_{0\infty} \tag{5.12}$$

$$v_{sg} \geqslant 1.08 v_{sl} \tag{5.13}$$

搅动流：

$$0.058 \left\{ 2 \left[\frac{0.4\sigma}{g(\rho_l - \rho_g)} \right]^{0.5} \left(\frac{2fv_m^3}{d} \right) \left(\frac{\rho_l}{\sigma} \right)^{0.6} - 0.725 \right\}^2 \geqslant 0.52 \tag{5.14}$$

环雾流：

$$v_{sg} \geqslant 3.1 \left[\frac{g\sigma(\rho_l - \rho_g)}{\rho_g^2} \right]^{0.25} \tag{5.15}$$

式中，v_{sg} 为气相表观流速，m/s；v_{sl} 为液相表观流速，m/s；$v_{0\infty}$ 为气泡上升速度，m/s；d 为岩屑粒径，m；σ 为液相表面张力，N/m；f 为摩阻系数，无量纲；v_m 为混合流速，m/s；g 为重力加速度，m/s^2。

5.1.3　井筒气液两相流动特征参数预测

1. 环空流动特性参数预测

在进行流型判别后，需要对各种流型下的流动规律进行研究并建立相应的数学描述模型，最后计算出每种流型下的压力分布[12, 13]。

总的压力梯度可用以下三项表示：

$$\left(\frac{dP}{dL} \right)_T = \left(\frac{dP}{dL} \right)_H + \left(\frac{dP}{dL} \right)_F + \left(\frac{dP}{dL} \right)_A \tag{5.16}$$

式中，$\left(\dfrac{dP}{dL} \right)_T$ 为总压力梯度，Pa/m；$\left(\dfrac{dP}{dL} \right)_H$ 为重位压力梯度，Pa/m；$\left(\dfrac{dP}{dL} \right)_F$ 为摩阻压力梯度，Pa/m；$\left(\dfrac{dP}{dL} \right)_A$ 为加速压力梯度，Pa/m。

1）泡状流与分散泡流

三项压力梯度中，重位压力梯度为

$$\left(\frac{dP}{dL} \right)_H = \rho_m g \tag{5.17}$$

摩阻压力梯度为

$$\left(\frac{dP}{dL} \right)_F = \frac{2f}{(D_o - D_i)} \rho_m v_m^2 \tag{5.18}$$

式中，f 为摩阻系数，为雷诺数 Re 的函数，可按下式计算：

$$\frac{1}{\sqrt{f_m}} = -4\lg \left(\frac{\dfrac{K}{D}}{3.7065} - \frac{5.0452 \lg A}{Re} \right) \tag{5.19}$$

式中，v_m 为混合流速，m/s；D_o 为环空外径，m；D_i 为环空内径，m；K 为无量纲系数；D 为当量直径，m；A 为环空面积，m^2。

2）段塞流

重位压力梯度：

$$\left(\frac{dP}{dL}\right)_H = \rho_m g \frac{l_{ls}}{l_{su}} \tag{5.20}$$

$$\rho_m = \rho_g \alpha_{ls} + \rho_l(1 - \alpha_{ls})$$

式中，l_{ls} 为气泡单元的长度，m；l_{su} 为段塞单元的长度，m。

摩阻压力梯度：

$$\left(\frac{dP}{dL}\right)_F = \frac{2f}{(D_o - D_i)} \rho_m v_m^2 \frac{l_{ls}}{l_{su}} \tag{5.21}$$

摩阻系数：

$$f = 0.0342 Re^{-0.18} \tag{5.22}$$

3）搅动流

Tengesdal 提出了改进的段塞流模型，用以分析搅动流，但其实质与段塞流并无太大区别。Cachard 和 Delhaye 根据实验结果提出了半经验模型，对应的压降为

$$\left(\frac{dP}{dL}\right)_{F,Churn} = \frac{2f}{(D_o - D_i)} \rho_l \mu_l^2 \tag{5.23}$$

摩阻系数：

$$\frac{1}{\sqrt{f}} = 3.48 - 4\lg\left(\frac{2\varepsilon}{D} - \frac{9.35}{Re\sqrt{f}}\right) \tag{5.24}$$

式中，ε 为搅动流无量纲摩阻系数。

4）环雾流

Lopez 和 Dukler 经研究发现，环状流中加速压力梯度可以忽略。因此，对微元段 dz 中气核进行受力分析，有

$$\frac{dP}{dz} = [\alpha\rho_g + (1-\alpha)\rho_l]g + \frac{2f}{D_o - D_i}\rho_l v^{-2} = 0 \tag{5.25}$$

摩阻系数：

$$f = 0.005\left(1 + 300\frac{\delta}{D_j}\right) \tag{5.26}$$

式中，δ 为环雾流无量纲摩阻系数。

2. 钻杆内两相流动参数的确定

与环空中的气液两相流动相比，钻杆内的气液两相流动研究较少，一般都以 Hasan 提出的气液两相垂直向下流动理论作为钻杆内流动参数的计算模型[14~16]。为了保证控压钻井的顺利进行，按照钻井施工的要求，钻柱内两相混合物的流动必须满足流态为气泡流。

因此，讨论钻杆内两相流流动参数时只需考虑泡状流的情况。

气液两相在钻杆中流动时，气相受到的浮力作用方向与流动方向相反，因此，气相滑脱速度方程变形为

$$-C_0 v_\text{m} \alpha + v_\text{sg} + v_{0\infty} \alpha (1-\alpha)^{0.5} = 0 \tag{5.27}$$

式中，C_0 为气泡分布系数，无量纲。

钻杆中总的压力梯度表示为

$$\left(\frac{\text{d}P}{\text{d}L}\right)_\text{T} = -\left(\frac{\text{d}P}{\text{d}L}\right)_\text{H} + \left(\frac{\text{d}P}{\text{d}L}\right)_\text{F} + \left(\frac{\text{d}P}{\text{d}L}\right)_\text{A} \tag{5.28}$$

三项压力梯度中，重位压力梯度为

$$\left(\frac{\text{d}P}{\text{d}L}\right)_\text{H} = \rho_\text{m} g \tag{5.29}$$

摩阻压力梯度为

$$\left(\frac{\text{d}P}{\text{d}L}\right)_\text{F} = \frac{2f}{(D_\text{o} - D_\text{i})} \rho_\text{m} v_\text{m}^2 \tag{5.30}$$

井筒气液两相流动特征参数计算流程如图 5.3 所示，其步骤如下。

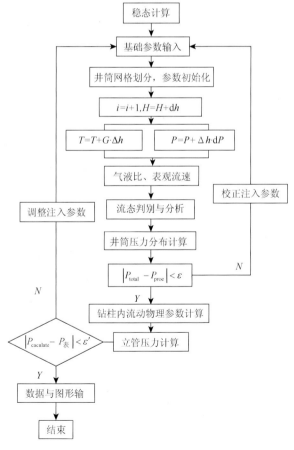

图 5.3　稳态气液两相流动计算流程

(1)以井口压力为起点，按照深度对井筒环空进行离散处理，内层循环用于计算各个节点单元的压降，外层循环用于计算温度。在开始计算的时候必须知道以下参数：稳态流动的气液流量、密度、黏度，以及井口回压、井身结构和钻具组合几何尺寸、轨迹数据、井口温度、地温梯度、管子内外壁粗糙度等。

(2)根据地温梯度计算离散单元的温度增量和节点温度 T_{i0}。

(3)假设该离散单元的压降 ΔP_0，并计算该单元的平均温度和平均压力。

(4)在平均压力温度下计算气液物性参数：气体临界温度压力、压缩系数、黏度、密度、折算速度，液相黏度、体积系数、密度、速度，气液界面张力等。

(5)应用研究多相流模型进行流型识别和气液两相流特性参数计算。

(6)判断计算的离散单元压耗和假设压耗是否满足精度要求，不满足就返回第(4)步计算，否则进行下一步计算。

(7)应用井筒传热方程和能量方程计算离散单元节点温度。

(8)判断计算的离散单元温度和假设温度是否满足精度要求，不满足就返回第(4)步计算，否则进行下一步计算。

(9)判断是否计算到井底，若是常规钻杆注气，计算节点到井底就结束计算，否则计算下一离散单元，转为第(2)步，计算节点到了注气口位置时，两相流计算结束，注入口到井底为单相钻井液流动按照常规钻井液压降计算方式进行计算。

5.2　气体欠平衡钻井井筒多相流动理论

气体欠平衡钻井是采用空气、天然气、氮气、柴油机尾气作为循环介质携带岩屑及地层产出物(油气水)。与传统钻井液钻井相比，气体钻井具有提高钻速、保护油气层、降低钻井综合成本等优势，在国内外有着越来越广泛的应用。国内关于气体钻井的理论研究及参数计算起步较晚，因此对气体钻井流体动力学进行系统的研究，形成一套简捷、准确、系统的气体钻井流体力学参数设计、计算及控制理论十分有必要。

5.2.1　气固两相流动理论

在垂直井筒内，上升的高速气流对岩屑产生升力 F_d，而岩屑的重力(浮重) F_w 阻止岩屑上升，如图 5.4 所示。当升力与重力相平衡时($F_d=F_w$)，得到岩屑的沉降末速度[17~19]。

$$F_d = \frac{1}{2}\rho_c V^2 \frac{\pi}{4} d^2 C_d \tag{5.31}$$

$$F_w = (\rho_c - \rho_f)g\frac{\pi}{6}d^3 \tag{5.32}$$

$$v_t = \sqrt{4gd_e \frac{\rho_c - \rho_f}{3C_d\rho_f}} \tag{5.33}$$

式中，C_d 为与雷诺数和颗粒形状有关的系数(称为阻力系数)；ρ_c 为岩屑密度，kg/m^3；V 为岩屑体积，m^3；D 为岩屑粒径，m；ρ_f 为气流密度，kg/m^3；v_t 为沉降末速度，m/s。

岩屑的实际上升速度为气流速度与沉降末速度之差。

气体在井筒中流动还会产生阻力，因此，井筒内气柱的有效压力等于气柱重量与流动阻力之和。显然，井越深井底的气柱压力越大，气体被压缩得越严重。

根据气体的压缩规律，在地面注入气体流量一定的情况下，越靠近井底气体越被压缩，气体的速度越低，岩屑的升力越小。因此，全井筒中携岩最困难的井段在靠近井底的下部；而且井越深所需要的注气量越大(图 5.4)。

因此，对于给定的井深和井筒直径，充足合理的注气量是气体钻井成功的关键。为此，钻井界先后发展了一系列的理论，以确定合理注气量以及准确预测井内压力和注入压力。

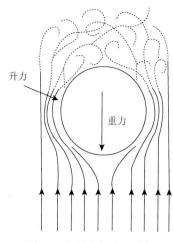

图 5.4　岩屑的沉降示意图

1. Angel 理论

1957 年，Angel 以气体在水平光滑管中流动的 Weymouth 公式为基础形成了第一套气体钻井井筒流动理论体系，并出版了一系列的计算图版供现场查询。

Angel 理论使用了如下假设[20, 21]：

(1)气体在管内及环空中是等温稳定流动。

(2)岩屑是等径颗粒，且与气流等速(忽略了气流与岩屑颗粒间的相互作用以及固体颗粒之间的相互作用，即将气流与固体颗粒看作均相混合流体)，计算气体流动压降时忽略岩屑的影响。

(3)岩屑颗粒直径为 1/10in，环空中气流流动的动能不小于标况下以 15.24m/s 速度流动的空气所具有的动能。

(4)将地层水折算成等量岩屑，与岩屑一样以颗粒状被携带(忽略地层水的复杂相态、形态以及水与岩屑间的相互作用)。

(5)Angel 的计算是由井口开始，按等径管道分段向下迭代的计算，每段计算中诸如温度、井径、摩擦系数及气体参数等都取为定值(平均值)。

Angel 所采用的计算注入最小气量的公式如下：

$$\frac{0.646 \cdot \gamma_g \cdot (T_s + G \cdot H) \cdot Q^2}{(D_h^2 - D_p^2)^2 \cdot v_{stp}^2} = \sqrt{(1.346 \times 10^{-4} \times P_s^2 + b \cdot T_{av}^2) \cdot \exp\left(\frac{3.645 \times a \cdot H}{T_{av}}\right) - b \cdot T_{av}^2} \quad (5.34)$$

其中，

$$a = \frac{\gamma_g \cdot Q + 0.485 \cdot \text{ROP} \cdot D_h^2}{53.3 \times Q}$$

$$b = \frac{1.25 \times 10^{-3} \times Q^2}{(D_h - D_p)^{1.333}(D_h^2 - D_p^2)^2}$$

式中，γ_g 为气体的重度，N/m³；G 为温度梯度，K/m；Q 为注入气体量，m³/s；v_{stp} 为标

准状况下气体钻井的气体最小速度，m/s；D_h 为井径，m；D_p 为钻杆外径，m；T_s 为地面环境温度，K；H 为井深，m；P_s 为地面大气压力，Pa；T_{av} 为环空平均温度，K；ROP 为机械钻速，m/h。

　　20 世纪 80 年代之前虽然有很多学者对气体钻井进行过研究，但因计算过于繁琐而没能得到广泛应用。当时 Angel 的图表在计算机技术落后的年代被工程界广泛使用。但是随着现场的应用，人们发现使用 Angel 方法得出的结果与现场实际数据相差 25%[22]，甚至更多。

2. 修正 Angel 理论

　　进入 20 世纪 80 年代后更多的学者开始研究更精确和便于现场应用的公式，同时计算机技术的发展提供了应用复杂模型的便利。

　　1）最小速度法

Gray[23]考虑岩屑颗粒和气体之间的相互作用，认为气体要将固体颗粒携带出地面，则气流的速度要大于固体颗粒的最终沉降速度。该沉降速度由修正的球形颗粒的斯托克斯公式确定。

　　2）最小井底压力法

Supon[24]基于垂直管气力输送理论，研究了处于临界携岩状态的情况：当注气量很小时，井内处于密集岩屑的状态，此时的井底压力主要是岩屑重量。随着注气量的增大，岩屑浓度减小，井底压力由大变小，井内岩屑浓度由密集状态转换到稀疏状态。随着注气量的持续增大，井底压力达到最小，如果继续增大注气量，井底压力会由于流动摩阻而由小变大。随注气量变化，井底压力存在最低值。因此，以最小井底压力所对应的气体流速最佳，由此确定最优注气量。但实际上气体钻井的气体携岩都处于稀疏状态，故上述理论并无实用价值。

　　3）最小动能法

这实际上是 Angel 的观点：结合矿山开采中气动凿岩的理论和经验，该方法认为如要使气体将井底产生的直径 1/10in 的岩屑携带至地面，其具有的动能应该不小于标况下以 15.24m/s 速度流动的空气动能。

　　4）Lyons-Guo 理论

Lyons 和 Guo 认为 Angel 理论的不足在于推导公式时应用了光滑管流的 Weymouth 摩擦系数，这与裸眼井段的实际情况有很大偏差[25]。故引入 Fanning 摩擦系数对 Angel 的公式进行改进，并将该算法从直井推广到斜井段和水平井段的情况。目前国外工业界软件和商业化软件广为采用的模型是上述修正的 Angel 模型。

5.2.2　气体钻直井、水平井临界携岩理论

　　注气量是成功进行气体钻井的重要参数，经过多年的研究和实践，形成了用最小动能法和最小速度法进行注气量计算的标准，特别是最小动能法可在生产实践中得到较好的应

用效果。但这两个标准都只是对直井气体钻井有较好的应用效果,计算水平井的注气量则误差很大。因此,有必要对气体钻直井、水平井的携岩机理和岩屑受力等进行研究,建立适用于计算气体钻直井、水平井作业时合理注气量的数学模型和计算方法。

1. 岩屑的破碎和运移方式

岩屑的粉碎破坏主要有体积粉碎和表面粉碎两种方式[26]:

(1)体积粉碎。整个岩屑颗粒都受到破坏,岩屑大多为粒度大的中间颗粒,随着粉碎的进行,这些中间粒径的岩屑依次被粉碎成具有一定粒度分布的中间粒径颗粒,最后逐渐变成微粒成分。

(2)表面粉碎。仅在岩屑表面产生破坏,从岩屑表面不断削下微粒成分,这一破坏不涉及岩屑的内部。

在气体钻井携岩过程中,岩屑经上述两种方式不断粉碎,在井底主要以体积破碎方式成为可携带的粉粒,然后被气体携带出井眼。

在钻头的旋转破岩作用下,岩屑从井底崩切下来。较小尺寸的岩屑分散在气流中,呈分散相被气流携带;较大的岩屑则落在井眼下部环空,在近井底井眼环空较小处,被钻具组合重复体积破碎,直至碾压成足够小的岩屑颗粒而被气体携带出井眼。当岩屑到达钻铤顶部时,由于井眼环空突然增大,单位气体动能突然降低,原本可呈分散相携带的岩屑则沉积下来,形成岩屑颗粒堆积,这部分岩屑很难再回到气流中被气体携带。这种较大的颗粒在钻柱的撞击和研磨等表面粉碎作用下,达到气流携带要求时被气流携带。岩屑在环空中的运移,属于气固两相流中的颗粒和颗粒群运动。通常认为气固两相水平流动中存在着均匀流、疏密流、砂丘流和柱状流四种流动状态,如图 5.5 所示。由于水平井眼环空截面积较大,而且岩屑颗粒尺寸大小分布较为复杂,水平井段的气固两相流动存在几种流态的交织情况。但可以认为:水平井段环空自上而下、随着岩屑尺寸的增大在一定范围内分别存在着均匀流、疏密流和砂丘流,同时较大颗粒、气体难于携带的岩屑在环空底部形成岩屑床。

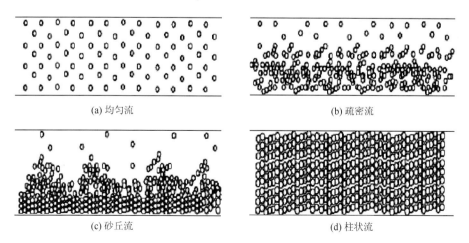

(a) 均匀流　　　　　　　　　　　　(b) 疏密流

(c) 砂丘流　　　　　　　　　　　　(d) 柱状流

图 5.5　气固两相流的水平流态

岩屑颗粒进入稳斜段，其重力与气流方向成一定夹角，气流可以部分地直接克服岩屑重力而携带岩屑向前运移，比水平段携带相对容易，但同时由于岩屑受重力作用，大颗粒岩屑更易沿井壁下移形成大的岩屑床。造斜段通常是一个弯曲的圆弧段，岩屑颗粒进入造斜段后，受惯性和重力的联合作用，小粒径岩屑颗粒对气流跟随作用较强，随气流向前运移，而大粒径颗粒易从气流中分离出来。但在造斜段处，由于曲率半径相对井眼直径大很多，对岩屑的分离作用不明显。岩屑进入直井段后，在气流中的岩屑已经很稳定不易沉降，气流直接克服重力作用而把岩屑携带出井眼。

2. 水平井岩屑受力分析

气体钻井中，岩屑在环空中的运移，受到的作用力主要包括重力、气动阻力、萨夫曼升力、浮力、巴塞特力、压力梯度力、附加质量力和马格努斯效应力等[27]。阻碍岩屑运移的主要作用力是重力，在水平井段中，它是构成水平摩擦阻力的主要作用力，其计算公式为

$$W = \rho_s V_s g \tag{5.35}$$

式中，W 为岩屑重力，N；ρ_s 为岩屑密度，kg/m^3；V_s 为岩屑颗粒体积，m^3；g 为重力加速度，m/s^2。

施加在岩屑上的动力主要是气动阻力。气动阻力受雷诺数、岩屑形状、岩屑尺寸及流体流动状态和流体可压缩性等许多因素的影响，其方向与气体相对颗粒的速度方向一致，其计算公式为

$$F_D = C_D \frac{\rho_g (v_g - v_s) |v_g - v_s|}{2} \frac{\pi d_s^2}{4} \tag{5.36}$$

式中，F_D 为气动阻力，N；C_D 为阻力系数（与岩屑颗粒的形状相关），无因次；v_g 为气体流动速度，m/s；v_s 为岩屑运移速度，m/s；d_s 为岩屑直径，m。

3. 岩屑颗粒起动条件和气体携岩能力

岩屑床层与气流边界岩屑颗粒群呈现散料堆积状态，岩屑颗粒散料极限平衡关系式[28]为

$$T_{\lim} = Nf_i + FA \tag{5.37}$$

式中，$T_{\lim}$ 为使颗粒起动的极限剪切作用力，N；N 为作用在颗粒上的内应力，N；f_i 为散料堆积体的内摩擦系数，无因次；F 为单位内聚力，N/m^2；A 为剪切面积，m^2。

根据图5.6对岩屑堆积体的受力分析，忽略内聚力和浮力的作用，堆积体颗粒极限受力平衡方程式可变形为

$$F_D = f_i W \tag{5.38}$$

其中，$T_{\lim} = F_D$，$N = W$。

f_i 可通过试验确定。一般来说，f_i 是颗粒堆积参数空隙率 ε 的函数：

$$f_i = \mu_i + \frac{1 + \mu^2}{\sqrt{2}\mu_i} \frac{\alpha / \beta}{e^{\alpha(\varepsilon - 0.26)} - 1 + \alpha / \beta} \tag{5.39}$$

式中，ε 为颗粒群空隙率，无因次；α、β 为与堆积有关的常数；μ_i 为颗粒体内摩擦系数，无因次。

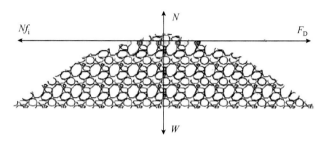

图 5.6　岩屑堆积体的受力分析

最后可得携岩临界速度方程：

$$C_D \frac{\rho_g v_g^2}{2} \frac{\pi d_s^2}{4} = \left[\mu_i + \frac{\alpha/\beta}{e^{\alpha(\varepsilon-0.26)}-1+\alpha/\beta} \right] \frac{\pi d_s^3}{6} \rho_s g \tag{5.40}$$

式中，v_g 为颗粒在极限平衡状态下气体的流速，m/s；当 v_g 继续增大，该平衡状态将被打破，岩屑开始运移。

4. 算例

1）井身结构

马井气田发现于 1997 年，于 1999 年开始试采，目前马井气田生产规模仅次于新场、洛带气田之后，生产层位有蓬莱镇组气藏、上沙气藏及七曲寺组气藏，主要以蓬莱镇组气藏为主。气田共提交探明储量 $95.35 \times 10^8 \mathrm{m}^3$，可采储量 $41.61 \times 10^8 \mathrm{m}^3$。其中蓬莱镇组气藏探明储量 $44.93 \times 10^8 \mathrm{m}^3$，可采储量 $23.65 \times 10^8 \mathrm{m}^3$；上沙气藏探明储量 $49.17 \times 10^8 \mathrm{m}^3$，可采储量 $17.21 \times 10^8 \mathrm{m}^3$。全气田已开发储量 $35.29 \times 10^8 \mathrm{m}^3$，已开发可采储量 $17.02 \times 10^8 \mathrm{m}^3$。马蓬 1H 井的布置是以开发马井气田蓬莱镇组 JP_2^2 气层储量为目的，其井身结构如图 5.7 所示。

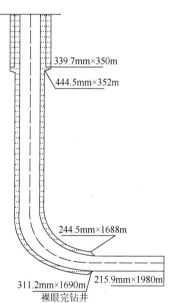

339.7mm×350m
444.5mm×352m
244.5mm×1688m
311.2mm×1690m　215.9mm×1980m
裸眼完钻井

图 5.7　马蓬 1H 井三开井身结构示意图

2）钻具组合

$\Phi215.9\mathrm{mm}$ 钻头+浮阀+气体专用扶正器+$\Phi159\mathrm{mm}$ 短钻铤+$\Phi158.8$ 无磁钻铤+E-MWD 短节+$\Phi127\mathrm{mm}$ 无磁承压钻杆+气体专用扶正器+$\Phi127\mathrm{mm}$ 斜坡钻杆+强制单流阀+旁通阀+$\Phi127\mathrm{mm}$ 斜坡钻杆 585m+$\Phi127\mathrm{mm}$ 斜坡加重钻杆×12 根+$\Phi159\mathrm{mm}$ 钻铤×5 根+$\Phi127\mathrm{mm}$ 斜坡钻杆+单流阀+下旋塞+六方钻杆。

3）地层温度、压力

据马井气田蓬莱镇组测试结果可知，气层温度为 41.03～56.88℃，地温梯度为 2.11～

2.3℃/100m，与区域地温梯度基本一致。其中 JP$_1$ 气藏地层温度平均为 41.03℃，地温梯度平均为 2.11℃/100m，JP$_2$ 气藏地层温度平均为 47.6℃，地温梯度平均为 2.12℃/100m；JP$_3$ 气藏温度为 56.1℃，平均地温梯度为 2.17℃/100m。

　　蓬莱镇组气藏地层压力一般为 17.94～32.33MPa，压力系为 1.38～1.74，气藏具超压特征。其中，JP$_1$ 气藏地层压力为 17.94MPa，压力系数为 1.55；JP$_2$ 气藏地层压力为 20.37～21.3MPa，压力系数为 1.38～1.44；JP$_3$ 气藏地层压力为 30.30～32.33MPa，原始地层地压系数为 1.59～1.74。

　　4) 计算及分析

　　(1) 水平井干气携岩

　　不同注气量下的井筒压力分布剖面如图 5.8 和图 5.9 所示。从图中可以看出，注气量为 85m^3/min 时比注气量为 80m^3/min 时井底压力、注入压力略高，这主要是由于较高注气量所产生的摩擦阻力较大。

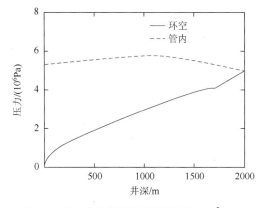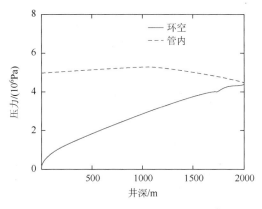

图 5.8　压力分布剖面图(注气量为 85m^3/min)　　图 5.9　压力分布剖面图(注气量为 80m^3/min)

　　不同注气量下的环空动能剖面如图 5.10 和图 5.11 所示。从图中可以看出，动能均在 Angel 最低携岩动能附近，但数值上注气量为 80m^3/min 时为 152J，而注气量为 85m^3/min 时为 166J。这说明较大注气量确实能提供较大的携岩动能，从而有利于井眼净化。

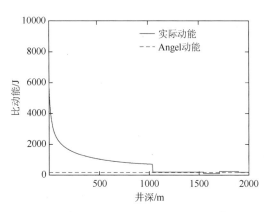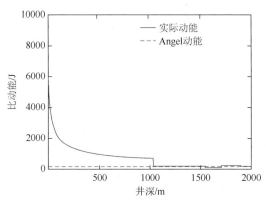

图 5.10　环空动能剖面图(注气量为 85m^3/min)　　图 5.11　环空动能剖面图(注气量为 80m^3/min)

不同注气量下的岩屑浓度剖面如图 5.12 和图 5.13 所示。从图中可以看出，两种注气工况岩屑浓度数值上均能满足安全钻进要求(0.3%)，注气量为 80m³/min 时为 0.105%，而注气量为 85m³/min 时为 0.1007%，这说明较大注气量确实能提供较大的井眼净化能力。

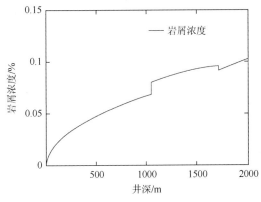
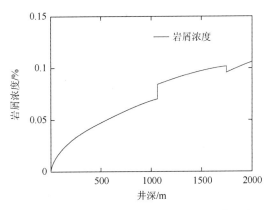

图 5.12　岩屑浓度剖面图(注气量为 85m³/min)　　图 5.13　岩屑浓度剖面图(注气量为 80m³/min)

(2) 水平井地层产气携岩

在马蓬 1H 井其余参数不变的情况下，以注气量为 85m³/min 施工，考虑地层产气条件下钻进，产层段为 1600～1650m，产气量为 3×10⁴m³/d、8×10⁴m³/d。模拟计算各项主要钻进参数如下所示。

不同产气量下的环空动能剖面如图 5.14 和图 5.15 所示。从图中可以看出，地层产气直接影响气体流量，直接增加气体动能。从 1600～1650m 段分析，日产气量从 3×10⁴m³变化到 8×10⁴m³，其比动能由 230J 变化到 340J。

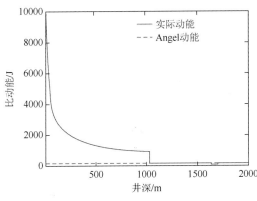
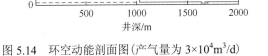
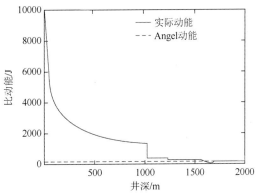

图 5.14　环空动能剖面图(产气量为 3×10⁴m³/d)　　图 5.15　环空动能剖面图(产气量为 8×10⁴m³/d)

不同产气量下的岩屑浓度剖面如图 5.16 和图 5.17 所示。从图中可以看出，地层产气量直接影响气体流量，这样，井眼净化效果得到提高。从 1600～1650m 段分析，日产气量从 3×10⁴m³变化到 8×10⁴m³，其岩屑浓度有着明显的下降，在 1600m 处，原来岩屑浓度为 0.08%，当日产气量提升至 $8 \times 10^4 \text{m}^3$ 时，岩屑浓度降至 0.06%。因此，对于气体钻井而言，地层产气对于井眼净化有着积极意义。

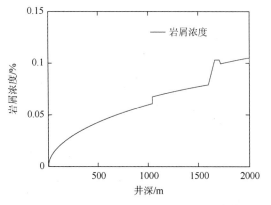 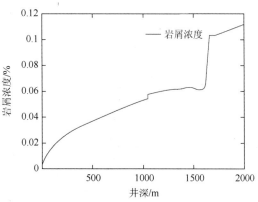

图 5.16　岩屑浓度剖面图(产气量为 $3 \times 10^4 \text{m}^3/\text{d}$)　　图 5.17　岩屑浓度剖面图(产气量为 $8 \times 10^4 \text{m}^3/\text{d}$)

5.3　气液固多相流动实验评价方法

5.3.1　多功能大型气体钻井多相流动实验台架简介

世界先进、国内一流可视化实验台架主要用于常规欠平衡钻井、充气欠平衡钻井、泡沫钻井、气体钻井等系列欠平衡钻井技术井筒复杂多相流大型物理模拟研究，同时也可用于采油、采气等其他作业过程的井筒流动模拟和工具性能测试。

如图 5.18～图 5.28 所示，实验台架主要由井筒流动系统、辅助流动系统、动力系统、数据监测系统和控制系统组成。

(1)井筒流动系统由模拟井筒与模拟钻柱组成。模拟井筒长度为 36m，内径为 6in；模拟钻柱外径 53mm，内径 48mm，为实际钻井的大型比例模型。高压模拟井筒可以承受 10MPa 流体压力，同时配有耐压 10MPa 的观察窗；低压可视模拟井筒可以承受 1MPa 压力。模拟钻柱配有钻头和旋转系统，可以模拟实际钻井状态。

(2)辅助流动系统主要由供液系统、供气系统和岩屑加入装置以及辅助流动管线组成。供液系统由钻井现场实际使用的钻井液泵、可任意改变流量的螺杆泵以及储液罐组成，供气系统由空气压缩机、增压机、罗茨风机和高压储气罐组成。

(3)动力系统主要为钻井液循环、钻柱旋转、实验架升降等提供动力，由电力驱动。

(4)数据监测系统主要由可以任意移动、安装在实验架上的高速摄像系统，PIV 粒子成像，温度、压力、流量、流体组分监测装置组成，可以实现井筒流动相态图像及全套流动参数自动监测和数据采集。

整个模拟实验台架可以从 0°～90°任意角度升降，可采用压缩空气和模拟钻井液作为实验流体，采用不同直径的模拟固相作为实验介质，进行不同注液、气量的可视化实验，并自动测试记录流体力学参数，从而得到不同实验条件下的多相流动特征参数。本实验台架可模拟钻杆转动和钻杆不转动条件下直井段、斜井段和水平段在欠平衡钻井和气体钻井过程的井筒-地层耦合流动气液固多相流动，能够满足大多数研究需要。

(a)

(b)

图 5.18　总高 36m 任意角度大型多相流模拟实验台架

多功能大型多相流动实验台架实验辅助设备如图 5.19～图 5.28 所示。

图 5.19　辅助设备概览

图 5.20 无级调速泵入系统(0～20m³/h)

图 5.21 无级调速气体注入系统(0～16.5m³/min)

图 5.22 储气罐

图 5.23 多相流大型模拟实验架增压系统
(0～15MPa)

图 5.24 气体流量比对装置

图 5.25 无级调速固相注入系统

图 5.26　美国 Phantom v310 高速摄像机　　　　　图 5.27　实验管路中的摄像机

图 5.28　多相流模拟实验室内监测及数据采集系统

5.3.2　气体钻井水平井筒环空携岩动态及井眼净化流动模拟实验

1. 实验目的

　　以空气为循环介质,利用设计研制的环空携岩模拟实验装置进行不同气体排量条件下的水平环空流动模拟实验,观察记录一定的加砂速度条件下环空岩屑床的形成规律与破坏模式;研究不同岩屑粒径条件下的环空临界携岩速度,与前文推导出的水平井中临界返速的理论公式进行对比分析。

2. 实验方案设计

　　实验采用压缩空气作为实验流体介质,通过不同尺寸的模拟岩屑颗粒,如图 5.29 所示,在不同气量下,研究其携岩效果(主要研究临界携岩气量)。从而利用实验结果修正现有携岩数学模型。

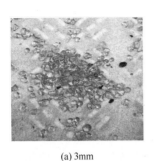  

(a) 3mm   (b) 6mm   (c) 7.8mm

图 5.29 不同当量直径玻璃模拟岩屑

其具体做法为：在井底以不同速度注入模拟岩屑，然后加大注气量(注气量可从 0～22m³/min 控制)，待实验管段悬浮模拟岩屑后，认为该气量即为该实验条件下的临界流量。稳定注气 2min 后逐步加大气量，待井底岩屑携带完全后停止实验，测试参数包括：气量、气体流速、颗粒速度、管流压力等。整个实验流压控制在 0.1～0.6MPa，实验温度采用不加热室外空气的温度。

3. 实验现象

气体钻井水平井筒环空携岩动态及井眼净化流动模拟实验现象如图 5.30～图 5.32 所示。

图 5.30 岩屑颗粒滚动

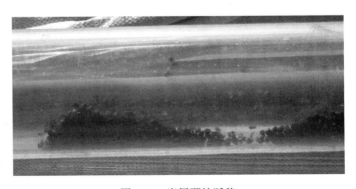

图 5.31 岩屑颗粒跃移

图 5.32 岩屑颗粒连续运移

从图 5.30~图 5.32 可以看出，气固两相流动中颗粒运移规律为：滚动—跃移—连续运移。一方面，一般条件下颗粒运动应该为直线运动，但从实验图片分析来看，颗粒在临界携岩状态下，总是处于管流悬浮停滞运动状态，其运动轨迹主要受管柱偏心而带来的横向上气流的不均匀，从而使得颗粒运动发生折线式的上下运动；另一方面，受岩屑堆积影响，后续岩屑撞击岩屑团产生跃移也是水平井岩屑运动的一大特点。

4. 实验数据分析

根据前文所设计的实验流程，研究完成各种模拟岩屑临界携岩实验，测试数据见表 5.1。

表 5.1 颗粒运移方式对比

实验材料	滚动临界流量/(m³/min)	跃移临界流量/(m³/min)	连续运移气量/(m³/min)	滚动与跃移气量比值/%
7.8mm 玻璃	9.26	12.0	≥12.0	77
6.0mm 玻璃	9.21	10.1	≥10.1	91
3.0mm 玻璃	5.01	6.46	≥6.46	78

从表 5.1 可以看出，颗粒先发生滚动的气量小于跃移时的气量，而当气量大于跃移气量时，颗粒开始连续运移。因此，跃移气量可作为气体钻水平井连续携岩的临界气量。

5.3.3 气体钻井垂直环空携岩动态流动模拟实验

1. 实验目的

以空气为循环介质，利用设计研制的环空携岩模拟实验装置进行不同气体排量条件下的垂直环空流动模拟实验，观察记录一定的加砂速度条件下垂直环空岩屑的运移规律，研究不同岩屑粒径条件下的垂直环空临界携岩速度。

2. 实验方案设计

实验采用压缩空气作为实验流体介质，模拟不同尺寸、不同密度岩屑颗粒在垂直环空中的动态运移规律，研究不同注气量下的携岩效果，寻找临界携岩气量，进而完成对现有携岩数学模型的修正。

其具体做法为：①预先选取岩屑模拟介质(图 5.33)；②打开测试管线节流阀，启动实验参数记录系统软件开始数据记录；③在垂直环空中加入适量的黄豆颗粒，打开空压机，逐步调整输气管线开度及空压机输出排量，至模拟岩屑处于稳定的悬浮状态，记录相应的注液量、注气量、气体流速、颗粒速度、流动压力等参数，稳定 2～5min 后，加大注气量，待垂直环空岩屑颗粒排除干净后关闭空压机及输气管线节流阀；④分别选取另外四种岩屑模拟颗粒，重复以上实验步骤；⑤保存并关闭实验参数记录系统，关闭实验系统总电源，检查各节流阀，打扫整理实验场地，实验结束。

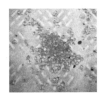    

(a) 3mm玻璃颗粒　　(b) 6mm玻璃颗粒　　(c) 7.8mm玻璃颗粒　　(d) 4.3mm绿豆颗粒　　(e) 7.8mm黄豆颗粒

图 5.33　不同当量直径和类型的模拟岩屑颗粒

3. 实验现象

气体钻井时，不同类型和粒径的模拟岩屑颗粒在垂直环空运移规律如图 5.34～图 5.37 所示。

(a) 3mm　　　　　　　(b) 6mm　　　　　　　(c) 7.8mm

图 5.34　直径 3mm、6mm、7.8mm 玻璃模拟岩屑悬浮状态

(a) 4.3mm　　　　　　　　　　(b) 7.8mm

图 5.35　直径 4.3mm、7.8mm 黄豆模拟岩屑浮状态

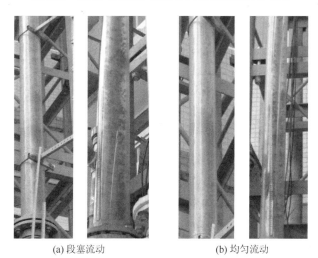

(a) 段塞流动　　　　　　　　　(b) 均匀流动

图 5.36　连续携岩实验岩屑段塞流动、均匀流动

图 5.37　临界携岩颗粒运移轨迹

4. 实验数据分析

根据前文所设计的实验流程，研究完成各种模拟岩屑临界携岩实验，测试数据见表 5.2 和表 5.3。

表 5.2　各种颗粒材料相似性临界流速

实验材料	Angel 流速/(m/s)	相似性流速/(m/s)
7.8mm 玻璃	15.24	14.0
6.0mm 玻璃	15.24	12.1
3.0mm 玻璃	15.24	8.6
7.8mm 黄豆	15.24	9.0
4.3mm 绿豆	15.24	7.1

表 5.3　各种颗粒材料临界携岩实验数据

实验材料	测试气量/(m³/h)	理论气量/(m³/h)	测试气流速/(m/s)	理论气流速/(m/s)	颗粒速度/(m/s)	实际与理论气量比/%	实验管流压力/kPa
7.8mm 玻璃	172	212	10.7	14.0	0.1	81	103
6.0mm 玻璃	168	186	9.3	12.1	−0.2	90	101
3.0mm 玻璃	135	131	8.4	8.6	−0.3	103	101
4.3mm 绿豆	94	110	5.9	7.1	0.1	85	101
7.8mm 黄豆	121	138	7.5	9.0	0.2	87	104

从表 5.2、表 5.3 实验数据可以看出，随着岩屑粒径、密度增大，所需临界携岩注气量增大。实际气体钻垂直井时应适当使岩屑颗粒破碎为更小粒径，以提高携岩效率。

5.3.4　欠平衡钻井水平井筒环空携岩动态及井眼净化流动模拟实验

1. 实验目的

以空气和模拟钻井液为循环介质，利用设计研制的环空携岩模拟实验装置进行不同气、液排量条件下的水平环空流动模拟实验，观察记录一定的加砂速度条件下环空岩屑床的形成规律与破坏模式；研究不同气、液排量条件下的环空临界携岩速度。

2. 实验方案设计

实验采用压缩空气和模拟钻井液作为实验流体介质，模拟当量直径 6mm 岩屑颗粒（图 5.38）在水平环空中的气液两相流动中的动态运移规律，研究不同注气量、注液量下的携岩效果，开展钻杆转动、钻杆不转动条件下不同注液量的临界携岩可视化实验，并测试流体力学参数，从而得到不同实验条件下的井眼净化临界携岩数据。

图 5.38　模拟当量直径 6mm 岩屑颗粒在水平环空中的动态运移规律

其具体做法为：在水平环空中加入适量的 6mm 岩屑颗粒，打开空压机，逐步调整输气管线开度及空压机输出排量至 $65m^3/h$，开启注液泵，逐渐提高其排量，待实验管段顶端即井口位置可以携带岩屑后稳定注液泵排量 2～5min，利用高速摄像机观察岩屑颗粒的运移、悬浮、沉降等现象；增大注液泵输出排量，待岩屑颗粒全部排出后，关闭注液泵、空压机；加入等量 6mm 岩屑颗粒，分别将注气量稳定在 $70m^3/h$、$90m^3/h$、$95m^3/h$、$120m^3/h$、$130m^3/h$，重复上述实验；在旋转钻柱的情况下，重复以上实验。

3. 实验现象

(1)钻柱转动时，欠平衡钻井水平井筒环空携岩动态及井眼净化流动模拟实验现象如图 5.39～图 5.41 所示。

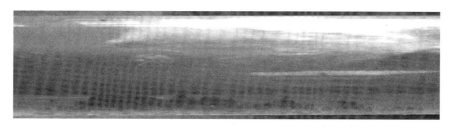

图 5.39　钻柱转动时岩屑床的形成

图 5.40　钻柱转动时岩屑少量运移

图 5.41　钻柱转动时岩屑大量运移

（2）钻柱不转动时，欠平衡钻井水平井筒环空携岩动态及井眼净化流动模拟实验现象如图 5.42～图 5.44 所示。

图 5.42　钻柱不转动时钻具 100%偏心

图 5.43　钻柱不转动时岩屑床的形成

图 5.44　钻柱不转动时岩屑大量运移

通过图 5.39～图 5.44 分析，可以看出：与钻柱停止转动相比，由于钻井液的的黏性，在钻柱转动过程中会对周围的钻井液有种黏滞黏结作用，从而搅动岩屑床表面的岩屑，因此在注入相等气量的工况下，其携岩效果更好；与直井段不同，由于水平井段不存在重位压降，因此水平井段从井底到井口持气率变化不明显；岩屑的运移方式主要是跃移。

4. 实验数据分析

（1）根据前文所设计的实验流程，研究完成各种模拟岩屑临界携岩实验，钻柱转动时，实验采用不同注气液量的计算结果，测试数据见表 5.4。

表 5.4 颗粒运移方式对比

注液量/(L/s)	注气量/(m³/h)	实际混合速度(井底)/(m/s)	临界混合速度(井底)/(m/s)	计算与真实误差/%
0.87	65	0.72	1.05	45.9
1.3	70	0.80	0.96	20.8
1.86	90	1.04	1.32	26.8
2.17	95	1.11	1.37	23.2
2.6	120	1.40	1.64	17.5
3.25	130	1.52	1.73	13.4
平均误差				24.6

以注气量为 130m³/h 和注液量为 3.25L/s 为例,各流体特征参数计算结果分别如图 5.45~图 5.48 所示。

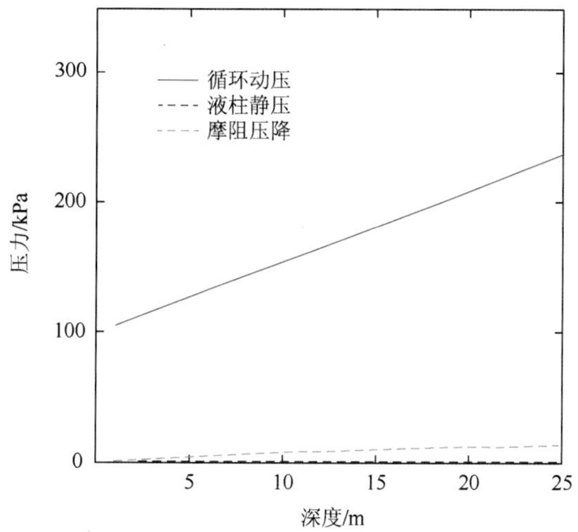

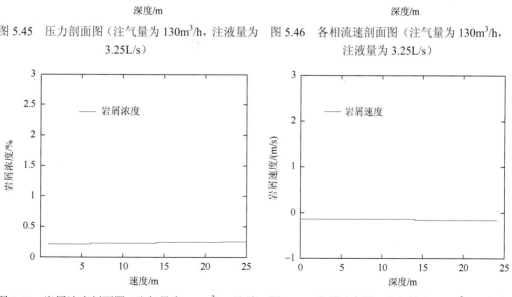

图 5.45 压力剖面图(注气量为 130m³/h,注液量为 3.25L/s)

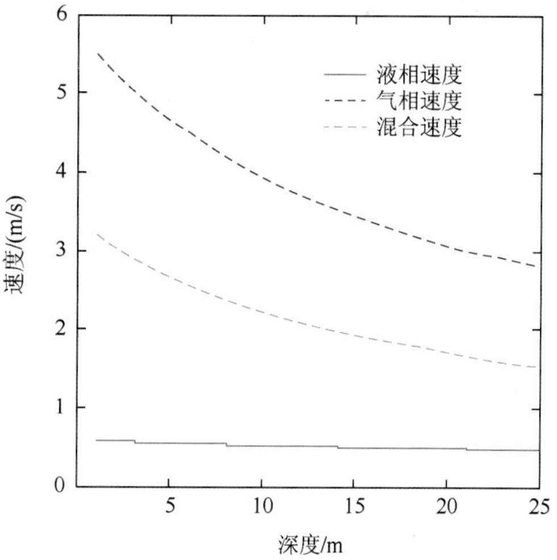

图 5.46 各相流速剖面图(注气量为 130m³/h,注液量为 3.25L/s)

图 5.47 岩屑浓度剖面图(注气量为 130m³/h,注液量为 3.25L/s)

图 5.48 岩屑速度图(注气量为 130m³/h,注液量为 3.25L/s)

(2)根据前文所设计的实验流程，研究完成各种模拟岩屑临界携岩实验，钻柱不转动时，实验采用不同注气液量的计算结果，测试数据见表 5.5。

表 5.5　钻柱不转动不同注气、液量的计算结果

注液量/(L/s)	注气量/(m³/h)	实际混合速度（井底）/(m/s)	临界混合速度（井底）/(m/s)	计算与真实误差/%
0.87	90	0.99	1.29	30.2
1.3	115	1.28	1.59	24.5
1.86	130	1.46	1.73	18.6
2.17	150	1.67	1.91	14.4
2.6	170	1.88	2.11	12.5
3.25	190	2.09	2.28	9.3
平均误差				18.3

以注气量为 190m³/h 和注液量为 3.25L/s 为例，各流体特征参数计算结果分别如图 5.49～图 5.52 所示。

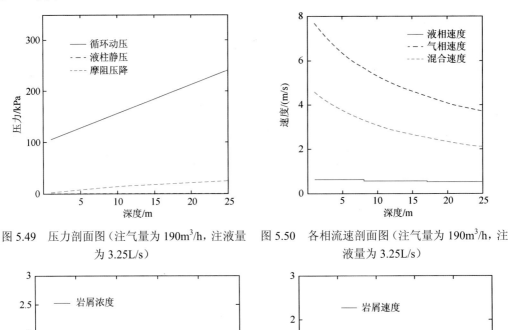

图 5.49　压力剖面图（注气量为 190m³/h，注液量为 3.25L/s）　　图 5.50　各相流速剖面图（注气量为 190m³/h，注液量为 3.25L/s）

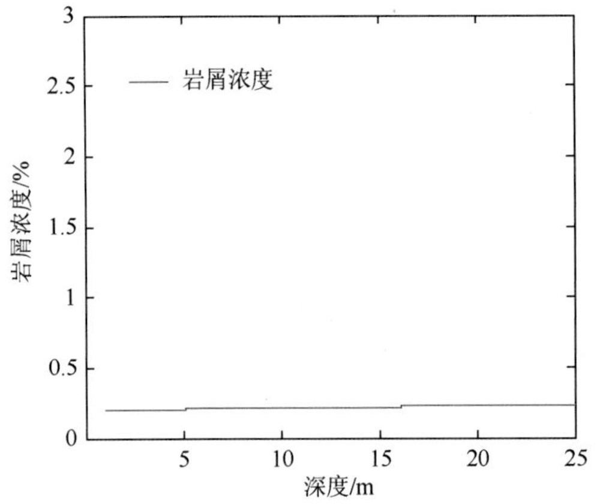

图 5.51　岩屑浓度剖面图（注气量为 190m³/h，注液量为 3.25L/s） 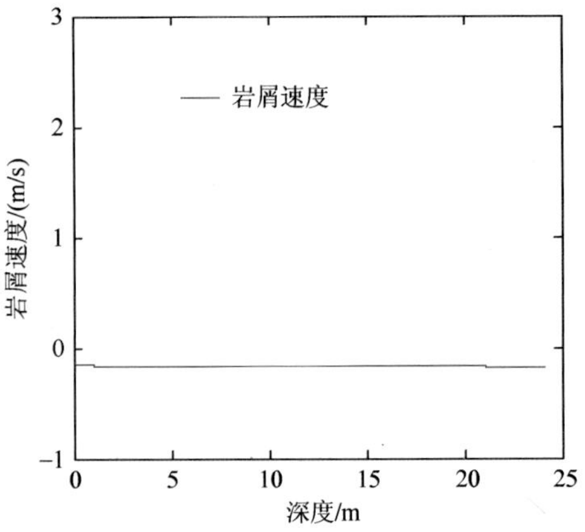　　图 5.52　岩屑速度图（注气量为 190m³/h，注液量为 3.25L/s）

对比钻柱转动(图5.45～图5.48)与不转动(图5.49～图5.52)情况下的模拟岩屑临界携岩实验测试数据可知：钻杆转动时，临界携岩注气量、临界混合速度小于钻杆不转动时的，表明钻杆转动有利于欠平衡钻井水平井筒环空携岩。

5.3.5　欠平衡钻井垂直环空携岩动态流动模拟实验

1. 实验目的

以空气和模拟钻井液为循环介质，利用设计研制的环空携岩模拟实验装置进行不同气、液排量条件下的垂直环空流动模拟实验，观察记录一定的加砂速度条件下垂直环空岩屑运移规律；研究不同气、液排量条件下的环空临界携岩速度。

2. 实验方案设计

实验采用压缩空气和模拟钻井液作为实验流体介质，模拟当量直径6mm岩屑颗粒(图5.53)在垂直环空中的气液两相流动中的动态运移规律，研究不同注气、液量下的携岩效果，分析不同流态及持气率对携岩的影响因素，从而提出对携岩问题的改进方案，得出保证携岩的最佳注气液比，利用实验结果修正现有的携岩数学模型。

图 5.53　模拟当量直径6mm岩屑颗粒在垂直环空中的动态运移规律

其具体做法为：在水平环空中加入适量的6mm岩屑颗粒，开启实验系统总电源，打开测试管线节流阀，启动实验参数记录系统软件开始数据记录；在垂直环空中加入适量的6mm岩屑颗粒，打开空压机，逐步调整输气管线开度及空压机输出排量至85m³/h，开启注液泵，逐渐提高其排量，待实验管段顶端即井口位置可以携带岩屑后稳定注液泵排量2～5min，利用高速摄像机观察岩屑颗粒的运移、悬浮、沉降等现象；增大注液泵输出排量，待岩屑颗粒全部排出后，关闭注液泵、空压机；加入等量6mm岩屑颗粒，分别将注气量稳定在90m³/h、100m³/h、110m³/h、140m³/h，重复以上实验步骤；保存并关闭实验参数记录系统，关闭实验系统总电源及高速摄像机，检查各节流阀，打扫整理实验场地，实验结束。

3. 实验现象

当钻井液排量和注气量刚好满足井口的临界携岩状态时，井筒中的岩屑浓度从井底到井口由大到小分布，如图5.54(a)～(g)所示。

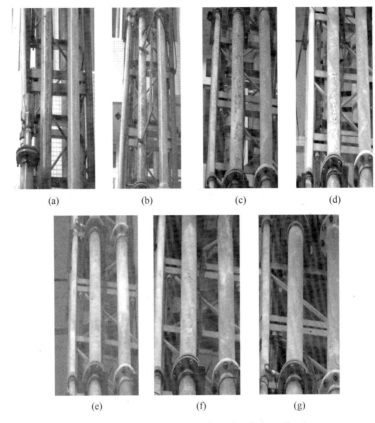

(a)　　　　　　　(b)　　　　　　　(c)　　　　　　　(d)

(e)　　　　　　　(f)　　　　　　　(g)

图5.54　井筒中的岩屑浓度分布(井底→井口)

4. 实验数据分析

从实验数据表5.6和图5.55分析可得：井口达到临界携岩时，注气量和注液量之间并不存在简单的对应关系，即注液量越大所需的注气量会相应地减小。这是因为随着环空内液量的增加，井底压力越大，其对井底气体的压持效应越明显，导致持气率降低，所以需要较高的注气量。

表5.6　满足井口的临界携岩状态的注入量

注液量/(L/s)	注气量/(m³/h)	混合速度/(m/s)	临界混合速度/(m/s)	误差/%
0.089	140	7.29	6.45	−11.57
0.178	85	4.22	3.24	−23.17
0.514	90	4.42	3.66	−17.17
0.654	100	4.93	4.58	−7.09
0.757	110	3.83	3.25	−15.14
平均误差				−14.8

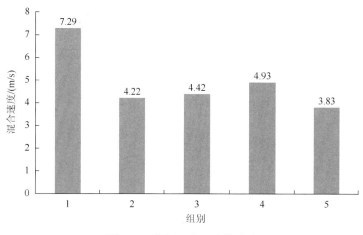

图 5.55　各组环空混合物速度

5.4　欠平衡钻井压力控制方法

欠平衡钻井过程中井底压力低于地层压力以实现欠平衡，地层流体不断涌入井筒，涌入量受地层压力和井筒压力控制，井筒内流动形态随地层流体的涌入量变化。因此，欠压值的控制关乎井筒压力分布和井控安全等。

5.4.1　液基欠平衡钻井压力控制及施工参数优化方法

使用欠平衡流钻方式钻进，如果地层没有流体产出，此时可以认为是降低井底的"压持效应"，有利于解放机械钻速（ROP）。但是用欠平衡钻井方式打开有供给能力的地层时，由于井底压力低于地层压力，地层流体在压差驱动下进入井筒，其流量受井底欠压值和地层渗透率、地层压力系数等地层参数控制。

地层流体进入井筒后，改变了循环介质的流动负荷，引起立管压力和套管压力以及出口处气、液、固相的返速，地层产出相流量发生变化。立管等处的压力变化以动态波和静态压力两种形式向井底传播，引起井底压力的变化，地层流体进入井筒的量随之发生变化，后者必将引起井内流动状况的再分布。欠平衡钻进地层流体流动模型示意图如图 5.56 所示。

由图 5.56 可以看出，在欠平衡钻开产层过程中，井筒和地层是一个相互影响、相互依赖的整体；不能只是孤立地研究环空岩屑流动状态的变化，同时要考虑地层对井内流动的影响；因此欠平衡钻开产层时是一个复杂、连续和变化的整体，必须从整体来研究欠平衡钻井时岩屑携带和压力控制。

欠压值是由地层压力和钻井液静液柱压力以及环空压力所确定。欠压值的设计一定结合当地地层产状、物性等来确定，对于储层而言要做到以下几点[22]：①保证欠平衡井段全过程井底压力低于地层压力，即保证边喷边钻；②欠压值上限的确定，保证井口回压在 5MPa 以内，即可控；③欠压值下限的确定，有一定余量的欠压值，尽量减少地层逆向自吸作用，保证下钻和开泵时的压力激动造成井底瞬时的过平衡，即适度的井底欠压值。

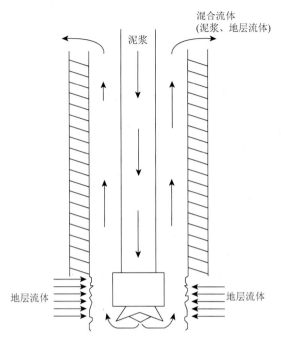

图 5.56　欠平衡钻进地层流体流动模型示意图

　　井底欠压值的主要影响因素是计算过程重点考虑因素，主要包括：①地层压力梯度；②地层产出物的体积、气油比等物性参数；③钻井液泵排量；④所使用钻井液密度等工程参数。

1. 压力控制方程

　　作业过程中如果欠压值过大，易造成产层的速敏和井口设备载荷过大甚至失控，导致重大钻井事故；相反，如果欠压值过小，则可能失去欠平衡钻井的目的和意义。要设计和选择适当的欠压值，首先从钻井液密度、排量等可控参数入手，使地层流体有控制地进入环空，主要参数由以下方程控制。

　　当确定欠压值以后，可以推出钻井液密度：

$$\rho_{\mathrm{m}} = \frac{P_{\mathrm{p}} - \Delta P_{欠}}{g \cdot h} \tag{5.41}$$

式中，P_{p} 为地层压力，MPa；$\Delta P_{欠}$ 为欠压值，MPa；H 为井深，m；ρ_{m} 为钻井液密度，g/cm³。

　　环空摩阻（压耗）与钻井液排量、密度等参数有关，环空携岩受钻井液的速度控制，满足安全携岩的钻井液最小流速为

$$v_{\mathrm{cmin}} = \left[\frac{0.142 d_{\mathrm{s}} (2.5 - \rho_{\mathrm{m}})^{\frac{2}{3}} (D - d) \dfrac{n-1}{3}}{\rho_{\mathrm{m}} K^{\frac{1}{3}} 1199^{\frac{n-1}{3}}} \right]^{\frac{3}{n+2}} \tag{5.42}$$

最小排量：

$$Q_{cmin} = \frac{\pi}{40}(D^2 - d^2)v_{cmin} \tag{5.43}$$

式中，v_{cmin} 为满足携岩要求的环空最小流速，m/s；Q_{cmin} 为满足携岩的环空最小钻井液排量，L/s；D 为井眼直径，cm；d 为钻柱直径，cm；d_s 为岩屑当量直径，mm；n 为钻井液(幂律流体)的 n 值；K 为钻井液的 K 值。

已知钻井液排量、密度和 n、K 值的情况下，我们可以确定钻头压降、环空摩阻等参数，分别见下列方程。

钻头压降：

$$P_b = \frac{0.8\rho_m Q^2}{c^2\pi^2 d^4} \tag{5.44}$$

环空摩阻(压耗)：

$$P_{co} = 32.4\frac{f_o\rho_m L Q^2}{(D-d)^3(D+d)^2} \tag{5.45}$$

式中，P_b 为钻头压降，MPa；d 为喷嘴直径，mm；f_o 为环空流体摩阻系数；L 为环空计算长度，m。

以上计算过程中，将钻柱分为钻铤和钻杆两个部分，将钻杆看作同一个尺寸，钻柱内的摩阻等于钻杆和钻铤两部分摩阻之和。

根据渗流力学中的非线性二项式，可以求得当前欠压值的下地层流体产出量 Q_o 的经验公式：

$$Q_o = \frac{-A + \sqrt{A^2 + 4B\times10^6(P_p - P_w)}}{2B} \tag{5.46}$$

$$A = \frac{\mu_o B_o}{2\pi K_o}\ln\left(\frac{r_e}{r_w}\right) \tag{5.47}$$

$$B = \frac{\beta\rho_o B_o^2}{4\pi^2 h^2}\left(\frac{1}{r_w} - \frac{1}{r_e}\right) \tag{5.48}$$

式中，A、B 分别为二项式的层流系数、紊流系数，Pa/(m²/s)；ρ_o 为地层产出原油密度，kg/m³；p_p、p_w 分别为地层压力和井底压力，MPa。

根据式(5.42)～式(5.49)，确定井底欠压值以后，可以计算所需要的钻井液密度；根据井身结构设计和钻具组合设计，得到满足安全携岩的最小环空钻井液速度和钻井液排量；由这些参数计算各种摩阻压降，进一步校核欠压值，得到立管压力，以确定钻井液泵的泵压和排量。

2. 计算实例

1)纯钻井液欠平衡实例分析

以新疆油田金龙 3 井为例，欠平衡设计过程中所采用的井身结构、钻具组合、工程参数、地层物性如下。

(1)井身结构

新疆油田金龙 3 井井深结构如图 5.57 所示。

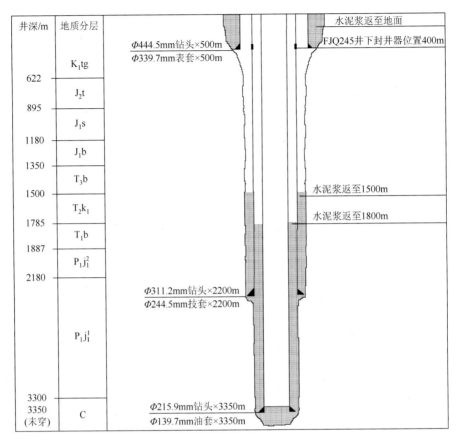

图 5.57　金龙 3 井井身结构示意图

(2)三开钻具组合

三开 2200～3350m 井段实施欠平衡作业,三开钻具组合:Φ215.9mm 钻头+脉冲接头+Φ165mm 水力推进器+Φ162mm 单流阀×2 个+Φ158.8mm 钻铤×3 根+Φ162mm 旁通阀+Φ158.8mm 钻铤×18 根+Φ158.8mm 随钻震击器+Φ158.8mm 钻铤×2 根+Φ127mm 斜坡钻杆+Φ162mm 钻杆单流阀+六方钻杆下旋塞阀+133.4mm 六方方钻杆+方钻杆上旋塞阀。其中计算过程井下工具与钻铤连接视为钻铤一部分,钻铤以上部分都视为钻杆处理。

(3)其他相关参数

地温梯度为 2.5℃/100m,岩屑颗粒密度为 2.6g/cm³,空气密度为 1.293kg/m³,天然气密度为 0.713kg/m³,环境温度为 30℃(夏季施工),机械钻速为 15m/h;地层压力梯度为 1.16～1.32MPa/100m,以实际钻进过程为准;孔隙度为 8%～12%,基块渗透率在 1mD 左右,平均为 0.44mD。

(4)计算及分析

钻井液排量为 27L/s,地层产气 0.6×10⁴m³/d,地层压力梯度为 1.32MPa/100m,钻井液密度为 1.04g/cm³。各项参数计算如图 5.58～图 5.61 所示。

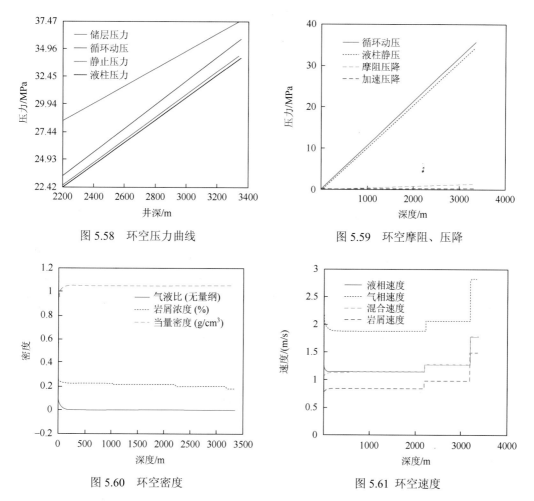

图 5.58　环空压力曲线　　　　　　　　　　图 5.59　环空摩阻、压降

图 5.60　环空密度　　　　　　　　　　图 5.61　环空速度

从图 5.58～图 5.61 计算可以看出，满足当前条件下环空安全携岩和井底欠压值的条件，需要的钻井液密度为 1.04g/cm³ 左右，井底欠压值 2.4MPa，从环空曲线上看，可以满足安全携岩要求。

2）充气欠平衡实例分析

以冀东油田 NP1-88 三开欠平衡钻井为例，其井身结构与钻具组合如下。

（1）井身结构

冀东油田 NP1-88 井井身结构如图 5.62 所示。

（2）三开钻具组合

NP1-88 井采用充气欠平衡方式钻井。钻具组合如下：Φ152.4mm 钻头+Φ120mm×(1.25°～1.75°)高温螺杆+Φ120.7mm 箭形止回阀×2 只+Φ89mm 无磁抗压钻杆+MWD(高温)+Φ89mm 钻杆(18°)×500m+Φ89mm 加重钻杆×500m+Φ89mm 钻杆×600m+配合接头+Φ139.7mm 钻杆(18°)×若干+Φ127mm 钻杆(18°)×400m+Φ120.7mm 箭形止回阀+Φ165mm 下旋塞×1 个。

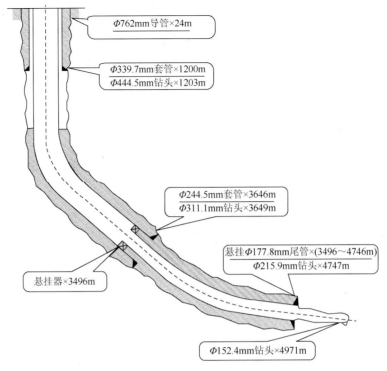

图 5.62 NP1-88 井井身结构示意图

(3)其他相关参数

多相流数值模拟的基本参数为：塑性黏度 20mPa·s；钻井液密度 1.04g/cm³；套压 0.1MPa；钻井液排量 18L/s；充气量 1200m³/h；机械钻速 5m/h；地层压力系数 1.04。

(4)计算及分析

改变各种工况值对环空参数的影响：结合钻井液性能、水力参数、井身结构、钻具组合和地层参数等计算出不同工况的压力数据以及包括环空流态、循环压耗、携岩效果、各相流动速率等的变化。

①井口回压对环空参数的影响

井底压力的变化是欠平衡钻井底欠压值设计的关键，井口压力通过环空循环流体直接传播到裸眼井段，改变井下流体压力和速度等参数；井口回压不仅能够有效地控制井底适当的欠压值，也可以保证环空钻井液呈最优的流态，以避免环雾流的出现，满足安全携岩的要求。

当其他参数不变而改变回压时，从环空压力、持液率、混合速度图可以看出，回压对它们有显著影响：随着井深的增加环空压力增加，在同一个井深处环空压力随着回压的增加而增加，但是增加的幅度和回压并不是等比例增加，主要原因是井筒环空压力由重位压降、摩阻压降和加速度压降三项组成，其变化规律不是等比例的。井口回压为 0.1MPa、0.5MPa、1MPa 时，环空各参数变化情况分别对应图 5.63～图 5.65 的(a)、(b)、(c)。

由图 5.63～图 5.65 可知，井口回压越大，气相被压缩，相同井深的气液比越小，相应的各相返速随之降低，当量密度越大，循环动压越大。

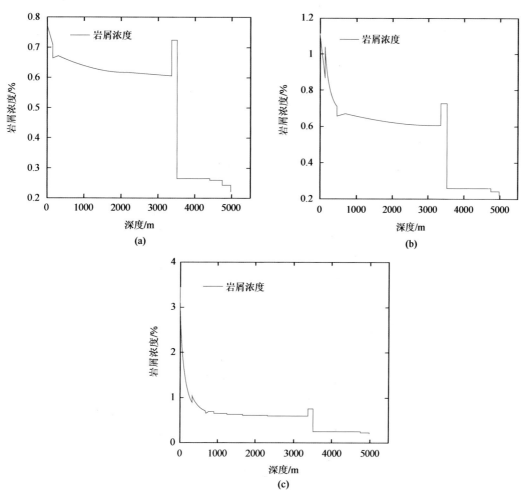

图 5.63　不同井口回压下的岩屑浓度剖面图

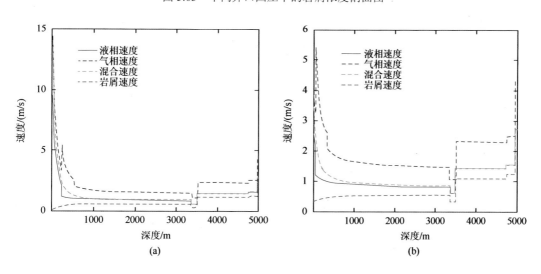

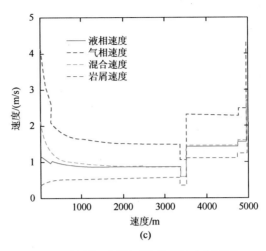

(c)

图 5.64　不同井口回压下的各相速度剖面图

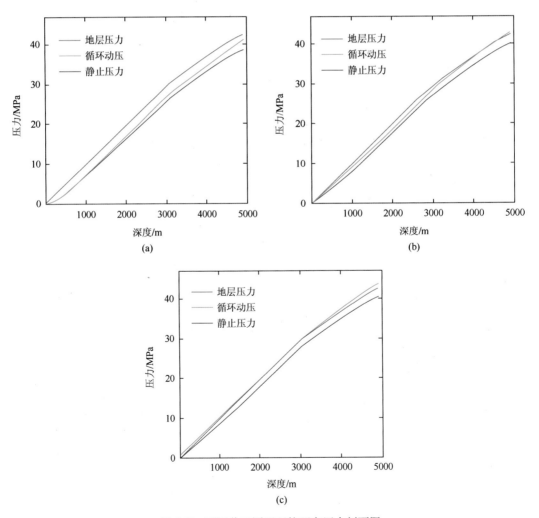

图 5.65　不同井口回压下的环空压力剖面图

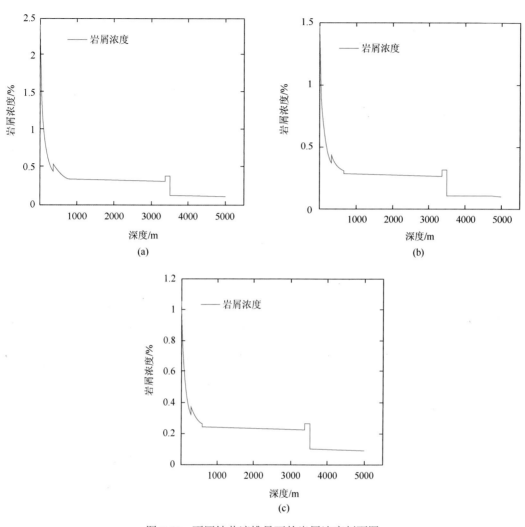

图 5.66 不同钻井液排量下的岩屑浓度剖面图

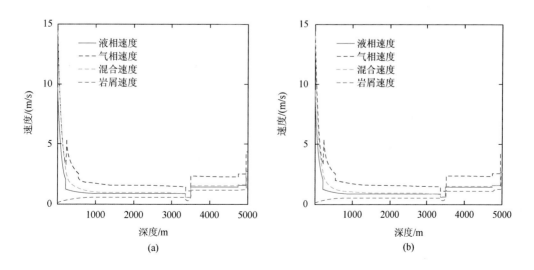

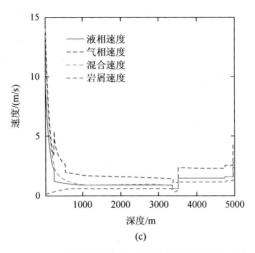

(c)

图 5.67　不同钻井液排量下的各相速度剖面图

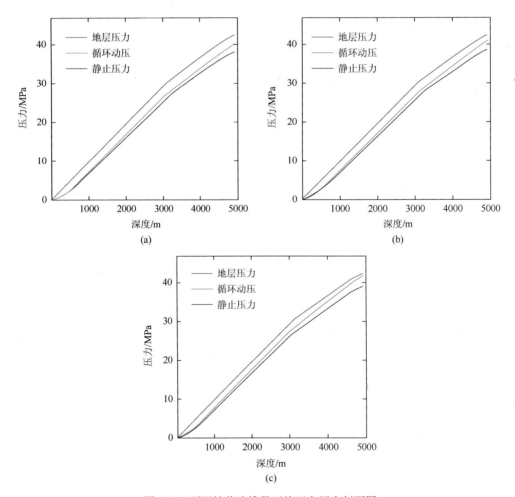

图 5.68　不同钻井液排量下的环空压力剖面图

②钻井液排量对环空参数的影响

钻井液排量越大，环空加速压降越高、环空流动摩阻越大，井底循环流动动压越高。当其他参数不变化时，随着钻井液排量的增加，混合物速度、井底压力均上升，而持气率由于井下压力的增加使得气体被大幅度压缩从而减小。排量分别为 16L/s、18L/s、20L/s 时，环空各参数变化情况分别对应图 5.66～图 5.68 的(a)、(b)、(c)。

由图 5.66～图 5.68 可知，随钻井液排量的增加，相同井深的岩屑浓度降低，各相返速增加。

③钻井液密度对环空参数的影响

钻井液基液密度越大，环空压力越高，这样使得井下气体更多地被压缩，从而环空持气率更低。密度分别为 $1.03g/cm^3$、$1.04g/cm^3$、$1.05g/cm^3$ 时，环空各参数变化情况分别对应图 5.69～图 5.71 的(a)、(b)、(c)。

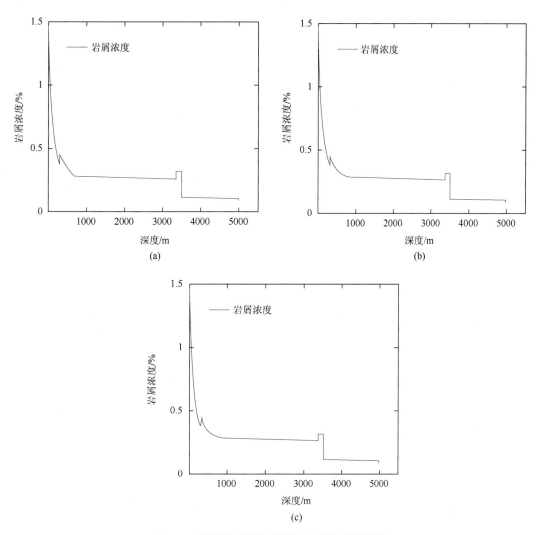

图 5.69　不同钻井液密度下的岩屑浓度剖面图

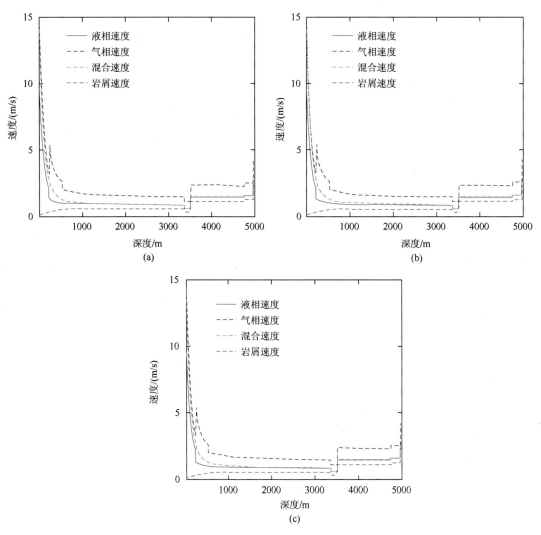

图 5.70　不同钻井液密度下的各相速度剖面图

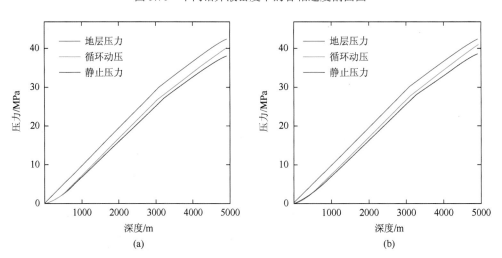

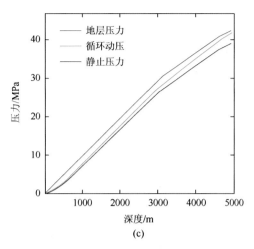

(c)

图 5.71　不同钻井液密度下的环空压力剖面图

由图 5.69～图 5.71 可知，随钻井液密度的增加，相同井深的循环动压、静止压力随之增加。

④注气量对环空参数的影响

注气量越大，环空压力越低，环空钻井液的当量密度、气液比降低，各相的返速增加，环空持气率增大。注气量分别为 10m³/min、20m³/min、30m³/min 时，环空各参数变化情况分别对应图 5.72～图 5.74 的(a)、(b)、(c)。

由图 5.72～图 5.74 可知，随注气量的增加，相同井深的环空钻井液的当量密度、气液比降低，随着上部井段的压力降低，气体膨胀释放能量，各相的返速增加，由于当量密度降低，循环动压和静止压力随之降低。

根据欠平衡钻井流动参数模型，分析 NP1-88 井注气欠平衡钻井过程中井筒压力分布和流动参数的影响因素，并对所使用的井口回压、钻井液密度、钻井液排量、注气量等施工参数进行敏感性分析，得知钻井液密度、钻井液排量、回压的增加井底流压上升，而注气量的增加井底流压下降。

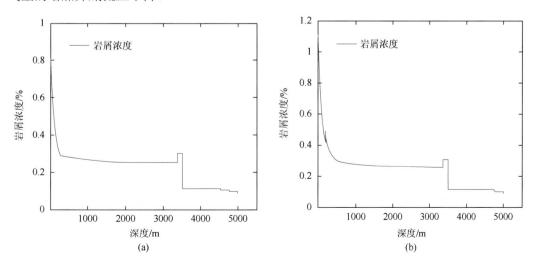

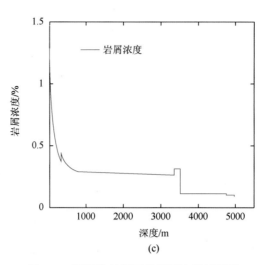

(c)

图 5.72　不同注气量下的岩屑浓度剖面图

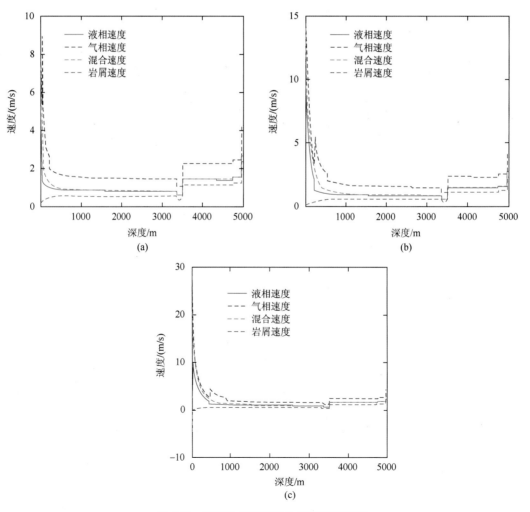

(a)　　　　　　　　　　　　　　　　　　　　　(b)

(c)

图 5.73　不同注气量下的各相速度剖面图

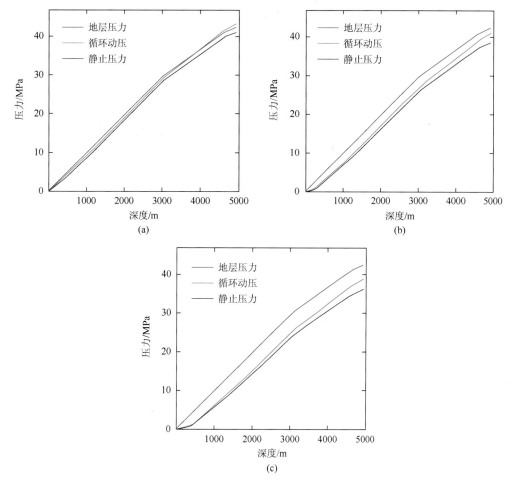

图 5.74　不同注气量下的环空压力剖面图

可以看出：对于 NP1-88 井来说，由于地层压力较低，为了保证欠平衡状态可以选择较小钻井液排量进行施工，且在钻井液密度较高时避免施加井口回压，而在钻井液密度较低时可以施加一定井口回压。但每种施工参数组合均要满足安全携岩的要求(小于 3%)以及井口避免出现环雾流的情况。

5.4.2　气体钻井压力控制及施工参数优化方法

1. 地层不产流体条件下钻进

所谓地层不产流体就是指地层不出液和不产气的干气情况下钻进，在干气钻井过程中，井筒上部的钻屑以小颗粒或者粉尘状与环空高速气流形成气固两相流被带出地面；而井底产生的岩屑如果足够小，则被带至环空，被上升气流带至井口；如果岩屑太大，则不能被带至环空或者在环空中不能被带出井口，而最终又落回井底，在井底大块岩屑被重复破碎成为小岩屑，直到尺寸小至能被气流带出井口[22]。

对于细岩屑而言，由于尺寸小，表面积大，在整个岩屑中表层原子所占比例较大。正因为比表面积巨大，细岩屑有突出的表面效应，即细岩屑易聚团和热稳定性差，易与周围细岩屑聚集成团而释放能量，以趋稳定。岩屑在分散剂或外力作用下，可能以单颗岩屑存在；在一般条件下，以自然聚团形态存在；在气流作用下，以流态化聚团状态存在。如果在接单根前井筒中岩屑没有完全带出，由于在接单根过程中停止注气，岩屑将沉积在井底，此时如果注入气量不足，岩屑沉积在井底 [图 5.75(a)]，则可能产生卡钻等一系列恶性钻井事故，而这种情况最多发生在接单根时，接完单根后，气量加大，气流速度增高，沉积在井底的岩屑开始运移，经过所谓的沟流、段塞流、崩裂、聚团四个阶段，如图 5.75(b)～(e)所示。

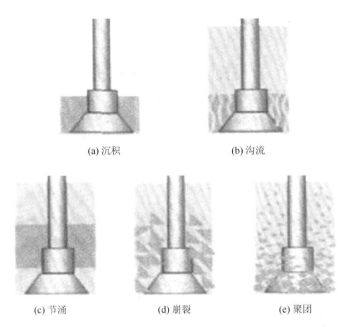

(a) 沉积　　　　　　　　　(b) 沟流

(c) 节涌　　　　　　(d) 崩裂　　　　　　(e) 聚团

图 5.75　井底岩屑流动示意图

如果井筒内粗岩屑中逐渐混入细岩屑时，岩屑流态行为将发生变化(图 5.76)：①混入少量细岩屑时，细岩屑首先黏附于粗岩屑表面，使粗岩屑的表面特性发生变化，而细岩屑形成的自聚团较少，作用不大。经研究表明：这种表面特性的变化改善了粗岩屑的流动特性。②如果继续混入较多的细岩屑，井筒内细岩屑自聚团增多，粗岩屑之间的作用机会将减少，而表面黏附着细岩屑的粗岩屑与具有松散性和可压缩性的细岩屑聚团之间的作用非常缓和，这种结构有较好的运移特性，有利于井眼净化。③当细岩屑含量较大时，粗岩屑含量相应减少，粗岩屑对细岩屑聚团块的分割作用减弱，因而细岩屑聚团尺寸变大，井筒内流体向黏性状态过渡，井眼净化效率将会大大降低。

在接单根后，随着注入气量的增大，沉积在井底的岩屑一般经历沟流、节涌、崩裂、聚团四个阶段。由于岩屑聚团的崩裂速度远远超过理论计算的相应初始运移速度。因此，在接完单根后要使井底岩屑得到清洁，应增大注气量，来提高井眼净化效率。

环空中气体携带岩屑的流动是气体钻井循环系统中最复杂的部分，不同的研究人员分别建立了不同的数学模型来对其进行描述。其中,Angel 在建立模型的时候使用的是均相流模型,即认为岩屑与气流以相同的速度在环空中向上运动,忽略了在环空中运行较快的气流与运动较慢的岩屑颗粒间的相互作用以及固体颗粒之间的相互作用,这样也就忽略了岩屑颗粒与气流及岩屑颗粒之间相互作用而产生的能量损失。

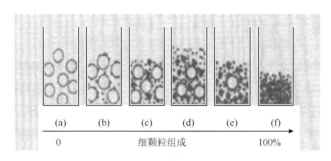

图 5.76   井底岩屑流态示意图

地层不产流体条件下气体钻进安全控制,需要综合考虑井身结构、钻具组合、施工参数、初次破岩粒径等因素的影响。干气钻井不产流体实例分析如下。

以迪西 1 井五开段为例,其井身结构与钻具组合如下。

1)井身结构

迪西 1 井井身结构如图 5.77 所示。

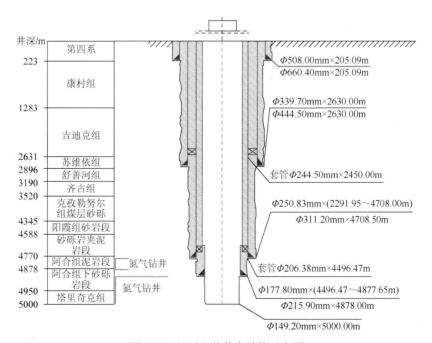

图 5.77   迪西 1 井井身结构示意图

2)钻具组合

Φ149.2mm 牙轮钻头+Φ121mm 双母箭型回压阀+Φ120.7mm 钻铤+121mm 箭型回压

阀×2 只+Φ120.7mm 钻铤×9m+Φ121mm 箭型回压阀+Φ121mm 投入式回压阀+Φ121mm 旁通阀+Φ121mm 转换接头+Φ101.6mm 钻杆×4765m+146mm 旋塞+101.6mm 箭型回压阀+101.6mm 钻杆×121.89m。

3）其他相关参数

设储层为均质、等厚、孔隙型干气藏，厚度为 10m，孔隙度为 8%，地层压力为 85MPa，地温梯度为 2.5/100m。氮气钻进井段为 4850～5000m，注气量为 170m^3/min 气体钻井钻进过程中，井筒内的流动主要是注入气和岩屑的气固两相流动。

钻进过程未产气时，环空与钻杆内压力分布、密度分布如图 5.78 和图 5.79 所示。

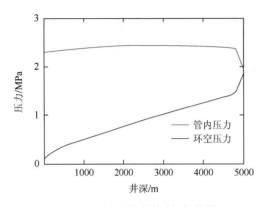

图 5.78 压力分布曲线（未产流体）

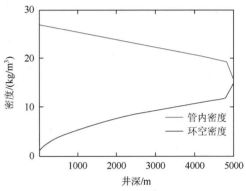

图 5.79 密度分布曲线（未产流体）

从图 5.78、图 5.79 可以看出：注入压力为 2.38MPa，环空井底压力为 1.85MPa。环空及钻杆压力曲线没有完全闭合，这是由于气体流经钻头水眼时，产生了压降，环空压力与钻杆内的压力的差值就等于钻头压降。环空内压力随井深的增大而增加，但是总体变化趋于平缓。压力分布曲线有明显的拐点，这是因为气体处于钻杆与钻铤的连接点处，环空面积突然扩大所致。

钻进过程未产气时，环空气体速度与岩屑速度分布、岩屑浓度分布如图 5.80 和图 5.81 所示。

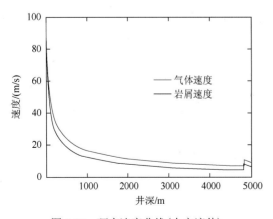

图 5.80 环空速度曲线（未产流体）

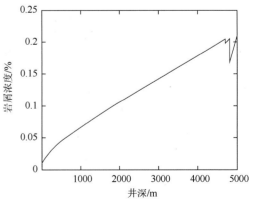

图 5.81 岩屑浓度曲线（未产流体）

从图 5.80、图 5.81 可以看出：随着井深的增加环空气体和岩屑的速度都随井深的增加而降低，而在井口段速度变化率较大，这是因为环空气体和岩屑的速度与温度、压力、注气量、环空截面积有关。环空越往井底，压力越大，密度越大，所以气体速度和岩屑速度会降低。岩屑浓度随着井深的增加而增加，这是因为越往井底，压力增大，气体的体积流量降低，而在井底最小。图 5.80 和图 5.81 都出现了明显的拐点，这也是携岩的"关键点"，在"关键点"处环空面积突然增大，气体的密度和压力突然下降，在此点附近会出现对岩屑颗粒的最小举升力，因此在"关键点"处易出现岩屑堆积。

环空岩岩屑在上返过程中有下滑趋势，故岩屑运移速度略低于气流速度，气体钻井返出地面的岩屑相当小，几乎和粉尘尺寸差不多，但这并不意味着它们在一离开井底时尺寸就那么小，而是由于钻柱在干井眼的磨铣和与其他岩屑的挤压，及钻头的重复研磨形成的。如果这种岩屑粉尘在地层水的作用下黏结，则岩屑团粒尺寸加大，岩屑滑沉速度增大，传输比降低，携岩能力就会变差。

2. 地层产气条件下的钻进

地层产气条件下的钻进与干气条件下的钻进相似；相当于从产气层段开始，环空气体流量增加。地层气体的产出量的大小，对环空携岩的能量、速度、井口压力和井控等参数有较大的影响。地层出气条件下的携岩可以分为两部分[22]。

其一，在产气层段内钻进；由于是在气层内钻进，相当于在钻头水眼出流出的气量更大，增加了井底的气量和能量，因此在产层内钻进时还可以根据产气量大小来调整井口注气量，这种情况下对于井筒环空的携岩是有利的；但在钻井设计和施工操作中就应有特别的设计考虑和相应的配套设施，要在满足井眼净化的前提下保证井口和井下的安全。

其二，过产气层以后的钻进，当钻头钻过气层以后，上部地层产出气体随环空气体一起向上流动，但地层产气是由于地层压力大于井筒环空压力条件下才会产出，在气层以下的井段就会因上部压力和能量的增加而导致携岩不畅，造成卡钻、埋钻等钻井事故；因此在钻井设计中必须核算井眼净化，并相应调整地面注气量，保证产层以下井筒净化和井口安全。

以迪西 1 井基础参数为例，分别对不同产气量进行计算和评价。

(1) 设地层产气量为 $10 \times 10^4 \mathrm{m}^3/\mathrm{d}$，产气过程中井筒流动参数曲线如图 5.82～图 5.85 所示。

从图 5.82～图 5.85 可以看出：地层产气后环空内压力和钻柱内压力都随着井深的增加而增加。这是因为钻遇储层后，地层气体进入井筒，由于地层压力与井底压力的巨大差异，井底会产生瞬间的压力波动，然后压力就会通过压力波的形式传递到井口。由于地层产出气的摩尔质量较小，所以环空内密度比钻柱内密度小。

与地层不产流体下钻进对比发现：当地层产气量为 $10 \times 10^4 \mathrm{m}^3/\mathrm{d}$ 时，环空气体流速增大，环空压力增大，环空密度增大。注入压力 2.5MPa，井底流动压力 3.1MPa，气体流动速度为 5～145m/s，岩屑浓度可以满足气体钻进要求，但是由于地层气体参与环空流动，在井筒上部出现极高的气体和岩屑流速，对井控带来一定风险。

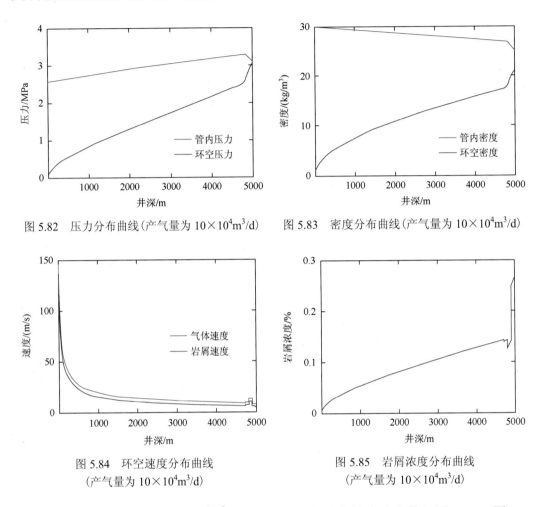

图 5.82　压力分布曲线（产气量为 $10 \times 10^4 \mathrm{m}^3/\mathrm{d}$）　　图 5.83　密度分布曲线（产气量为 $10 \times 10^4 \mathrm{m}^3/\mathrm{d}$）

图 5.84　环空速度分布曲线
（产气量为 $10 \times 10^4 \mathrm{m}^3/\mathrm{d}$）

图 5.85　岩屑浓度分布曲线
（产气量为 $10 \times 10^4 \mathrm{m}^3/\mathrm{d}$）

（2）设地层产气量为 $20 \times 10^4 \mathrm{m}^3/\mathrm{d}$，产气过程中的井筒流动参数如图 5.86～图 5.89 所示。

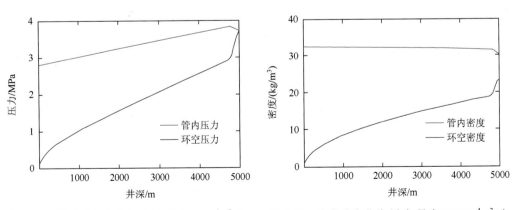

图 5.86　压力分布曲线（产气量为 $20 \times 10^4 \mathrm{m}^3/\mathrm{d}$）　　图 5.87　密度分布曲线（产气量为 $20 \times 10^4 \mathrm{m}^3/\mathrm{d}$）

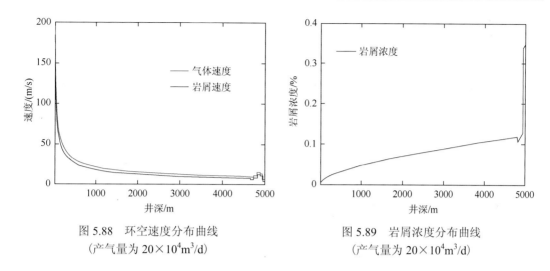

图 5.88　环空速度分布曲线
（产气量为 $20\times10^4m^3/d$）

图 5.89　岩屑浓度分布曲线
（产气量为 $20\times10^4m^3/d$）

从图 5.86～图 5.89 可以看出：当产气量为 $20\times10^4m^3/d$ 时井底压力增大到 3.7MPa，注入压力增加到 2.8MPa，随着产气量的增加，井底压力和注入压力均增大。

对比产气量为 $10\times10^4m^3/d$ 时井筒流动参数可得：产气量为 $20\times10^4m^3/d$ 时，注入压力增加，井筒环空压力增加，环空和钻柱内密度都增大。但是当钻过储层段后，不能正常钻进，这是因为钻过储层段后环空和钻头底部的气量差，产生了回压，使得井筒气体失去携岩能力。

产气量为 $20\times10^4m^3/d$ 时，环空流动速度的极值增加到 195m/s，可能给井控安全带来严重问题，如果不采取特别措施，会导致上部井段气流速度过高。一般情况下环空气流速度为 10～40m/s，下部井段速度较低，上部较高，产气量为 $20\times10^4m^3/d$ 时，井口速度已达到 195m/s，如此高的气流速度，对井口安全有重大影响，需及时采取措施。

3. 地层出液条件下的钻进

在空气钻井作业过程中，地层一旦被钻开，其中的可动流体(油、气、水)便流入井内，这些流体的性质、数量、进入速度都会对钻井施工造成影响。地层出水通常会导致空气排量不足、流入井眼的地层水处理困难和由之带来的岩屑水化膨胀、井眼堵卡问题，必须认真予以考虑。当出水量较小时，可用加大气量的方法予以处理；而出水量较大时，可用雾化或不稳定泡沫的方法处理，再大的出水量就应考虑转为泡沫钻井。但是，究竟多大出水量时需要转化钻井循环介质和钻井工艺，目前还没有明确定量的指导方法，不同地区、不同地层要根据实际情况确定。

由于气体的携水能力相对较弱，尤其当钻遇砂岩、泥岩出水地层时，岩屑遇水水化、团聚、黏结等，导致岩屑黏度、摩阻增大，井底压力升高，机械钻速下降，很容易发生泥包钻头、井眼堵卡等钻井事故。因此气体钻井时需要多大的注气量或转化为其他循环介质钻进，才能保证将岩屑和地层侵入井眼的地层水顺利携带至地面是一个很值得深入研究的问题。

以迪西 1 井为例，进行计算分析，假设地层出水条件下钻进，产水量为 $6m^3/h$，其他参数同上，井筒流动参数如图 5.90～图 5.93 所示。

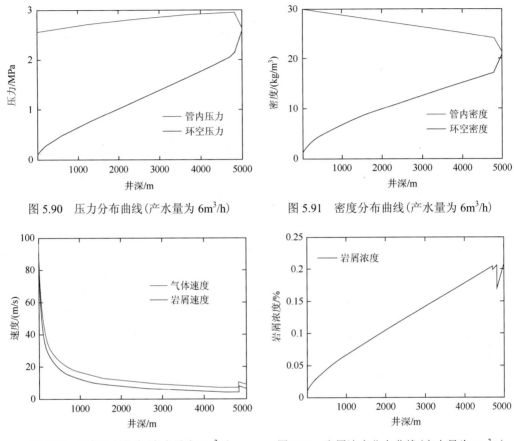

图 5.90 压力分布曲线(产水量为 6m³/h)　　图 5.91 密度分布曲线(产水量为 6m³/h)

图 5.92 速度分布曲线(产水量为 6m³/h)　　图 5.93 岩屑浓度分布曲线(产水量为 6m³/h)

从图 5.90～图 5.93 可以看出：地层出水情况下，井底压力增大至 2.6MPa，井底环空密度增大至 22kg/m³，从环空速度和岩屑浓度上看都可以满足气体钻井正常的携岩要求以及当前注气量下的携水要求，如果地层出水量增大，可以考虑增加注气设备来满足携岩携水要求。

参 考 文 献

[1] 苏义脑. 世界钻井技术进展及发展趋势分析. 长沙：资源高技术论坛，2008

[2] 金庆焕. 我国南沙油气资源勘探进展. 北京：我国近海油气勘探开发高技术研讨会，2005

[3] 潘继平. 中国油气资源勘探现状与前景展望. 地质通报，2006，25(9-10)：1055～1059

[4] 关德师，牛嘉玉. 中国非常规油气地质. 北京：石油工业出版社，1995

[5] 吴先忠. 高压高产气井井控技术研究. 成都：西南石油大学博士学位论文，2009

[6] 李枝林. 充气液 MPD 理论及应用研究. 成都：西南石油大学博士学位论文，2008

[7] 陈家琅，石在虹，许剑锋. 垂直环空中气液两相向上流动的流型分布. 大庆石油学院学报，1994，(4)：23～26

[8] 王树众，庄贵涛. 油气两相混输的稳态计算程序——STPHD. 油气田地面工程，1997，12(6)：6～10

[9] 魏纳. 全过程欠平衡钻井井筒流动模型研究. 成都：西南石油大学博士学位论文，2011

[10]　魏纳. 高气液比气井井筒积液可视化实验研究. 成都：西南石油大学硕士学位论文，2007

[11]　Leading Edge Advantage. Introduction to Underbalanced Drilling. Leading Edge Advantage International Ltd，2002

[12]　魏纳，孟英峰，李皋等. 液基全过程欠平衡钻井停止循环连续气侵井筒瞬态流动. 中国石油大学学报（自然科学版），2012，36(6)：74～78

[13]　魏纳，孟英峰，李皋等. 套管阀关阀井下压力动态演变规律的研究. 应用力学学报，2013，30(3)：412～416

[14]　魏纳，孟英峰，李皋等. 欠平衡钻井正气举过程井筒瞬态流动数值模拟. 石油学报，2014，35(1)：166～171

[15]　王存新. 气体钻井井眼温度及气体携岩携水能力研究. 成都：西南石油大学博士学位论文，2006

[16]　郭建华. 气体钻井环空气固两相流动数值模拟研究. 成都：西南石油大学硕士学位论文，2006

[17]　林铁军，练章华，陈世春等. 气体钻井中气体携岩对钻杆的冲蚀机理研究. 石油钻采工艺，2010，32(4)：1～4

[18]　柳贡慧，宋廷远，李军. 气体钻水平井气体携岩能力分析. 石油钻探技术，2009，37(5)：26～29

[19]　朱红钧，林元华，明传中等. 空气钻井井筒内气体携岩与冲蚀评价分析. 钻井液与完井液，2010，27(2)：34～36

[20]　Angel. Volume requirements for air or gas drilling. Tran.AIME，1957，(210)：325～330

[21]　Lyons W C，Guo B Y，Seidel F A. 空气和气体钻井手册. 曾义金，樊洪海译. 北京：中国石化出版社，2006

[22]　钻井手册编写组. 钻井手册（第二版）. 北京：石油工业出版社，2013

[23]　Gray K E. The cutting carrying capacity of air at pressure above atmospheric. Trans. AIME，1957，(210)：325～330

[24]　Supon S B. An experimental study ogannulus pressure drops in a simulated air-drilling operation. SPEDE，1991，(3)：74～80

[25]　Johnson P W. Design techniques in air and gas drilling：cleaning criteria and minimum flowing pressure gradients. Journal of Canada Petroleum Technology，1995，34(5)：18～26

[26]　Wei N，Meng Y F，Li G，et al. Cuttings transport models and experimental visualization of underbalanced horizontal drilling. Mathematical Problems in Engineering，2013，(3)：764～782

[27]　Wei N. The continuous liquid lifting experiment for the gas well with high gas-liquid ratio. American Institute of Physics，CPCI-S(000302054700164)

[28]　魏纳，孟英峰，李皋等. 欠平衡钻水平井岩屑运移可视化实验，天然气工业，2014，34(1)：80～85

第6章 欠平衡钻井的完井方法和技术

6.1 欠平衡完井技术概述

完井作为整个建井过程中的最后一道工序、作为油气产出通道的建设方式，直接影响着油气井的产能、寿命和最终采收率[1]。我国油气井的主要完井方式是射孔完成，即过平衡钻井钻开储层、下套管、固井、射孔投产，如果产能不理想则采用酸化压裂等改造措施。少数情况下采用裸眼、筛管、防砂筛管等完井方式。不同的油气藏类型有不同的合理完井方式，例如，对疏松砂岩气藏、稠油油藏，多适合于防砂筛管完井；坚硬的裂缝型油气藏，可以采用裸眼或筛管完井直接投产；而对于需要后期改造或分层开采的井则采用套管射孔完成。

在过平衡钻井钻开储层、套管固井完成、射孔打开储层的传统完井技术中，钻井仅是钻开储层的手段，而随后的射孔、改造才是产能建设的手段。在欠平衡钻井中，钻开储层本身就是产能建设的手段，因此随后的完井应该能够继承、巩固钻井过程中的产能建设成果，同时实现设计的油气水封隔、井壁加固、出砂控制以及后期维修、改造的要求，为油气井提供高产、长寿命的生产基础[2]。

图 6.1 含有微裂缝的
致密砂岩岩心

暂且不讨论完井过程是否为欠平衡方式，仅过平衡完井中不同完井方式就对生产井的产能和寿命有重大影响，尤其是对有微裂缝发育的储层。以如图 6.1 所示岩心为例：天然裂缝的存在对产能有巨大贡献，但天然裂缝又常常是非常稀少的。好不容易钻穿的天然裂缝，又被套管、水泥环所封固；可以设想：再次射孔打开时，射中、射穿天然微缝的概率是非常低的。即便对于没有微裂缝的孔隙型砂岩地层，完全裸露的井壁表面所形成的渗流面积（尤其是沿储层延伸的水平井）也比射孔完井的渗流面积大[3]，而且水平井筛管完井的产能普遍优于射孔完井[4]。

康毅力曾对川西新场构造沙溪庙气层全部 17 口井进行了完井方式与产能的对比分析[5]，见表 6.1。依据表 6.1 做出气井初产对比图和压裂改造后产量对比图如图 6.2 和图 6.3 所示。由图 6.2 可见，筛管完成的井的初产普遍高于射孔完成的井，而且其中事故完井的一口井产量最高，这意味着不但筛管完井保证了井壁、裂缝的完全暴露，而且简化的完井工序缩短了浸泡时间、降低了储层伤害。由图 6.3 可见，在射孔完成的基础上再进行压裂改造，所得到的产量也未必比筛管完井的初产高。由表 6.1 还可以看出，筛管完井的表皮系数普遍比射孔完井的低，这也说明减少了浸泡时间、免除了固井二次伤害的储层保护效果。

表 6.1　不同完井方式产能对比

井号	完井方式	表皮系数	初产/（m³/d）	增产改造/（m³/d）
CX129	事故	-2.358	57240	
CX132	筛管	-3.25	48400	
CX134-2	筛管	9.56	40100	
CX803	筛管	7.85	2486	
CX152-2	筛管		8022	13400
CX158	筛管	0	7244	8383
CX133	筛管	3.757	9021	14100
CX153-2	筛管	8.1	3530	8190
CX154	筛管	15	0	3931
CX805	射孔	22	4000	
CX162	射孔		5605	
CX160	射孔	20.789	13000	11000
CX164	射孔		6000	78415
CX808	射孔		350	12000
JS2	射孔		500	1547
CX151	射孔		0	540
CX136	射孔	9.3	0	11510

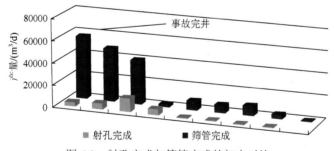

图 6.2　射孔完成与筛管完成的初产对比

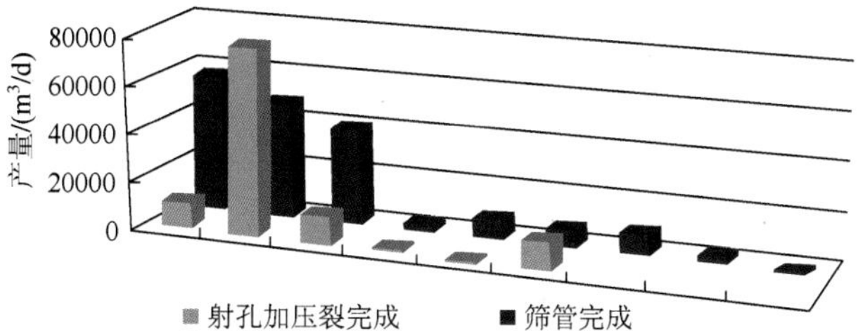

图 6.3　射孔加压裂与筛管完成的产量对比

　　可见，尽可能暴露井壁表面和天然微裂缝的裸眼完井、筛管完井，对提高单井产能是有好处的，而且还可以降低完井成本、缩短完井周期。因此，国外采用非射孔完井方法的比例比我国高得多，如表 6.2 所示实例[5]。

表 6.2　法国 Elf 石油公司的完井类型统计

完井类型	油田数	井数	百分比%
裸眼	3	27	33
筛管	11	17	21
筛管+裸眼封隔器	2	2	2
筛管+预制防砂管	2	18	22
预制防砂管	2	4	5
注水泥筛管	3	8	10
射孔	2	6	7
总计	25	82	100

　　在"尽可能充分暴露井壁表面和天然微裂缝的完井方法"的基础上，再增加"尽可能充分地保护已经暴露的井壁表面和天然微裂缝的储层保护方法"，将是一种能够获得高产的完井方法。因此，欠平衡钻井配合裸眼、筛管完井，成为自 20 世纪末以来的技术发展焦点。

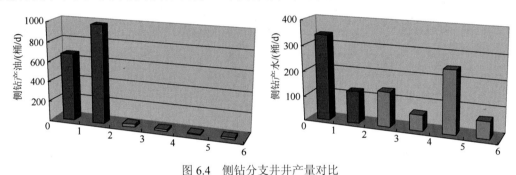

图 6.4　侧钻分支井井产量对比
红色为欠平衡钻井完成，蓝色为过平衡钻井完成

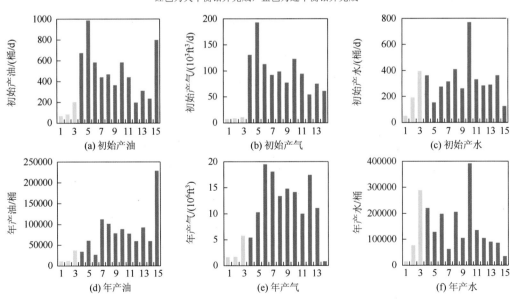

图 6.5　某公司在某构造钻 15 口井的统计
黄色为 OBD，蓝色为 UBD

如图 6.4 所示，为一口井的 6 个分支，其中 2 个用欠平衡钻井完成，4 个用过平衡钻井完成[6]。可见，欠平衡钻井的产油量比过平衡钻井的高得多，过平衡钻井的产油量很低但产水量并不低。图 6.5 是另一个实例：同一构造的所有 15 口井，其中 12 口井用欠平衡钻井，3 口井用过平衡钻井[6]。由图中可以看出：无论是产油还是产气，是初产还是年产，欠平衡钻井的产量都比过平衡钻井高很多；过平衡钻井的油气产量虽然很低，但其产水量并不低。过平衡钻井的这种"油气产量很低，但产水量并不低"的特点，正是本书第 2 章所述的："水基液体造成的储层伤害，大大地降低了储层的油相、气相渗透率，大大提高了水相渗透率，因此油气流动大大受阻，地层水流动大大畅通"。

6.2　欠平衡钻井的完井原则

6.2.1　欠平衡钻井完井的第一原则

欠平衡钻井完井的第一原则，即钻开储层时充分保护储层、获得储层的最大原始产能。

以四川盆地西部致密砂岩气藏为例，传统的开发模式是过平衡钻井、套管固井、射孔、压裂改造，这种传统开发模式作为川西致密砂岩气藏建设产能的手段，一直占有不可动摇的主导地位。然而，这种传统开发模式中不但有投入高、周期长的问题，同时存在着无法避免的多次储层伤害造成的低产，这严重影响着川西致密气的有效开发。在这种开发模式中，钻井只是起到了钻开储层的作用，压裂改造被认为才是建产的核心，以至于普遍形成了"致密砂岩必须压裂改造，不压裂就不可能建产"的认识，因此导致了"钻井中保不保护储层、是欠平衡还是过平衡钻开储层并不重要"的错误认识。

研究发现：以须家河储层为代表的川西深层致密砂岩，属于以孔隙基块为主要储集空间、以微裂缝网络为主要渗流通道的孔-缝复杂双重介质储渗组合，储层普遍有微裂缝发育，尽管微裂缝尺寸很小、条数很少，但其对产能的贡献是相当大的。因此，寻找、钻遇裂缝发育带，保护、利用天然裂缝的供气能力，是低成本投入、获取最大自然产能的最佳完井方法，其投产效果一般应明显优于增产改造[7]。

研究还发现：以蓬莱镇、沙溪庙储层为代表的川西浅层致密砂岩，属于微裂缝不太发育的孔隙型致密砂岩，储层薄，而且致密、低渗、自发吸水能力很强，水基工作液会造成严重的水相圈闭伤害。在这种储层用气体钻井钻水平井，既消除了正压差的伤害，又消除了水基工作液的水相伤害，沿储层延伸的水平井起到了扩大泄流面积的作用，其投产效果一般应明显优于增产改造[7]。

6.2.2　欠平衡钻井完井的第二原则

欠平衡钻井完井的第二原则，即采用全过程欠平衡技术保护已钻开的储层不受再次伤害。

我国欠平衡钻井的初期阶段，只能在钻进过程中实现欠平衡，而在起下钻、测井、完井等后续过程中需压井转换为过平衡。这个压井过程使储层由欠平衡状态转变为过平衡状态，从而使欠平衡钻进中的储层保护效果前功尽弃，甚至还会造成更加严重的储层伤害(因为在欠平衡钻进过程中，储层暴露的表面处于欠平衡液流的良好保护之下，没有任何内外滤饼产生，对突然产生的正压差渗流没有任何阻挡作用，从而突然产生的正压差会造成比常规过平衡钻进中大得多的储层伤害)。这种技术在应用中所导致的结果是：在欠平衡钻进过程中实现了储层的良好保护、揭示了储层的真实产能、油气产出显示高产；但随之而来的压井起下钻、下套管、固井等正压差作业过程又造成了储层的不可恢复的致命伤害，甚至酸化解堵、压裂改造的效果也不显著，最终造成了完井周期长、成本高、产能低、最终采收率低。

可见，真正能获得欠平衡钻井完井最大效益的关键，不仅是要保持钻进过程中的欠平衡状态，而且是在起下钻、测井、完井等过程中也要保持"边喷边作业"的欠平衡状态，使储层从钻开到交井投产都处于欠平衡状态的有效保护[7]。因此，国外以美国 Weatherford 公司为代表，开始将欠平衡钻井(Under-Balanced Drilling，UBD)改称为欠平衡作业(Under-Balanced Operation，UBO)，以强调在钻进、起下钻、测井、完井等各个作业环节都要保持欠平衡。UBO 代替 UBD 的观念转变，被国际钻井承包商协会 IADC 所接受，IADC UBD 委员会改为 IADC UBO 委员会，每两年一届的国际 UBD 学术会议也改为 UBO 学术会议[8]。UBO 实际上就是国内称的全过程欠平衡钻完井，其核心是将储层欠平衡钻进延伸至欠平衡完井投产。也有人将全过程欠平衡钻完井技术称为"全部欠平衡的建井技术"(Total Underbalanced Well Construction)[9]。

全过程欠平衡钻完井技术是指从钻进储层开始、直到油气井投产的整个过程中，所有操作过程(钻进、起下钻、取心、测井、完井等)均保持欠平衡状态，以保证实现全过程的、彻底的储层保护，从而以低成本获得高产能和高的最终采收率[10, 11]。

6.2.3　欠平衡钻井完井的第三原则

欠平衡钻井完井的第三原则，即充分发掘、保护、利用储层的原始产能，以最短时间、最小投入获得油气井的最大产能。

对于类似于须家河储层的裂缝型致密砂岩，充分发掘、利用储层原始产能有三个必要环节：第一，尽可能多的钻穿裂缝，这是地质上裂缝发育带的预测与工程上井身轨迹控制的问题；第二，保护裂缝，这是欠平衡钻井的问题；第三，保证裂缝的完全暴露，这是完井方式问题。因此，特殊轨迹井、全过程欠平衡、合理的完井方式，这三部分结合组成了"充分发掘、保护、利用储层的原始产能，以低成本获取高产能的全过程欠平衡钻完井技术"。

对于类似于蓬莱镇、沙溪庙储层的致密孔隙型砂岩，充分发掘、利用储层原始产能也有三个必要环节：第一，尽可能多地在储层内延伸井眼、扩大泄流面积，这是地质导向和井身轨迹控制相结合的问题；第二，保护泄流面积的原始供气能力，这是欠平衡钻井的问题；第三，保证泄流面积的完全暴露，这是完井方式问题。因此，特殊轨迹井、全过程欠平衡、合理的完井方式，这三部分结合组成了"充分发掘、保护、利用储层的原始产能，以低成本获取高产能的全过程欠平衡钻完井技术"。

如果上述三条原则都已做到,但油气井产能仍不理想,那希望就只好留给增产改造了。

6.3　全过程欠平衡钻完井技术

全过程欠平衡钻完井技术是在钻穿储层的欠平衡钻井技术之上增加后续作业过程的欠平衡操作,其中最大的困难是"如何在非钻进的各个工艺过程中均保持井下的欠平衡状态",尤其是克服井内的欠平衡压力的井控安全和对井内作业管柱产生的上顶力。美国在我国的全过程欠平衡钻完井技术首先是出现于四川盆地西部的致密砂岩气藏的不压井欠平衡作业系列技术,而后在新疆克拉玛依油田发展了套管阀的全过程欠平衡钻完井技术,在新疆吐哈油田发展了冻胶阀的全过程欠平衡钻完井技术。

6.3.1　不压井作业的全过程欠平衡钻完术井技术

自 20 世纪 90 年代之后,北美洲欠平衡钻井技术的发展使不压井起下钻技术成为了必需,尤其是与盘管钻井相结合的使用[12]。利用该技术可以使在钻进过程中保持欠平衡的欠平衡钻井发展成为各个作业环节均可保持欠平衡的全过程欠平衡钻井,即不但实现欠平衡钻进,同时也能实现欠平衡起下钻、欠平衡取心、欠平衡测井、欠平衡完井,实现了从钻开储层到交井投产的全过程欠平衡。

1. 不压井起下钻装置

目前使用最多的不压井起下钻装置是卡瓦式不压井起下钻装置,如图 6.6 所示为卡瓦式不压井起下钻装置不压井起下管柱的过程。国内产品以川庆钻探广汉钻井院研制的 600kN 不压井起下钻装置为例(图 6.7),其主要组成部分有:游动卡瓦系统、固定卡瓦系统、液缸组、固定连接系统、液压泵站、操控系统。作业前,先将其安装固定于钻台面,通过操控系统控制游动和固定卡瓦系统分别开启与关闭,实现对管串的抱紧与松开,利用液缸的升降实现管串的起下。

图 6.6　卡瓦式不压井起下钻装置

图 6.7　川庆钻探公司的不压井起下装置

2. 不压井测井

不压井测井工艺如图 6.8 所示，其部件包括七芯电缆控制头、大通径防喷管、电缆防喷器(封井器)及配套的卸压阀、转换接头、高压欠平衡测井系统主要确保测井过程中实现井口密封和压力控制，使欠平衡测井作业安全注脂泵、旁通短接、法兰盘等。除防喷系统外，还包括预防仪器意外掉落的安全装置。

(1)电缆控制头：电缆控制头是一种防喷控制装置，用来有效密封运动的电缆，是实现欠平衡测井的关键装置(图 6.9)。

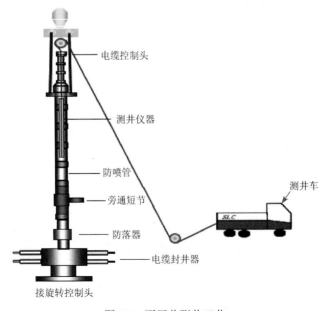

图 6.8　不压井测井工艺

图 6.9 电缆控制头　　　　　图 6.10 电缆防喷器　　　　　图 6.11 防喷管

(2)电缆防喷器(封井器)：电缆防喷器是一种整体双闸板型的装置，用来密封静止的电缆，以便在井口带压的情况下对电缆或防喷器上部设备进行修理(图 6.10)。

(3)大通径防喷管：大通径防喷管主要用于容纳下井仪器串及与控制头配套密封井口(图 6.11)。

(4)高压注脂泵：高压注脂泵是提供保障电缆动密封的动力设备，它将高压密封脂注入电缆控制头内，对移动的电缆实施动密封，达到不让井内流体外溢及润滑测井电缆的目的，确保带压测井施工的正常进行。

(5)旁通短节：旁通短节是一种泄压装置，用于在封井器关闭后完成其上部欠平衡测井防喷系统的泄压。

(6)井口压力平衡管线：井口压力平衡管线是一种压力平衡装置，该装置的作用是在仪器下井之前让井内压力与防喷管压力达到平衡，以防止井筒与防喷管内的压差过大，在开启封井器的瞬间测井仪器被向上冲顶，导致严重的工程事故。

(7)仪器防落器：仪器防落器是一种安全装置，安装在电缆防喷器的上方，其作用是防止仪器进入防喷管后电缆头脱落掉井。

3. 不压井取心

不压井取心就是欠平衡钻井条件下的取心作业，与常规取心相比，不压井取心减小了岩心受污染程度，能更真实地反映岩心的初始状态。不压井取心需要使用欠平衡钻井取心专用工具。川庆钻探广汉钻井院研制了专用的欠平衡取心工具，根据欠平衡钻井取心的特点，重点设计了取心工具悬挂体组合件、旋转总成、卸压机构、具有自动平衡内筒压力的结构，以及相配套的辅助件。为了解决在欠平衡钻井中钻具组合上装有回压阀不能投球的难题，在心轴位置设计了自动卸压机构，该机构由钢球、梅花挡板、阀座等结构组成，当在取心钻进过程中，岩心进入内筒，导致内筒压力增加，通过自动卸压装置上的钢球向上移动进行卸压，从而保持内筒压力平衡。

欠平衡钻井取心工具主要由内外筒接头、差值短节、内外筒、岩心爪及特殊设计的旋转总成组成。欠平衡取心工具的部件组成如图 6.12 所示。

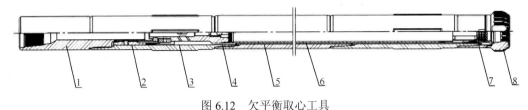

图 6.12　欠平衡取心工具

1. 悬挂体组合件；2. 差值短节；3. 旋转总成；4. 卸压机构；5. 外筒；6. 内筒；7. 岩心爪组合件；8. 取心钻头

4. 不压井完井

与不压井起下技术配套的不压井完井，采用后期形成筛管的技术，即在地面时筛管的孔或缝是封堵的，因此，底部带盲板的封堵式筛管可以像普通套管一样被不压井起下装置强行下入。待下入到位、座封之后，再用某种技术(如钻穿、热解、涨开等)开启孔洞或割缝。

6.3.2　连续管钻机的全过程欠平衡钻完井技术

利用连续管钻机(或盘管钻机，Coiled Tubing Drilling)开展全过程欠平衡钻完井作业，在北美很流行。如图 6.13 所示，连续管钻机由于钻进、起下钻等过程中没有单根或立柱作业，所以很便于开展全过程欠平衡作业。但也由于连续管钻机的钻进能力和效率不如传统的钻杆式钻机(Joined Pipe Drilling)，故这种技术更多地用于重入、加深、侧钻等储层作业。目前，中国石油钻井工程院的全国产化连续管钻机已经投入使用。

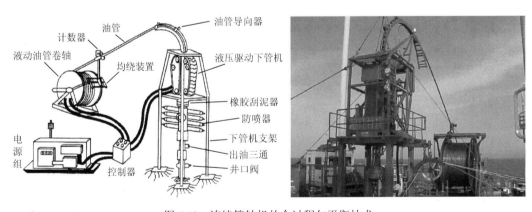

图 6.13　连续管钻机的全过程欠平衡技术

6.3.3　全过程欠平衡钻完井技术的应用范例

不压井起下的全过程欠平衡钻完井技术、井下套管阀的全过程欠平衡钻完井技术、冻胶阀的全过程欠平衡钻完井技术，都在四川盆地、准格尔盆地、吐哈盆地的油气勘探开发中取得了很好的应用效果，其中最为显著的是不压井起下的全过程欠平衡钻完井技术在四川盆地致密砂岩气藏的应用效果[13]。

1996~2000 年，四川盆地陆续开展了数 10 口井的储层欠平衡钻井试验，取得了一些勘探上的发现，但并未形成提高产能的实用技术。引起认识上巨大转变的最重要、最典型的一口井是充深 1 井。2001 年，充深 1 井在须四段至须二段地层采用密度 1.05g/cm³ 欠平衡钻进，钻至井深 2203.16m 储层开始产出油气，火焰最高达 20m，估计产气量在 10×10⁴m³/d 以上，这是老区新层勘探的重大发现。为得知储层准确产能，压井后进行了中途测试，测得产气量仅有 3.70×10⁴m³/d、产油 0.55t/d，点燃火焰高度远小于欠平衡钻井时的火焰高度。中测后下钻继续欠平衡钻进至完钻井深，再也未见油气产出。下尾管固井射孔完井，完井测试产量降为 0.30×10⁴m³/d，产量下降了 91.89%，后经解堵酸化产量仅为 1.02×10⁴m³/d，产油 0.18t/d。

通过对充深 1 井和须家河致密砂岩储层特征的全面研究，充分认识了全过程欠平衡的重要性，由四川石油管理局、西南油气分公司和西南石油大学联合，发展了不压井起下钻的全过程欠平衡钻井技术，于 2002 年 6 月至 2004 年在四川盆地邛西构造上投入使用。邛西构造是川西致密砂岩气藏的典型代表。传统过平衡钻井完成的邛西 1 井产量 700m³/d，邛西 2 井产微气，美国德士古公司对该井压裂后产量 5200m³/d（1999 年）。采用不压井起下的全过程欠平衡钻完井（欠平衡钻进、欠平衡起下钻、欠平衡取心、欠平衡测井、欠平衡完井）完成的邛西 3 井产量 45.67 万 m³/d，邛西 4 井产量 89.34 万 m³/d。之后连续十多口全过程欠平衡钻完井的高产，获控制储量 264 亿 m³、探明储量 57 亿 m³、建立产能 5 亿 m³/a。邛西构造全过程欠平衡钻完井的成功，充分证明了"免掉固井、压裂，充分保护和利用储层天然裂缝的供气能力，保持自钻开储层、直到完井投产的全过程都实现储层的良好欠平衡保护"技术思路的正确性，为川西致密砂岩气的开发提供了全新的技术思路。

6.4　套管阀的欠平衡钻完井技术

6.4.1　套管阀的结构与控制

井下套管阀（Down-hole Deployment Valve，DDV）由 Weatherford 公司于 2002 年研制[14]，我国新疆钻井院等单位已将其国产化。如图 6.14 所示，是安装在井眼上部套管上的一个

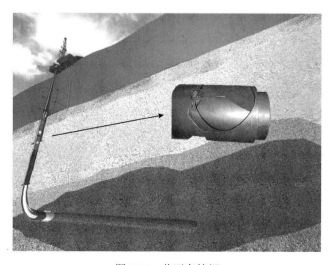

图 6.14　井下套管阀

阀件，整个系统由井下阀件、液压管线以及地面控制台组成。在实施全过程欠平衡钻井之前，套管阀作为上层套管柱的一部分，随上层管柱下至井深某一位置(一般在井深 500～800m)，在技术套管外连接两根用于控制套管阀的寄生管，并注入水泥固井。当井筒中没有管柱时，它可以在地面通过液压管线控制井下套管阀的关闭和打开。套管阀能在空井的情况下将井筒封死，把空井筒从套管阀处分隔成上下两段的井下封井器。

6.4.2　井下套管阀的钻进与起下钻

首先在下套管时将套管阀下入在固定位置，如图 6.15 所示。在钻进阶段，套管阀处于开启状态(图 6.16)。在起钻至套管阀以下井段过程中，钻具重量足以抵消上顶力，套管阀处于开启状态，井筒压差传递到井口的压力由旋转防喷器控制。钻头起至套管阀以上后，钻具重量不足以抵消上顶力，则通过地面控制台使液缸作用，关闭舌板，转由套管阀来控制井筒压力(图 6.17)，这时，可打开井口，常规提钻作业。在下钻过程中，钻具下至接近套管阀舌板位置，钻具重量足以抵消上顶力，则停止下钻，井口旋转防喷器座胶芯，封闭环空，然后开启套管阀，下入钻柱至井底，恢复钻进施工(图 6.17)。

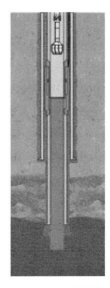

图 6.15　套管阀随套管下入　　　图 6.16　钻进阶段图　　　图 6.17　钻头至套管阀以上

6.4.3　井下套管阀的完井

与井下套管阀配套的是筛管完井。下入完井管串时(要求下入完井管串的长度小于套管阀的下入深度，包括筛管、悬挂器、封隔器、连接短节等)，套管阀处于关闭状态，此时地层流体被关在套管阀以下井筒，而套管阀以上井筒与外界相通，处于常压状态。下入筛管串底部接近套管阀时，要求全部筛管串已下入井口封井器以下，旋转控制头可抱紧装有内防喷工具的送入钻具。此时关闭半封闸板防喷器、同时旋转防喷器座胶芯，然后将套管阀打开；打开防喷器的半封闸板，在旋转控制头的密封下将筛管下入井底，工艺流程如

图 6.18 所示，丢手、座封筛管，起出钻柱。

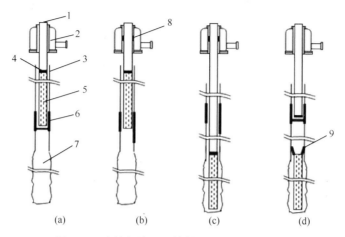

图 6.18 套管阀法下入筛管串工艺流程示意图

1. 送入管串；2. 旋转控制头；3. 技术套管；4. 浮阀；5. 筛管串；6. 套管阀；7. 裸眼井段；
8. 旋转控制头胶芯；9. 机械式座封悬挂器

6.4.4 带测压功能的井下套管阀

在钻进深井、高压气藏时，可能会出现套管阀关闭后，由于气体滑脱、上移而造成套管阀下部井筒内压力升高；这种压力升高会造成储层正压差伤害，套管阀不能打开(当阀板上下压差力大于液缸动作力时)。使用常规套管阀时，当阀下压力过高而打不开时，则封闭井口、向阀上井筒内注液增压，直至阀板打开。

针对这种不足，Weatherford 公司推出了二代套管阀，即带有阀板上下测压功能的套管阀，如图 6.19 所示，在地面可以得知阀板上下压力和阀板开关状态。利用这个功能，当发现阀板下压力太高时，可以打开阀板泄压；也可以在阀板打不开时指导井口注液增压。

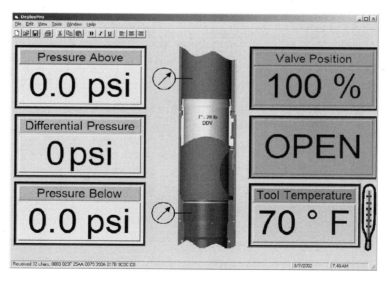

图 6.19 套管阀的测压功能

套管阀可用的产品，除了国外诸如 Weatherford 公司等进口产品外，国内新疆克拉玛依钻井院、中国石油钻井院都有一、二代井下套管阀可用。

6.4.5　机械式开关的井下套管阀

美国哈利伯顿公司有一种机械式开关的井下套管阀，其作用原理如图 6.20 所示：在近钻头处有一个特制"挂环"，在套管阀上部套管上有一个动作机构；起钻到此位置时，钻头上的挂环使套管上的动作机构关闭套管阀；下钻到此位置时，钻头上的挂环使套管上的动作机构打开套管阀。这种套管阀由于没有液压控制管线的约束，所以可以下得较深。这种套管阀最初的研制目的不是用于欠平衡钻井，而是用于海洋深井钻井的快速起下钻（阀板关闭后，起下钻速度快，而不会引起压力激动），因此它的商品名称是"快速起下钻阀"（Quick Trip Valve，QTV）。

　　　　(a) 关闭　　　　　　　(b) 打开中　　　　　(c) 完全打开

图 6.20　快速起下钻阀

6.5　冻胶阀的欠平衡钻完井技术

冻胶阀技术是由吐哈钻井研究院研制的自主知识产权技术，它采用一种凝胶体将上部压井液与油气层进行有效的隔离，该胶体不仅能密封井筒，并且在正压差下不进入储层，起到保护油气层的作用[15]，它的发明者为它起了一个英文名"Smart Packer"[16]。美国 Halliburton 公司在 2013 年也叙述了类似技术的应用[17]。在起下钻、安装井口或者完井的时候，采用平衡井筒压力技术，在井眼某个层段注入这种非损害性流体，将井筒分为上下两个部分，利用凝胶管柱的黏附力和液柱压力平衡地层压力，起到封隔、控制作用。

6.5.1　冻胶阀的组成及性能

冻胶阀具备了一种"阀"的控制功能，如图 6.21 所示，具有隔离作用、密封作用、承压作用。

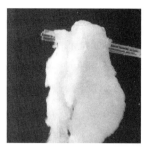

图 6.21　冻胶阀室内测试成胶后图片

成胶后的冻胶性能：

(1) 基液黏度：$10\sim50$mPa·s；

(2) 冻胶黏度：$\geqslant10\times10^4$mPa·s；

(3) 成胶时间：$20\sim100$℃，10min～5h；

(4) 冻胶摩阻：13.7MPa/100m；

(5) 破胶时间：$20\sim100$℃条件下，可根据作业时间调整，最长破胶可达到 25 天；

(6) 破胶后的黏度：<5mPa·s；

(7) 对储层伤害性评价：压力>25MPa 冻胶颗粒未被挤入岩心；

(8) 破胶后的液体对环境无污染，满足环保要求。

6.5.2　冻胶阀全过程欠平衡钻井工艺技术

1. 冻胶注入工艺

(1) 用带有三通的高压管线把水泥车、小型注入泵和井筒环空或立管相连。

(2) 在小型注入泵出口端安装单流阀，防止主剂溶液倒流与交联剂相互混合。

(3) 将基液与交联剂溶液同时注入，在油层顶部形成一段强度很高的冻胶段塞，成胶后在井筒中形成有效"塞封"，阻止地层中的油气及硫化氢等有毒、有害气体向外逸出，注入工艺如图 6.22 所示。

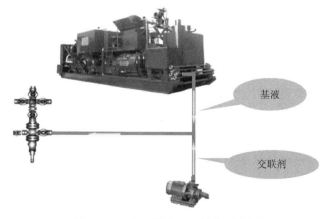

图 6.22　冻胶阀注入工艺流程示意图

2. 钻进工况下的压力控制方法

冻胶阀全过程欠平衡钻井，钻进工况条件下压力控制一般采用以下步骤。

(1)根据地层压力、井眼深度、循环排量等参数及构造特征确定实际使用的钻井液密度，采用充气钻井还应确定气体注入参数，应保证在循环状态下井底的压力小于地层孔隙压力，且压差控制在设计范围内。

(2)在钻进阶段，依靠内防喷工具、旋转防喷器、节流管汇等实现对井底压力的控制，无论地层是否产出油气，应保持立压值不变，进行套压控制，将套压控制在一定范围内。

(3)若保持立压不变，套压超过警戒值(一般要求小于 5MPa)，则应停止钻进，调整钻井液密度或者气体注入量，以达到实现对井底压力有效控制的目的。

3. 起钻工况下的压力控制方法

欠平衡钻井起钻前，根据求得的地层压力、油气上返速度及井眼深度决定注入冻胶阀的时间、位置及数量。如果起钻时压力太高，或者油气上返速度太快，应适当地提高钻井液密度，充气钻井液欠平衡适当减少气体注入量，有节制的控制井底油气上返速度。开始起钻时，依靠旋转控制头和钻具内防喷工具实现对井底压力的有效控制，起钻至适当位置。根据压力大小选择平衡地层压力的冻胶阀方案，注入适量的冻胶阀液体，实现上下井筒的有效隔离，按常规起钻工序完成起钻和更换钻头作业。

4. 下钻工况下的压力控制方法

下钻至冻胶阀液面以上，先座好井口旋转防喷器，恢复井口压力控制功能。然后下钻至冻胶阀液面以下，顶替出全部冻胶阀后，适当补充一定量的钻井液，井底压力恢复到起钻前水平，继续下钻至井底，循环干净后开始正常欠平衡钻进。

1)冻胶阀辅助下入筛管完井技术

在井筒内适当位置注入一定高度的冻胶段塞，隔离产层，平衡地层压力后，下入筛管串，成功座封后顶替出全部冻胶段塞。对于低压含气储层，利用地层压力低、原油不自喷、自产原油不会对本井储层造成污染的特点，采用自产原油平衡井底压力。同时，为避免油层顶部天然气在作业过程中上窜至井口，在油层顶部注入一定高度的冻胶段塞。对于高压油气层，仅靠自产的原油不足以平衡地层压力，要实现井筒内液柱压力与地层压力相平衡，可在原油的顶部注入一定高度的重浆，同时，为了防止重浆与原油发生混窜，在原油与重浆之间采用高切力、高黏度的冻胶段塞进行封隔(图 6.23)。

2)冻胶阀技术的适用范围

冻胶阀技术是吐哈油田钻井研究院根据吐哈油田的储层特征(井浅、压力低、气油比低)研制的专有技术，在吐哈油田应用取得了很好效果，自 2011 年以来共成功应用了 9 井次，完全替代了井下套管阀。最近的成功实例是在新疆克拉美丽气田滴西构造的两口井，井深达 3700m，压力系数达 1.33，两口井均获得了增产 80%的效果[16]。

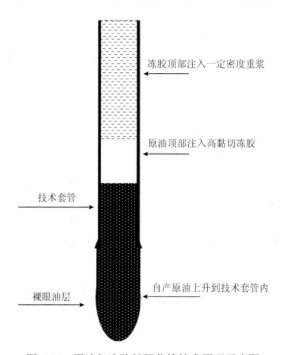

图 6.23　原油与冻胶封隔井筒技术原理示意图

6.6　欠平衡钻井的其他完井技术

欠平衡钻井技术自 20 世纪 90 年代出现以来，至今也仅仅二十多年的发展历史，因此不算是一项有悠久历史、成熟完善的技术体系。在欠平衡钻井技术逐渐成熟的过程中，出现过一些过渡性的、针对性的、尝试性的特殊完井技术，其中有些目前仍然在被使用，有些正在进一步发展完善。

基本的完井方式还是套管固井完成和非套管固井完成两大类。其中，非套管固井完成中常见的是裸眼完井和筛管完井，以及后期形成筛管完井；裸眼完井、筛管完井、后期形成筛管完井，可以在过平衡方式下完井，属于过平衡完井；也可以在欠平衡方式下完井，属于欠平衡完井。

6.6.1　裸眼完井

欠平衡裸眼完井一般采用先期裸眼完井，如图 6.24 所示，即常规钻井钻至油层顶部后，下入技术套管注水泥固井。水泥浆上返至预定的设计高度后，再从技术套管中下入直径较小的钻头，钻穿水泥塞，采用欠平衡钻井的方式钻开油层并钻至设计井深完井。裸眼完井是欠平衡完井最基本、也是最简便的完井方法。其优缺点如下：

图 6.24　先期裸眼完井

1）裸眼完井的优点

(1)排除了上部地层的干扰，为选用最合适的钻井液打开储层提供了最充足的条件，尽量将储层的污染降至最低。

(2)在打开储集层阶段一旦遇到复杂情况，可及时将钻具提到套管内进行处理，避免事故的进一步复杂化。

(3)缩短了储集层在钻井液中的浸泡时间，减少了钻井液对储集层的伤害程度。

(4)在产层以上井段固井，消除了高压油气对封固地层的影响，提高了固井质量，并且储集层段无固井中的污染。

2）裸眼完井的缺点

(1)适应面狭窄，不适应于非均质、弱胶结的产层，不能克服井壁坍塌、产层出砂对油井生产的影响。比较适用于石灰岩、坚硬的砂岩、火山岩等。

(2)比较适合于单一的储集层，不需要分层开采；不能克服层间干扰，如油、气、水的互相影响和不同压力体系的互相干扰。

(3)油井投产后难以实施酸化、压裂等增产措施。

(4)先期裸眼完井法是在打开产层之前封固地层，但此时尚不了解生产层的真实资料，如果在打开产层的阶段出现特殊情况，会给下一步的生产带来被动。

(5)后期裸眼完井没有避免洗井液和钻井液对产层的污染和不利影响。

国外欠平衡钻井当钻遇高产油气层时，采用裸眼完井，有时直接采用原钻具完井，将钻具座封在套管头上，直接由钻井转入生产，以减少起钻压井对产层的损害。

6.6.2　筛管完井

与裸眼完井相比，筛管完井可以有效地防止地层出砂、井壁坍塌等对生产的影响。筛管完井和裸眼完井在钻井工艺方面是相同的。只不过是在钻完目的层后，将筛管串下入裸

眼段。然而在欠平衡状态下筛管作业期间井控是个难题,国内外欠平衡下筛管的最主要的
方法是利用不压井起下装置、套管阀、冻胶阀或下压解封式桥塞等来辅助下入筛管。以下
压解封式桥塞辅助下入筛管完井技术为例。

在技术套管的套管鞋以上安放一个下压解封式桥塞,此时,技术套管就相当于一个井
下防喷管。然后,在筛管串下端连接一个解封挂,并将其与筛管串一起下入井中。当解封
挂与下压解封式桥塞接触时,下压解封,此时筛管串与桥塞连接在一起,将筛管、解封挂、
桥塞等一起送入井底,工艺流程如图 6.25 所示。

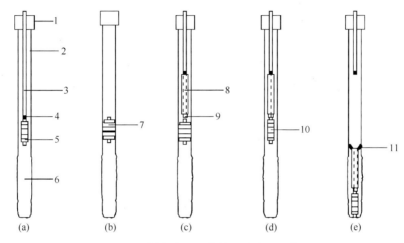

图 6.25　桥塞法下入筛管工艺流程示意图

1. 套管头；2. 技术套管；3. 送入管串；4. 单流阀；5. 座封前的桥塞；6. 裸眼井段；7. 座封后的桥塞；
8. 下入的筛管串；9. 夹套式打捞筒；10. 解封后的桥塞；11. 尾管悬挂器

6.6.3　实体带眼管完井技术

实体带眼管实际上是筛管的一种,是一种后期形成筛管的技术,该技术由广汉钻井院
于 2004 年首先提出[18],吐哈油田于 2007 年成功实施实体筛管的气体钻井完井作业,取
得了增产 6 倍的良好效果[19]。实体带眼管是将套管用充填剂充填形成盲管,然后对盲管
进行割缝或打孔处理,利用不压井起下井内管串的原理和工艺,把处理好的盲管串下入井
底,悬挂后下入小钻具再次进行欠平衡钻进,将盲管内的充填剂钻掉,使其形成内外通透
的筛管,实现管内与储层连通。比较适用于储层段下入筛管串长度不超过 200m 的欠平衡
完井作业,特别适用于低压储层采用气体钻井的欠平衡下筛管完井作业。

实体带眼管由套管、暂堵剂组成:首先在将要下入井内的套管里注入暂堵剂,密封为
盲管,然后对盲管进行割缝或打孔处理,缝或孔的相位角、缝/孔密度、孔径、缝宽、缝
长根据地质要求、采油(气)情况而定,且缝或孔深度大于管壁厚度 1cm(以利于钻暂堵剂
后储层与管柱连通)。孔/缝参数可由储层的粒径分布、出砂情况而定。

实体带眼管欠平衡完井技术主要分为四个步骤(图 6.26):①将处理好的盲管串下入井
底;②悬挂盲管串,退扣起钻;③下入小钻具再次进行欠平衡钻井,将盲管内的水泥塞钻
掉;④钻完水泥塞后起钻,形成与储层直接连通的筛管串。

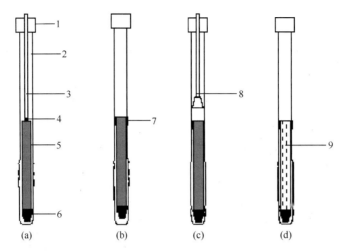

图 6.26 实体带眼管下入工艺流程示意图

1. 套管头；2. 技术套管；3. 送入管串；4. 单流阀；5. 处理后的盲管串；6. 引鞋；7. 悬挂器；8. 小钻具；9. 形成的筛管串

6.6.4 非透式可膨胀筛管完井技术

非透式可膨胀筛管实际上也是一种后期形成筛管的技术[20, 21]。非透式可膨胀筛管完井技术如图 6.27 所示，其特点与衬管（筛管）悬挂完井方式基本相同，完钻后下入下端封闭的膨胀管管柱，膨胀管管柱上有若干未穿透管壁的盲孔，且盲孔处管壁的壁厚能够保证足以抵抗住膨胀管管内和管外的压差作用而不会通透或变形，使膨胀管管柱内外隔开。利用膨胀机械工具使非透式可膨胀管管柱膨胀，同时使膨胀管管柱上的盲孔被膨胀成通孔，形成筛管，使储层与膨胀管管柱内部相通。如果需要，膨胀后的膨胀筛管管柱的管壁可以紧贴在井壁上。

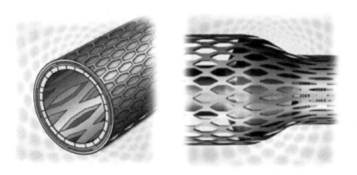

图 6.27 非透式可膨胀筛管膨胀前后的实物图

6.6.5 特殊完井液完井

此种完井方法的出发点是：采用过平衡完井方法，允许完井液进入储层，但要求进入储层的完井液对储层没有伤害。一般是无固相的清洁盐水体系、液态烃类体系，也有液态的气体体系[22]。但不少现场实践表明：无固相的清洁盐水体系、液态烃类体系等特殊完井液完井，对于油藏、凝析油气藏有一定效果，但对于干气气藏、尤其是致密砂岩的干气气藏往往是没有效果的，其原因应该是"液相圈闭伤害"。

欠平衡钻完井技术配套的特殊完井液完井技术分为两个阶段：第一阶段是欠平衡钻开储层的阶段，在该阶段的井内工作液既要满足钻进的需要（如携岩能力、悬浮能力、流动减阻等），也要满足保护储层的需要，应该是一种具有良好保护储层功能的优质钻井液。第二阶段是完井阶段，此阶段没有钻进中的诸多性能需求，但对储层保护和地层评价的功能有了更高要求，要求能够实现在长时间浸泡条件下井壁稳定、储层不受伤害、有利于储层评价，这应该是一种特殊的完井液。如图 6.28 所示，建议在完井前采用优质完井液段塞保护储层井段。保护储层的优质工作液，一定要特别具有针对性，要对储层进行精细描述、分析储层的潜在伤害因素、评价可能伤害的机理和程度，结合工艺特点优选工作液类型、组分和性能，并进行岩心实验评价，最终形成优质的钻井液和完井液。

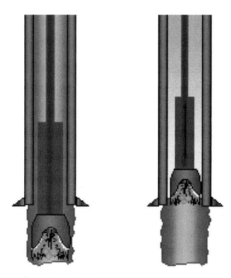

图 6.28 注入保护储层的完井液段塞

6.6.6 低密度水泥浆固井与负压射孔的套管射孔完井

欠平衡钻井技术配套的套管射孔完井是一种在没有其他技术可用的情况下的替代技术。严格讲这不能达到要求的全过程欠平衡的储层保护，但在没有其他更好技术可用时，采用这种技术对设备和工具没有特殊要求，虽然在储层保护效果上达不到要求的理想状态，但总比常规的套管射孔完井技术好些。其优点是容易实施，适应性强（能够有效地封隔和支撑地层，对于不同压力和不同特性的油气层可以有选择地打开，可以分层开采，分层测试和分层增产改造）。其缺点是储层在压井和固井过程中受到钻井液、压井液和水泥浆的长时间浸泡，存在一定的储层伤害。其大致过程如下：欠平衡钻穿储层，带有良好屏蔽暂堵功能的优质压井液近平衡压井，下套管、低密度水泥浆固井，负压深穿射孔，必要时实施增产改造[23]。低密度水泥固井的目的是减少固井过程中的正压差伤害，如微硅水泥、充气泡沫水泥、空心微珠等[24]。

欠平衡射孔的概念来自于一个美国射孔公司的室内研究成果[25]：用贝雷砂岩做了一个模拟井眼，用过平衡射孔射开后未见到模拟地层煤油的冲击压力、没有煤油产出；用欠平衡射孔射开后立即见到了模拟地层煤油的冲击压力、大量煤油产出。由此产生了"采用低密度完井液射孔"的欠平衡射孔[26]，以及利用欠平衡射孔替代酸洗解堵的方法[27]。欠平衡钻井技术产生后，出现了"低密度固井、配合欠平衡射孔"的完井方法。

本书作者的理论研究和部分现场实践表明[28]："低密度固井、配合欠平衡射孔"的完井方法对中等渗透率以上的孔隙型砂岩有一定的效果，油层的效果好于气层。而对于低渗透、致密砂岩等储层效果有限，尤其对裂缝-孔隙双重介质的气层，基本没有效果。

6.6.7 欠平衡的钻杆完井

长期以来，钻杆完井一直作为事故完井的非正规手段，是一种"遇到无法起钻的事故后而临时采用的补救手段"，事先没有设计，事故发生后根据情况随机应变。例如，玉门油田三墩构造的墩 1H 井，也是由于井塌卡钻导致无法起钻，从而钻杆完井[29]。辽河油田兴隆台气藏的兴 213 井[30]，井喷后无法起钻，钻杆完井。国外一般也是把钻杆完井作为一种事故完井的补充手段[31]。非正常的事故完井往往高产，如辽河油田兴隆台气藏的兴213 井，钻杆完井后该井成为了该改造上的高产"王牌"井。还有，辽河油田坨 71 井由于井下事故，被迫提前下入 7in 套管，然后用 6in 钻头钻穿储层，再下入 5in 套管；因套管与井壁间隙太小，无法保证注水泥的封固质量，只好采用管外封隔器裸眼完井。结果初产达 400m³/d，稳产一年 70m³/d。而邻近四口井的产量均在每日 3～13m³，而且都是经酸化压裂后才能投产，其中坨 71-2 井经两次酸化一次压裂后才达 13m³/d。在事故完井中，由于提前完井、去掉了固井过程，因此减少了浸泡时间、消除了固井的二次伤害，同时保证了钻开井壁、微裂缝的充分暴露，这可能是导致高产的重要原因。

自从欠平衡钻井技术产生以来，有一种"欠平衡钻井与钻杆完井相结合"的趋势在发展。此时的钻杆完井不再是一种"事故完井"的手段，不再是"事先没有设计，事故发生后根据情况随机应变"的临时手段，而是一种为保证长期开采而事先设计的完井手段。最早的尝试来自于美国欠平衡钻井技术的发源地——Austin Chalk 油田[32]。更为详细的描述来自于到美国 Austin Chalk 实地考察的所见所闻(长庆油田赵业荣、新疆油田田效山)：在Austin Chalk 有一个破碎性坍塌油层，常规过平衡钻井严重井漏、伤害储层，而且钻入的钻具无法起钻。因此，采用了欠平衡钻进制服井漏、保护储层，采用水平井增大储层钻遇率，同时带有随钻筛管，欠平衡钻进强行钻入坍塌储层、带入随钻筛管，然后座封井口、打开旁通阀，钻杆投产。这是典型的事先设计的钻杆完井，实现了"边喷边钻、边漏边钻、边塌边钻"对付漏失型破碎坍塌储层。另一个典型实例来自于新疆塔里木油田：利用氮气钻井钻开储层在迪西 1 井获得了高产[33]。因井深、压力高、产量大而无法起钻完钻，被迫压井后固井射孔完成，严重的储层伤害使得射孔后几乎没有产量，采用压裂改造也只获得低产。因此，塔里木油田专门设计了"油钻杆"、配套的井下工具和井口座封装置，形成了"钻开高产储层后立即钻杆完井投产"的技术，该技术在迪北 104 井应用成功，不但钻进中发现高产气层，而且顺利完井并投产[34]。

6.6.8　控压固井

一般在过平衡钻井的情况下，对中高渗透储层，可以采用固井射孔完井直接投产；对中低渗透储层，则多为固井完成之后再进行增产改造方可投产，固井的目的是为后期的增产改造提供一个层间封隔、承受高压的井筒。而欠平衡钻井的配套完井方法多是裸眼、筛管等完全暴露的完井方法，以求获得尽可能高的渗流面积和渗流能力，道理上讲欠平衡钻井不适合与固井完成搭配，除非欠平衡钻井的目的重在发现。但也有欠平衡钻井与固井、射孔、增产改造搭配，并取得良好效果的情况，如大港油田千米桥构造[35]。因此，与欠平衡钻井配套的固井技术也就成了关注点之一，自然人们就希望有与欠平衡钻井技术配套的"欠平衡固井技术"；但实际上，在水泥浆固井中实现"欠平衡"是不现实的，因为由水泥浆凝固成水泥石需要一个稳定的静态环境，必须把油气层压稳。尽管有人发表文章声称"欠平衡固井"[36, 37]，但实际上只是不准确的叫法，只是精确压力控制的固井[36]或克服窄密度窗口的固井[37]，但仍然是压稳的过平衡。

近年来，随着控压钻井的发展，人们开始把控压钻井的思想和手段延伸到固井环节，在固井过程中精确控制井内压力剖面和质量守恒，减少了固井过程中的过平衡压差，减少了固井过程中的压力波动范围。有人称为"控压固井"（Managed Pressure Cementing）[38]，有人称为"闭环固井"（ClosedLoop Cementig）[39]。控压钻井、随钻地层测试（地层的孔隙压力与破裂压力）、控压固井所组成的对付难钻窄窗口的全套技术，在北美的海洋钻井和复杂深井开始了推广应用[40]。

参 考 文 献

[1]　万仁溥. 现代完井工程(第 3 版).北京：石油工业出版社，2008

[2]　Cade R. The Role of Underbalanced Technology in the Completion Process. Society of Petroleum Engineers，82201-MS，2003，101(10)：1～6

[3]　Tang Y L，Erdal Ozkan. Performance of Horizontal Wells Completed with Slotted Liners and Perforations. SPE，PS-CIM 65516，2000

[4]　Appleton J. Cemented Versus Open Hole Completions：What is Best for Your Wells. SPE，163946-MS，2013

[5]　康毅力. 川西致密含气砂岩粘土矿物与地层损害研究. 成都：西南石油大学博士学位论文，1998

[6]　Saskatchewan S E. Integrated Underbalanced Drilling Solution. Tesco Drilling Technology，1998

[7]　孟英峰等. 欠平衡钻井保护裂缝性储层的技术. 西南石油学院，四川石油管理局研究报告，2003

[8]　IADC. IADCUBO&MPDCommittee.http://www.iadc.org/committee/UBO & MPD Committee

[9]　Yokeetc P. Total Underbalanced Well Construction，Enabled Through Expandable. OTC 17434，2005

[10]　孟英峰，吴仕荣，肖新宇等.川西致密砂岩气藏勘探开发新技术-全过程欠平衡钻完井技术.西南石油学院，四川石油管理局西南油气田分公司研究报告，2004

[11]　赵政章，吴奇等."山鸡"何以变"凤凰"——中国石油西南油气田公司全过程欠平衡钻完井调查报告.成都：中国石油西南油气田公司，2005

[12]　Leggettetc R B. Snubbing unit applications in potentially high-rate gas wells：a case study of the Anschutz Ranch East unit. Summit County. Utah，SPE-22824，1991

[13]　郑有成.四川碎屑岩地层欠平衡钻井完井技术攻关.天然气工业，2003，23(5)：69～72

[14]　Herbal Steve etc. Downhole deployment valve addresses problems associated with tripping drill pipe during underbalanced drilling operations. SPE，77240-MS，2002

[15]　陈芳，杨立军，马平平等.冻胶阀全过程欠平衡钻井技术在马 207 井的应用.西部探矿工程，2010，(9)：97～99，101

[16]　Chen C. Application of smart Packer Technology in Underbalanced Completion. IADC/SPE，155888-MS，2012

[17]　Bernard　C J. Manage the pressure-drive the results. SPE，168867-MS，2013

[18]　杨玻，肖润德，潘登等.四川欠平衡钻井完井配套技术完善与推广应用.钻采工艺，2007，30(2)：22～24，152

[19]　赵前进.实体筛管完井技术在氮气钻井中的应用.石油钻采工艺，2009，31(5)：45～47

[20]　Cuthbertson R L. Completion of an Underbalanced Well Using Expandable Sand Screen. SPE/IADC，79792-MS，2003

[21]　Valisevich A. Rotating Sand Screens to TD in Korchagina ERD Wells. SPE，171957-MS，2014

[22]　Millhone R S. Completion Fluids for Maximizing Productivity–State of the Art. Journal of Petroleum Technology，1993，35(1)：47～55

[23]　Gahan B C. Underbalanced Completion：A Technology Review. Gas Technology Institute First Edition，2001

[24]　Animesh Kumar，Anjani Kumar.Cementing Light and Tight：A CBM Cementing Story. SPE，166983-MS，2013

[25]　Regalbuto J A. Underbalanced Perforation Characteristics as Affected by Differential Pressure. SPE，5245-MS，1988

[26]　Badrul M J. Increasing Production by Maximizing Underbalance During Perforating Using Nontraditional Lightweight Completion Fluid. SPE，108423-MS，2007

[27]　Behrmann L A. New Underbalanced Perforating Technique Increases Completion Efficiency and Eliminates Costly Acid Stimulation. SPE，77364-MS，2002

[28]　孟英峰等. 甲方钻井手册. 北京：石油工业出版社，2012

[29]　刘鹏，刘博峰，杨洪瑞等.墩 1H 井钻杆完井水平井试油方法探索及实践.西部探矿工程，2015，(11)：63～64，68

[30]　赵庆波. 辽河断陷一口高产"王牌"气井的开采特点.天然气工业，1986，(3)：101～102

[31]　Charies A H. Gulf of Suez Horizontal Drilling Challenges. SPE，37822-MS，1997

[32]　Cynthia A B. The Austin Chalk-Drilling and Completion Techniques-Marcelina Creek Field Study. SPE，11122-MS，1982

[33]　胥志雄，孟英峰，李峰等.DX1 井高压高产储层氮气安全钻井技术.钻采工艺，2013，36(5)：5～8，10

[34]　简讯. 塔里木油田成功应用油钻杆氮气钻完井新技术. 石油机械，2013，41(11)：43

[35]　王建富，时云珠. 千米桥古潜山勘探成功的配套技术.勘探家，2000，5(1)：26～28，6

[36]　Bjorkevoll K S. Innovative Design，Operational Modelling and Lessons Learned for Pressure Management During Underbalanced Cementing With Choked Return Flow. OMC，2005

[37]　刘德平，王仕水，卓云等. 高压低渗透气井欠平衡固井技术——以宝龙 1 井为例. 天然气工业，2009，29(8)：60～62，138

[38]　Elmarsafawi Y A. Beggah.Innovative Managed-Pressure-Cementing Operations in Deepwater and Deep Well Conditions. SPE/IADC，163426-MS，2013

[39]　Hannegan D. HPHT Well Construction with Closed-Loop Cementing Technology. SPE/IADC，163452-MS，2013

[40]　Hannegan D. Closed-Loop Drilling，Cementing and Frequent Dynamic Formation Integrity Testing-"State of Art" for Deepwater Drilling Programs. OTC，24097-MS，2013

第7章 欠平衡钻井的装备、工具与仪器

随着欠平衡钻井技术的发展日趋成熟，石油工业对欠平衡钻井装备的需求也逐步增大。大体上，欠平衡钻井除了常规钻井装备之外，还需要增加特殊作业设备，用以承受和控制井底压力及地层孔隙压力产生的负压差，以及将井筒内返出的带压钻井液（多相流）中的油气及固相分离和处理。若采用空气钻井或天然气钻，则地面设备还需要增加制氮设备、空压机雾化和泡沫设备等。

本章按欠平衡钻井井口装备与地面装置、欠平衡钻井井下工具与测量仪器两个大类对欠平衡钻井装备进行介绍。其中井口装备包含旋转防喷器、井控装置组合、节流管汇、返出液分离系统以及不压井起下钻装置，地面装置包含注入设备以及燃爆监测系统；井下包含旋塞阀、止回阀、旁通阀、空气锤钻头、气动螺杆、钻具附件与井下测量仪器等。

7.1 井口装备与地面装置

7.1.1 注入设备

1. 空压机

气体钻井采用空压机一般为螺杆空压机，是直接从大气中获取空气并进行初级加压的主要设备，用于不同作业方式的干气体、泡沫、雾化及充气钻井液钻井。

1）结构及工作原理

空压机主要由柴油机、螺杆压缩机、润滑系统、冷却系统、调节系统、控制系统等组成。柴油机和螺杆压缩机是核心，两者由联轴器连接。其中螺杆压缩机是主体，它将柴油机的机械能转换成气体压力能。

工作原理：柴油机驱动螺杆压缩机旋转，螺杆压缩机从大气中吸入空气后进行压缩，压缩后的油气混合物进入油气分离罐，经分离排出所需的干净压缩空气，而分离出的油返回至螺杆压缩机循环使用，起润滑、冷却、密封作用。

2）工作特点

操作维护方便、适应性强、可靠性高、动力稳定性好、排气量几乎不受排气压力的影响等特点，其只适用于中、低压范围，排气压力一般不能超过 4.5MPa。

3）基本参数

目前排气量为 25～40m³/min、工作压力为 2.4～3.5MPa 空压机统计见表 7.1，各品牌空压机基本参数见表 7.2。

表 7.1　国内外空压机统计表

厂家	空压机型号
美国寿力(SULLAIRCORP)	单工况：Sullair900XHH、1050XH、1150XH、1350XH、1500XH
	双工况：Sullair900XHH/1150XH、1150XHH/1350XH
阿特拉斯(Atlas)	XRVS976CD、XRVS476CD、XRVS1250
英格索兰(Ingersoll Rand)	XHP900WCAT、XHP1070WCAT、XHP1170WCAT
复盛	PDSK900S
成都天然气压缩机厂	LK-35/2.5-3QZ*
天津凯德公司	UBD1150/2.0**

*配 XRV12 阿特拉斯螺杆空气压缩机；**配寿力螺杆空气压缩机

表 7.2　各品牌空压机基本参数表

机组型号	压缩级数	额定压力/MPa	额定排量/(m³/min)	重量/kg	最大环境温度/℃	适合海拔高度/m	发动机型号	长×宽×高/mm
900XHH	2	3.45	25.5	6917	50	4267	C15	4547×2235×2108
1050XH	2	2.41	29.8	6917	50	4267	C15	4547×2235×2108
1150XH	2	2.41	32.6	6917	50	4267	C15	4547×2235×2108
1350XH	2	2.41	38.3	6917	50	4267	C18	4547×2235×2108
1500XH	2	2.41	42.5	6917	50	4267	C18	4547×2235×2108
900XHH/1150XH	2	3.45	25.5	8100	50	4267	C15	4896×2184×2395
		2.41	32.6					
1150XHH/1350XH	2	3.45	32.6	8100	50	4267	C18	4896×2184×2395
		2.41	38.3					
XRVS976CD	2	2.5	27.2	5500	50	5000	C12	4500×2100×2460
XRVS476CD	2	2.5	27.6	6800	45	5000	C13	4500×2100×2460
XRVS1250CD6	2	2.5	36.1	7557	50	5000	C18	4560×2250×2270
XHP900WCAT	2	2.41	25.5	5757	50	5000	3406TA	4750×2250×2276
XHP1070WCAT	2	2.41	30.3	6609	50	5000	C15	5649×2216×2248
XHP1170WCAT	2	2.41	33.1	6609	50	5000	C15	5649×2216×2248
PDSK900S	2	2.45	25.5	6350	50	5000	S6B3-PTA	4615×2100×2315
LK-35/2.5-3QZ	2	2.5	32.5	7900	50	5000	C15	6200×2230×2500
UBD1150/2.0	2	2.41	32.5	7600	50	4267	C15	5000×2200×2200

2. 增压机

气体钻井用增压机一般为往复活塞式增压机，是将压缩气体进一步增压至更高压力的主要设备，用于不同作业方式的干气体、泡沫、雾化及充气钻井液钻井。

1)结构及工作原理

增压机主要由柴油机、活塞式压缩机、润滑系统、冷却系统及控制系统等组成。柴油机和活塞式压缩机是核心。目前广泛使用的增压机按气缸布置分为三种机型，其指标对比见表 7.3。

表 7.3　三种机型主要指标对比表

设备类型	机型 I	机型 II	机型III
气缸布置	水平对称布置	垂直布置，呈 V 或 W	垂直布置，呈竖直线
冲程	76.2～127mm 标准	76.2～114.3mm 非标准	76.2～114.3mm 标准
活塞力	水平对动，相互抵消，可适应于大负荷	活塞力不平衡，不适应于大负荷	活塞力不平衡，不适应于大负荷
气缸	范围大，规格多，适宜于大气量	范围较小，规格少，适宜于中小气量	范围较小，规格少，适宜于中小气量
转速	一般适宜动力机的额定转速	较大负载时，选择低转速，通过动力机实现变速	转速会更低
机组重心	最低	较高	高
占地尺寸	适中	适中略小	最小
基础要求	撬式可移动	相对固定，可撬装	要有固定基础

工作原理：压缩气体先经缓冲罐除去油和水，再进入活塞式压缩机气缸进行压缩，最后高压压缩气体经排气阀排出。

2）工作特点

具有压力范围广、适应性强、热效率较高、排气量可在较大的范围内变化，且对制造加工的金属材料要求不苛刻等特点。但不足在于，体积和质量大，结构复杂，易损件多，气流有脉动，运转中有振动等。一般适用于中、小流量及压力较高的场合。

3）基本参数

国内外不同机型的基本参数见表 7.4。

表 7.4　国内外不同机型的基本参数

型号	厂家	压缩机结构形式	压缩级数	进气压力/MPa	排气压力/MPa	排气量/(m³/min)	重量/kg	发动机型号	整机长×宽×高/mm
FY400	成压厂	四列对称平衡式	3	1.0～2.2	7.5～17	34～70	17000	TAD1641VE	7260×2470×2650
E3430	天津凯德		3	1.0～2.2	17	60	13000	C16	6000×2440×2500
飓风855-62	美国飓风AC	V 形	1	1.0～2.2	6.2	97.7	7800	CAT	4700×2400×2300
	Hurricane		2	1.0～2.2	14.9	65.1			
Joy WB-12	Joy		2	1.24～3.45	2.07～18.6	34～105	14642	C16	6706×2438×3073

3. 制氮机

气体钻井用制氮机是氮气钻井的主要设备,安装在空压机和增压机之间。采用膜法空分制氮技术制取氮气,该技术是利用空气中的 O_2 和 N_2 分别通过中空纤维膜的不同渗透率,把空气分离为富氮和富氧的两股气流,从而得到钻井所需的氮气。

1)结构及工艺流程

制氮机主要由空气处理装置、膜分离器装置、控制系统及辅助装置等组成。膜分离器装置是主体,由几组氮气膜分离器组成。该氮气膜分离器是核心件,一般设计成圆筒形结构(图 7.1)。

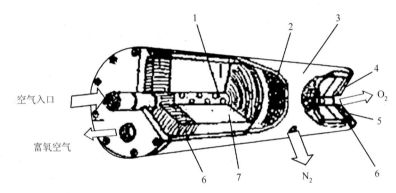

图 7.1　中空纤维膜分离器结构图

1. 中心输气管; 2. 塑料网; 3. 外壳; 4. 端板; 5. 环氧树脂封头; 6. 中空纤维膜丝; 7. 形圈

工艺流程如图 7.2 所示。来自于空压机的压缩空气,经制氮机里的空气处理装置进行除油和除水、分级过滤、温度调节等处理后的干燥、纯净和恒温的压缩空气进入膜分离器装置;经过氮-氧分离后,分离出的富氧空气排入大气,而达到所需纯度和压力的氮气直接运用。

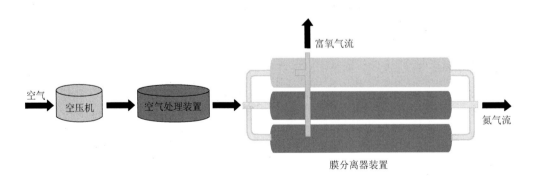

图 7.2　工艺流程图

2)基本参数

国内制氮机的基本参数见表 7.5。

表 7.5　国内制氮机的基本参数表

设备名称/厂家	NPU3600 成都西梅卡	C5551-3600 成都兰奥	QZD-3600/2.5 成压厂	NPU3600HP 天津凯德
膜组名称	捷能膜	普里森膜	普里森膜	麦道膜
设备性能	工作温度：35～45℃ 进气温度：≤55℃ 进气最大压力：2.4MPa 出口最大压力：2.1MPa	工作温度：40～49℃ 进气温度：≤55℃ 进气最大压力：2.5MPa 出口最大压力：2.2MPa	工作温度：40～49℃ 进气温度：≤55℃ 进气最大压力：2.4MPa 出口最大压力：2.1MPa	工作温度：35～45℃ 进气温度：≤50℃ 进气最大压力：2.4MPa 出口最大压力：2.2MPa
制氮纯度	95%～99%	95%～99%	95%～99%	95%～99%
除油污和水的方式	通过活性炭和冷干机，分别除去油污和水	通过四个联合过滤器除油污和水	通过四个联合过滤器除油污和水	通过活性炭和冷干机，分别除去油污和水

4. 基液注入泵

气体钻井用基液注入泵也称雾化泵，是将钻井流体转化为雾化状态的钻井设备，用于泡沫、雾化钻井作业。

1) 结构及工艺流程

基液注入泵主要由驱动机、柱塞泵、传动系统、控制系统及高压管汇等组成。驱动机和柱塞泵是核心，驱动机为电动机或柴油机，柱塞泵为三缸柱塞泵，两者由传动系统连接。如图 7.3 所示为 W-B 型卧式三柱塞高压泵，基液注入泵工艺流程如图 7.4 所示。

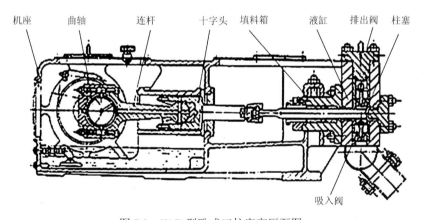

图 7.3　W-B 型卧式三柱塞高压泵图

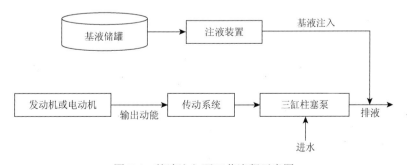

图 7.4　基液注入泵工艺流程示意图

2）基本参数

目前国内外气体钻井用的雾化泵主要有美国国民油井、加拿大原装进口 165T-5M、国内天津凯德 165T-5M 和 T100、中国石油勘探开发院 WHBJ-01 和 WHBJ-02、川庆钻探钻采院空气钻井公司（以下简称川庆钻采院）GYWB15-38 等，其基本参数见表 7.6。

表 7.6　国内外气体钻井用雾化泵的基本参数表

厂家	型号	驱动方式	结构形式	最大排量/(L/s)	最高工作压力/MPa	排量调节
中国石油勘探开发院	WHBJ-02	电机驱动	双电机双泵	6	15	无级调节
川庆钻采院	GYWB15-38	柴油机驱动	三缸泵	10	15	无级调节
天津凯德	165T-5M	柴油机驱动	三缸泵	6.2	15	换挡分级调节
NATIONAL OILWELL	165T-5M	柴油机驱动	三缸泵	3.75	18	换挡分级调节
	Precision165T-5M	柴油机驱动	三缸泵	5.8	19	换挡分级调节
	KM3300XHP	柴油机驱动	三缸泵	3.15	14.3	换挡分级调节
	GD 65T（TAC）	柴油机驱动	三缸泵	3.15	18	换挡分级调节

5. 气液混合器

气液混合器用于充气钻井液钻井作业，是把气体均匀快速地混合充填到钻井液中，实现气液均匀混合。其结构如图 7.5 所示。

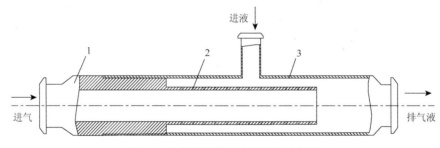

图 7.5　气体钻井用气液混合器示意图
1. 进气插管；2. 分气孔；3. 气液混合管

7.1.2　旋转防喷器

旋转防喷器（RBOP），也称为旋转控制头（RCH），现国外统称为旋转控制装置（RCD）。按目前我国执行的行业标准，标准名称确定为旋转防喷器（SY/T 6730—2008：钻通设备旋转防喷器）。

国内外生产的旋转防喷器按胶芯密封钻具的方式，可分为被动密封式、主动密封式和混合密封式三类，现场常用的主要是前两类，混合密封式的旋转防喷器仅见于标准提及。

旋转防喷器按工作压力级别可分为三类。低压旋转防喷器：转动密封压力低于 7MPa，静压低于 14MPa；中压旋转防喷器：转动密封压力为 7~10.5MPa，静压为 14~21MPa；高压旋转防喷器：转动密封压力为 17.5MPa，静压为 35MPa 及以上压力等级。

1. 被动密封式旋转防喷器

被动密封式旋转防喷器高、中、低压力级别均有，尺寸、规格系列齐全。代表性的被动密封式旋转防喷器产品，国内为川庆钻探工程有限公司钻采工艺技术研究院生产的 XK 型旋转防喷器，国外为美国 Weathwerford 公司的 Williams 旋转防喷器。

1）XK 型旋转防喷器（商品名 XK 型旋转控制头）

XK 型旋转防喷器井口安装示意图如图 7.6 所示。

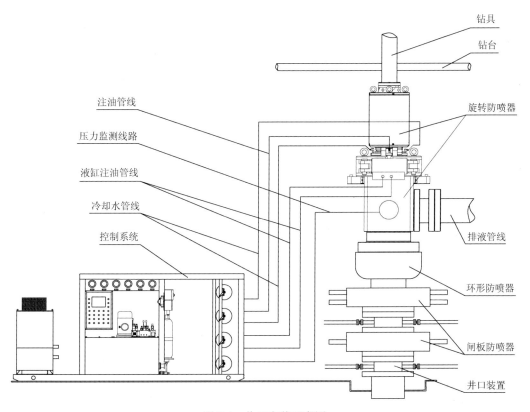

图 7.6　井口安装示意图

（1）XK 型旋转防喷器结构特点

XK 型旋转防喷器主要结构如图 7.7、图 7.8 所示。

XK 型旋转防喷器主要由旋转总成和壳体两大部分组成。旋转总成包括旋转补心、密封胶芯、组合动密封、轴承组件等几部分。旋转总成和壳体用液动或手动卡箍连接。与主机配套使用的液控装置，为旋转防喷器连接卡箍提供液压关闭和开启动力，同时也为组合动密封提供冷却液，为轴承组件提供润滑油[1]。

XK 型旋转防喷器有Ⅰ型和Ⅱ型两种系列产品。Ⅰ型产品为通常应用于气体、欠平衡钻井用的旋转防喷器(通常省略"Ⅰ"型标注)。Ⅱ型产品为可使用较大尺寸钻具的大通径尺寸产品。

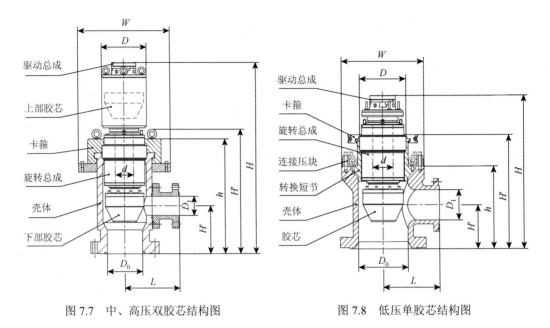

图 7.7　中、高压双胶芯结构图　　　　　图 7.8　低压单胶芯结构图

(2)XK 型旋转防喷器液控装置

XK 型旋转防喷器配套使用的液控装置共有三种型号：YZ-577 型液控装置为风冷型，适合大多数地区使用，YZ-579 型具有强制冷、加热功能，可用于寒冷和热带地区，两种型号主要与中、高压旋转防喷器配套使用；YZ-578 型液控装置主要为低压旋转防喷器或试、修井用旋转防喷器配套使用。

XK 型旋转防喷器产品尺寸参数系列见表 7.7、表 7.8。XK 型旋转防喷器配套液控装置尺寸参数见表 7.9。

表 7.7　XK 型旋转防喷器Ⅰ型产品尺寸参数表

分类	高压	中压(双、单胶芯)		低压
型号	XK-17.5/35	XK-10.5/21(双)	XK-7/14(单)	XK-3.5/7
最大旋转动密封压力/MPa	17.5	10.5	7	3.5
最大静密封压力/MPa	35	21	14	7
主通径 D_0/mm	350、280	350、280、230	350、280、230、180	700、540、350、280、180
侧出口通径 D_1/mm	180	230、180	230、180、104	254.5、230、180、104
侧进口通径 D_2/mm	80、52	80、52	80、52	80、52
旋转密封总成外径 d_0/mm	440	440	440、374	440、374
中心管通径 d_1/mm	182	182	194、182	200、194、182
最大转速/(r/min)	150	150	150	150
总体高度 H/mm	1798	1798～1810	925～1360	925～1360

续表

分类	高压	中压(双、单胶芯)		低压
总体宽度 W/mm	906	906	约 906	约 906
壳体高度 H'/mm	1170	1170～1190	780～1190	780～1190
壳体净高 h/mm	1060	1060～1080	710～1080	710～1080
侧出口高度和 h'/mm	410	410～455	360～455	360～455
侧出口宽度和 L/mm	535	535～550	370～600	370～600
质量/kg	2470	2470～2520	770～2000	770～1800

表 7.8　XK 型旋转防喷器 II 型产品尺寸参数表

分类	高压	中压(双、单胶芯)		低压
型号	XK-17.5/35	XK-10.5/21(双)	XK-7/14(单)	XK-3.5/7
最大旋转动密封压力/MPa	17.5	10.5	7	3.5
最大静密封压力/MPa	35	21	14	7
主通径 D_0/mm	350、280	350、280	350、280	700、540
侧出口通径 D_1/mm	230、180	230、180	230、180	254.5、230
侧进口通径 D_2/mm	80、52	80、52	80、52	80、52
旋转总成外径 d_0/mm	510	510	510	510
中心管径 d_1/mm	220	220	220	220
最大转速/(r/min)	120	120	120	120
高度 H/mm	2220	2220	1620	1620
质量/kg	3950	3900	2540	2400

表 7.9　XK 型旋转防喷器配套液控装置尺寸参数表

尺寸参数　　　产品型号	YZ-577 型 液控装置	YZ-578 型 液控装置	YZ-579 型 液控装置
卡箍油缸压力/MPa	25～31.5	—	25～31.5
冷却润滑油压力/MPa	17.5～21	7	17.5～21
侧出口液动阀控制压力/MPa	7.5～10.5	—	7.5～10.5
冷却循环水压力/MPa	0.32	0.32	0.32
油箱有效容积/L	1000	200	1000
水箱有效容积/L	1000	200	1000
系统总功率/kW	6.62	1.85	13.75
外形尺寸(长×宽×高)/m	3×2×2	1.5×0.65×1.1	4.2×2×2
总重量/kg	1000	600	1500

2) Williams 旋转防喷器

如图 7.9 所示的 Williams7100 型旋转防喷器，Williams 旋转防喷器为美国 Weatherford

公司所有，是目前国外使用最广泛的一种被动密封式旋转防喷器（国外称为旋转控制头）。Williams 旋转防喷器中、高压力级别也是采用双胶芯结构，低压产品采用单胶芯结构，其主要密封原理、结构特点与 XK 型旋转防喷器类似。Williams 旋转防喷器规格尺寸系列齐全、完备，能满足各种井况需要，但国内仅有早期进口的 7000 型和目前仍在使用的 7100 型[2, 3]。表 7.10 列出了目前国内仍在使用的 Williams7100 型旋转防喷器技术参数。

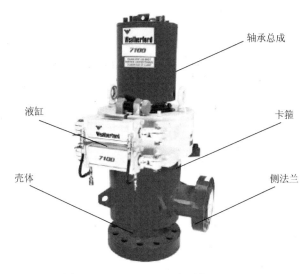

图 7.9 Williams7100 型旋转防喷器图

表 7.10 Williams7100 型旋转防喷器技术参数表

项目	技术参数
主通径	13-5/8in（350mm）
轴承总成通径	7in（180mm）
最大旋转动密封压力	2500psi（17.5MPa）
最大静密封压力	3000psi（35MPa）
最大转动速度	150r/min
底部连接法兰	13-5/8in-5000psi 6BX 法兰（350mm-35MPa 6BX 法兰）
侧出口连接法兰	7-1/16in-5000psi 6B 法兰（180mm-35MPa 6B 法兰）
侧进口连接法兰	2-1/16in-5000psi 6B 法兰（52mm-35MPa 6B 法兰）
适用钻具	3～5-1/4in 六方钻杆 2-7/8in（73mm）～5in（127mm）钻杆
工作介质	各类气体、泡沫、液相钻井液
轴承总成外径	17in（432mm）
壳体高度（含卡箍吊环）	48-13/16in（1240mm）
主机高度	69-7/16in（1764mm）
主机质量	2700kg

2. 主动密封式旋转防喷器

主动密封式旋转防喷器的密封是靠外力,通常施加液压力推动密封胶芯抱紧钻具来实现密封,泄压后胶芯通过尺寸与主通径尺寸一致。主动密封式旋转防喷器最大的优点是操作自动化程度高,当通过钻头、扶正器等工具时,井口附近不需人员操作。同时由于液控装置可以通过井压检测值来调整抱紧密封力,因此胶芯寿命较被动密封式胶芯长。

国外生产的主动密封式旋转防喷器主要有美国 Varco Shaffer Inc.生产的 PCWD(Pressure control while drilling system)、RBOP oil tools international 生产的 RBOP、国内川庆钻探工程有限公司钻采工艺技术研究院研制的 XF 型主动密封旋转防喷器。

1)PCWD 旋转防喷器

PCWD 是美国 Varco Shaffer Inc.在 shaffer 环形防喷器的基础上开发的一种主动密封式旋转防喷器产品[4]。如图 7.10 所示的 PCWD 旋转防喷器,PCWD 的密封胶芯采用其环形防喷器的球形胶芯,不同之处是在原结构上增加了支撑胶芯旋转的两组轴承和旋转动密封装置,以及冷却润滑油路。

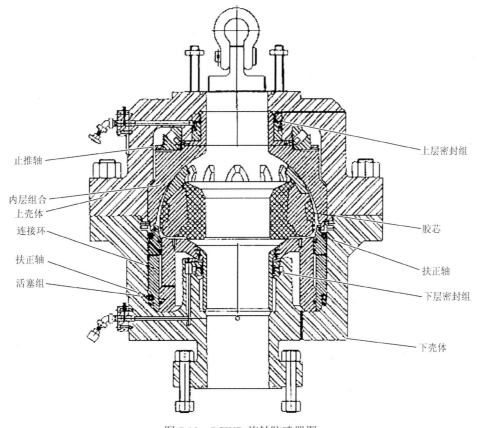

图 7.10 PCWD 旋转防喷器图

表 7.11 列出了 PCWD 旋转防喷器主要技术参数。

表 7.11　PCWD 旋转防喷器技术参数表

项目	技术参数
主通径	11in（280mm）
最大旋转动密封压力	3000psi（21MPa）/转动速度小于 100r/min 2000psi（14MPa）/转动速度小于 200r/min
最大静密封压力	3000psi（35MPa）
最大转动速度	200r/min
顶部连接法兰	13-5/8in-5000psi 6BX 栽丝法兰（350mm-35MPa 6BX 栽丝法兰）
底部连接法兰	13-5/8in-5000psi 6BX 法兰（350mm-35MPa 6BX 法兰）或 13-5/8in-5000psi 6BX 栽丝法兰（350mm-35MPa 6BX 栽丝法兰）
适用钻具	3in（76mm）～6in（152mm）六方钻杆 2-7/8in（73mm）～5-1/2in（139.7mm）钻杆
工作介质	各类气体、泡沫、液相钻井液
主机外径	52in（1320mm）
主机高度	49in（1245mm）/底部法兰连接 42-1/2in（1080mm）/底部栽丝法兰连接
主机质量	5980kg

2）XF 型主动密封式旋转防喷器

　　XF 型主动密封式旋转防喷器是川庆钻探工程有限公司钻采工艺技术研究院新开发的一种主动密封式旋转防喷器。其特点是组合胶芯密封由三部分组成[5]。液压油作用于外层胶囊，通过传力胶芯将抱紧力传递给直接密封钻柱的内层胶芯上，现场可以方便地更换作为易损件使用的内层胶芯；另一特点是当整个主动密封系统失效时，可以直接悬挂作为应急备件使用的被动式密封胶芯，当作被动密封式旋转防喷器使用，保证继续钻进。如图 7.11 所示的 XF35-21/35 型旋转防喷器，表 7.12 所示的 XF35-21/35 型旋转防喷器技术参数。

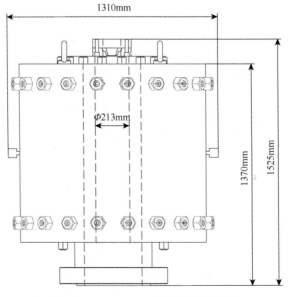

图 7.11　XF35-21/35 型旋转防喷器图

表 7.12　XF35-21/35 型旋转防喷器技术参数表

项目	技术参数
主通径	350mm(13-5/8in)
胶芯通过尺寸	203.2mm(8in)
最大旋转密封压力	21MPa/转动速度小于 100r/min 10.5MPa/转动速度小于 200r/min
最大静密封压力	35MPa
最大转动速度	200r/min
底部连接法兰	350mm-35MPa 6BX 法兰(13-5/8in-5000psi 6BX 法兰)
适用钻具	76mm(3in)～152mm(6in)方钻杆 73mm(2-7/8in)～139.7mm(5-1/2in)钻杆
工作介质	各类气体、泡沫、液相钻井液
主机外径	1160mm
主机高度	1523mm

7.1.3　节流管汇与回压控制装置

1. 节流管汇功能与系统组成

通过调节回压控制阀(节流阀)的开度,达到控制井筒内返出流体的压力及流速,从而实现控井底欠压值的目的。

系统由节流管汇和配套使用的控制装置组成。管汇进口与旋转防喷器侧出口或钻井四通链接,出口连接至返出液分离系统和放喷管线。节流管汇国内执行"压井管汇与节流管汇 SY/T5323—1992"标准,该标准与国外使用的 API Specification 16C–Choke and Kill Systems 要求一致。

2. 节流管汇结构与性能参数

如图 7.12 节流管汇,基本结构与组成和常规钻井用节流管汇相同,在欠平衡钻井中通常使用常规钻井用节流管汇施工。在结构和参数选用上需考虑的是:①需要较大的管汇通径尺寸,通常应等于或大于 103mm(4-1/16in),且两翼管径与主通径一致;②可考虑增加一路节流通道,使用两只液控回压控制阀(液控节流阀)。

3. 欠平衡专用节流管汇

为配合欠平衡施工服务,国外一些较大的服务公司(Weatherford、Halliburton 等)在常规钻井用节流管汇的基础上,针对欠平衡工艺技术的特点,开发了欠平衡钻井配套使用的专用节流管汇,增加了自动调节控制、井口数据采集分析等功能,同时满足较大的管汇通径尺寸,增加节流通道等特殊要求,提供配套服务。国内川庆钻探工程有限公司钻采工艺技术研究院研制出了"ZKJG104-35 自控回压调节装置"作为欠平衡及控压钻井用的专用节流管汇。

图 7.12　节流管汇图

ZKJG104-35 自控回压调节装置包括：①节流管汇装置。由液动筒形回压控制阀、手动筒形回压控制阀、手动平板阀和四通管汇等零部件组成。②智能控制系统。由数据分析软件，井口技术数据采集、分析、显示、记载装置，报警装置，液压机构、储能装置等组成。

ZKJG104-35 自控回压调节装置主要技术参数：①节流通径 103mm；②额定工作压力 35MPa；③自动调节回压范围为 0～35MPa；④工作温度为 –29～121℃。

4. 回压补偿泵

回压补偿泵主要应用于控压钻井井筒压力控制。Schlumberger 公司的动态环空压力控制系统（DAPC）中的回压泵补偿系统，通过井口节流管汇系统和回压泵系统的联合作用，实现井底压力的恒定控制，其中井口节流管汇系统由控制系统自动控制，主要是正常钻进作业时，回压泵系统时刻处于待命状态，当钻井液排量很小或完全停止时，回压泵通过节流管汇循环钻井液，向井内施加回压[6]。

DAPC 钻井系统属于控压钻井的一种，主要控制井口回压以及环空压力摩阻、钻井液的排量等使整个井底的压力维持在安全钻井窗口内，在复杂的地层环境下有效地控制地层流体侵入，减少井涌等多种钻井问题的发生概率，进行平衡钻井，非常适应于孔隙和破裂压力相差不大、钻井窗口狭窄的地层钻井。DAPC 系统设备布局图如图 7.13 所示。

回压泵安装在 DAPC 节流管汇的上游，通过单向阀与钻井液返回管线相连。单向阀的作用是允许钻井液从回压泵流向钻井液返回管线，而不允许倒流，防止在回压泵不工作的时候钻井液回流至回压泵。

通过对钻井液返回流量实时的监测，当流量降低到某一水平时控制系统自动启动回压泵，将钻井液回填到钻井液返回管线，混流以后的钻井液流量满足节流阀进行回压控制的需要。在主钻井液泵关闭之前启动辅助回压泵提供足够的流量，使节流阀的开度处于比较稳定的状态，减小压力波动。使在钻井液流量没有达到规定值或者主钻井液泵完全停止时，

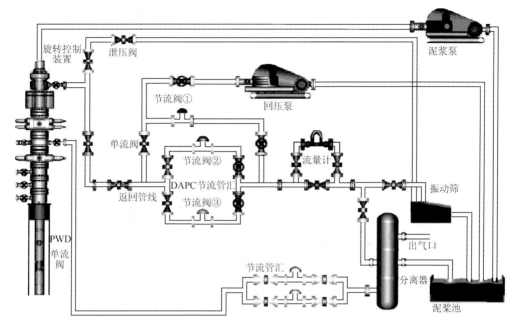

图 7.13　DAPC 系统设备布局图

都可以产生合适的井口回压使井底压力处于安全的钻井窗口范围之内，保证钻井安全。

7.1.4　不压井起下钻装置

1. 不压井起下钻装置的作用

图 7.14 为不压井起下钻装置系列，不压井起下钻装置是实现全过程欠平衡钻井的主要设备之一。该套装备主要应用于在井口带压情况下安全起出或下入钻完井管串。例如，欠平衡钻井在钻进过程中遇到良好油气显示，而中途需要在不压井情况下进行起下钻柱、更换钻头、取心等作业，此时便需要利用不压井起下钻装置。

(a) BY15-2000　　　　　　　(b) BY60-3500　　　　　　　(c) S-15

图 7.14　不压井起下钻装置系列图

2. 工作原理

目前，不压井起下钻装置主要有卡瓦式和链条式两种类型，国内使用最多的是卡瓦式不压井起下钻装置，川庆钻探工程有限公司钻采工艺技术研究院研制的 600kN 不压井起下钻装置主要组成部分包括：游动卡瓦系统、固定卡瓦系统、液缸组、固定连接系统、液压泵站、操控系统。作业前，先将其安装固定于钻台面，通过操控系统控制游动和固定卡瓦系统分别开启与关闭，实现对管串的抱紧与松开，利用液缸的升降实现管串的起下。常用不压井起下钻装置的技术参数表见表 7.13。

表 7.13　常用不压井起下钻装置的技术参数表

名称	150kN 不压井起下钻装置	600kN 不压井起下钻装置	680kN 不压井起下钻装置
规格	BY15-2000	BY60-3500	S-15
额定提升力/kN	150	600	680
额定加压防顶力/kN	150	300	430
起下最大行程/m	2	3.5	3.5
公称通径/mm	Φ230	Φ280	Φ180
下入最大速度/(m/min)	24	25	23.58
起升最大速度/(m/min)	12	16.5	20.76
卡紧最大管串/mm	Φ177.8	Φ177.8	Φ159

7.1.5　气液固分离装置

返出气液固分离系统通常由分离器、除气器、取样器等组成。

1. 液气分离器

在欠平衡钻井过程中，当气体混入到钻井液中后，钻井液中有大量大气泡的游离气体，气泡直径为 3～5mm。这部分气体用液气分离器进行处理。

1) 液气分离器的工作原理

液气分离器主要由分离总成、液位控制机构、进液管汇、出液管汇、排气系统等组成，如图 7.15 所示。在欠平衡钻井时，井内的返出液经节流管汇进入分离器总成内上部的旋流分离机构，根据沉降原理，部分气体与液体得到初步分离，初步分离后的液体下落到分离器总成内按一定角度布置的分离板上，被分散成薄层，气泡暴露在液体表面，使液气得到分离。分离出的气体从顶部经排气管排出，脱气后的钻井液落入分离器底部，经排液管返回钻井液池。

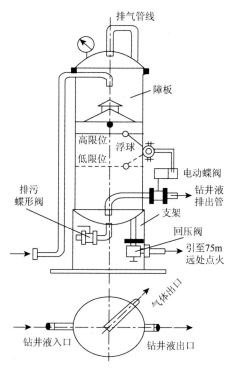

图 7.15　液气分离器示意图

2)液气分离器的主要型号及技术参数

液气分离器的主要型号及技术参数,见表 7.14。

表 7.14　液气分离器的主要型号及技术参数表

编号	NQF800/0.7	NQF1200/0.7	NQF1200/1.6	SLYQF-700	ZQF-800/0.8	ZQF3-1200/1.0
分离室直径/mm	800	1200	1200	1200	800	1200
工作压力/MPa	0.7	0.7	1.6	1.6	0.8	1
最大钻井液处理量/(m³/h)	120	190	215	300	120	200
最大气体处理量/(m³/h)	3500	5000	21200		12000	20000
管线连接形式	由任	由任	由任/法兰	由任/法兰	由任/法兰	由任/法兰
进液管直径/mm(in)	103(41/16)	103(41/16)	103(41/16)	150	150	150
出液口控制形式	启动阀	启动阀	启动阀/U 形管	启动阀/U 形管	启动阀/U 形管	启动阀/U 形管
出液管直径/mm(in)	245(9)	245(9)	219/245(8/9)	250	150	150
排气管连接形式	法兰	法兰	法兰	法兰	法兰	法兰
排气管/mm(in)	245(9)	245(9)	139/245(5/9)	200	200	200

3)欠平衡液气分离器类型

本书介绍了三种形式的欠平衡钻井用液气分离器结构[7]。

(1)空罐型分离器

如图 7.16 所示，液气从分离器入口进入直接落入罐内，靠液气密度进行自然分离，钻井液从下端 U 形管排入钻井液罐振动筛。这种分离器由于分离效果较差，在油田已很少使用。

(2)折流板式分离器

如图 7.17 所示，液气从分离器入口进入后经过折流板多次折流，钻井液从折流板流入罐的下部，气体从折流板两侧面的空间向上升，经天然气排出管道排出。设置了折流板的分离器因为延长了液体流经的路程，从而增加了液气分离的效果，现在油田大多采用这种液气分离器。

(3)旋流加折流式分离器

如图 7.18 所示，液气进入口设置在罐壁偏内的切线方向，钻井液与天然气从进入口进入后，沿环碗形的分离板壁旋流流动，由于液气密度差很大，大量的气体被分离出来，上升到排气口，钻井液再经过几次往返的折流，流入罐的下部，从 U 形管排入振动筛。最上面一层的环碗形分离盘侧壁与液体接触的部位设置了耐冲磨板，增加了折流板的使用寿命。钻井液经折流板向下往返流动时，液体中的气体从折流板的内环面和外环面向上流动。环碗形折流板通常采用不锈钢制作。这种液气分离器分离效果最佳，通常用于含气量很大的钻进区域。

分离器罐体选用直径越大，分离时间越长，分离效果越好。

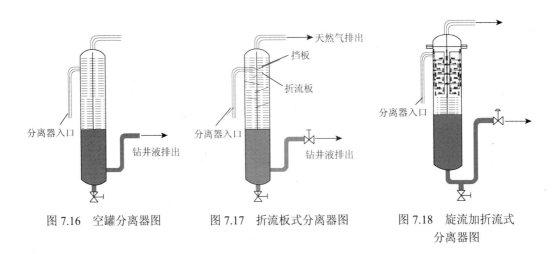

图 7.16　空罐分离器图　　　图 7.17　折流板式分离器图　　　图 7.18　旋流加折流式
　　　　　　　　　　　　　　　　　　　　　　　　　　　　　　　　　　分离器图

2. 钻井液四相分离器

钻井液四相分离器可以在密闭的条件下将钻井液中的气、原油及岩屑进行分离并进行处理，可代替液气分离器、撇油罐等敞开式装置，解决了含硫地层欠平衡钻井作业的安全问题。表 7.15 为国外石油公司四相分离器主要技术参数。表 7.16 为国内川庆钻探工程有限公司钻采工艺技术研究院研制的 WS2×8-1.5/1 钻井液四相分离器主要技术参数。

表 7.15 国外石油公司四项分离器主要技术参数表

公司名称	Halliburton	Alpine	Micoda	Veteran
罐体数量/个	2	1	1	1
罐体尺寸 $D \times L$/m	2.3×3.1	3.13×6.1	2.1×5.5	2.73×12.2
容积/m³	27	25	16.3	67
定额最大压力/MPa	1.8	1.75	2	1.38~3.45
最大钻井液处理量/(m³/h)	231	265	132.5	—
最大气体处理量/(m³/h)	58000	90000	40000	40000

表 7.16 WS2×8-1.5/1 钻井液四相分离器主要技术参数表

项目	技术参数
工作压力	1.5MPa
钻井液处理量	$Q_{max}=200\text{m}^3/\text{h}$
气体处理量	$Q_{气}=20000\text{m}^3/\text{h}$
排液管通径	$D_N=200\text{mm}$
排气管通径	$D_N=200\text{mm}$
主机外形尺寸(长×宽×高)	8.2m×2.6m×2.9m
质量	19.5t

1)分离及控制原理

钻井用四相分离器是依靠气、固、液、油之间的互不相容及各相间存在的密度差进行分离的装置,通过优化设备内部结构、流场和分离方式,使气、固、液、油达到高效分离的目的。

循环钻井液由入口进入旋风分离器,首先将大部分的气体分离出来,通过气体导管进入捕雾器,与从设备内分离出的气体一起流出分离器,固相在前舱经重力沉积后通过锥底出口,经螺杆泵抽吸排出分离器,流过第堰板的油液混合物在中舱经过整流、破乳、聚结后,液经中舱出口排出,而油则流经第二堰板进入后舱,在后舱聚集后被送出分离器。从而完成循环钻井液中气、固、液、油的相态分离。

2)钻井液四相分离器的结构

国外钻井用四相分离器有两种结构形式:一为立式;二为卧式。立式四相分离器(图 7.19)一般有两个罐体,第一个罐体首先对钻井液中的气相和岩屑进行粗略分离,第二个罐体对气、油以及岩屑进行精细分离,该种形式的四相分离器对气及岩屑分离效果较好,主要应用于含气地层的钻探;卧式四相分离器(图 7.20)一般罐体较长,给罐体的流体提供了平稳分层的时间,因此其特点在于对钻井液中原油分离效果较好。

3. 真空除气器

当混入钻井液中气体气泡的直径小于 3mm,并侵入钻井液体系中,形成气侵钻井液,应使用真空除气器清除气体。本书仅介绍川庆钻探工程有限公司钻采工艺技术研究院研制的 ZCQ2/3 型真空除气器[8]。

图 7.19　立式四相分离器图

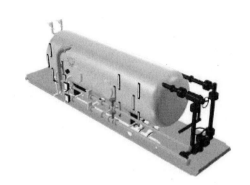

图 7.20　卧式四相分离器图

1) ZCQ2/3 型真空除气器工作原理

ZCQ2/3 型真空除气器结构如图 7.21 所示。工作时，先由水环式真空泵抽吸除气室内的气体使室内形成真空，气侵钻井液在除气室内外压差的作用下通过进液管被自动吸入到除气室内，气侵钻井液进入除气室后，由上到下经过两层分离板而被推成薄层，其内部的气泡被暴露到钻井液表面，由于负压的作用，气泡迅速胀大而破裂，气液得到分离，气体被真空泵吸出除气室，脱气后的钻井液下落到除气室底部，再由砂泵将除气罐内经脱气后的钻井液吸出除气室并送回钻井液池，供钻井使用。

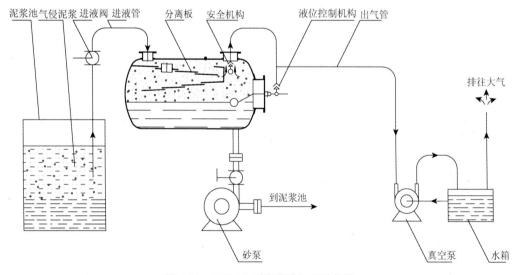

图 7.21　ZCQ2/3 型真空除气器结构图

安装在除气室中部的液位控制机构是为限制室内液面高度而设计的。当室内液面超过设计高度时，进气阀被打开，此时真空泵的吸入口与大气相通，从而使除气室内的压力升高，室内外压差减少，进入室内的钻井液流量减少，除气室内钻井液液面随之降低，进气阀又自动关闭，液位控制机构就是通过进气阀的关、开来控制除气室内外的压差，调节进入除气室内的钻井液流量，从而达到进出液量的平衡和除气罐内液面的相对恒定。

2) ZCQ2/3 型真空除气器主要技术参数

ZCQ2/3 型真空除气器主要技术参数见表 7.17。

表 7.17　ZCQ2/3 型真空除气器主要技术参数表

项目	技术参数
工作介质	钻井液
工作真空度	26.7～60kPa(200～450mmHg)
最大钻井液处理量	3m^3/min
工作真空度时排气量	1.65m^3/min
处理钻井液密度	1.06～2.24g/cm^3
除气效率	98%～100%

4. 带压取样器

1) 用途、结构及工作原理

带压取样器布置示意图如图 7.22 所示。带压取样器是实施常规欠平衡作业推荐使用的，含硫地层欠平衡作业必须使用的岩屑录井采样装置。此装置通常安装在节流管汇与分离器之间，可依据不同钻井设计取样时间，在密闭和带压情况下，对井口返出流体中的岩屑加以筛取并依据现场情况进行泄压、除硫等处理，最后对处理后的岩屑进行采样收集。

带压取样器整体为密闭结构[9]，能适应含硫化氢环境和具备一定承压能力(≤10MPa)，装置中通常使用两套取样结构交替工作，在满足实施岩屑录井工作需要的同时，保证取样作业人员的安全。

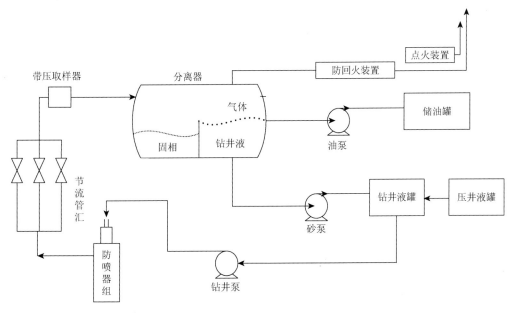

图 7.22　带压取样器布置示意图

2) 带压取样器简介

在国外，随着含硫地层实施欠平衡作业的大量应用，加拿大 Veteran 能源公司、美国 Weatherford 公司、美国 Halliburton 公司等都开发和使用了各型号该类型取样装置，如图 7.23 所示。

图 7.23　Halliburton 带压取样器图

国内有川庆钻探工程有限公司钻采工艺技术研究院研制的"密闭带压取样装置"(图 7.24)，设计最大工作压力为 10MPa，最小采集岩屑粒径为 0.074mm，最大采样量为 2500g/次。该装置采用计算机监控，气、液动力传输，可全程监控压力、流量及硫化氢含量，并采用自动和手动两种操作方式，对整个采样过程中各阀门的开关加以控制。

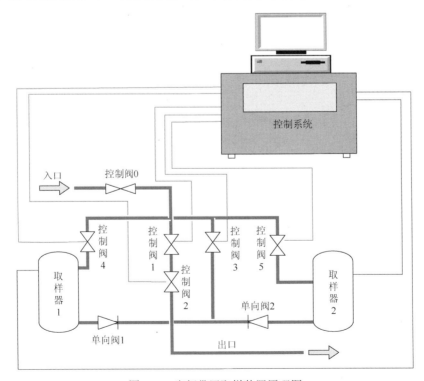

图 7.24　密闭带压取样装置原理图

7.1.6 点火装置

在欠平衡钻井作业中，井口返出的含气钻井液经分离器处理后，气体被分离出来，经排气管线排出井场，由安装在排气管线尾部的点火装置点火燃烧。

国内目前使用较多的是 YPD20/3 和 BGDH-20J 两种点火装置，两种规格型号的点火机构均由气体燃烧器(火炬)、电子点火器、防回火装置组成。

为了随时应对主火炬排放出的可燃气体，点火装置必须时刻处于燃烧状。因此点火装置实际上是一个燃烧器。点火装置能够计量燃料气和空气耗量、混合燃料气和空气以及保持火焰的稳定[10]。

典型的火炬点火装置包括：①燃料气计量用节流孔；②燃料气和空气混合器(一般采用文丘里管)；③点火头；④连接混合器；⑤点火头的直管段。如图 7.25 所示。

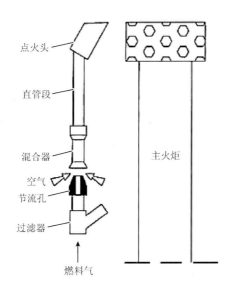

图 7.25 火炬点火装置示意图

点火装置最低热释放量推荐值是 13.2MW(45000Btu/h)。点火装置的个数与火炬筒体直径有关，具体点火装置推荐数量见表 7.18。

表 7.18 推荐的最少点火装置数量与火炬筒体直径之间的关系表

点火装置数量(至少)/个	火炬筒体直径 DN/mm	火炬筒体直径 NPS/mm
1[a]	≤200	≤8
2	>200，≤600	>8，≤24
3	>600，≤1050	>24，≤42
4	>1050，≤1500	>42，≤60
b	>1500	>60

注：a. 对于有毒的火炬气，点火装置数量应为 2；b. 买卖双方协商确定

火炬点火装置必须选择耐热材质，如 309SS、310SS、CK20 或镍基合金 800H，但如果点火用燃料气或主火炬气中含有硫化氢就不可以采用镍基合金材料作为点火头的材料。

7.1.7 燃爆监测装置

1. 燃爆检测系统简介

西南石油大学研制的欠平衡钻井气体监测系统主要由降尘除水装置、气体流量计及其监视摄像头、主仪器箱、云台摄像头、数据发射与数据接收模块、图像接收仪器和安装配套的欠平衡钻井气体监测程序的计算机组成[11]。

1) 系统各组成硬件功能

降尘除水装置安装在排砂管线上，保证取样气流干净干燥。气体流量计及其监视摄像头，可调节取样气流大小并监视气流的有无。主仪器箱负责各个参数的原始数据收集，主要包括 CO_2、CO、O_2、H_2S、CH_4 气体传感器以及压力和温度等传感器。云台摄像头监视排砂管口，主要协助井队监视降尘水的运作。数据发射与接收模块，负责原始数据的信号发射和接收。图像接收仪器，接收气体流量计监视摄像头与云台摄像头的图像信号。欠平衡钻井气体监测程序计算机，用于处理接收到的原始数据并以坐标的形式绘制表示出来，以及用视频软件显示接收到的两个摄像头的监视图像。

2) 系统性能指标

工作温度：$-20 \sim 50 ℃$；

工作湿度：$15\% \sim 90\% RH$（非冷凝）；

工作电源：220V AC；

无线通讯可靠距离：200m；

O_2 体积分数测量范围：$0 \sim 25\%$；

CO 体积分数测量范围：$0 \sim 500ppm$；

CO_2 体积分数测量范围：$0 \sim 5\%$；

H_2S 体积分数测量范围：$0 \sim 200ppm$；

高 CH_4 体积分数测量范围：$4\% \sim 100\%$；

低 CH_4 体积分数测量范围：$0 \sim 4\%$；

排砂管线取样口压力测量范围：$0 \sim 400kPa$。

3) 系统特点

高效降尘除水装置，使气体与水充分接触、搅拌，除尘效果好，使用无水 $CaCl_2$ 除水，保证气体的干燥；无线传输系统使仪器安装更简单，避免了井场布线的麻烦；数据采集系统超小的体积大大减少了井场的占用；全数字信号传输，精度高。系统测量参数多，精度高，稳定性好，维护方便。

4) 监测系统工作流程及工作原理

（1）工作流程

井下燃爆监测系统工作流程如图 7.26 所示。

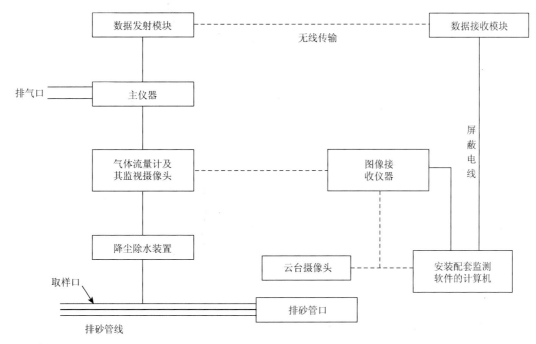

图 7.26　井下燃爆监测系统工作流程图

　　如图 7.26 所示,当注气循环及正常钻进时,系统将在排砂管线的取样口处对井眼环空返出的气体进行分流取样。取样气体通过降尘除水处理后流经气体流量计进入主仪器,最后由主仪器上的排气口排出。取样气体在主仪器内的流动过程中,主仪器内的各种传感器将对其中的 CO_2、CO、O_2、H_2S、CH_4 气体体积分数以及压力和温度的原始数据进行采集,并由信号发射模块将各组数据信号以无线传输的方式发射至信号接收模块;同时监视排砂管口的云台摄像头和监视气体流量大小的摄像头,均以无线传输的方式将图像信号发射至图像接收仪器。最后所有的数据都通过屏蔽电线传输到计算机上。配套的监测软件会处理各类气体浓度以及压力和温度的原始数据,以坐标绘图的形式显示;图像信号也将以流畅的视频形式显示。

　　(2)工作原理

　　井下燃爆监测系统的工作原理是在监测到烃类气体的情况下,通过检测 CO_2、CO、O_2 气体体积分数的变化来判断是否发生井下燃爆。由化学反应式可知,一旦发生井下燃爆,由于井下燃烧为不完全燃烧,返出气体中的 CO_2、CO 气体体积分数会升高,而 O_2 气体体积分数会降低。因此,只要在正常钻进时出现上述情况即可判断发生了井下燃爆。如果上述三种气体只有其中一种或两种气体的体积分数发生了变化,则不能视为发生了井下燃爆;同样,在未监测到烃类气体的情况下,无论上述三种气体体积分数如何变化也不能视为发生了井下燃爆。

2. 监测系统装备

　　监测系统装备清单见表 7.19。

表 7.19 监测系统装备清单表

序号	名称	单位	数量
1	气体取样、处理装置	套	1
2	出水监测装置	套	1
3	可燃气体监测装置	套	1
4	H_2S 监测装置	套	1
5	$O_2/CO/CO_2$ 气体监测装置	套	1
6	数据传输装置	套	2
7	数据采集装置	套	1
8	数据分析、处理计算机	套	3
9	数据分析、处理软件	套	1
10	电缆	套	2
11	井场内电话	部	1
12	值班室	间	1

3. 系统安装

气体钻井排放管线示意图如图 7.27 所示。气体取样、处理装置安装在排砂管线上，焊接安装，如图 7.28 所示。

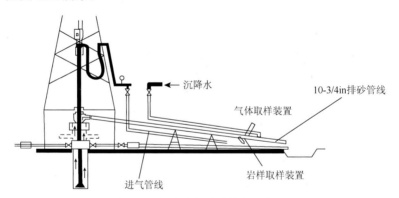

图 7.27 气体钻井排放管线示意图

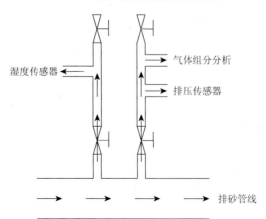

图 7.28 气体取样装置连接示意图

气体监测装置，摆放在取样装置旁边，图 7.29 为气体检测装置。

图 7.29 气体监测分析装置图

图 7.30 为数据传输装置，接收器置于值班室外部。

图 7.30 数据传输装置图

图 7.31 为数据采集及分析、处理装置。

(a)

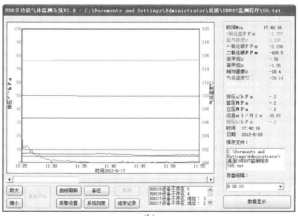

(b)

图 7.31 数据采集及分析、处理系统软件图

4. 系统调试

气体采样管道竖直向上安装，净化装置、气体监测仪水平安装。无堵塞，密封性良好无漏气现象，关闭流量控制和放空阀门。气体流通管线不能过长（一般为 3m 左右）。无线传输模块安装距地面有一定的高度，发射和接收模块之间尽量做到没有遮挡物（尤其要避开金属遮挡物）。各种压力传感器量程和精度选择正确、安装位置正确，抗压和密封性良好无漏气、漏液现象。净化装置、主监测仪、无线传输模块有必要的固定、防晒和防水措施，主监测仪通风、散热较好。信号线和电源线无破损、漏电，注意防水，按照井场规定布线。

连接好各个插头（气体管线、信号线、电源线），确保正确后，打开流量控制阀于适当位置，接通主电源（严禁带电操作）仪器开始工作。设置净化装置泵处于高速挡。

打开监测计算机，运行监测程序，观察程序运行是否正常，能否接收到信号以及信号是否正确。如异常应检查并排除（信号线、电源线是否连通，信道是否正确等）。记录各个信号零点值。

净化装置注水适量、干燥剂放入适量，各阀门开度适合。按照工况设定各信号报警值。

做好记录工作（如接单杆、循环、井深等），根据需要及时做好净化装置换水、清洗、加干燥剂等工作。

监测过程中监测参数出现异常情况要减小数据采集间隔时间，加强监测，通过各种数据分析得出正确的判断并按照预案通知相关部门，采取相应措施。

7.2　井下工具与测量仪器

7.2.1　旋塞阀

1. 类型

方钻杆旋塞阀[12]按其在钻柱组合中的安装位置可分为方钻杆上旋塞阀（简称上旋塞）和方钻杆下旋塞阀（简称下旋塞）。方钻杆上旋塞阀安装在水龙头下端与方钻杆上端之间，上部连接为内螺纹（母扣），下部连接为外螺纹（公扣），采用左旋螺纹（反扣）连接。方钻杆下旋塞阀接于方钻杆下端和钻柱之间，上部内连接为内螺纹，下部连接为外螺纹，采用右旋螺纹（正扣）连接。

2. 规格及技术参数

常用的旋塞阀的规格及技术参数，见表 7.20。

表 7.20 方钻杆用旋塞阀技术参数表

序号	名称	规格/in	外径/mm	内径/mm	扣型	长度/mm	压力等级/MPa
1	方钻杆上旋塞	6-5/8	Φ203	Φ76	630×631 L	610	105
2	方钻杆上旋塞	6-5/8	Φ203	Φ76	630×631 L	610	70
3	方钻杆下旋塞	5-1/2	Φ178	Φ71	520×521	610	105
4	方钻杆下旋塞	5-1/2	Φ178	Φ71	520×521	610	70
5	方钻杆下旋塞	5-1/4	Φ178	Φ71	520×521	610	105
6	方钻杆下旋塞	5-1/4	Φ178	Φ71	520×521	610	70
7	方钻杆下旋塞	5-1/4	Φ178	Φ71	410×411	610	105
8	方钻杆下旋塞	5-1/4	Φ178	Φ71	410×411	610	70
9	方钻杆下旋塞	5	Φ168	Φ69	410×411	610	105
10	方钻杆下旋塞	5	Φ168	Φ69	410×411	610	70
11	方钻杆下旋塞	5	Φ168	Φ69	410×411 L	610	70
12	方钻杆下旋塞	4-1/2	Φ159	Φ63.5	HT4×HT40	610	70
13	方钻杆下旋塞	4	Φ139.7	Φ55	HT4×HT40	610	70
14	方钻杆下旋塞	3-1/2	Φ135	Φ54	310×311	610	105
15	方钻杆下旋塞	3-1/2	Φ127	Φ44.5	310×311	610	70
16	方钻杆下旋塞	3-1/2	Φ127	Φ44.5	310×311L	610	70
17	方钻杆下旋塞	3-1/2	Φ135	Φ44.5	310×311	610	105
18	方钻杆下旋塞	3-1/2	Φ127	Φ44.5	310×311	610	70
19	方钻杆下旋塞	3-1/2	Φ127	Φ44.5	310×3^{1}/2E	610	70
20	方钻杆下旋塞	2-7/8	Φ111.1	Φ44.5	210×211	610	70
21	方钻杆下旋塞	2-3/8	Φ88.9	Φ38	2A1×2A10	610	70

3. 结构和工作原理

1) 结构

方钻杆旋塞阀结构如图 7.32 所示。

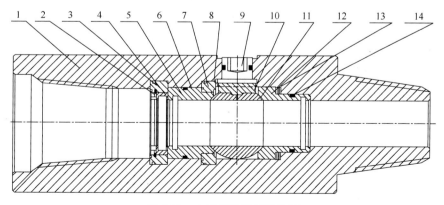

图 7.32 方钻杆旋塞阀结构图

1. 本体；2. 孔用孔挡圈；3. 卡环；4. 挡圈；5. 上阀座；6. 密封件；7. 挡环；8. 定位环；
9. 旋钮；10. 拨块；11. 球；12. 下阀座；13. 叠簧；14. 密封件

2）工作原理

（1）旋塞阀的打开

用专用工具即旋塞扳手，将旋塞阀旋钮逆时针旋转 90°，通过拨块，带动球阀阀芯一起旋转 90°，球阀通孔与本体通孔方向一致，旋塞阀处于打开状态。为了避免旋塞阀的腔室与通径内液体产生压差，在球阀阀芯与旋钮连接的中心位置设计有一个 $\Phi2mm$ 的平衡小孔，与腔室相连。当钻井液流过水眼时，压力通过平衡小孔进入腔室，使旋塞阀腔室与水眼的压力相平衡，从而使得旋塞阀球座密封面前后无压差，减小了旋塞阀关闭时的力矩。

（2）旋塞阀的关闭

用旋塞扳手，将旋塞阀旋钮顺时针旋转 90°，通过拨块，带动球阀阀芯一起旋转 90°，完成 90°切换后球阀的通孔与阀体通孔垂直正交，上下阀座与阀芯紧密配合将水眼堵住形成密封，压力越大，作用到球面的推力越大，球阀芯与阀座之间的密封也就越好，达到截断和密封钻具水眼的目的。

7.2.2　止回阀

为了防止钻具在泄压时空气回流导致岩屑堵塞钻头喷嘴，须在钻头上安装一只（或两只）箭型止回阀或浮阀。浮阀通常安装在钻柱底部的钻头接头上，几乎所有的深井气体旋转钻井作业中都用到这种浮阀，它可以防止环空中的压缩空气（或其他气体）和携带的岩屑回流进钻柱内。这种阀装有一个活瓣机构，循环停止时环空中的压缩空气和岩屑将会回流，回流推动活瓣关闭，阻止回流。

灭火浮阀和阻火阀仅用于油气开发作业。阻火阀在紧靠钻头以上和钻柱中几个位置安装，阀内装有一个锌环，它控制着一个弹簧瓣阀机构（类似浮阀的机构），允许空气从地面循环过来。在正常情况下，测斜仪可以从阀中穿过。该法基本与浮阀相反。当超过设计温度时，锌环熔化使一个衬套封住空气流到，停止向井内循环补充空气。当发生井下着火，温度上升至 400℃时，灭火接头阀体的锌环融化，阀座下行，从而断气使火焰熄灭。

1. 箭形止回阀

1）类型

箭形止回阀[13]按其结构特点可分为组合式和整体式两种（图 7.33），目前塔里木油田使用的箭形止回阀主要是整体式箭形止回阀。

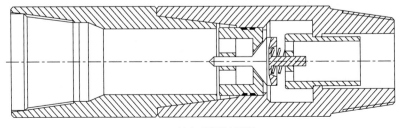

(a) 组合式箭形止回阀

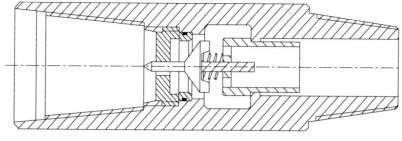

(b) 整体式箭形止回阀

图 7.33　箭形止回阀结构图

箭形止回阀简称箭型阀，是石油天然气钻井、修井中常用的钻具内放喷工具之一，由阀体、阀芯、阀座、弹簧、接头体及密封件等组成。

2) 规格及技术参数

常用的箭型止回阀的规格及技术参数，见表 7.21。

表 7.21　箭形止回阀主要尺寸参数表

序号	名称	规格/in	外径/mm	内径/mm	扣型	长度/mm	压力等级/MPa
1	箭形止回阀	5-1/2	Φ184	Φ71	520×521	610	70
2	箭形止回阀	5	Φ168	Φ69	410×411	610	70
3	箭形止回阀	5	Φ168	Φ69	410×411	610	35
4	箭形止回阀	4-1/2	Φ159	Φ62	HT40×HT40	610	70
5	箭形止回阀	4	Φ139 7	Φ54	HT40×HT40	610	35
6	箭形止回阀	3-1/2	Φ127	Φ54	311×310	610	70
7	箭形止回阀	3-1/2	Φ127	Φ54	311×310	610	35

3) 结构和工作原理

(1) 结构

箭形止回阀由阀体、阀芯、阀座、弹簧、接头体及密封件等组成，如图 7.34 所示。

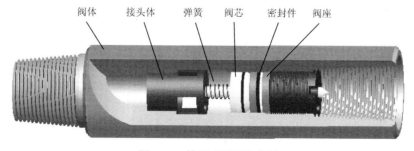

图 7.34　箭形止回阀结构图

(2) 工作原理

在待命工况下，阀芯在弹簧力的作用下，阀芯紧贴阀座，阀处于关闭状态。当钻井液正循环时，流动的钻井液克服阀芯弹簧力推动阀芯向下移动离开阀座，阀开启，钻具内通道畅通；当钻井液正循环停止或发生溢流、井涌时，在弹簧力和井内压力的作用下，阀芯上串回位紧贴阀座，阀关闭，达到封闭钻具内通道的目的。

2. 投入止回阀

1）类型
目前国内常用的投入止回阀[14]采用限位环与卡瓦止退的原理。

2）规格及技术参数
投入止回阀规格及技术参数见表 7.22。

表 7.22 投入止回阀规格参数表

序号	名称	规格/in	外径/mm	内径/mm	扣型	长度/mm	压力等级/MPa
1	投入止回阀	5-1/2	Φ184	Φ71	520×521	610	35
2	投入止回阀	5	Φ168	Φ69	410×411	610	35
3	投入止回阀	3-1/2	Φ127	Φ54	311×310	610	35

3）结构和工作原理
（1）投入止回阀的结构
投入止回阀的结构如图 7.35 和图 7.36 所示。

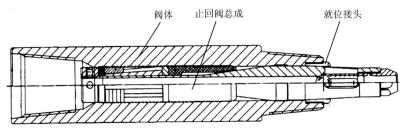

图 7.35 投入止回阀结构图

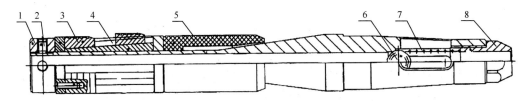

图 7.36 投入止回阀阀芯结构图

1. 锥座挡圈、卡瓦挡圈；2. 紧定螺钉；3. 卡瓦；4. 卡瓦锥座；
5. 筒形密封圈；6. 钢球；7. 弹簧；8. 尖形弹簧座接头

（2）工作原理
把安装了就位接头的止回阀阀体连接在钻柱中，此时阀体中无阀芯总成，钻井液可畅通循环。当井内发生溢流、井涌时，抢接旋塞，将阀芯总成放入关闭的旋塞上部水眼中，接方钻杆后打开旋塞,开泵循环,在钻井液推力下,阀芯总成被推送到投入止回阀阀体,受到就位接头的阻挡,使得阀芯总成被限位停止。由于阀芯总成中单流阀的作用,钻井液只允许正循环通过,反循环不能流动。停泵后,阀芯钢球在弹簧作用下迅速关闭,井内流体无法通过阀芯总成内通道返回,井内压力推动阀芯总成上行,在卡瓦的作用下,阀芯总成的卡瓦在本体卡牙处卡死,此时,井内压力便推动芯轴上行,同时挤压套在锥形芯轴外面的橡胶密封筒,使得阀芯总成与阀体形成密封,从而彻底堵死钻具内水眼,达到内防喷的目的。

3. 浮阀

1)浮阀类型[15]

（1）按连接形式分类

按阀体的连接形式,可分为 A 型和 B 型两种,如图 7.37 所示。

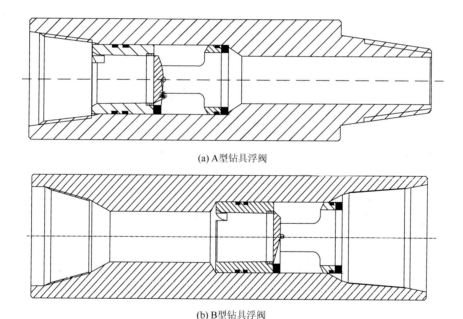

(a) A型钻具浮阀

(b) B型钻具浮阀

图 7.37　A 型和 B 型钻具浮阀图

（2）按阀板结构分类

按阀板结构,可分为盲板式和孔板式两种。盲板式在浮阀关闭时,钻具内通道全部封闭;而孔板式浮阀,由于阀板上有一个小孔,钻具内通道未完全堵死,从地面能观测到井下压力。

（3）按阀芯结构形式分类

按阀芯结构形式,可分为阀板式浮阀和箭形浮阀两种,如图 7.38 所示。

2)规格及技术参数

规格及技术参数,见表 7.23。

(a) 板式结构   (b) 箭形结构

图 7.38   板式结构及箭形结构图

表 7.23   主要参数表

序号	名称	规格/in	外径/mm	芯子外径×内径/mm	扣型	长度/mm	压力等级/MPa
1	板式浮阀	3-1/2	$\Phi121$	$\Phi76\times\Phi50.8$	NC53	610	70
2	板式浮阀	5	$\Phi168$	$\Phi99\times\Phi57$	410×411	610	70
3	板式浮阀	6-1/4	$\Phi159$	$\Phi93\times\Phi57$	4A10×4A11	610	70
4	板式浮阀	8	$\Phi203$	$\Phi122\times\Phi71$	NC56	610	70

3) 结构和工作原理

(1) 结构

浮阀主要由浮阀本体及阀芯总成组成，如图 7.39 和图 7.40 所示。

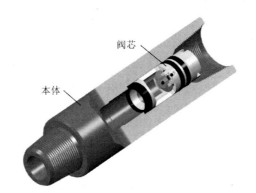

图 7.39   浮阀的内部结构图

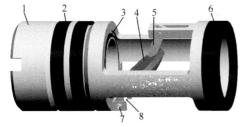 

(a) 浮阀阀芯打开状态   (b) 浮阀阀芯关闭状态

图 7.40   浮阀阀芯打开及关闭状态图

1. 阀芯体；2. 密封圈；3. 阀座；4. 阀板；5. 定位针(带定位针复位弹簧)；6. 减震圈；7. 销子；8. 复位弹簧

(2)工作原理

当钻井液正循环时，在钻井液的作用下克服阀板(或称阀盖)复位弹簧阻力，推动阀板沿着销子旋转，阀板离开阀座，浮阀开启，钻具内全通道畅通；当钻井液正循环停止或发生溢流、井涌时，在弹簧力和井内压力的作用下，阀板回位紧贴阀座和盘根，浮阀关闭，达到封闭钻具内通道的目的。

4)翻板式浮阀

翻板式浮阀也叫蝶阀(图 7.41)，是一种全通径内防喷工具，安装在近钻头处。钻井过程中，尤其是在钻到很疏松的砂砾岩，且岩石很细碎时，井眼的环空会有很多的细砂，在钻杆接单根时，泥浆会倒流，大量的泥砂从钻头水眼进入钻杆内，堵住水眼和流道。翻板式浮阀能在井底控制液流，防止钻屑回流填堵塞钻头水眼。

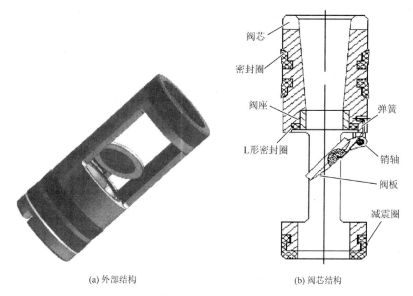

(a) 外部结构　　　　　　　　　　(b) 阀芯结构

图 7.41　翻板式浮阀

(1)结构

翻板式浮阀由本体及浮阀总成两部分组成，使用时浮阀总成装在本体内。浮阀总成由阀座、阀板、付板、扭簧、销轴、密封圈等组成。

(2)工作原理

在技术套管内下钻时，定在半开位置，泥浆流入钻杆内。当钻头进入裸眼井段前，开循环泵，板阀张开，付板回落。停泵后，板阀关闭，可防止泥浆倒流。钻进时，循环泥浆时板阀张开，停泵时板阀会自动关闭。

在高压油气井下，地层产生的大量气体携带砂砾沿钻柱内上返，冲蚀阀板与阀芯的密封贴合面，造成阀板关闭不严，从而诱发井喷事故。

7.2.3　旁通阀

钻具旁通阀是一种备用安全阀，在钻头喷嘴被堵死无法循环时，打开钻具旁通阀可恢

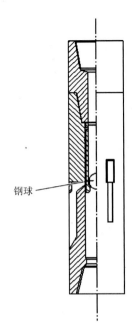

图 7.42　旁通阀示意图

钢球

复钻井液循环,一般情况下在钻开油气层前将钻具旁通阀安装在钻柱预定的位置。钻具旁通阀主要由阀体、阀座滑套总成、旁通孔、钢球、销钉、"O"形密封圈等组成,如图 7.42 所示。当发现钻头水眼被堵而无法解堵时,卸方钻杆投球再接方钻杆,使钢球下落至旁通阀阀座处,小排量开泵。当泵压升高到一定压力值时就能剪断滑套固定销钉,使滑套下行打开旁通孔,而建立新的循环通道。

7.2.4　井下测量工具

1.井下无线传输装置

1)随钻钻井液脉冲传输

随钻钻井液脉冲传输(MWD)仪器是一种用于水平井、定向井的随钻测量仪器[10],它能在钻进的过程中,随时测量井眼的井斜、方位和工具面,并传送到地面,由地面系统采集并计算出井斜、方位和工具面数据,提供给轨迹控制工程师,以控制井眼轨迹。国内钻井市场使用的 MWD 仪器分为两大类,一类是正脉冲 MWD,一类是负脉冲 MWD。正脉冲 MWD 从工作方式分为旋转阀式和柱塞式两类,通过在钻具水眼内产生脉冲高压传递测量信号;负脉冲 MWD 的工作方式只有柱塞式一种,通过向井筒泄压产生压力降来传递测量信号[16]。

在欠平衡钻井条件下,不同的欠平衡钻井方式对 MWD 信号传输产生不同的影响。若欠平衡钻井方式为非注气方式(水基钻井液、油基钻井液或空心玻璃微珠等),钻井液为连续液相的条件下,可以参照常规的 MWD 使用技术进行施工作业。注气欠平衡钻井时,若是气液分注,钻柱内保持纯液体时,也可以参照常规的 MWD 使用技术进行施工作业。如果采用气液同注的技术,有些国外公司非正式地宣称:在钻柱内含气体体积不超过 15% 的情况下可以获得 MWD 信号,也可以通过间断停止注气的方式获得 MWD 信号。

2)随钻电磁波传输

当钻杆内含气或纯气阀而导致 MWD 信号传输失效,从而研发了随钻电磁波传输(EM-MWD)技术[11],EM-MWD 电磁波随钻测量利用电磁波作为信号传输的载体,实现信号的传输。电磁波传输与钻井液脉冲传输方式相比,其信息传输受钻井液性质影响小,即可以实现边堵漏边定向施工,也可以在气体钻井、泡沫钻井和其他欠平衡钻井中使用。其原理如图 7.43 所示,发射机将井下传感器测量的信息调制激励到特殊工艺绝缘的上下钻柱之间,信号经由钻柱、套管、钻井介质、地层构成的信道传输到地面,地面接收系统通过测量地面两点之间电位差的变化获取相关信息,指导施工[17]。

2.井下测量仪器

1)井下压力、温度监测系统

在石油钻井工程中,地层孔隙压力与钻井安全和效率密切相关。准确地评估地层孔隙

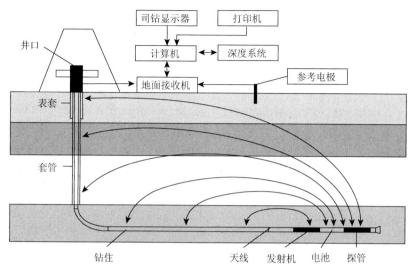

图 7.43　随钻电磁波传输示意图

压力，有助于确定合理的套管层次和钻井液密度，减少和预防井下故障的发生。按照钻井的先后顺序，通常将地层孔隙压力评价方法分为三类：钻前预测、随钻监测和钻后检测。相比于钻前预测和钻后检测，随钻监测能够实时提供较为准确的孔隙压力信息。常用的孔隙压力监测方法大多是基于录井资料，如 dc 指数法、泥页岩密度法、标准钻速法等。但在遇到某些复杂地层或者采用特殊钻井工艺时，因受多种因素影响，监测精度很难满足现场需要。随钻地层孔隙压力监测是在钻井过程中对岩石物性参数进行测量，具有准确性、实时性和适用性等优点。目前常用的井下随钻压力监测系统有回放式（存储式）压力测量系统和 PWD 无线随钻压力测量系统两类。

（1）回放式（存储式）压力测量系统

工作原理：将压力温度传感器安装于随钻测量装置上，随钻入井，在钻井过程中按设定程序记录井底压力和温度。待起钻更换钻头时将记录的井底压力和温度数据传输入电脑中，并对其进行回放、分析和处理，用于指导欠平衡钻井施工作业和后期完井作业。

目前常用的压力级别有 40MPa、70MPa 和 140MPa 三种，工作温度最高为 180℃。

（2）PWD 无线随钻压力测量系统

①PWD 无线随钻压力测量系统结构组成

PWD 无线随钻压力测量系统主要包括地面接收处理系统、井下仪器以及钻井液脉冲遥测系统。地面系统主要由系统接口箱、司钻显示器、PWD 专用数据处理仪（通用计算机）、泵压传感器、泵冲传感器组成；井下系统由脉冲发生器、驱动器、电池组、探管、扶正器、抗压管组成，如图 7.44 所示。

②PWD 无线随钻压力测量系统工作原理

PWD 无线随钻压力测量系统采用井下仪器对井底压力、温度等参数进行采集与存储，由钻井液脉冲遥测系统将采集到的井底数据转换成脉冲信号传输至地面系统，再由地面系统，将该信号经过滤波、译码等处理后，还原成井斜、井底压力、井底温度、方位、工具面等数据，如图 7.45 所示。

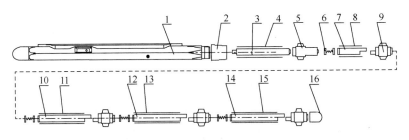

图 7.44　PWD 结构组成图

1. 脉冲发生器；2. 锁紧套；3. 驱动器；4. 驱动器抗压管；5. 转接扶正器；6. 电池/探管软线；7. 电池；8. 电池抗压管；
9. 电池/探管扶正器；10. 探管；11. 探管抗压管；12. 伽马电池；13. 伽马探管/电池抗压管；14. 伽马探管；
15. 伽马探管/电池抗压管；16. 密封尾管

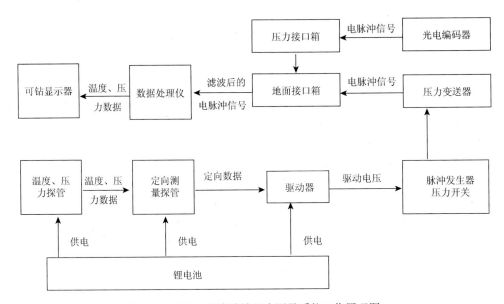

图 7.45　PWD 无线随钻压力测量系统工作原理图

（3）PWD 无线随钻压力测量系统主要用途

PWD 无线随钻压力测量系统主要用于欠平衡钻井作业和控压钻井作业中，精确测量井底压力、温度等参数，实现安全欠平衡钻井作业和精细压力控制钻井作业。

2）井下测斜仪器

测斜仪是现代钻井工程中应用非常广泛的工具之一。随着钻井技术的发展和对钻井要求的提高，各种各样的测斜仪器相继出现，如照相式单、多点测斜仪、电子单点测斜仪、电子多点测斜仪、有线随钻测斜仪和无线随钻测斜仪等。目前，大庆油田直井和定向井广泛使用的是电子单、多点测斜仪，这种测斜仪操作复杂、测量时间长，且不能随钻测量。为此，大庆钻探工程公司钻井工程技术研究院于 2012 年 9 月研制了一种适用于直井和定向井的电子式随钻测斜仪器，并进行了三口井的现场应用。该仪器在钻井液脉冲信号上传、地面信号滤波解码技术上取得了创新，解决了传统测斜仪器存在的问题，井下测量传输系统结构如图 7.46 所示。

工作原理：根据不同的钻具组合选择合适的位置，将电子式随钻测斜仪器与钻具组合

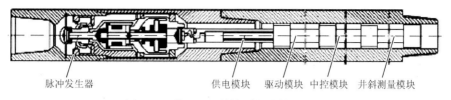

脉冲发生器　　　　　供电模块　驱动模块　中控模块　井斜测量模块

图 7.46　井下测量传输系统结构示意图

连接，并下入井下。钻进过程中循环钻井液，供电模块中的锂电池组给井斜测量模块、中控模块和驱动模块提供 30V 的直流电，井斜测量模块实时测量井斜数据，并把数据发送给中控模块，中控模块将采集数据转换成组合编码方波信号发送给驱动模块，信号经过驱动模块转换成脉冲发生器阀动作的电脉冲信号，以钻井液压力脉冲的形式将数据上传到地面。地面信息接收处理系统通过立管压力传感器采集压力脉冲信号，经过滤波、软件解码将钻井液脉冲信号还原成数据信息。地面钩载传感器采集钩载变化，轴编码传感器采集转数变化，井深跟踪软件自动记录计算井深变化。数据分析处理软件将采集的数据实时存储，并形成井深-井斜角曲线[18]。

7.2.5　欠平衡测井

欠平衡测井是一项在地层压力大于钻井液柱压力的状态下进行测井施工作业的工艺技术，因为在井口存在着一定的压力，从施工作业的安全性要求，不可能采取边喷边测的施工作业方式，所以测井是要在密封的状态下进行，井口防喷装置系统是欠平衡测井的核心设备，由它实现井口带压条件下的动密封测井作业[12]。

欠平衡测井防喷装置系统如图 7.47 所示，主要由法兰盘、电缆封井器、防落器、大直径防喷管、电缆控制头、天滑轮等组成。各部件及其主要功能为：电缆控制头主要是对电缆实施静、动态的密封，防止井内气体或液体溢出；大直径防喷管是在井口带压条件下容纳下井仪器串；防落器是防止下井仪器掉井，并可判断下井仪器是否进入防喷管内；电缆封井器用于防喷管泄压和井内压力指示，测井过程中如果发生电缆变形或断钢丝时可做封井处理[17]。

液相欠平衡钻井、充气液欠平衡钻井、泡沫欠平衡钻井、气体欠平衡钻井等不同的欠平衡钻井方式会对测井数据产生不同的影响。甲酸盐无固相钻井对声波、中子测井影响比较小，而对电阻率、自然伽马、密度测井影响较大。微泡钻井液钻井对电阻率、声波、自然伽马、密度测井影响比较小，而对中子测井影响较大。充气钻井液钻井对电阻率、声波、密度测井影响比较小，对中子测井影响较大[13]。对于气体欠平衡钻井，在气相选择上必须是氮气或天然气等避免井下燃爆的气体，上述气体介质会对各种测井仪器得到的数据产生不同程度的影响，自然伽马、感应测井、核磁共振以及井径、井斜、井温等测井项目在气体介质条件下测井可以正确反映地层信息并较好地进行储层解释，是获取孔隙度信息、确定产气层的最佳测井方法，应成为气体介质下测井项目的优化选择；双侧向、电阻率成像、地层倾角、自然电位、声波、补偿中子等测井项目不适合用于气体介质测井；岩性密度测井在井眼规则的条件下适用于气体介质下测井，在井眼不规则的情况下受影响较大，不适用于气体介质条件下测井。

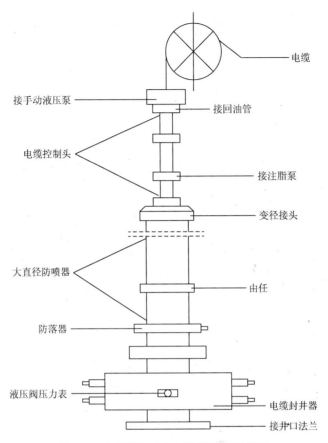

图 7.47　欠平衡测井井口防喷装置系统图

7.2.6　空气锤与冲击钻头

1. 空气锤

1)空气锤结构特点

应用于油田气体钻井中的空气锤为中心排气无阀式全面钻进空气锤，KQC275 型空气锤结构示意图如图 7.48 所示，主要由后接头、逆止阀、配气座、气缸、外套管、活塞、尾管、保持环和钻头组成。

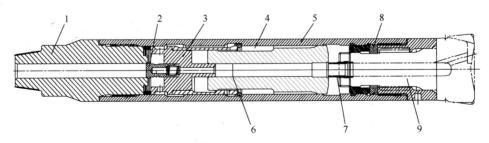

图 7.48　KQC275 型空气锤结构示意图

1. 后接头；2. 逆止阀；3. 配气座；4. 气缸；5. 外套管；6. 活塞；7. 尾管；8. 保持环；9 钻头

2) 空气锤型号、性能和钻进参数

KQC 系列空气锤型号、性能和钻进参数，见表 7.24。

表 7.24　KQC 系列空气锤型号、性能和钻进参数表

产品型号	KQC275	KQC180	KQC135
配用钻头/in	17-1/2、12-1/4	8-1/2、9-1/2	6
空气锤外径/mm	Φ275	Φ180	Φ135
风压/MPa	3	3	3
气量/(m³/min)	90～150	75～120	48～80
转速/(r/min)		30～50	
钻压/kN	30～50	20～30	20～30
质量(不含钻头)/kg	618	277	106
连接方式	7-5/8in REG(外)	4-1/2in REG(外)	3-1/2in IF(外)
使用寿命/h		>50	

空气锤钻进参数包括钻压、转速、立压和气量等。立压和气量与井眼尺寸、井深及井下状况有关，表 7.24 给出的数据是现场应用的经验值。

2. 空气锤钻头

气体钻井中的空气锤钻头可分为整体式和分体式两种：就钻头齿的材料而言，分为硬质合金型和金刚石型；根据切屑刃形状可以分为刃片状、柱齿状和片柱混装性三种。目前应用于石油钻井的空气锤钻头主要采用硬质合金柱状齿结构如图 7.49 所示。

图 7.49　空气锤钻头外观图

柱齿结构的外形分为楔形柱齿、球形柱齿、锥球形柱齿三种。依强度而言，球形柱齿最高，锥球形柱齿次之，楔形柱齿最低；但破碎岩石的效率则相反。在钻进中等偏硬以及以上的研磨性地层时采用球形柱齿最好，钻进软岩层时且采用楔形柱齿为佳。

按钻头部外形可分为内凹型、平底型和外凸型等。平底型钻头可钻地层硬度小于内凹型钻头，内凹型钻头又小于外凸型钻头。平底型的空气锤钻头适用钻遇全部软地层和中硬地层，而内凹型的空气锤适用于钻大多数的中等偏硬和硬质地层，外凸型钻头适用于超硬地层。

目前空气锤的钻头大多数采用复合柱状球齿，钻头体采用内凹型，它们在中硬及以上硬度的高研磨地层中能够实现快速钻进及控制井斜，其中内凹型钻头在钻进中可以更好地控制井斜作用。

3. 空气锤钻进问题

1) 空气锤的适用范围

空气锤适用于高陡构造、低压易漏地层、水敏性强地层、中硬以上的高研磨性地层，但也受到地层出水、井壁稳定等方面的井下条件限制。

2) 空气锤钻进时的注意事项

(1) 地层出水时，空气锤不能进行气举作业，气举作业可能导致空气锤的气缸受到污染。

(2) 若存在长井段缩径，不能直接下入空气锤划眼，以免造成空气锤钻头严重磨损，影响空气锤的钻进机械钻速和使用寿命。

(3) 下钻至井底后，上提空气锤 0.5～1m 距离，通气循环，携带井底落物后，再启动钻具旋转，下放空气锤至井底正常钻进。

(4) 空气锤正常钻进时，确保钻具正常旋转；若停止旋转必须上提空气锤 0.5～1m 距离后再停止。

(5) 准备换单杆时，应在不送钻的情况下等 0.5～1min 后再停止旋转钻具；换完单杆后，通气循环，携带井底落物，确保先旋转钻具后，再下放空气锤至井底。

(6) 换单杆时，必须按要求向钻杆中加入一定量的润滑剂，润滑空气锤。

(7) 停气时，应该缓慢停气，以防止井底夹杂岩屑的气流倒灌至空气锤内部而污染气缸。

(8) 空气锤没有倒划眼功能，当存在严重井下复杂事故的隐患时，建议起钻，替换其他钻井方式钻进。

参 考 文 献

[1] 张慧. 国产旋转防喷器的探索研究. 机械研究与应用，2011，(3)，178～185

[2] 张慧. 新型旋转防喷器的设计研究. 成都：西南石油大学硕士学位论文，2007

[3] 康晓雷. 浅谈旋转控制头的发展趋势及应用. 钻采工艺，2000，23(4)：59～62

[4] 宋瑞宏. 主动式旋转防喷器结构特点与发展方向. 中国石油和化工标准与质量，2013，(4)：61

[5] 钻井手册编写组. 钻井手册，第二版(下). 北京：石油工业出版社，2013

[6] 陈尚周. 动态环空压力控制系统研究与仿真. 北京：中国石油大学硕士学位论文，2011

[7] 周少斌，林森明，温晓莉. 浅谈欠平衡钻井用液-气分离器的结构和设计. 石油矿场机械，2007，36(9)：94～96

[8] 刘小玮，曾礼宾，郑冲涛. ZCQ2/3 真空除气器的研究与应用. 钻采工艺，2007，30(2)：91～93

[9] 张保贵，韩烈祥，羡维伟等. 密闭式钻井液地面分离系统技术发展现状分析. 钻采工艺，2009，32(3)：71～74

[10] 孙海，谭红旗，夏勇. 油气田火炬系统点火装置安全设置. 石油与天然气化工，2011，(4)：413～418，328

[11] 冯靓，陈一健，张昆等. 空气钻井井下燃爆监测系统. 石油机械，2007，35(5)：35～40

[12] 塔里木油田工程技术部. 方钻杆旋塞阀. http://www.docin.com/p-368406209.html

[13] 塔里木油田工程技术部. 箭型止回阀. http://www.doc88.com/p-084479833707.html

[14] 塔里木油田工程技术部. 投入止回阀. http://www.docin.com/p-342273573.html

[15] 塔里木油田工程技术部. 钻具浮阀. http://www.docin.com/p-699964386.html

[16] 王德胜，徐秀杰，李伟等. Slim1 1 MWD 仪器的推广与应用. 新疆石油科技，2003，13(3)：5～7

[17] 杜俊杰，范业活，韩永国. 国内 EM-MWD 技术发展现状及在煤层气中的应用展望. 中国煤层气，2014，11(4)：6～10

[18] 袁磊. 电子式随钻测斜仪器的研制及应用. 石油机械，2013，(7)：78～81

[19] 张军. 欠平衡条件下测井曲线环境校正. 北京：中国石油大学硕士学位论文，2010

[20] 万金彬，杜环虹，何建新. 欠平衡测井防喷装置系统及其应用效果评价. 石油天然气学报，2009，30(5X)：266～269

[21] 叶志，樊洪海，纪荣艺等. 基于随钻测井资料的地层孔隙压力监测方法及应用. 石油钻探技术，2014，42(2)：41～45

[22] 段云峰，程建，杨鸿飞等. 气体介质条件下测井项目优化选择分析. 测井技术，2011，35(2)：183～186

第8章 复杂油气藏欠平衡钻井实践

8.1 储层液基欠平衡钻井实践

8.1.1 大港千米桥缝洞型储层实践

我国在缝洞型储层防漏治漏、保护储层规模性应用欠平衡钻井技术始于大港油田千米桥区块。千米桥潜山区块油气主要储集在奥陶系上马家沟组上段和峰峰组碳酸岩盐储层中，其中上马家沟组上段地层以石灰岩为主，峰峰组以白云岩为主，夹泥灰岩。储集空间与裂缝系统和溶蚀洞穴紧密相关，在白云岩及泥粉晶白云岩储层中多见孔隙型、孔洞缝复合型及裂缝-孔隙型；灰岩及白云质灰岩中多见溶洞型、裂缝型和溶洞-孔隙型。长期的古风化作用使碳酸盐岩储集层岩溶普遍发育，加上强烈断块活动，使潜山断层、裂缝、节理十分发育，为油气聚集提供了良好的储集空间和流动通道，也造成钻井时存在严重井漏和井涌。大港油田公司在古潜山先后钻过89口探井，虽然个别井有油气显示，但未形成工业油气流，多口井因井漏而未能钻穿储层。

针对古潜山地层特点，为了正确评价储层原始状况和真实产能，决定采用欠平衡钻井技术。从1998年11月第一次在板深7井开始采用欠平衡钻井技术到2003年年底，相继完成欠平衡钻井21口。地层压力和储层流体特征不详给欠平衡钻井施工带来了较大难度。为了保证欠平衡钻井的安全实施，21口井均采用一级井口装置。欠平衡钻井技术勘探开发潜山取得了前所未有的突破，发现了亿吨级大型古潜山凝析油气田。大港油区完成欠平衡钻井口数及效果见表8.1。

表8.1 大港油区完成欠平衡钻井口数及效果表

序号	井号	井别	欠平衡进尺/m	实施效果
1	板深7	探井	925	最大套压24MPa，成功点火。测试日产气27×10^{4}m^3，凝析油115m^3
2	板深8	探井	293	最大套压24MPa，成功点火。测试日产气14×10^{4}m^3，凝析油49m^3
3	乌深1	探井	389	目前国内采用欠平衡钻井技术钻成最深井，成功点火。日产气13.7×10^{4}m^3
4	板深4	探井	283	最大套压31MPa，成功点火。日产油13.2m^3，气22.318×10^{4}m^3
5	深701	探井	273	成功点火
6	西G2	开发	683	水包油钻井液，密度为0.84g/cm^3，成功点火
7	深1×1	探井	301	地质报废
8	板深6	探井	368	成功点火。日产气30×10^{4}m^3
9	千12-18	开发	181	试油获得天然气45×10^{4}m^3/d，凝析油153m^3/d
10	深703	探井	404	试油获得天然气45×10^{4}m^3/d，凝析油153m^3/d
11	深702	探井	347	地质报废
12	千16-24	开发	344	成功点火
13	板深31	探井	315	成功点火

序号	井号	井别	欠平衡进尺/m	实施效果
14	千 10-20	开发	309	大斜度井，最大斜角 54°，位移 726m
15	塘深 1	探井	273	低产
16	千 18-18	开发	141	套压 0.4MPa，成功点火。中测 6mm 油嘴：日产气 $18\times10^4\text{m}^3/\text{d}$，凝析油 100m^3
17	板深 32	探井	272	低产
18	板深 22	探井	259	点火成功
19	千 17-17	开发	155.82	低产
20	千 17-17(侧)	开发	55.3	点火成功
21	板 30×1	探井		地质报废

　　井身结构设计：技术套管座入奥陶系石灰岩顶 2～5m。

　　钻井液设计：压力系数大于 1 的井采用无固相钻井液，密度为 1.00～1.01g/cm³，并加入了碱式碳酸锌，防止硫化氢产生氢脆；压力系数低于 0.95 的井采用水包油钻井液，密度为 0.84g/cm³。

　　欠平衡钻井设备选择：在常规井控装备的基础上配备了美国威廉姆斯公司生产的 7100EP 旋转控制头、液控阀；地面增加处理设备包括：液气分离器、真空除气器、防回火装置、火炬及点火系统等。

　　井场选择：摆放分离和撇油储油系统、储备压井液、欠平衡钻井液储备罐。井场面积必须足够大，左右两侧 200m 范围内不得有工业或民用建筑物。进井场道路位于井场正前方，井场方向要与季风方向相反。

　　内防喷工具：主要包括箭型单流凡尔、投入式止回阀和方钻杆上下旋塞。

　　井口回压控制：一般不超过 5MPa，超过 7MPa 时关井节流排气。

　　欠压值：只要满足欠平衡状态即可，一般要求为 1.4～2.1MPa。

　　完井方式：19 口采用近平衡方法进行测井、固井作业。有两口井采用裸眼完井。

　　现场组织领导：根据欠平衡钻井的特殊需要，每口井油公司派住井场监督，负责解决钻井过程中出现的各种问题，现场一切人员必须听从小组领导的指挥调遣。

　　欠平衡钻井的其他要求：①必须保证通信畅通，重要岗位配置无线对讲机，以便保持联络；②要有消防车值班；③必须保持进井场道路畅通无阻；④参加作业的人员必须经过 HSE 培训；⑤欠平衡钻井设备、人员上保险。

　　在大港潜山勘探中应用欠平衡钻井技术意义：①在钻探过程中及时发现和保护油气层；②大大提高了机械钻速，避免了黏卡和井漏的发生，缩短了钻井周期；③发现了含油气面积 60 多平方公里，油气储量达 $1\times10^8\text{t}$ 的大型古潜山油气藏，可使大港油田现有 $430\times10^4\text{t}$ 的年产量延长 20 年以上。

8.1.2　四川邛西致密砂岩气实践

　　邛西构造是川西致密砂岩气藏的典型代表，位于四川盆地西部，其中上三叠系须家河组致密砂岩储层是其主力气层。该气层埋深为 3200～5500m，须二段、须四段砂层异常发育，为叠置状河道砂坝、扇三角洲网状河道砂坝砂体，单层砂体厚可达上百米，横向可连续追踪。

须家河组致密砂岩气藏具有以下典型特征：①岩石致密，物性差：储层砂体纵向厚度大、横向分布广，具有低渗透、超低渗透特点，表现为低孔、低渗透、细喉、孔隙结构复杂和比表面积大，储层内还发育有自生黏土矿物与其他敏感性充填矿物。孔隙度平均为 5%～10%，渗透率平均为 0.01～0.85mD。②微裂缝发育：属于三叠系裂缝重组气藏，构造作用、成岩作用和超压流体作用使储层砂体普遍发育微裂缝。③裂缝-孔隙双重介质储层：须家河组储层是以致密基块孔隙为主要存储空间、以天然微缝网络为主要渗流通道的复杂双重介质储层。基块平均渗透率约为 0.05mD，平均孔隙度约为 6%；含微缝网络储层等效渗透率平均约为 0.5mD，裂缝孔隙度平均值约为 0.5%。微裂缝网络提供了主要导流能力，而孔隙型基块提供了主要存储空间。气井生产时，孔隙型基块中存储的大量天然气，通过裂缝与孔隙型基块相切的内表面上的微孔(简称缝面孔)，输送到微裂缝网络中，再由微裂缝网络输送到井筒内。

1992～1999 年，采用传统过平衡钻井完成的邛西 1 井产量为 700m³/d，邛西 2 井产微气，美国德士古公司对邛西 2 井实施加砂压裂，产量为 5200m³/d。而采用全过程水基欠平衡钻井在邛西构造取得了良好储层保护效果。

第一口全过程欠平衡井邛西 3 井(图 8.1)是以须二段为目的层的预探井。该井采用 Φ215.9mm 钻头钻至井深 3487m 须二段顶部，177.8mm 油层套管固井后，采用 Φ152mm 钻头在 3487.00～3572.00m 井段实施欠平衡钻井，储层压力梯度为 1.24，钻井液当量密度为 1.03～1.21g/cm³，成功实施了欠平衡取心、不压井起下钻、不压井测井、不压井下油管完井。完井后用直径 31.8mm 孔板测试，获 45.673×10⁴m³/d 的高产气流，无阻流量为 77.476×10⁴m³/d。

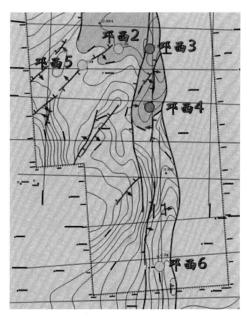

图 8.1 四川邛西构造的邛西 3 井和邛西 4 井图

该构造连续十多口全过程欠平衡钻完井，都获得了气井高产。同时，欠平衡钻井还提高了钻速，免去多次中途测试、固井-射孔完井、增产改造作业，降低了成本，也明显缩短了建井周期。

全过程欠平衡钻井完井技术在川西致密砂岩气藏的勘探开发中应用取得了突破性进展，在四川盆地邛西构造获控制储量 $264 \times 10^4 \mathrm{m}^3$，探明储量 $57 \times 10^4 \mathrm{m}^3$，建立产能 $5 \times 10^4 \mathrm{m}^3/\mathrm{a}$。

8.1.3　哈萨克斯坦肯吉亚高压油藏实践

哈萨克斯坦的肯基亚克油田是一个以盐丘为核心的穿窿短轴背斜隆起构造。在盐丘部位有下二叠系巨厚盐岩层(最厚为 $700 \sim 3500 \mathrm{m}$)，上二叠系砂泥岩地层较薄；而在盐丘外围下二叠系盐层薄(几十米至上百米)，上二叠系砂泥岩地层巨厚(最厚为 $600 \sim 3600 \mathrm{m}$)。盐丘下发育有两套储集层：下二叠系的陆源碎屑岩储层，平均孔隙度为 12%，平均渗透率为 10mD，埋深约 3900m，超高压(压力系数为 1.79)。石炭系的碳酸盐岩储层是主力储层(底水、块状油藏)，平均孔隙度为 11%，平均渗透率为 10mD，埋深 4150m，超高压(压力系数 1.84)。苏联自 1971~1990 年在该构造共钻 42 口井，其中有 40 口井工程报废或地质报废，从而终止了该油田的开发。最多的是非储层井段的高密度钻井液导致的各种事故报废，有 26 口井。在巨厚的上二叠系砂泥岩地层中，浅起数百米、深至近 4000m，频繁钻遇高压水层，水量不大，地层水中含有水溶气。钻遇高压气水层后，则出现气侵、水侵，甚至井涌或后效。钻进中为压制高压气侵、水侵而大幅度提高钻井液密度，钻井液密度普遍超过 $2.0 \mathrm{g}/\mathrm{cm}^3$。超高的钻井液密度导致了压漏地层(有 13 口井发生压漏地层)、压差卡钻(有 4 口井发生压差卡钻)以及极低钻速和多发钻具事故。

在巨厚的上二叠系砂泥岩地层中，常有一些孤立的岩性封闭的透镜体状低渗透砂岩(图 8.2)，这些透镜体状低渗透砂岩周围由不渗透泥页岩封闭、规模小、砂岩内饱和盐水，盐水含有水溶气。由于盐丘向上刺穿地层所产生的强烈构造挤压作用，使盐丘附近透镜体受巨大挤压构造应力，加上孤立透镜体的水力封闭性，地应力挤压使砂岩孔隙内的流体压力高，常接近有时甚至超过上覆岩层压力。

当钻遇这些超压透镜体砂岩时，液柱压力若低于超压透镜体砂岩的孔隙压力，则发生水侵和气侵(水溶气量为 $5 \sim 10 \mathrm{m}^3$ 气/m^3 水)。如果要压制高压气侵、水侵，就必须大幅度提高钻井液密度，压稳的钻井液柱压力往往接近，甚至超过上覆岩层的压力。高钻井液密度造成了钻井液流变性差、很低的钻速、频发的钻具事故、严重的压差黏附卡钻甚至压漏地层。肯基亚克有些井的安全窗口太窄，从压制住气侵到压漏地层之间只有 $0.02 \mathrm{g}/\mathrm{cm}^3$ 的差别，这种情况下无法采用加重的方法压制气水侵。但实际上这些超压的孤立透镜体的砂体小、地层致密、低渗透，从而供液能力差和总供液量小。地层流体涌入量第一次开钻时较大，随后压力和侵入量降低很快，一般不会引起严重井涌或井喷。这种侵入流体多是地层水和地层水的溶解气，有时也有纯地层水或少量高压气。井下只需要很少的气体侵入量就可以在返出井口处的钻井液中造成很多气泡，并使地面钻井液密度降低很多。例如，以 234 井为例，在 3800m 井段左右，气侵使出口钻井液密度由 $2.06 \mathrm{g}/\mathrm{cm}^3$ 降至 $1.22 \mathrm{g}/\mathrm{cm}^3$，而此时井内液柱压力仅损失 0.5MPa，相当于全井钻井液密度由 $2.06 \mathrm{g}/\mathrm{cm}^3$ 降至 $2.0475 \mathrm{g}/\mathrm{cm}^3$。

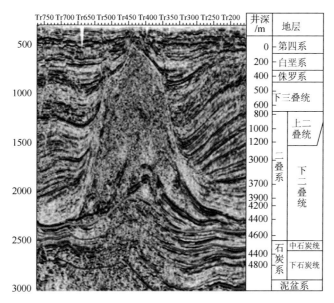

图 8.2　盐丘刺穿形成超压孤立透镜状砂体示意图

这种情况下一般不需加重压井，而是循环、除气、加强观察即可。对肯基亚克的非储层高压气水侵，可采用"欠平衡释放压力"的方法：钻井液密度的确定不以压死气水侵为标准，而是以稳定井壁为标准，允许边侵入边钻进，加强排气和维护钻井液性能，尽量降低钻井液密度，消除加重压漏地层、加重引起卡钻的危险，提高钻速、降低成本。

中国石油长城钻井公司采用高压非储层"欠平衡释放压力钻井"的技术思路，同时在非储层段还采用了优质钻井液、充足水力能力、优选钻头和破岩参数、合理的喷嘴组合以及制服盐膏层缩径卡钻等配套技术。在储层段，针对石炭系主力储层裂缝发育、压力高、漏喷同层、储层易伤害的特点，采用近平衡屏蔽暂堵（将钻井液密度由 2.08g/cm³ 降至 1.90g/cm³，形成对储层压力的近平衡）、欠平衡（8017 井，石炭系储层压力系数 1.95，采用密度 1.90g/cm³ 的钻井液实施欠平衡边喷边钻）保护储层的技术，钻直井、水平井，并且先期裸眼完井以求获得高产。这些配套技术在肯基亚克的综合应用中取得了明显成效。长城钻井公司钻井 25 口，成功率 100%，平均钻井周期 6～8 个月（最短的 8001 井仅 5 个月），单井成本由 750 万美元降至 400 万美元以下。单井产量由过去的 50t/d，提高到现在的百吨以上，最高的 8010 井产量达 1143t/d。

8.2　非储层井段欠平衡钻井提速实践

8.2.1　伊朗空气泡沫钻井提速实践

伊朗波斯湾海岸 Zagras 山脉是世界上有名的 Zagras 构造带。20 世纪 60～70 年代，西方国家许多石油公司在这一带钻井普遍出现井漏、井塌、井涌、盐膏层等问题[1]。

2000 年，长城钻井公司中标了"伊朗 19+2 项目"——19 口钻井、2 口修井，主要作业区为波斯湾海岸 Zagras 山脉 Tabnak 构造（图 8.3）。

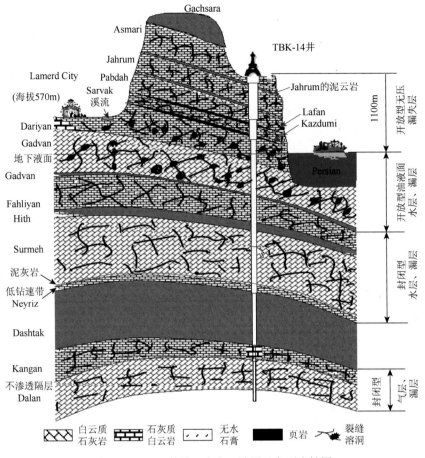

图 8.3　Tabnak 构造、水文、地层及主要岩性图

伊朗国家石油公司 NIOC 与伊朗国家钻井公司 NIDC 于 1998 年开钻 Tabnak1 井，钻井周期 406d，主要钻井难题体现在以下几个方面。

(1) 严重井漏。从表层约 40m 直至产层，全井存在严重井漏。中上部井段频发失返性恶性漏失，有进无出、钻井液漏光、反复堵漏无效。

(2) 井壁坍塌。井深 800m 左右有一个 Lafan 页岩层。钻至 839m 发生页岩段井塌卡钻。打捞失败后填井采用泡沫钻井液侧钻(鱼顶 710m)，钻至 823m 时发生页岩段井塌卡钻。解卡失败后再次填井改用油基钻井液侧钻，钻穿 Lafan 页岩和 Kazdumi 页岩过程井壁未垮塌，但在 948m 出现油基钻井液严重漏失。

(3) 高压、高矿化度、大出水量的多层地下水层，大量盐水溢出带来排水问题和钻井液体系抗盐问题，同时出水层井漏严重。

(4) 大段盐膏层缩径卡钻。

(5) 储层段先出现井漏，失返后发生井涌。之后连续发生又喷又漏的漏喷同层(或漏喷同存)问题。

(6) 各井段固井普遍困难，水基钻井液严重漏失、返高不够、环空封固质量差。

针对伊朗项目难题，长城钻井公司、中国石油科技部在北京先后六次召开技术研讨会，邀请全国有欠平衡钻井经验和技术储备的施工单位、研究单位和知名专家，对总体技术方案进行反复研讨。

最终确定总体技术方案为：

(1) 完善、优化井身结构，对钻井难题各个击破，争取全井效益最佳；

(2) 配置大功率空气钻井设备，满足大井眼空气泡沫钻井需求；

(3) 空气钻井、泡沫钻井解决大段非储层井段井漏问题；

(4) 分析认为 Lafan 页岩坍塌属于水敏性坍塌，利用干空气钻井解决页岩水敏性坍塌问题；

(5) 抗盐泡沫体系钻井解决地层出水与地层漏失并存井段；

(6) 加重饱和盐水体系对付盐膏层缩径；

(7) 盐水体系充气欠平衡钻井解决储层段漏喷同存问题。如果防燃爆充气欠平衡钻井不具备条件，则采用过平衡钻井堵漏技术。

在实际施工中，各井段施工情况见表 8.2。

表 8.2　伊朗空气泡沫钻井各井段施工简表

	井身结构	地层	工艺措施
第一次开钻	36in 钻头 30in 套管 0～45m	Asmari 缝洞型石灰岩，开放型漏失通道	微泡沫钻井液钻井，可以有效防止表层井漏。地面密度 0.7g/cm³，携岩能力好，可以满足 36in 井眼携岩
第二次开钻	26in 钻头 20in 套管 45～550m	Jahrum 和 Pabdah，缝洞型石灰岩、开放型漏失通道，在 400m 深部分地区可能有季节性微量出水	若空气量足够（大于 400m³/min），可用空气、雾化钻井。若空气量不够，则高干度泡沫钻井（即大气液比，气量在 120m³/min 以上，液量在 10L/s 以下）。泡沫液有轻微漏失
第三次开钻	17-1/2in 钻头 13-3/8in 套管 550～900m	Lafan 页岩和 Kazdumi 页岩，中间夹 Sarvak 石灰岩。Lafan 页岩和 Kazdumi 页岩属于强水敏性坍塌页岩。Sarvak 石灰岩对钻井液钻井（油基、水基）有可能存在中等漏失	17-1/2in 井段干空气钻井，气量不小于 200m³/min
第四次开钻	12-1/4in 钻头 9-5/8in 套管 900～2600m	Dariyan 和 Gadvan 灰岩、云岩，缝洞非常发育，严重井漏，若钻遇岩溶则可能造成空气泡沫的严重漏失。本段三个水层，钻遇海平面为第一水层，属自由液面无限大水体，出水量取决于钻井液举水能力（钻井液钻井井漏、泡沫钻井大量出水），地层水矿化度不高。第二水层出现在 Hith 石膏层之后，封闭型有压水层，矿化度高、出水量不大。第三层水出现在 Neyriz 小层，压力高、矿化度很高、出水量小。Hith 硬石膏层有轻微缩颈，注意划眼，钻具带随钻震击器	先用干空气钻进，见水后转为抗盐稳定泡沫钻井，低干度泡沫，有利于减小地层出水。钻穿 Hith 层时注意划眼，Hith 之后的 Surmeh 缝洞云灰岩出现第二个水层，矿化度升高，加强钻具腐蚀控制和泡沫抗盐稳定性。钻达 Neyriz 之上泥灰岩时防止轻微缩颈和掉块坍塌。进入 Neyriz 小层，出现第三个出水层，水量小、压力高、矿化度很高。泡沫基液回收使用。进入 Dashtak 顶部完钻。TBK15 井，在 1093～1098m 放空 5m，之后泡沫钻井失返性漏失（有进无出），盲钻 17d，泡沫液与岩屑一起进入漏层，至 2596m 完钻。顺利下入 9-5/8in 套管
第五次开钻	8-1/2in 钻头 7in 尾管 2600～2750m	Dashtak 无水石膏层，问题是盐膏污染、盐水侵和缩颈。采用足够密度的饱和盐水钻井液体系，经常划眼、短起下，并带随钻震击器	实际采用密度为 1.05～1.10g/cm³ 的饱和盐水钻井液或抗盐聚磺钻井液钻进正常
第六次开钻	6in 钻头 裸眼筛管 2750～TD	主力产层为 Dalan，缝洞型白云岩，有白云化基质孔隙发育。Kangan 也是可能产层，裂缝性灰岩。Kangan 与 Dalan 之间有不渗透隔层分割。储层压力梯度为 0.78～0.9。主要是保护气层、防漏和放喷	由于没有惰性气体充气欠平衡钻井的条件，采用的是聚磺钻井液加堵漏剂的过平衡钻井。钻进中仍有轻微井漏和气体溢流发生

面对世界级钻进难题、苛刻的合同成本和合同时间要求，随着技术成熟度的提高，钻井周期迅速缩短至 50～60d，低于合同规定的 100d 平均值(图 8.4)；单井成本迅速下降，低于合同规定的 428 万美元平均值。不但使承包合同转亏为赢，同时也受到了伊朗业主方面的信任和好评。

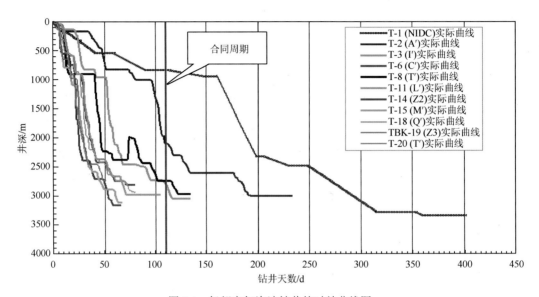

图 8.4　伊朗空气泡沫钻井的时效曲线图

8.2.2　玉门窿 9 井实践

玉门青西油田，含油面积 57km²，具有亿吨级储量规模，储层属于自生自储裂缝-孔隙双重介质岩性油气藏，埋深为 3900～4700m。自 2000 年以来，该油田已有一批日产百吨以上的高产井。青西油田是玉门局目前最重要的勘探开发目标。窿窿山背斜构造是青西最具希望的构造之一。窿 4 井完钻后在严重损害的条件下初产 108t/d，改造后 253t/d。

窿 9 井是位于青西油田窿窿山背斜构造南翼的一口预探井，设计井深 4500m。逆掩推覆体使古生界老地层翻转在新生界地层之上(图 8.5)。预计从地表至 2000m 深为巨厚志留系地层，岩性以变质石英砂岩、千枚岩、板岩为主。这些岩体经过高热、高压实成岩作用，具有极高硬度、极差可钻性和极强研磨性。岩石密度为 2.6～2.94g/cm³，声波时差为 147～197μs/m；岩石可钻性为 7～9 级，最高值达到 9.73(据测井资料和部分岩心实测资料)。推覆体地层高陡倾斜，地层倾角为 30°～70°，由浅至深加剧倾斜。岩体层理节理发育，具有极强非均质性。因此，钻进过程中井斜非常严重。实际窿 9 井钻进井身结构与时效曲线(图 8.6)。

1)施工难点分析

(1)钻速极低。第一次开钻平均为 0.86m/h，第二次开钻平均为 1m/h，第三次开钻平均为 0.52m/h。截止第三次开钻中完，钻井周期为 334d，纯钻时间占 61.37%，进尺为 2970m，平均钻速为 0.54m/h。最慢时日进尺不到 5m。

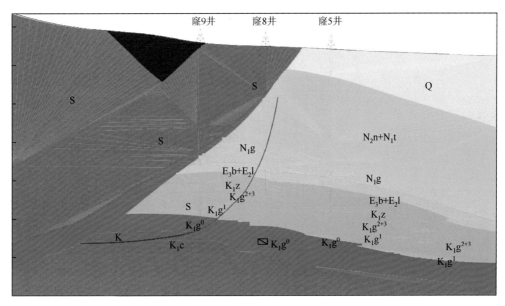

图 8.5　油田窟窿山构造剖面图

（2）地层研磨性极强。进尺为 2970m 耗费 66 只钻头，平均每只钻头进尺 45m，如图 8.7 所示，钻头失效均为牙齿过度磨损。钻头早期失效造成钻头工作不平稳、整跳严重，钻具损坏严重。截止第三次开钻完，损坏各种型号钻铤 68 根、减震器 13 根、扶正器 20只。钻头、钻具事故造成非作业时间多。

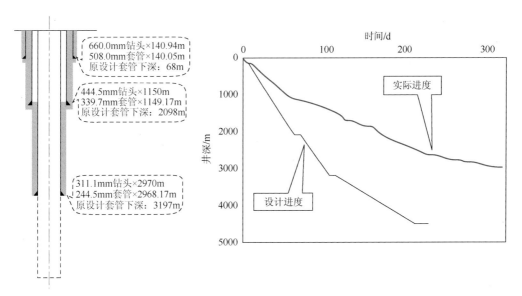

图 8.6　窟 9 井井身结构与时效图

（3）严重井斜，无法控制。尝试了各种钟摆、稳定器组合、偏轴钻具、满眼+导向等井斜控制技术，都难以控制井斜，最终导致"井斜过大后用定向反抠技术降斜"，共用井下动力钻具反抠 9 次，钻出的井眼弯曲如图 8.8 所示。

(a) 工程取心井段：1254.78~1255.55m，进尺0.77m，　　　(b) 井段：1492.17~1509.40m，型号：HJS537GR，
　　心长0.21m，收获率7.3%，取心钻头报废　　　　　　　进尺17.23m，纯钻32∶10，平均机械钻速0.54m/h，
　　　　　　　　　　　　　　　　　　　　　　　　　　牙齿几乎磨平

图 8.7　强研磨性地层导致钻头早期失效图

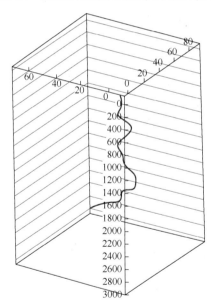

图 8.8　窿 9 井第三次开钻井眼轨迹充气液钻井充气液钻井图

　　(4)窿 9 井的难钻志留系地层厚度比地质预测的 2000m 要厚得多，第三次开钻后钻至 2970m 志留系地层仍未见底。利用 VSP 技术探测，可能志留系要增厚至 3600m 左右。若按此厚度、此钻井速度，钻穿志留系地层至少还得半年时间。

　　为解决窿 9 井志留系推覆体钻井难题,中国石油集团公司组织了窿 9 井空气钻井试验。

　　2)窿 9 井空气钻井实施与效果

　　(1)采用 8-1/2″617 钻头，单稳定器钟摆钻具。

　　(2)川西南矿区提供全套钻井注气设备(XRS415 型空压机 4 台，25m^3/min，1.4MPa；

FKY450 增压器两台，50m³/min，15MPa）。大港油田欠平衡公司提供 7100 旋转控制头、井口组合、地面管汇等装备。采用 CPT-Y4 型水泥车作为雾化泵。举水、吹干井眼后开始空气钻进。

（3）出套管鞋后排尽地层内钻井液滤液，注气量为 70m³/min，开始正常空气钻井。钻压加到 12t 时钻速最高达 12m/h，转盘扭矩太大难以维持正常钻进。

（4）扭矩过大源于上部井眼狗腿多、狗腿严重度大，这是空气条件下干摩擦所致。为减少扭矩改为雾化钻井，雾化液注入量小于 0.001m³/s。由于 CPT-Y4 型水泥车最小排量为 0.002m³/s，因此以该注液量实施浓雾化钻井。扭矩由 4kN·m 降至 2~2.5kN·m，但钻速明显降低。

（5）为控制井斜，限制钻压小于 4t，造成提速效果有限。本井上部井眼质量太差，为减少扭矩，减少钻柱与套管间的摩擦，钻柱上增加了 20 只减扭接头和大量橡胶护箍，制约了环空携岩效果。本地海拔高度达到 2600m，造成川西南 100m³/min 能力的空压机组实际供气仅 70m³/min。因此增加 4 台 S-10/25 型空压机，总注气量达 90~95m³/min。

（6）CPT-Y4 水泥车出现故障，换用 AC-400 型水泥车为基液泵，其最小排量为 0.005m³/s，不能实现连续稳定雾化钻井。采用每隔 10min 注入 0.2m³ 泡沫液，井内循环波动起伏大，净化效果差。

（7）钻至 3030m，起钻观察钻头（图 8.9）。换钻头后继续钻进至 3307.50m，钻穿志留系进入白垩系灰黑色云质泥岩，遇阻、扭矩增大、上提放下遇阻，判断地层坍塌。停止泡沫钻进转为常规钻井液钻井。

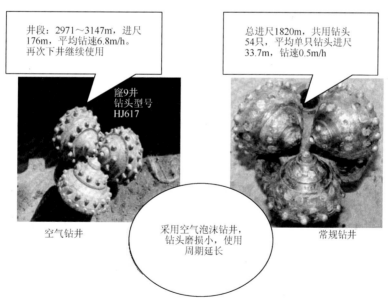

图 8.9　空气钻井钻头寿命对比图

隆 9 井是我国第一口提速深井空气泡沫钻井，明显提高了钻井速度，延长了钻头寿命。空气泡沫钻井井段为 2970~3307.5m，进尺为 337.5m。空气钻井最高钻速达 12m/h，井眼稳定性较好（图 8.10）。但上部井眼质量严重影响了空气钻井的实施。一方面，地层不出水时注入泡沫液减扭，钻柱附件过多影响井眼净化。另一方面，设备、工具不配套，严重制约了空气钻井的正常发挥，尤其是雾化泵不符合要求，空压机高海拔工况差、气量不足，缺乏井下空气锤。同时，严重井斜限制了空气钻井的提速效果。三牙轮钻头加单钟摆钻具，轻压吊打不仅限制了钻速，而且不能有效控制井斜（井斜由 2970m 的 4°增加至 3307m 的 24°），如图 8.11 所示。

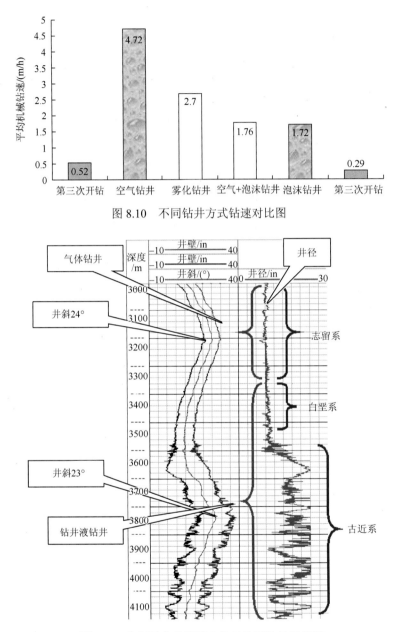

图 8.10　不同钻井方式钻速对比图

图 8.11　空气钻井井壁稳定性对比司钻显示器图

8.2.3　七里北 101 井实践

七里北潜伏构造位于七里峡构造带最北段，目的层飞三段顶为构造倾末端，与鲕滩储层尖灭线构成岩性构造复合圈闭，圈闭海拔 4900m，面积 91.1km²，预测储量 422.99×10⁸m³，展现出大气田雏形。与七里北潜伏构造相邻的渡口河、铁山坡等构造均为飞仙关组鲕滩大气田。七里北 1 井是该构造的第一口探井，完钻后在飞仙关组鲕滩储层获得井口测试产能 $83 \times 10^4 \mathrm{m}^3/\mathrm{d}$，但该井钻进非常困难，事故多、钻速慢、周期长（图 8.12）。七里北 101 井是继七里北 1 井之后该构造的第二口探井，针对七里北 1 井的复杂问题，拟采用气体钻井进行全面提速试验。

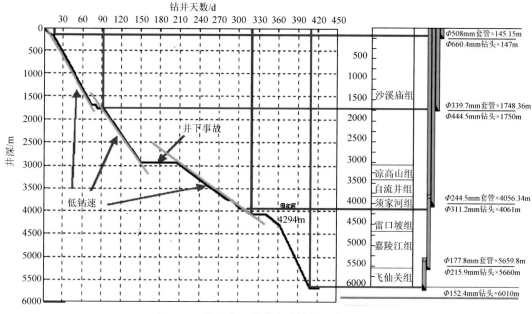

图 8.12　七里北 1 井井身结构与进度曲线图

七里北 1 井位于七里峡构造带七里北鼻状潜伏构造近轴部，设计井深 5700m，射孔完成预探飞仙关组鲕滩储层含气情况。七里北 1 井于 2003 年 4 月 11 日开钻，2004 年 7 月 7 日钻至井深 6010m 完钻，总耗时 452d，计 16.9 个钻机月，平均钻井月速仅为 355.47m/台，平均机械钻速为 1.48m/h，平均行程钻速为 0.49m/h。

1. 七里北 1 井工程技术难点

1）地层可钻性差，机械钻速太低

七里北 1 井须家河组以上砂泥岩地层厚度达 4296m，随着井深的增加，沙溪庙组中下部—须家河组地层岩石可钻性明显降低、岩石塑性增大、硬脆性降低，导致极低钻速（表 8.3）。七里北 1 井须家河组以上地层平均机械钻速仅为 1.29m/h，尤其是井深 2800～4290m 井段，平均机械钻速仅为 0.83m/h。

表 8.3　七里北潜伏构造岩性柱状分布表

组	段	岩性	深度	厚度
沙溪庙组	J_2s	泥岩、粉砂岩、细砂岩	2140	2140
凉高山组	J_1l	泥岩、粉砂岩、细砂岩	2360	220
自流井组	J_1m	泥岩、页岩、砂岩、灰岩	2510	150

续表

组	段	岩性	深度	厚度
自流井组	J_1d	泥岩、砂岩	2570	60
	J_1z	泥岩夹砂岩、粉砂岩	2720	150
须家河组	T_3x	砂岩夹煤、页岩	3250	530
雷口坡组	$T_2l_3^1$	灰岩、云岩、泥云岩夹石膏	3370	120
	$T_2l_2^1$		3450	80
	$T_2l_1^1$		3570	120
嘉陵江组	$T_3j_2^5$	石膏、云岩、泥云岩	3630	60
	$T_3j_3^5$		3650	20
	$T_3j_4^4$	石膏夹云岩、硅质泥岩、中部云岩夹灰岩，石膏夹云岩、岩盐	3760	110
	$T_3j_3^4$		3795	35
	$T_3j_2^4$		3865	70
	$T_3j_1^4$		3905	40
	T_3j^3	灰岩、云岩夹石膏	4125	220
	$T_3j_3^2$	石膏、云岩、灰岩	4205	80
	$T_3j_3^2$		4255	50
	$T_3j_3^2$		4285	30
	T_3j^1	灰岩，下部见云岩	4585	300
飞仙关组	T_1f^4	泥岩、灰岩、云岩夹石膏	4610	25
	T_1f^{3-1}	灰岩、鲕粒灰岩，云岩	4900	290

2) 地层研磨性强，钻头损坏严重

地层研磨性强，尤其是第三次开钻井段 1750～4061m，须家河组地层，石英含量高、泥质胶结、高压实，研磨性极强，单只钻头平均进尺 59m。钻头损坏严重，普遍存在牙齿断掉、严重磨损。

3) 大尺寸井眼钻进井段长

七里北 1 井 17-1/2in、12-1/4in 钻进井段长，分别为 1603m 和 2311m。在相同条件下，井眼越大，钻头切割的岩屑量越多，机械钻速越慢，钻头磨损越严重，钻具所承受的扭矩越大，钻具更容易发生疲劳破坏，这是钻具事故多发的重要原因。

4) 跳钻现象持续严重，钻具事故频繁

钻头牙齿断掉、严重磨损，造成了钻头工作不平稳，诱发严重跳钻；钻速太慢而导致大钻压，以及大井眼的大变形和大扭矩，又加重了跳钻、共振和钻具疲劳破坏，这在须家河组以上地层尤为严重。虽然七里北 1 井使用全新高强度钻具，但仍然引发频繁的钻具事故：在 17-1/2in 井眼段钻具断裂 9 次；在 12-1/4in 井眼段钻具断裂 13 次，损失时间 1902.50h，计 79.3d，折合 2.64 个钻机月，占钻井总时间的 22.43%。

5) 井下复杂与事故较多，处理时间长

处理井漏时间较长：在开钻表层 26in 井眼段发生井漏 1 次；在第三次开钻 12-1/4in

井眼段发生井漏 15 次；在第五次开钻 6in 井眼段发生井漏 2 次；井下情况较为复杂，每次下套管前的准备时间较长。

2. 应对思路

根据对气体钻井提高钻速、延长钻头寿命的机理研究结果，结合伊朗空气泡沫钻井、玉门窿 9 井空气钻井的实践结果，认为七里北 101 井中上部井段采用气体钻井能够大幅度提高钻速，延长钻头寿命；由于钻头工作平稳、气体钻井施加钻压较小等原因，能够有效减轻甚至消除跳钻、共振、钻具疲劳破坏问题；同时能够有效避免七里北 1 井多次出现的井漏问题。然而我国尚未在深井、硬地层实施气体钻井，当浅层天然气丰富时实施气体钻井风险性较大。因此依据七里北 1 井测井、钻井、录井资料和临近构造资料，开展了七里北 101 井气体钻井论证和技术准备。

依据七里北 1 井资料，设计井身结构与钻进方法如图 8.13 所示。

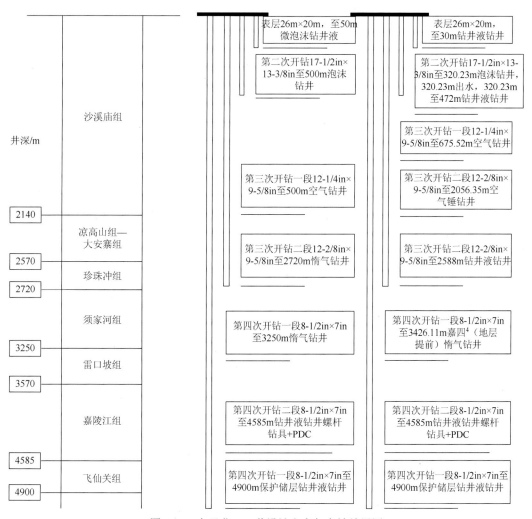

图 8.13　七里北 101 井设计方案与实钻结果图

3. 实施效果

(1) 在 $\varPhi$444.5mm 井眼段采用泡沫钻井至井深 320.23m，泡沫钻井进尺 290.23m，最高钻速为 22.22m/h；最低钻速为 1.7m/h，平均机械钻速为 5.08m/h。其中，115～274m 井段属正常钻压空气泡沫钻进，钻压为 18t，平均机械钻速为 8.3m/h，是无固相钻井液的 3 倍。其余井段由于开钻加钻铤钻压不够和地层出水不能反映泡沫钻井正常钻速。钻井参数：钻压为 20～180kN，转速为 60r/min，排量为 0.006m³/s（液）、45m³/min（气），立压 3.0MPa。

(2) 在 $\varPhi$444.5mm 井眼段内至井深 320.23m，因地层产水量超过 50m³/h，而转换为无固相钻井液钻至井深 472m，进尺 151.77m，平均机械钻速为 2.84m/h；下入 $\varPhi$339.7mm 套管固井。

(3) 在 $\varPhi$311.2mm 井眼段，从井深 472m 采用纯空气钻至井深 675.52m。空气钻井参数：钻压为 40～220kN、转速为 70r/min、空气排量为 120m³/min。平均钻速为 5.08m/h，由于本段存在方补心严重吃钻压现象，未能真实反映钻速。

(4) 在 $\varPhi$311.2mm 井眼段，从井深 675.52～2056.35m 采用空气锤钻进，进尺为 1380.80m，平均机械钻速为 16.64m/h，一只钻头完钻，是无固相钻井液钻进的 5.5 倍。

(5) 在 $\varPhi$311.2mm 井眼段，从井深 2056.35m～2588m，由于预测有浅层天然气，且氮气设备未能到位，故替入密度为 1.23g/cm³ 低固相钻井液转为常规钻井方式。进尺为 531.25m，平均机械钻速为 2.19m/h；下入 $\varPhi$244.5mm 套管固井。

(6) 在 $\varPhi$215.9mm 井眼段，从井深为 2591m 开始采用氮气钻进至井深 3426.11m，进入嘉四 415m，氮气钻井进尺 835.11m，耗费钻头两只，平均机械钻速为 13.73m/h，是七里北 1 井钻进速度为 1.69m/h 的 8 倍。钻井参数：钻压为 150～170kN、转速为 60r/min、氮气排量为 75m³/min。于井深 3426.11m 结束气体钻井试验。

七北 101 井气体钻井的实施，采用了井下空气锤技术，大幅度提高了钻速、延长了钻头寿命、缩短了钻井周期。最难钻、研磨性最强的须家河组地层，单只钻头进尺由七里北 1 井的 59m 提高到 413m，而且钻头仍保持工作平稳 (图 8.14)。

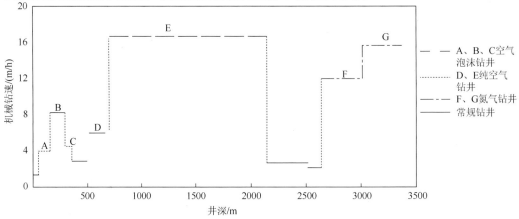

图 8.14　七里北 101 井不同钻井方式平均机械钻速对比图

气体钻井的实施，根本性地改善了钻井的安全性，减少了井下的复杂情况与事故。全井段钻头工作平稳，无跳钻、憋钻、扭矩过大等问题。全井无一例钻具事故。全井无井漏、井塌等井下复杂情况与事故，井径规则、起下顺利，下套管、固井正常。2901m 深度测斜，最大井斜仅 2.45°。七里北 101 井钻速与七里北 1 井钻速对比见表 8.4。

表 8.4　七里北 101 井钻速与七里北 1 井钻速对比表

层位	钻头尺寸/mm	七北 101 井(气井)			七里北 1 井(钻井液)		钻速提高倍数
		井段/m	介质	平均钻速/(m/h)	井段/m	平均钻速/(m/h)	
沙溪庙组	444.5	115～274	泡沫	8.3	147～296	3.03	1.74
沙溪庙组	311.2	1750～2056	空气	16.64	1750～2062	2.93	4.68
须家河组	215.9	2587～2944	氮气	12.05	4061～4282	0.92	13.31
雷口坡组嘉陵江组	215.9	2944～3426	氮气	15.73	4282～4401	1.69	8.3

通过七里北实践，表明国产化装备、工具的可靠性还有待进一步加强；对于气体钻井地层出水、出气的研究有待进一步发展，应向多样化、低成本方向发展；气体钻井的钻前预测和设计理论有待进一步发展。

8.2.4　龙岗气体钻井提速技术实践

四川龙岗构造储层埋藏深度在 6000m 以上，地质情况复杂多变，岩层硬度大，厚达 600m 以上的须家河组地层研磨性强，地层纵向上存在低压漏失、浅层气活跃、大段盐膏层等钻井难点。据对邻地区 7 口超深井的钻井统计，平均完钻井深 5624m，平均机械钻速仅 1.17m/h，平均钻井周期长达 431d，钻井速度慢是十分突出的问题。根据以上地区的地质工程特点，仅靠常规技术的优化改进难以扭转钻井速度低的局面，开发和试验气体钻井技术是一种有效可行的途径。

在对龙岗构造地层特征深入分析，并结合井壁稳定性分布规律研究的基础上，优化形成了龙岗构造深井气体钻井提速模式。

深井气体钻井模式，如图 8.15 所示。

(1) 表层 Φ444.5mm 井眼段采用空气钻井提速，在钻遇地层出水后，转化为雾化或泡沫钻井，钻达固井井深后空井下套管固井；

(2) Φ311.2mm 井眼段采用空气锤防斜打快，钻至沙一段中下部或发现地层出气后，转换成氮气钻井延长进尺；

(3) Φ215.9mm 井眼须家河组井段运用氮气钻井提速，进入雷口坡组后，采用"三低"钻井液、螺杆+PDC 钻头钻进。

至龙岗 1 井应用气体钻井提速以来，先后在龙岗深井开展气体钻井提速规模化应用 61 口井，在提高机械钻速、缩短钻井周期等方面取得了显著效果。

1) 大幅度提高了机械钻速

龙岗构造气体钻井平均钻速为 12.67m/h，同比泥浆钻井，444.5mm、311.2mm、215.9mm 井眼段气体钻井平均机械钻速分别提高了 4.02、6.87 和 5.36 倍，如图 8.16 所示。

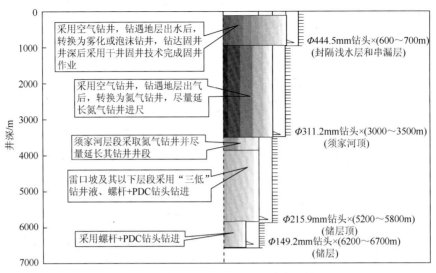

图 8.15　龙岗构造深井气体钻井井身结构图

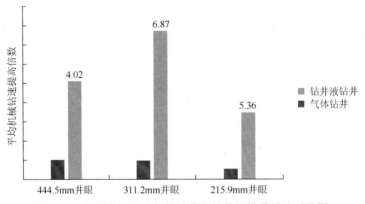

图 8.16　不同井眼尺寸气体钻井与钻井液钻井钻速对比图

2) 显著缩短钻井周期

采用该模式在龙岗地区完钻的 61 口深井,单井平均井深 6254m。平均单井进尺 2990m,占全井比例 47.8%,平均钻井周期缩短 213d,全井平均机械钻速同比提高 2 倍,如图 8.17 所示。

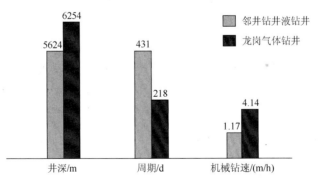

图 8.17　气体钻井与常规泥浆钻井完钻井周期、钻速对比图

8.2.5 松辽盆地深层气体钻井提速技术实践

大庆油田 2006～2007 年为了加快勘探节奏，要求钻井大提速。考虑到常规钻井方式进一步提速空间有限，开展了以提高研磨性地层钻井速度、发现和保护储层油气为目的的气体钻井完井技术的配套研究和试验。主要应用于深层白垩系下统泉头组一段、二段及其以下地层，其主要岩性、硬度及储层物性以徐深气田为例，见表 8.5。通过室内研究和现场试验，形成了适合大庆深层气田的气体钻井配套技术。至 2009 年 12 月大庆油田共完成气体钻井施工 23 口井，总进尺 15666.63m，平均单井进尺 681.16m，平均机械钻速 6.69m/h，与邻井常规钻井相比提高机械钻速 4～5 倍。雾化、泡沫钻井配合使用，初步解决了地层出水问题。对气体欠平衡钻井在大庆油田的应用前景取得了一定认识。

表 8.5 徐深气田深层主要岩性、可钻性及及物性特征表

地层 组	地层 段	标志性岩性	平均可钻性级值 K_d	平均硬度 /MPa	孔隙度/%	渗透率/mD	粒度/mm	碎屑成分/% 石英	碎屑成分/% 长石	碎屑成分/% 岩屑
泉头组 K_1q	二段	暗紫红色、紫褐色泥岩夹灰绿色、紫灰色砂岩	6.32±1.5	1408	≤6 1.8～4.3 泥岩盖层		0.06～0.35	32±3	39±4	29±5
	一段	灰白色、紫灰色砂岩与暗紫红色、暗褐色泥岩互层	6.16±0.4	736						
登娄库 K_1d	四段	灰褐色和褐红色泥岩、砂质泥岩与浅绿色、灰白色、棕灰色厚层状细砂岩呈不等厚互层，并夹薄层凝灰岩	6.77±1.7	2160	5～7 1.3～6.9 泥岩盖层	0.01～10.00	0.10～0.40	30±3	38±4	32±4
	三段	灰白色块状细-中砂岩与灰褐色、灰黑色砂质泥岩互层	5.74±1.0	1632～2200						
	二段	主要为暗色泥岩段，岩性主要由灰绿色、灰黑色及少量紫红色泥岩、砂质泥岩与灰白色、棕灰色厚层砂岩呈不等厚互层，层内夹少量泥灰岩和凝灰岩	6.66±1.5	2186～2555						
	一段	杂色砾岩、顶部夹砂岩								
营城组 K_1yc	四段	灰黑色、紫褐色砂泥岩、绿灰色、灰白色砂砾岩	7.60±1.4	1634～2555	0.8～6.6	0.04～1.93	0.20～3.20 最大 12.0			
	三段	以中性火山岩为主，常见类型有安山岩、安山玄武岩								

续表

地层		标志性岩性	平均可钻性级值 K_d	平均硬度/MPa	孔隙度/%	渗透率/mD	粒度/mm	碎屑成分/%		
组	段							石英	长石	岩屑
营城组 K_1yc	二段	灰黑色砂泥岩、绿灰色和杂色砂砾岩，有时夹数层煤层	7.60±1.4	1634～2555	0.8～6.6	0.04～1.93	0.20～3.20 最大 12.0			
	一段	以酸性火山岩为主，常见岩石类型有灰色和灰白色流纹岩、英安岩、灰白色流纹质凝灰岩、流纹质火山角砾岩								

从表 8.5 可知，大庆深层地层可钻性为 6～9 级，硬度为 736～2555Pa，地层相对较硬，井眼稳定性较好，具备气体钻井的基本条件。

施工方配备了 8 台空压机、4 台增压机、3 台膜制氮和 3 台雾化泵相关气体钻井设备(表 8.6)。能够提供 320m³/min 空气和 120m³/min 氮气，在 8-1/2in 井眼段可同时进行 2 口井的纯空气钻井施工，并且可以组合成不同的空气/氮气雾化泡沫钻井。

表 8.6　空气/氮气钻井设备及其雾化泵配置表

名称	台套数	主要规格
空气压缩机组	8	额定排量：40m³/min，额定排气压力：2.4MPa
膜分离制氮设备	3	氮气纯度：95%，额定氮气排量：40m³/min，氮气压力：1.8MPa
增压机组	2	额定工作压力：15MPa，排量：80m³/min
增压机组	2	额定工作压力：35MPa，额定排量：40m³/min
雾化泵	1	液体排量：78～300L/min，额定工作压力：15MPa
雾化泵	2	液体排量：最大 400L/min，额定工作压力：16MPa(无级调速)
旋转防喷器及控制系统	7	静压：21MPa，动压：10.5MPa

大庆油田气体钻井实施有四个试验阶段：一是纯气体成功控斜打快阶段；二是地层出水对策技术探索阶段；三是地层出水雾化泡沫与气体钻井技术结合探索阶段；四是可循环雾化泡沫钻井阶段。在此期间取得了一定的经验和认识。

(1)提速效果显著，19 口井气体钻井平均机械钻速是临井常规钻井的 5.11 倍；

(2)缩短了钻进周期，19 口井气体钻井与临井常规钻井相比缩短钻进周期 26.48d；

(3)发现和保护储层效果明显，29 口井中，有 7 口井进行了储层钻进，实现了钻进中的发现与钻-保护储层的目的。

8.2.6　大北 6 井、大北 204 井实践

库车拗陷位于塔里木盆地北部，北与南天山断裂褶皱带以逆冲断层相接，南为塔北隆起，东起阳霞凹陷，西至乌什凹陷，是一个以中、新生代沉积为主的叠加型前陆盆地。拗陷内断裂复杂，控制着构造的发育与展布，从南天山向前陆方向，构造带展布依次为：北

部单斜带、克拉苏-依奇克里克构造带、乌什-拜城-阳霞凹陷、秋里塔格构造带。大北 1 号构造所处的大北区带位于克拉苏逆冲断裂下盘，与北部的吐北区带以断裂相接，南向拜城凹陷倾伏，向东与克深 1、2 构造相接，向西逐渐倾没，地质概况见表 8.7。

表 8.7 岩性纵向分布表

地层		设计地层			可钻性分级	复杂情况提示
系	组	底界深度/m	厚度/m	岩性简述		
新近系	库车组	3860	3860	上部岩性为杂色砾岩与褐色泥岩略等厚互层，中下部为厚层状褐灰色含砾砂岩、中-细砂岩、细砂岩与略等厚的褐色、灰褐色、黄褐色泥岩、粉砂质泥岩互层	1～5 软—中硬	砂岩、砾岩、泥岩互层段，注意防卡、防斜
	康村组	5000	1140	中厚巨厚层状褐色泥岩与薄-厚层状浅灰、灰白色粉砂岩和泥质粉砂岩呈不等厚—略等厚互层	3～6 中—中硬	
	吉迪克组	5280	280	岩性以中厚巨厚层状褐色泥岩为主，夹薄-厚层状褐灰色粉砂岩、泥质粉砂岩，底部为一套灰色粉砂岩、细砂岩	5～7 中硬	本段地层发育泥岩、粉砂质泥岩，注意防卡，砂岩防漏
古近系	苏维依组	5430	150	岩性以厚层状—巨厚层状灰褐色泥岩为主，夹薄层膏质泥岩、含膏泥岩、泥质粉砂岩，底部一套厚层状褐色泥岩、含膏泥岩	6～7 中硬—硬	本段地层发育含膏泥岩，注意防卡，砂岩防漏
	库姆格列木群	5900	470	自上而下分 5 个岩性段，分别为泥岩段、膏盐岩段、白云岩段、膏泥岩段，缺失底砂岩段	6～9 中硬—硬	发育大套膏盐层，地层压力较高，注意防卡、防喷、防漏，目的层注意防火
白垩系	巴什基奇克组	6180	280	岩性以中厚层状褐色细砂岩、灰褐色含砾细砂岩、粉砂岩、泥质粉砂岩为主，夹薄层状褐色泥岩、粉砂质泥岩，是本井的目的层	7～10 中硬—硬	该段是本井目的层，压力较高，取心较多，注意防卡、防喷、防漏、防火

大北-博孜构造巨厚砾岩层研磨性高、可钻性差，机械钻速极慢，严重阻碍了该地区勘探开发进程，而气体钻井作为一项钻井新技术，在钻井提速方面有绝对优势。但该地区在气体钻井过程中，井下地层产水量很大，导致砾岩层井壁垮塌，限制了该地区气体钻井的推广应用。因此，要在该地区推广气体钻井技术，还要研究出高产水条件下砾岩层气体钻井井壁稳定的对策。

地层流体概况：由该地区水文地质资料及现场资料综合解释可知，该地区上部地层（第四系、库车组中上部地层）水层较为发育，且产水量很大，库车组下部及以下地层水层较少，多为差水层，产水量较少。地层一旦大量产水，将导致气体钻井井壁出现垮塌失稳，引起气体钻井失败。因此，第四系和库车组中上部实施气体钻井具有很大风险，库车组下部及以下地层多为差水层，具备实施气体钻井的条件。

在大北地区，存在大段砾石层，气体钻井形成不规则、多台阶及大扩径井眼条件，造成下钻钻柱受阻。实钻过程中，常用的塔式钻具组合为：Φ333.4mmSJT537GK 钻头×0.34m+Φ228.6mm 浮阀×0.68m+Φ228.6mm 无磁钻铤×8.43m+Φ228.6mm 钻铤×45.15m+NC611/NC560 接头×0.48m+Φ203.2 钻铤×126.29m+Φ203.2mm 随钻震击器×6.76m+Φ203.2mm 挠性短节×3.34m+Φ203.2mm 钻铤×18.38m+NC561/520 接头×0.48m+Φ139.7mm 加重钻

杆×140.17m+Φ139.7mm 钻杆×2797.13+Φ139.7mm 箭形止回阀×0.48m+Φ139.7mm 旋塞×0.48m+Φ139.7mm 钻杆。

1. 大北 6 井气体钻井现场试验

大北 6 井是塔里木盆地库车拗陷克拉苏构造带西段大北 1 气田大北 201 断背斜东高点上的一口评价井。其钻探目的在于：确定大北 201 气藏类型及含气规模、搞清白垩系巴什基奇克组储层纵横向变化情况以及为构造建模、速度场研究和圈闭精细描述提供参考依据。

大北 6 井井身结构设计如图 8.18 所示，大北 6 井气体钻井简况见表 8.8、气体钻井施工参数见表 8.9，期间地层出水量见表 8.10。

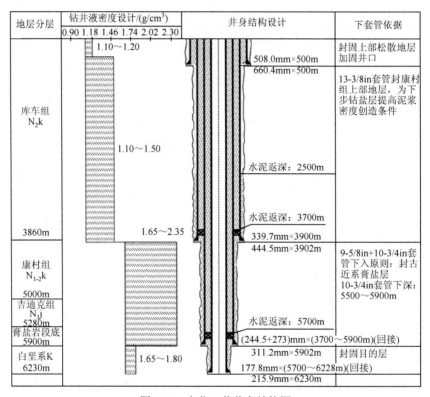

图 8.18 大北 6 井井身结构图

表 8.8 大北 6 井气体钻井简况表

井号	井眼尺寸/mm	介质	井段/m	层位	进尺/m	纯钻时间 (h：min)	平均钻速 /(m/h)	气体钻井终止原因
大北 6 井	444.5	空气	308.47～503	库车组	194.53	22：08	8.79	地面污水池满
		雾化	503～953	库车组	450	61：08	7.36	
	311.2	雾化	3902～5012	库车组—康村组	1110	168：25	6.59	出现扭矩增大，顶驱频繁整停

表 8.9　大北 6 井气体钻井施工参数表

井号	井段/m	钻井介质	钻头	钻压/kN	转速/(r/min)	注气量/(m³/min)	注液量/(L/s)	注入压力/MPa
大北6井	308.47～503	空气	空气锤	20	50～60	200～300	—	1.5
	503～953	雾化	牙轮	60～80			3	2.5
	3902～5012	雾化	牙轮	40～80	50～60	300	2～10	8～10

表 8.10　大北 6 井气体钻井地层出水情况表

出水层段/m	450～485	599～610	742～755	795～800	866～886	2042～3762	3902～5012
地层产水量/(m³/min)	0.2	9.8	4	8.2	27.8	69	5

2. 大北 204 井气体钻井现场试验

大北 204 井是塔里木盆地库车拗陷克拉苏构造带西段大北 1 气田大北 201 井断背斜东翼的一口评价井。大北 204 井自井深 3101m 开始进行第三次开钻空气钻进，雾化钻进至井深 3456m。其钻探目的为确定大北 201 井气藏类型及含气规模、搞清白垩系巴什基奇克组储层纵横向变化情况以及为构造建模、速度场研究及圈闭精细描述提供参考依据。

大北 204 井井身结构设计如图 8.19 所示，大北 204 井气体钻井简况见表 8.11、气体钻井施工参数见表 8.12，期间地层出水量见表 8.13。

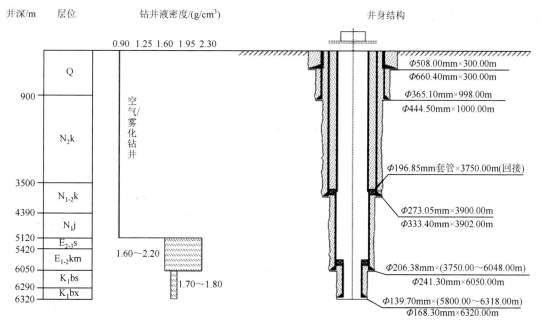

图 8.19　大北 204 井井身结构图

表 8.11　大北 204 井气体钻井简况表

井号	井眼直径/mm	钻井介质	井段/m	地层	进尺/m	钻时(h：min)	机械钻速/(m/s)	终止原因
大北204井	660.4	空气	10.5～53	第四系	42.5	3：13	13.2	地层产水大，砾石层垮塌失稳
		雾化	53～109	第四系	56	9：45	5.74	
	444.5	空气	109～158.33	第四系	49.33	8：20	5.92	
		雾化	158.33～451.4	第四系	294.27	37：25	7.83	
	333.4	雾化	3101～3456	库车组	355	70：30	5.04	井下垮塌，扭矩增大，多次整停

表 8.12　大北 204 井气体钻井施工参数表

井号	井段/m	钻井介质	钻头	钻压/kN	转速/(r/min)	注气量/(m³/min)	注液量/(L/s)	注入压力/MPa
大北204井	10.5～53	空气	空气锤	10～20	20～40	200～400	—	1.5～2.2
	53～109	雾化					10	
	109～158.33	空气	空气锤	20～30	50～60	200～400	—	2.5
	158.33～451.4	雾化	牙轮	40～50	50～60	200～400	2～10	2.5
	3101～3456	雾化	牙轮	—	50～60	200～400	2～10	5～12

表 8.13　大北 204 井气体钻井地层出水情况表

出水层段/m	53	157.13～451.4	3101～3456
出水量/(m³/h)	10	60	10～12

根据大北 6 井、大北 204 井气体钻井现场施工数据，可看出气体钻井在钻井提速、延长钻头寿命解决井下漏失问题有明显优势，但地层出水导致井壁垮塌失稳阻碍了气体钻井优势的进一步发挥。

8.2.7　元坝 161 井、元陆 9 井实践

元坝地区是中国石化继发现国内最大海相整装气田普光气田之后，在四川盆地发现的又一大型海相气田，同时也是迄今为止我国埋藏最深的大型海相气田。元坝地区地层古老，岩石硬度大、研磨性强、可钻性差，钻井过程中存在机械钻速低、漏层多、漏失严重、窄安全密度窗口等技术难题，严重制约了元坝气田勘探开发进程。针对元坝地区直井段钻井技术难题，开展了提高直井段钻井速度配套技术研究。

通过对元坝地区进行地层可钻性及钻头优选研究，并结合开展气体钻井、控压降密度、复合钻井以及新型辅助破岩工具的试验应用研究，综合形成了元坝地区直井段钻井提速配套模式。针对元坝地区直井段钻井提速现场应用，分别以元坝 161 井(海相井)和元陆 9 井(陆相井)进行举例说明。

1. 元坝 161 井（海相井）

元坝 161 井为元坝区块一口评价井，设计井深 7024m，完钻井身 6985m，以长兴组、飞仙关组为主要目的层，兼探雷口坡组及陆相须家河组、自流井组、千佛崖组。全井平均机械钻速为 2.24m/h，全井纯钻时效为 36.02%，进尺工作时效为 71.66%，生产时效为 96.77%；复杂时效为 0.47%，事故时效为 2.76%，非生产时效为 3.23%，井身结构设计见表 8.14。

表 8.14 设计/实钻井身结构数据表

序号	钻头尺寸/mm	井深（设计/实钻）/m	套管尺寸/mm	下深（设计/实钻）/m
导管	914.4	30/39.5	735	30/39.5
第二次开钻	444.5	3202/3075	339.70	3200/3072.5

气体钻井工艺技术应用：元坝 161 井第二次开钻 Φ444.5mm 井眼段采用空气钻井技术，平均机械钻速为 13.63m/h（井段 704～3066.25m）。气体钻井相对于其他井段常规钻井，机械钻速提高 6 倍。

2. 元陆 9 井（陆相井）

元陆 9 井是川东北元坝九龙山南鼻状构造带五龙岩性圈闭的一口预探井，主要目的层以上三叠统须家河组二段为主要目的层，兼探上三叠统须家河组须三段、四段及下侏罗统自流井组、中侏罗统千佛崖组。该井设计完钻井深 4795m，实际完钻井深 4785m，钻井周期 176.67d，建井周期 258.35d。全井生产时间占 91.00%，纯钻时间占 33.90%，平均机械钻速为 2.36m/h，井身结构设计见表 8.15。

表 8.15 设计/实钻井身结构数据表

序号	钻头尺寸/mm	井深（设计/实钻）/m	套管尺寸/mm	下深（设计/实钻）/m
导管	660.4	30.00/45.30	476.25	30.00/45.30
第一次开钻	444.5	702.00/712.50	339.7	700.00/710.68
第二次开钻	311.2	3402.00/2815.00	244.5	3400.00/2812.20

欠平衡钻井工艺技术应用：元陆 9 井第一次开钻 Φ444.5mm 井眼，45.30～219m 井眼段采用空气钻井技术，中途转泡沫钻井，泡沫钻井实施井段 219.00～712.50m，泡沫钻井平均机械钻速为 9.24m/h；第二次开钻 Φ311.2mm 井眼段采用空气钻井技术，其平均机械钻速为 17.09m/h。欠平衡钻井相对于其他井段常规钻井，机械钻速提高 4～8 倍。

8.3 产层气体钻井的应用实践

8.3.1 长庆油田陕 242 井天然气钻井实践

苏里格气田位于鄂尔多斯盆地伊陕斜坡西北侧（图 8.20），东西宽 100km，南北长 196km，构造形态为一宽缓的西倾单斜，坡降 3～10m/km。砂体展布主要受辫状河道砂体沉积控制，同时由于古隆起的存在造成分流河道砂体向东迅速弯转和尖灭，形成构造-岩性-地层复合型气藏。主要含气层位是上古生代下二叠系中统下石盒子组盒八段，山一段也是潜在产层。2000 年 6 月苏 6 井试气初产获 $50 \times 10^4 \mathrm{m}^3/\mathrm{d}$ 无阻流量，压裂后获 $120 \times 10^4 \mathrm{m}^3/\mathrm{d}$ 无阻流量，从而发现苏里格大气田。该气田探明储量 $6000 \times 10^8 \mathrm{m}^3/\mathrm{d}$、叠合含气面积 $6000 \mathrm{km}^2$。主力产层埋深为 3200～3500m。气藏压力为 28.4～29.52MPa。压力系数为 0.86～0.89。地温梯度为 2.88℃/100m，为常温气藏。气藏无边底水。

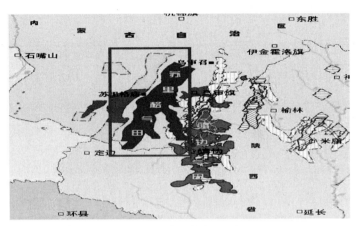

图 8.20　苏里格气田图

　　储层地质特征和储层损害评价表明苏里格气田大面积存在的储层具有低孔、低渗透和低压的特点；孔隙内富含伊利石、伊/蒙混层矿物、高岭石、绿泥石等敏感性矿物，储层初始含水饱和度低。储层存在以正压差失水、自发吸水、黏土矿物水化、毛细管力水锁为主的水相圈闭损害，以及其他潜在敏感性损害。在正压差水基钻井液钻井和固井的外因诱导下产生了严重的不可逆储层水相圈闭损害。

　　针对苏里格气田大面积存在的低压、低渗透、低产、强水相圈闭损害特点，长庆局联合西南石油大学，于 2000 年开始进行气体钻井试验。随着试验工作的逐步展开，逐步加深了对气藏特征和工艺技术的认识。考虑到水基钻井液过平衡钻井普遍存在水相圈闭损害，为了评价气层真实产能、正确评价储层物性、查明储层伤害的真正原因和影响程度，同时为进一步查清石盒子组气藏含气层位和含气面积，于 2000 年提出采用天然气代替钻井液进行气体钻井。这是一项技术难度大、风险大的探索性尝试，也是正确认识和评价储层、及时发现气藏最有效的方法。

　　2000 年 8 月初在陕 242 井进行首次天然气气体钻井试验。目的是探明石盒子组主力产层和山西组产层的真实产能，分析过平衡水基钻井液钻井产生储层损害的原因和损害程度；同时了解气体钻井提速和钻头使用情况，形成天然气钻井的装备、工艺、工具、化学剂、监测、设计等配套技术，使长庆油田具备开展天然气钻井生产的能力。

　　经过对钻井工程设计的多次论证修改及 10 个月的技术研究、设备配套准备，于 2000 年 8 月 5 日至 8 月 7 日在陕 242 井进行了天然气钻井试验，井身结构如图 8.21 所示。试验井段为 3033～3190m，6″H537 钻头钻进进尺 157m，纯钻时 13：22，平均机械钻速为 11.775m/h，钻穿地层为盒六段、盒七段、盒八段和山一段，钻井速度是该地区常规钻井液的近 10 倍。

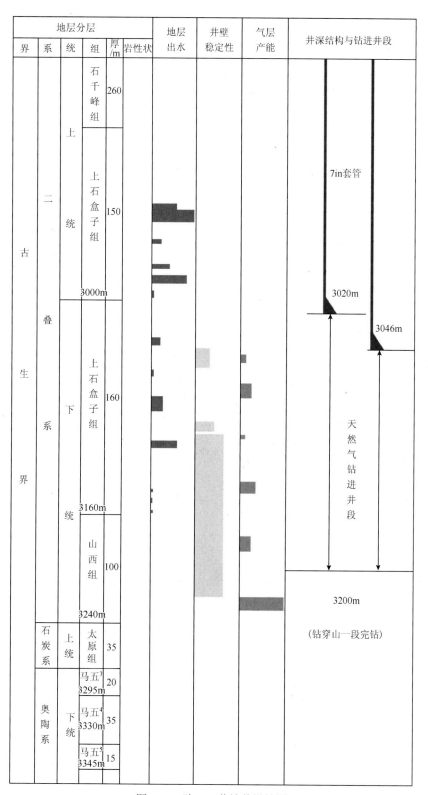

图 8.21 陕 242 井钻井设计图

陕 242 井进行了三次中途测试：第一次测试，盒六段（3033～3070m），无产能；第二次测试，盒六段至盒八段（3033～3140m），产量小于 1000m³/d；第三次测试，盒六段至山一段（3033～3190m），产量小于 3000m³/d。

陕 242 井储层水平井钻井的结果揭示了苏里格气田大面积存在的低压、低渗透、低产能储层的特点，同时也预示了钻遇良好砂体获得相对较高产能的可能性。因此，通过先进的物探手段寻找良好砂体，在良好砂体采用气体钻井钻开储层，以便获得相对较高的单井产能；同时表明，气体钻井钻小井眼的技术，在苏里格气田的提速、降低成本方面已达到效果。

苏里格气田气体钻井的井身结构如图 8.22 所示，现场试验数据、钻头使用情况以及提速对比分析见表 8.16～表 8.19。

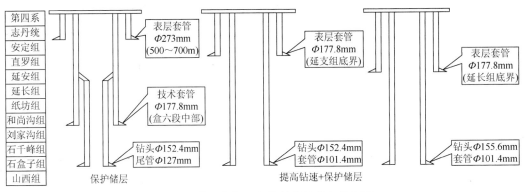

图 8.22　苏里格气田气体钻井的井身结构图

表 8.16　苏里格气田气体钻井试验数据表

时间/年	井号	循环介质	气体钻进井段/m	地层	纯钻时/h	机械钻速/(m/h)
2000	陕 242	天然气	3033～3190	下石盒子组	13.37	11.77
2002	苏 35-18	天然气	3230～3335	下石盒子组	5.83	18.0
2003	苏 39-14-1	天然气	1309～2092.7	延长组	783.7	20.87
2003	苏 39-14-4	天然气	2170～3261.91	纸坊组上石盒子组	37.55	11.64
2004	苏 33-8	空气	2206.8~2938.42	纸坊组—石千峰组	85.05	8.61
2004	苏 38-19	空气	2115~3241	纸坊组—上石盒子组	116.33	9.67

表 8.17　苏里格气田气体钻井钻头使用情况表

钻头尺寸及型号	井号	钻进地层	井段/m	纯钻时/h	机械钻速/(m/h)
6inHA537	陕 242	下石盒子组	3033～3190	13.37	11.77
6inHA537	苏 35-18	下石盒子组	3230～3335	5.83	18.0
6inSTX-20DX	苏 39-14-1	延长组	1309～1685	14.9	25.17
6inSTX-20DX	苏 39-14-1	延长组	1685~2092.7	22.6	18.03
6-1/8inXL-40A	苏 39-14-4	纸坊组—上石盒子组	2170～3261.91	37.55	11.64
6-1/8inXL-40A	苏 33-8	纸坊组—石千峰组	2206.8~2938.42	85.05	8.61
6-1/8inXL-40A	苏 38-19	纸坊组—上石盒子组	2115~3241	116.33	9.67

表 8.18　苏里格气田气体钻井提速效果比表

井号	地层	井段/m	进尺/m	纯钻时间/h	机械钻速/(m/h)	与邻井钻井液钻井比较(倍)
苏 38-16-2	纸坊组—石盒子组	2164~3445.2	1280.1	333.71	3.84	邻井钻井液钻井
苏 38-16-3	纸坊组—石盒子组	2169.5~3419.2	1249.7	336.08	3.72	邻井钻井液钻井
苏 40-16	纸坊组—石盒子组	2169.5~3291.1	1125.8	380.94	2.94	邻井钻井液钻井
苏 39-14-1	延长组	1309~2092.7	783.7	37.55	20.87	2
苏 39-14-4	纸坊组—石盒子组	2170~3261.91	1091.91	93.83	11.64	3~4
苏 38-19	纸坊组—石盒子组	21155~3241	1126	116.33	9.67	2.5~3.3
苏 33-8	纸坊组—石千峰组	2206.8~2938.42	731.62	85.08	8.61	2.3~2.92

表 8.19　苏里格气田气体气体钻井与钻井液钻井时间、钻头数量对比表

井号	地层	井段/m	进尺/m	钻井时间/d	钻头数量/只	备注
苏 39-20	纸坊组—石盒子组	2124.88~3253	1128.12	18.5	4.5	邻井钻井液钻井
苏 40-20	纸坊组—石盒子组	2095~3219	1124	17.5	4.5	邻井钻井液钻井
苏 38-19	纸坊组—石盒子组	2115~3241	1126	6.66	1	钻井时间缩短 11d 左右
苏 39-14-4	纸坊组—石盒子组	2170~3261.91	1091.91	6.56	1	钻井时间缩短 11d 左右

气体钻井的现场试验表明，气体钻井钻小井眼的技术，在苏里格气田的提速、降低成本方面有的已达到效果，但同时也暴露了砂泥岩地层剖面气体钻井的诸多复杂和困难。在气体钻井试验中遇到了地层出水、井壁失稳、井眼净化、井斜等严重问题。这些问题有的经过攻关已经解决，有的正在攻关。

8.3.2　四川地区白浅 111H 井水平井钻井实践

在四川侏罗系致密砂岩储层采用水平井气体钻井技术增产，第一个实施实例是白马-松花构造的白浅 111H 井。白马-松花构造位于成都凹陷低缓构造带中部(图 8.23)，是典型的侏罗系远源次生气藏。主力产层蓬莱镇组为泥质致密砂岩，孔隙度为 6%~10%，渗透率为 0.1~0.5mD。砂岩孔喉内黏土矿物非常发育。储层裂缝不发育，仅见高角度隐性微缝(微米级缝宽)，密度为 0.5~2 条/m。储层埋深 1000m 左右，孔隙压力梯度为 0.9~1.1。储层产状近于水平，而且很薄，砂岩有效厚度只有 4m 左右。水平段在储层内设计延伸 200m，采用柴油机尾气现场制取惰性气体的技术提供注入气体[2]。在白浅 111H 井的钻进中，尾气产生系统的气量、含氧量、注入压力和温度、气体质量等主要指标都满足要求。尾气钻进水平段 25m 后，但由于临时调用的高压天然气压缩机与低压压缩机之间的参数不匹配，造成高压天然气压缩机工作困难。停止尾气钻井，改用管道天然气钻井，完成水平段 200m 的钻进。机械钻速由常规钻井的不足 3m/h 提高到 9.76m/h，一只钻头完钻。

完钻后，在开井放喷近百小时、近井带储层能量衰竭的情况下，D3mm 孔板测试产气量为 $6.85 \times 10^4 \mathrm{m}^3/\mathrm{d}$。与同井场邻井的产量对比见表 8.20，可见，气体钻井比水基工作液过平衡钻井提高产量20倍，比水基工作液欠平衡钻井提高产量7倍。气体钻水平井在 200m 水平段的条件下的产量比水力压裂的产量要高 30%~50%。

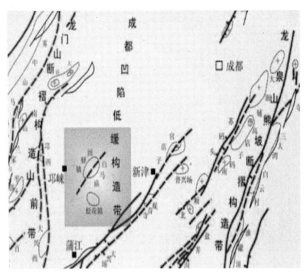

图 8.23　成都凹陷中部的白马-松花构造图

表 8.20　白浅 111H 井与邻井产量对比表

井号与工艺	钻井液密度/(g/cm^3)	产量/(10^4m^3/d)	压裂后产量/(10^4m^3/d)
BQ106 直井欠平衡	1.05～1.07	0.379	未压裂
BQ108H 水平井欠平衡	1.07～1.09	0.831	4.563
BQ109H 水平井过平衡	1.17～1.25	0.302	5.344
BQ111H 水平井气体	气体	6.85	未压裂

8.3.3　塔里木地区氮气钻井实践——迪西 1 井

　　迪西 1 井是塔里木油田公司探索致密砂岩深盆气勘探潜力的一口重点预探井,位于塔里木盆地库车拗陷东部依奇克里克冲断带依奇克里克断裂下盘迪西 1 号大型断鼻构造上,行政隶属于新疆阿克苏地区库车县,该区紧邻天山,地表为山地,地势北高南低,地面海拔为 1600～3000m。

　　结合岩心物性分析及测井储层评价结果,迪西地区侏罗系阿合组、阳霞组储层类型为裂缝-孔隙型,裂缝缝宽 0.10～0.30mm,总体评价为低孔低渗透—特低孔低渗透储层,含少量中孔中渗透储层,岩石类型均为岩屑砂岩,石英占 40%～50%,长石占 8%～20%,以钾长石为主,岩屑占 20%～50%,成分以沉积岩岩屑和变质岩岩屑为主,分选中等,磨圆以次圆—次棱角状为主。根据邻井钻探成果,目的层阿合组主要产气,微产油和水(表 8.21)。根据邻井资料分析,本井阿合组储层属于典型的低孔低渗透储层,储层流体性质和地层压力清楚,井壁稳定,不含硫化氢等有毒有害气体,满足气体钻井条件。

　　为了及时发现和评价储层,避免储层的液相伤害,获得储层原始产量,在重点做好钻遇高压高产气流的井控和完井工作的基础上,充分做好防火防爆安全工作及应急预案,采用氮气欠平衡钻井技术钻开迪西 1 井阿合组储层段是可行的。

表 8.21　钻进井段及地层描述

地层	井段/m	段长/m	地层压力当量密度/(g/cm³)	主要岩性	油气藏特征
阿合组	4693～4950	257	1.81	上砂砾岩段、砂砾岩段、泥岩段、下砂砾岩段	为典型的低孔低渗储层，属于常温高压干气气藏
塔里奇克组	4950～5000	50	1.78	岩性主要为灰色、灰黑色泥岩，碳质泥岩为主夹粉—细砂岩及煤层，底部为一套砾岩	

　　为氮气欠平衡钻井创造条件，要求进入目的层阿合组顶部 2～3m 下技术套管，封隔上部易垮塌层、水层和气层。20in 套管封固上部疏松地表，13-3/8in 套管下至吉迪克组顶界，9-5/8in+9-7/8in 套管下至阿合组顶部 1～2m，井身结构如图 8.24 所示。

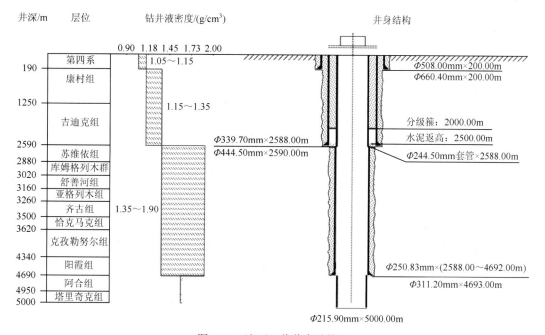

图 8.24　迪西 1 井井身结构图

钻井参数设计见表 8.22。

表 8.22　钻井参数设计表

钻进井段/m	钻头直径/mm	钻压/kN	转速/(r/min)
4693～5000	215.9	60～100	50～70

　　本井氮气钻井井段为单一产层，假设地层均匀出气，经过欠平衡钻井专用软件分析计算，设计注入参数如下。

　　(1)计算条件：①循环介质为氮气；②井口回压为 0.1MPa；③岩屑直径为 3mm；④地面温度为 35℃；⑤钻头位置为 5000m。

(2)注入参数见表 8.23。

表 8.23 注入参数设计表

井深/m	注气量/(m³/min)	注入压力/MPa	环空气体返速/(m/s)	环空最大岩屑浓度/%
5000	100.0~150.0	3.0~5.0	14~42	0.17

氮气钻进钻具组合：Φ215.9mm 牙轮钻头+双母接头+Φ165.1mm 箭型回压阀 2 只+Φ165.1mm 光钻铤×7 柱+Φ127mm18°斜坡钻杆+下旋塞(1 只)+Φ165.1mm 箭型回压阀(1 只)+Φ127mm18°斜坡钻杆+下旋塞+方保+Φ133mm 六方钻杆+方钻杆上旋塞。

通过实践证明，储层气体钻井技术应用到深层致密砂岩气藏，以其高钻速、低储层损害、提高单井产量、易发现储层的优点在川西、川东和塔里木等致密砂岩地区得到了广泛的应用，其主要应用于致密砂岩的提速钻井，在其应用中，均获得了高产的工业气流，取得了地质认识的重大突破。

8.3.4 川西地区大邑 1 井

目前在川西地区发现含气构造近 10 余个，大邑构造由于特殊复杂的工程地质条件导致钻井工程技术面临诸多困难，基本地质特征主要表现在以下几个方面：①地层岩石结构致密，非均质性强，可钻性差；②储层岩性致密、非均质性强、具有较强的敏感性；③地层压力具有多个压力系统，且高压、超高压异常；④纵向上气层分布众多、气水分布关系复杂。

川西地区钻遇地层自上而下分别为第四系、白垩系，侏罗系蓬莱镇组、遂宁组、沙溪庙组、千佛崖组、白田坝组和三叠系须家河组地层。

第四系：厚度为 0~20m，上部为种植地，底部为杂色砂砾层，为区域含水层。

白恶系：新场地区厚度在 300m 左右，大邑地区增厚到 1000m 左右；岩性为棕红色泥岩与褐灰色粉砂岩、细-中粒岩屑砂岩不等厚—等厚互层，底部为杂色砂砾岩。

蓬莱镇组：地层厚度为 1200~1350m；岩性为泥岩、粉砂质泥岩与浅绿灰色粉砂岩、灰色细粒岩屑砂岩、岩屑石英砂岩等厚—不等厚互层，底部为细粒岩屑砂岩；岩石结构从上到下由常规逐渐转为致密。

遂宁组：地层厚度为 150~350m；为一套以泥岩为主夹砂岩的沉积，地层比较稳定，厚度变化小，岩性结构致密。

沙溪庙组：地层厚度为 500~750m；岩性上部为泥岩、细粒砂岩等厚互层，下部为泥岩、细-中粒砂岩互层，底部为粉砂质泥岩与浅灰色细-中粒岩屑长石砂岩不等厚互层，砂岩占地层的 32.7%，胶结致密。

自流井组：厚度为 300~560m。紫红色泥岩、粉砂质泥岩与灰色细粒岩屑(长石)砂岩、粉砂岩略等厚互层；局部偶见灰色微晶白云岩、泥灰岩，间夹一套杂色砾岩，底部为浅灰色中粒岩屑石英砂岩。

须家河组：厚度为 2000~2500m，分为四段。孝泉—新场—合兴场地区须二段、须四段砂层异常发育，为叠置的河道砂坝、扇三角洲网状河道砂坝砂体，单层砂体厚可达上百米，横向上可连续追踪；须三段、须五段主要发育巨厚泥岩、页岩和煤层。大邑地区须五段、须四段主要发育巨厚泥岩、页岩和煤层；须三段、须二段砂层异常发育，地层岩性结构致密—超致密。

针对川西地区岩石结构致密、气水关系复杂、高压高产、井壁稳定性差，气藏属裂缝发育的致密、超致密储层，且钻井井下复杂情况多发等特殊复杂的地质条件，中国石化西南分公司通过开展气体钻井的相关关键技术研究，最终形成一套适合川西特殊复杂地层的气体钻井工艺技术体系，为四川地区钻井提速和增储上产提供技术支持。

在大邑 1 井第二次开钻 Φ311.2mm 井眼段顺利实施空气钻井的基础上，为发现和保护油气成果，提高川西地区深井勘探成功率，在本井第四次开钻 Φ149.2mm 井眼段实施氮气钻井，以探索须家河组须三段的含气性（表 8.24）。该井须三段井段地层压力梯度预测为 1.15～1.20MPa/100m（实测压力梯度为 1.17MPa/100m），地质预测不含水层，储层流体性质为天然气，不含 H_2S。邻井灌口 1、2、3 井在钻井液过平衡、钻井液欠平衡钻井均只有油气显示，未能形成工业产能，预测地层产量较小。川西地区须家河组地层岩性致密坚硬，气体钻井过程中不会出现井壁失稳问题。因此，该井在水层（垂深 4710m 以下）以上地层实施氮气钻井是可行的。

表 8.24　大邑 1 井第四次开钻氮气钻井井段钻遇地层简况表

层位	预测井段（垂深）/m	邻井油气显示简述	流体性质分析	工程提示
须五段—须三段	3230～3760 3760～4430	灌口 2 井在须五段、须四段有多层气测异常。钻井液密度为 1.68～1.72g/cm³，气泡占槽面 10%～40%，漏失钻井液 3.5m³。灌口 3 井在该段有四层油气显示，显示级别为气侵或气测异常；邛西 4 井在须五段有一层油气显示	天然气	地层出气、出气

钻井参数设计见表 8.25。

表 8.25　大邑 1 井氮气钻井参数表

井深/m	钻头			其他参数		
	钻头尺寸/mm	喷嘴面积/mm²	注气量/(m³/min)	泵压/MPa	钻压/kN	转速/(r/min)
4417～4943	149.2	未装喷嘴	55～65	3～5	30～60	55～65

气体钻井中钻具应使用斜坡钻杆，钻具组合尽可能的简单，本井考虑接单根的需要，设计了如下的钻具组合：HJ537GΦ149.2mm 钻头+Φ121mm 回压阀 2 只+Φ120.7mm 钻铤×81m+Φ121mm 旁通阀 1 只+Φ88.9mm18°斜坡加重钻杆×162m+Φ88.9mm18°斜坡钻杆+下旋塞 1 只+Φ120.7mm 强制式回压阀 1 只+Φ88.9mm18°斜坡钻杆。

本井从 4652.26m 进行氮气钻进，在须三段地层（4726.5～4729m）钻遇天然气，点火后继续氮气钻进，钻至井深 4775.56m，因地层出水钻具遇卡后结束氮气钻井，简易测试获得 $12\times10^4m^3/d$ 天然气产量。压井、打水泥塞封堵水层之后进行裸眼替喷测试，仅获得 $1.45\times10^4m^3/d$ 天然气产量。

在大邑构造须家河组气藏首次获得超过 $12\times10^4m^3/d$ 的天然气产量，氮气钻井转换为钻井液后测试替喷抽吸产量仅为 $1.45×10^4m^3/d$，为气体钻井条件下产量的 12%，这表明气体钻井能够有效保护和发现油气（产能对比差异达到 8 倍以上），也证明全过程欠平衡作业的必要性。采用氮气作为循环介质大大提高了机械钻速，在川西地区须家河组地层创造了平均机械钻速 8.36m/h 的纪录（与相邻构造相同层位对比，灌口 2 井钻速为 0.92m/h，灌口 3 井仅为 0.8m/h，机械钻速提高 8～10 倍）。

本井采用氮气作为循环介质大大提高了机械钻速，平均机械钻速达 5.7m/h 的，与同批次采用常规钻井技术的大邑 2 井、大邑 4 井和大邑 101 井的同层对比，平均机械钻速提高 70%（与相邻构造相同层位对比，灌口 2 井钻速为 0.92m/h，灌口 3 井仅为 0.8m/h，机械钻速提高 6～7 倍）。钻遇地层为须五段、须四段，地层压实强，可钻性差，钻头磨损严重、憋跳严重，页岩和煤线夹层掉块多、易垮塌，实施气体钻井施工风险高。为此，实钻过程中，采用增大注气量、严格控制钻时，延长循环时间等精细措施，成功穿越高风险井段，总进尺达 601.28m，单只牙轮钻头最高进尺达 438.2m。

参 考 文 献

[1]　OGJ 1971 Aug 16：Foam aids drilling in Iran's Zagras Mountain area；OGJ 1974 Sept 23：Iran drilling is a study in extremes

[2]　孟英峰，练章华，李永杰等. 气体钻水平井的携岩研究及在白浅 111H 井的应用. 天然气工业，2005，（8）：50～53，7～8

第 9 章　控 压 钻 井

9.1　控压钻井的起源、定义与原理

9.1.1　钻井的操作窗口与安全窗口

钻井液施加在井底的压力称为井底压力(Bottom Hole Pressure，BHP)。在过平衡钻井中，井内静止时井底压力为环空的液柱压力，称为井底静压(Bottom-Hole Static Pressure，BHSP)，简称静压；井内循环时井底压力为环空液柱压力与环空循环摩阻压力之和，称为循环压力(Bottom-Hole Circulating Pressure，BHCP)，简称动压。因此，井底压力随循环的进行与停止在静压与动压这两个值上变化，静压与动压组成了钻井过程中井内液柱压力的变化窗口，称为"钻井窗口或操作窗口(Drilling Window or Operation Window)"，二者之差值(或窗口宽度)即为环空循环摩阻压力。

在过平衡钻井中，所钻地层对井内钻井液压力一般有两个限制：地层的破裂压力(Fracture Pressure)限制了井内钻井液的最高压力，当钻井液压力高于地层破裂压力后会压裂地层、造成井漏；当地层含有可动流体时，地层的孔隙压力(Pore Pressure)限制了井内钻井液的最低压力，当钻井液压力低于地层孔隙压力后会造成地层流体流入井内、形成溢流或井涌，故地层的溢流压力等于地层的孔隙压力。因此，对井内钻井液压力的最高限制和最低限制就构成了钻井液压力的安全窗口。工程上常把这个压力的安全窗口表示为允许的钻井液密度，称为密度安全窗口，同时也将循环时的井底压力等效为钻井液密度，称为等效循环密度(Equivalent Circulating Density，ECD；或 Equivalent Mud Weight，EMW)。显然，钻井中只要 ECD 游走在密度安全窗口之内，既不喷也不漏，钻井就是安全的。偶尔也可能遇到安全窗口的下限由地层坍塌压力给定的情况，当钻井液压力低于地层坍塌压力后会产生井壁坍塌；但大多数情况下、尤其是泥页岩地层，坍塌压力不是一个孤立的固定值，它可以通过改善钻井液的类型和性能加以降低，使其低于地层孔隙压力。

对没有裂缝发育的砂岩地层，过平衡钻井钻开砂岩地层后，有钻井液瞬间向砂岩内的渗流(极其微量的瞬时失水)，然后在井壁上迅速形成内外滤饼，井壁表面就成为不渗透的、连续的高强度岩体，此时只有当井内液柱压力高于岩石的破裂压力之后，才会压开地层产生裂缝形成井漏。因此，一般情况下地层的安全密度窗口是很宽的，因为一般地层的破裂压力比孔隙压力要高很多。但裂缝、溶洞发育地层或超高渗透孔隙型地层，其井漏不再是地层破裂，而是地层漏失，此时窗口的上限不再是地层破裂压力，而是地层漏失压力(Leak off Pressure 或 Lost Pressure)。对难以形成内外滤饼封堵的超高渗透孔隙型地层，地层的漏失压力就是地层孔隙压力再加上井周附近的流动阻力(而这个阻力的大小取决于储层的渗透率、不完全封堵和钻井液的黏度)，此时因漏失压力与地层孔隙压力接近，故安全压力窗口很窄。对缝洞发育的地层则有如下三种情况：对有裂缝但裂缝闭合的情况，其漏失压力就是地层孔隙压力再附加上使裂缝张开的压力，漏失压力仅比地层孔隙压力高出一点

或一点点,这就是"窄窗口"。对缝洞本身就是张开的情况,其漏失压力基本上就是地层孔隙压力,这就是"零窗口"。对特别的情况,如直井钻遇高角度长裂缝或裂缝带或大尺寸溶洞,此时不但正压差是导致井漏的重要因素,而且储层流体与钻井液之间的密度差也是不可忽略的井漏因素,此时就会出现"负压差下仍有井漏、正压差下仍有气侵"的漏喷同存、又漏又喷现象(国外称为"Kick-Loss Scenario"),这就是"负窗口"。这种负窗口最容易产生在高角度裂缝的气层,但对油层甚至沥青层也有发生,如伊朗雅达项目就遭遇了沥青层的负窗口。

在常规过平衡钻井钻遇含气窄窗口地层的情况,有两大因素导致严重井漏和漏喷同存:窗口宽度过小和窗口位置的不确定。对窄窗口地层,当安全窗口的宽度小于操作窗口的宽度时,就会出现"开泵漏、停泵涌"的现象,无论如何调整钻井液密度都摆脱不了静欠动过、又漏又喷(Lost/Kick Cycling)的困难局面,井越深、压力越高,控制难度就越大。对缝洞型窄窗口地层,窗口的位置就是(或取决于)储层孔隙压力,而缝洞型储层孔隙压力的预测往往是不准确的、带有很大的不确定性。基于这种不准确的窗口位置的估计,所设计的钻井液密度不是高就是低,而窄窗口地层不但漏对正压差非常敏感,而且喷对负压差照样敏感。因此,窄窗口再叠加上窗口位置误差,更加剧了漏喷的控制难度。

目前大多文献中安全窗口的上限指地层破裂压力,下限指地层孔隙压力或溢流压力。但有些更加复杂的窄窗口地层,其安全窗口的上下限有所不同:对极高渗透地层或缝洞型地层,安全窗口的上限是漏失压力,下限是孔隙压力,而漏失压力非常接近于孔隙压力,安全窗口几乎没有宽度,这就是所谓的"零窗口"。对某些沿井壁长延伸的裂缝、溶洞,存在严重的重力置换效应,此时找不到清晰的漏失压力和溢流压力,而是在欠平衡状态以喷为主、存在微漏,随着欠压差的增大漏失减小、井涌增加,在过平衡状态以漏为主、存在气侵,随着正压差的增大,气侵减少、井漏增加。这就是所谓的"负窗口",指漏失压力在地层压力之下、溢流压力在地层压力之上,此时安全窗口的上限应该是可接受的最大井漏对应的井底压力,下限应该是可接受的最大溢流对应的井底压力。

9.1.2 控压钻井的起源

美国控压钻井概念的产生来源于克服窄窗口地层漏喷钻井难题的技术需求。

早在 1967~1972 年美国路易斯安那州立大学的三次关于高压漏失型井钻进的学术研讨会上,就地层的孔隙压力和破裂压力的预测和控制问题,出现了"安全窗口"的概念。在 1970 年,墨西哥湾第一次出现了为了减少井漏、提高钻速而降低密度、允许井涌的钻井方法,称为"Kick to Kick"钻井,这应该是控压钻井的初步尝试。此后,在 1980~1990 年,在委内瑞拉、哈萨克斯坦、美国得克萨斯州的 Austin Chalk 等地出现了很多泥浆帽钻井(Mud Cap Drilling, MCD)或加压泥浆帽钻井(Pressurized MCD, PMCD),尤其是 Austin Chalk,有数千口井采用 PMCD。实际上,控压钻井与泥浆帽钻井既没有多少技术相似性,也没有技术上的继承发展关系,但泥浆帽钻井被归类于控压钻井,其原因可能是因为二者都有井口旋转头、都是克服"漏喷同存"窄窗口的技术。由此也可以看出控压钻井起源于克服窄窗口地层漏喷钻井难题的技术需求。

9.1.3　控压钻井的原理

控压钻井的技术思想来源于窄窗口地层的两个限制：窗口宽度和窗口位置。

窗口宽度的限制来源于安全窗口宽度过小。当钻遇含有地层流体的窄窗口地层时，地层有孔隙压力和漏失压力，而且二者十分接近。过平衡钻井时，当井底压力过高而高于漏失压力时，则井漏发生；当井底压力过低而低于孔隙压力时，则井涌或井喷发生。因此，地层的孔隙压力与地层的漏失压力组成一个允许井底压力安全变化的窗口，即安全窗口。显然，安全钻井施工的要求是：操作窗口的宽度小于安全窗口的宽度，而且操作窗口始终被包含在安全窗口之内。但当安全窗口的宽度小于操作窗口的宽度时，甚至安全窗口缩小成为一条线（零窗口）时，过平衡钻井方法无论如何都摆脱不了又漏又喷的困难局面。此时的出路有两个：第一，设法扩大安全窗口的宽度，即业界所说的"扩大地层承压能力"的堵漏方法，大量事实证明此方法对大段缝洞型储层既不适用也不奏效。第二，设法减小操作窗口的宽度。如果能够将操作窗口的宽度缩小，甚至缩小成一条线，那么就可以将操作窗口限制在安全窗口之内。因此，"将操作窗口缩小，甚至缩小为一条线"或"保持井底压力恒定"（Constant BHP），成为控压钻井的第一技术特征。

窗口位置的限制来源于窗口位置的不确定性。对缝洞型窄窗口地层，窗口的位置就是储层孔隙压力，而缝洞型储层孔隙压力的预测往往带有很大的不确定性。对付这种不确定性，就要求井内压力剖面的控制具有"对漏喷的自适应能力"，即当井漏过大时说明过平衡压差偏大，此时要减少过平衡压差；当井涌过大时说明欠平衡压差偏大，此时要减少欠平衡压差；最终维持井底压力在"不涌、不漏"的动态平衡状态。因此，动态识别漏喷、动态控制压力剖面的自适应，成为控压钻井的第二技术特征。

这两个技术特征的具体实现，就构成了控压钻井技术，形象地比喻为"走钢丝"：地层的安全窗口缩小为线，而且线的位置有不确定性，就像架在空中的钢丝。首先要将钻井操作窗口缩小为线，以便能够在钢丝上走；然后随时监测钢丝位置和左右平衡、不断调整位置和重心，保证在钢丝上的动态平衡。基于该思想的控压钻井技术（Managed Pressure Drilling，MPD）最早由美国 Weatherford 公司的 Don Hannegan 于 2003 年 11 月在 Texas Galveston 的"走钢丝"座谈会（Walking the Line Forum）提出，于 2004 年的阿姆斯特丹 IADC/SPE 钻井会议上被正式接受。也有人称此为 CPD（Controlled Pressure Drilling），但 IADC 委员会正式公布为 MPD。国际钻井承包商协会的 UBO 委员会也由此改为 UBO&MPD 委员会。控压钻井的窄窗口走钢丝的原理，以及控压钻井与常规钻井和欠平衡钻井的区别可用图 9.1 表示，图中过平衡钻井为绿色区域，欠平衡钻井为红色区域。

国际钻井承包商协会 IADC 的 UBO&MPD 委员会对控压钻井作了如下的定义：

"Managed Pressure Drilling（MPD）is an adaptive drilling process used to more precisely control the annular pressure profile throughout the wellbore. The objectives are to ascertain the downhole pressure environment limits and to manage the annular hydraulic pressure profile accordingly"。控压钻井是一种用于更加精确地控制井下环空压力剖面的适应性钻井方

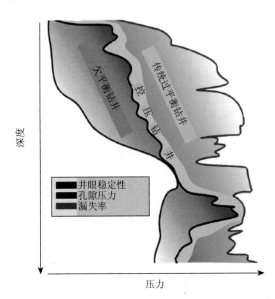

图 9.1　控压钻井的窄窗口走钢丝的原理图(取自于 IADC 的"Managed Pressure Drilling")

法，其目的是确定地层压力安全窗口的限制并控制井下环空压力剖面符合该窗口的限制。

IADC UBO 的定义进一步指出：①MPD 可以采用调节钻井液的密度、流变性、流量，以及回压、钻具和井眼的几何尺寸、环空液面高度等参数及这些调节的组合实现井下压力剖面的控制。②MPD 对观测到的地层压力变化应有快速的修正性反应，即环空压力的动态控制能力。③MPD 可以用于防止钻井操作过程中产生的偶发性井涌，确保钻井安全。④MPD 应该采用各种可以主动控制环空压力的工具和技术，以减轻与窄窗口地层有关的钻井风险和成本消耗，使得常规钻井所不能克服的钻井难题得以克服。

控压钻井的目的是针对窄窗口类型的复杂地层，通过精确控制井筒压力剖面达到减少井漏、减少井涌、降低钻井风险的目的，最终实现提高"井的可钻性"。因此，称控压钻井为"可钻性驱动"(Drill-ability Driven)的技术。此处的"可钻性"与提速钻井中岩石的可钻性完全不同，此处的可钻性是指井的可钻性，指由于采用了 MPD 技术而使原来无法钻穿的地层可以钻穿了。例如，很多缝洞型储层使用过平衡钻井由于严重井漏和储层伤害而无法完成；使原来无法延伸的水平井井段可以延伸了，在水平延伸段，孔隙压力和漏失压力可以保持不变，但随着水平段的延长操作窗口越来越宽，最终超超出了安全窗口；使得套管鞋的位置可以更深或井身结构得以简化。

9.1.4　控压钻井的种类

IADC UBO&MPD 委员会根据控制类型将 MPD 分为两大类型：主动型(Proactive MPD)，指事先有完整设计并按事先设计执行的 MPD，用于对被钻地层了解比较清楚的场合；被动型(Reactive MPD)，指"以随机应变"为主要控制方式的 MPD，用于对所钻地层缺乏了解的场合。IADC UBO&MPD 委员进一步按照应用目的将控压钻井作业方式分为以下常用的四大类。

1. 井底恒压的控压钻井——CBHP MPD

用低于常规过平衡钻井经验密度的钻井液进行微过的近平衡控压钻井,在钻进、接单根过程中将环空压力剖面保持为恒定的微过近平衡状态;它适用于过平衡钻井的漏喷窄窗口,是目前陆地钻井中应用最广泛的控压钻井方式。

2. 加压泥浆帽的控压钻井——PMCD

这种方式一般用于钻进严重漏失且产出流体含酸性气体的大段裂缝型储层:反向由井口向环空极缓慢地加压注入重液,使之在环空内形成重液段塞以平衡地层压力,并不断补充微量消耗的重液。同时,以正常排量由立管正向注入廉价盐水作钻井液(通常是海水)。地层产出流体与注入流体(称为牺牲流体)和岩屑一起进入漏失地层,地面无任何流体返出。该技术在美国 Austin Chalk 的钻井中和若干碳酸盐岩储层的海洋钻井中得到了较多应用,也被称为"边漏边钻"。但由于受地层条件和可用海水的限制,目前这种控压钻井方式的应用还是很受限制的。

3. 双压力梯度的控压钻井(DGD MPD)

利用海上平台或海上钻井船使用的隔水导管,可以在隔水导管中方便注入另一种密度的流体介质(通常是海水),使环空中有两种密度的液体,其中上部隔水导管中流体密度和液柱高度可方便调节(也有人将其归为泥浆帽钻井,称为可控泥浆帽钻井),从而实现下部压力精确控制,循环的钻井液利用海底砂泵(必要时增加一台岩屑磨碎机构)通过另一条管线返回至平台泥浆池。此方式被称为双压力梯度的控压钻井 DGD MPD(Dural Gradient Densiyt MPD),如图 9.2 所示。DGD MPD 由美国 AGR Subsea 公司和美国得克萨斯州 A&M

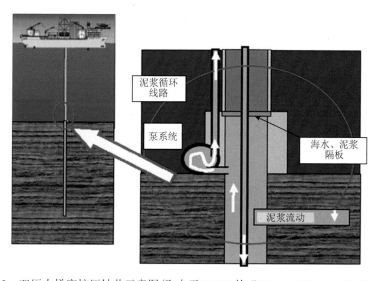

图 9.2　双压力梯度控压钻井示意图(取自于 IADC 的"Managed Pressure Drilling")

大学联合提出，它是由早期的无隔水管海底排放技术(Pump and Dump)和后来的无隔水管泥浆举升技术(Riserless Mud Return，RMR)发展而来。双梯度控压钻井的旋转控制头不同于陆地钻机的旋转控制头，分隔水管旋转控制头和无隔水管旋转控制头。

4. 健康、安全、环保的 MPD——HSE MPD

HSE MPD 并不是严格的一个新分类，只是由于 HSE 的需要，它的设备、工具及压力控制比其他 MPD 作业方式要求更高。例如，它采用了全密闭、承压、耐腐蚀的钻井液循环系统，更加完整安全的毒害气体检测和报警系统，更加精确、灵活的环空压力控制系统，从而在有少量毒害酸性气体偶然涌出的条件下也能保证钻井操作的安全性。HSE MPD 的核心是回流控制(RFC-Return Flow Control)，即尽可能减少地层流体的产出。

9.2　控压钻井的工具与装备

9.2.1　保证井控安全的工具与装备

在国际上，控压钻井被定义为"采用微过的近平衡方式，控制液柱压力沿地层漏喷压力的窄窗口走钢丝"的钻井技术，强调控压钻井是"避免地层流体产出的微过"状态。但在实际操作中，探索地层窗口的宽度和位置，寻找压力平衡点，寻找在没有井涌条件下的最小井漏的井底压力值，必然会下探到微欠平衡的状态，必然会有短暂的溢流或井涌；控压钻井必须避免的是"地层流体的连续产出"，允许"人为的或偶然的瞬间、短暂溢流或井涌"。因此，除了常规井控所必需的井口防喷器组合、钻柱内防喷工具、防喷器控制系统等以外，与高压气井欠平衡钻井一样，还必需配备高压井口旋转头、可控节流管汇、多相分离系统、自动点火和报警系统等。只不过因为控压钻井是以微过控制为主，井筒内产出的气液量少，不必采用大处理量的分离系统，甚至有时也可以绕过分离器直接将钻井液返至振动筛，如图 9.3 所示。

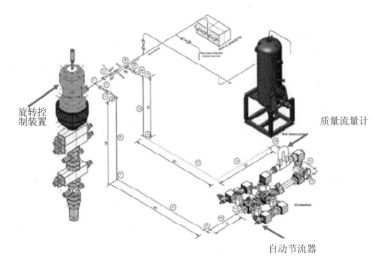

旋转控制装置　　　　　　　　　　　　　　质量流量计

自动节流器

图 9.3　控压钻井的高压旋转控制头、气液分离器和节流管汇图(取自于 IADC 的 "Managed Pressure Drilling")

9.2.2 缩小钻井操作窗口的技术与装备

目前国内外可用的缩小钻井操作窗口的方法有如下五种。

1. 连续循环系统

钻进过程中循环与接单根时停止循环之间的切换造成了井底压力的操作窗口,为了使操作窗口变窄以适应窄安全窗口的需求,人们自然想到了发明接单根时使循环不中断的"连续循环"技术。美国 SWACO 公司发明的连续循环系统(Continuous Circulation System,CCS):这是一个装在钻台上集密封、上卸扣、循环为一体的装置,类似于内置上卸扣钳头、外壳上带循环通道的闸板防喷器组合。通过 CCS 装置可以实现在接单根过程中的连续循环,如图 9.4 所示。

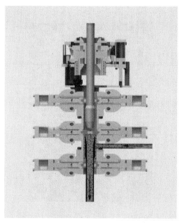

图 9.4 美国 VARCO 公司的连续循环系统 CCS 图(取自于 IADC 的 "Managed Pressure Drilling")

2. 连续循环阀

另一种使接单根时循环不中断的技术是挪威 Statoil 公司发明的连续循环阀(Continuous Circulation Valve,CCV):在钻进的井段上每个立柱接头都加装特殊三通阀,在接单根时可以通过此阀维持循环,从而实现接单根过程中的连续循环,如图 9.5 所示。

3. 稳态连续流动系统

稳态连续流动系统(Steady State Continuous Flow System,CFS)应该说是美国 Weatherford 公司的连续循环阀,其工作原理与 CCV 相同,如图 9.6 所示,每一个立柱增加一个循环短节。卸开钻杆前,液压夹箍夹紧循环短节、同时推动短节内阀门关闭、推动短节侧阀打开,通过侧阀继续循环。单根接好后,松开夹箍,侧阀自动关闭、内阀自动打开,恢复正常循环。

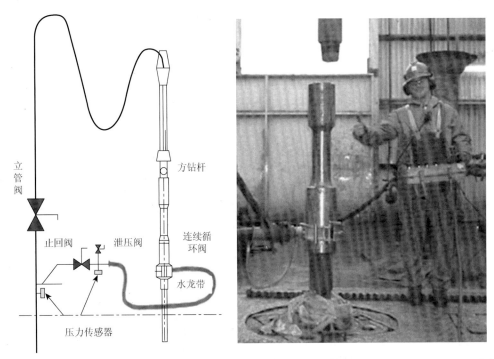

图 9.5　挪威 STATOIL 公司的连续循环阀 CCV 图（取自于 IADC 的"Managed Pressure Drilling"）

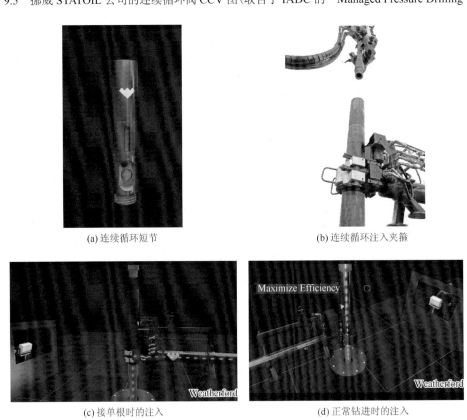

(a) 连续循环短节　　　　　　　　　　(b) 连续循环注入夹箍

(c) 接单根时的注入　　　　　　　　　(d) 正常钻进时的注入

图 9.6　美国 Weatherford 公司的连续流动系统 CFS 图（取自于公司网页）

4. 井口回压补偿法

井口回压补偿法是加拿大 Atbalance 公司开发研制的，其技术思想是：当井内循环停止时，井底压力会因循环压降的消失而降低，此时若在井口施加一个刚好等于循环压降的附加压力，就可以保证井底压力不变。其核心部件是"回压补偿泵"和"自控节流管汇"。如图 9.7 所示，为了弥补停止循环后井下压力的降低，开动回压补偿泵将钻井液由井口四通注入，至自控节流管汇流出，将钻井液流动在节流阀处产生的回压作用到井底，以增加井底压力。

(a) 回压补偿泵 (b) 自控节流管汇

图 9.7　美国 Atbalance 公司的回压补偿泵与自控节流阀图(取自于 IADC 的"Managed Pressure Drilling")

5. 注气稳压法

2006 年西南石油大学欠平衡钻井研究室在塔里木油田开展控压钻井先导试验时提出并实施了"注气稳压"技术(发明专利 200810564301:注气稳压钻井方法)，如图 9.8 所示，即在循环开始的同时由地面向环空注气(氮气)，使环空含气造成的井底压力降低恰好等于

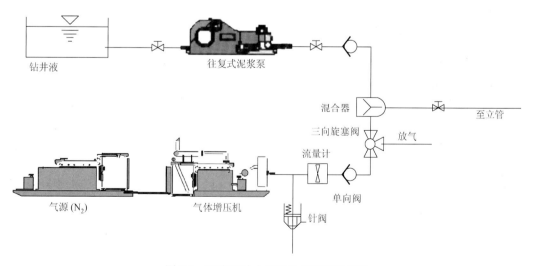

图 9.8　西南石油大学的注气稳压系统图

环空循环造成的井底压力增加，这样循环时的井底压力可以保持与静止时的井底压力一致，同时利用泥浆黏切力固化微小气泡的能力达到快速恢复注气，由此实现控压钻井所需要的"窄操作窗口"或"一条线的操作窗口"。

注气稳压钻井，或称注气控压钻井，在应用目的上完全不同于国际上现有的充气液钻井：充气液钻井充气的目的是当地层压力低于正常孔隙压力梯度、采用其他技术手段无法再降低钻井液的密度时，向钻井液内充气以获得更低的井底压力，其充气量是由地层孔隙压力决定的，全井的当量密度均低于清水密度；只有低压地层才会使用充气液钻井，正常压力及高压地层是不会使用充气液钻井的。注气稳压钻井的目的是采用注气减少井底压力，以抵消全井筒的总循环压降，其注气量是由环空循环压降所决定的，全井的当量密度可以是普通钻井液、加重钻井液甚至超重钻井液；正常压力地层、高压地层都可以使用注气稳压钻井。

将上述五种缩小操作窗口的方法进行对比可以发现：连续循环的 CCS、CCV、CFS 和井口回压补偿法这四种方法都是将井底压力稳定在操作窗口的上限，即稳定在井底循环动压 BHCP 上；而注气稳压法是将井底压力稳定在操作窗口的下限，即稳定在井底静态压力 BHSP 上。虽然都能实现缩小操作窗口为一条线的目的，但在应用的方便程度上有较大区别：三种"连续循环"的方法都是通过保证井筒内循环的连续和稳定实现井底压力稳定在"上限"；接单根时短时间连续循环容易做到，如果较长时间停止钻进还要一直连续循环就是个问题了，尤其是起下钻和井内没有钻柱时，根本无法实现连续循环。再加之 CCS 是个钻台上庞大、操作复杂的设备，因此应用者很少；而 CCV 和 CFS 要在每个立柱上都连接三通循环阀也是很繁琐的操作，因此应用者也少。井口回压补偿法，在停止循环之后开动回压泵、关小节流阀，就可以保持井底压力稳定在"上限"。即便是起下钻或井内没有钻柱，回压补偿法也可以提供动态压力控制；但如果长时间停止循环而需要长时间提供井口回压的话，长时间的井口高速流动对节流阀的冲蚀是个特别值得关注的问题，尽管建议采用双节流阀并联、一只使用另一只更换的策略，但冲蚀仍然是很严重的，尤其是高研磨性的加重钻井液。注气稳压方法，在开始循环之时同步注气，使循环时的井底压力仍然保持在井底静压水平，实现保持井底压力在"下限"；停止循环后，进行必要的脱气灌浆，静止液柱的井底压力会稳定在微过平衡的安全状态，而不需要做任何操作。对比可见，注气稳压法在操作上更简单，在安全上更可靠，但由于该技术尚未被业界广泛了解，故应用很少，目前国际上最广泛应用的是井口回压补偿法。

9.2.3　"自适应追踪安全窗口走钢丝"的技术与装备

1. 微流量控制系统

微流量控制系统(Micro-Flux Control，MFC)最早由 Santos、Leuchtenberg 和 Shayegi 等于 2003 年提出，2005 年，美国 Secure Drilling 公司在美国 Louisiana 大学进行实验研究证明可行，2006 年投入使用。这是一种以流量测量为主控手段的 MPD(MPD with Flow Measurement as the Primary Control)，目前商业名称为美国 Weatherford 公司的 Secure

Drilling 系统(源于被并购的 Secure Drilling 公司)。如图 9.9 所示,系统包括高压旋转控制头部分、包含质量流量计的自动控制节流管汇部分、智能控制单元 ICU(Intelligent Control Unit)部分,ICU 由数据采集、固化数学模型、逻辑控制组成,通常质量流量计和 ICU 都被集成在节流管汇撬上,因此该系统所占空间很小。

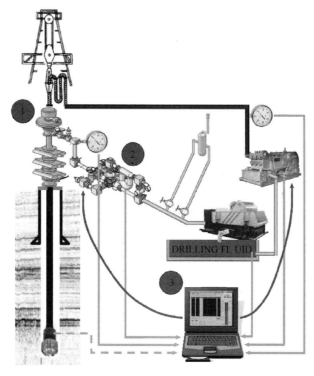

图 9.9 基于微流量控制系统的 Secure Drilling 图(取自于 IADC 的"Managed Pressure Drilling")
1. 井口旋转控制设备;2. Secure 节流管汇;3. ICU

该系统的核心部件是科里奥利(Coriolis)式质量流量计,如图 9.10 所示,它利用科里奥利力原理可以精确监测井内返出流体质量流量的微小变化,同时监测流体密度。当既无井漏也无井涌的钻进时,监测的返出流量等于注入流量,监测的返出密度等于注入密度。当有井漏时,出口质量流量减少,密度不变。当地层一股气涌入井内而上举(Heaved)环空内钻井液时,稍有滞后会监测到出口质量流量增加、密度不变;当气侵钻井液到达出口时,会同时监测到质量流量增加和密度降低。采用这种方法,监测每分钟的流量和密度变化,以判断是井涌还是井漏,以及漏涌的严重程度。流动监测数据与其他录井监测数据集成,通过固化编程的数学模型完成状态识别、趋势分析、决策优化等计算,控制伺服机构控制节流阀开度和钻井液泵流量,实现对井底压力的控制。其目标是利用井涌井漏的监测能力和井底压力的控制能力使钻井液密度尽可能接近地层孔隙压力,以减少井漏,同时对减少压差卡钻、提高钻速也有好处。据报道,微流量控制系统可以在 2min 内监测到 80L 体积变化的井涌,可以在总涌出体积 320L 内控制井底恢复平衡。

图 9.10　Coriolis 质量流量计图（取自于 IADC 的"Managed Pressure Drilling"）

基于这种对流动的实时监测和控制，微流量控制系统有两种建议的操作模式。

1) 标准操作模式

此种模式下井底压力控制在 SBHP 到 CBHP 之间，此模式适用于有一定宽度的窄窗口，操作难度低、风险小，与常规过平衡钻井最接近，可容易转换为常规过平衡钻井，接单根、起下钻、下套管固井、测井与完井，都与常规过平衡钻井一样。实际上，标准操作模式就是过平衡压差最小情况下的过平衡钻井，再加上对付溢流和井漏的应急操作。

(1) 设计钻井液静液压力 SBHP 为微过平衡状态。

(2) 钻进时保持节流阀全开、无回压，井底压力为循环压力 CBHP，开始循环时井底由静止时的微过平衡转为循环时的较大过平衡。

(3) 停止循环后井底又恢复为静止的微过平衡状态。

(4) 如果地层孔隙压力估计准确、钻井液密度设计合理，此种模式下不会井涌。如果地层孔隙压力估计偏低，有可能发生井涌溢流。

(5) 如果在循环时发生溢流，立即关小节流阀，产生井口回压，直至溢流消失。此时的井底压力近似为地层孔隙压力，据此加重钻井液密度，循环出气侵钻井液、注入新钻井液，使 SBHP 为微过平衡。

(6) 如果在停止循环后发生溢流，则成为下述的特殊操作模式。

(7) 钻进中如果监测到井漏，停止循环以减少井漏，监测井内液面，保持及时灌浆。同时调整钻井液密度，将轻钻井液注入井内以消除井漏。

2) 特殊操作模式

此种模式下，无论循环还是停止循环，井底压力控制为微过平衡的恒压(Constant BHP)状态。此模式适用于更窄安全窗口，操作难度更大、风险更大。

(1) 设计钻井液的静液压力 SBHP 为微欠平衡状态，循环压力 CBHP 为微过平衡状态。

(2) 钻进时保持节流阀全开、无回压，由于循环压力，钻进时井底处于微过平衡。

(3) 停止循环后井底的静液压力为微欠平衡状态。因此，只要循环停止就会有溢流，立即关小节流阀产生井口回压补偿以保持井底恒压在微过平衡状态。

(4) 停泵时(如接单根)，不像常规钻井那样立即停泵，而是按照预定程序分阶段减小泵速直至停泵,同时根据监测出口排量变化自动调节节流阀开度,以保持井底恒压在微过平衡状态。

(5)循环中如果监测到有溢流,立即关小节流阀,产生井口回压,直至溢流消失。此时的井底压力近似为地层孔隙压力,据此加重钻井液密度,循环出气侵钻井液、注入新钻井液,恢复循环中的微过平衡状态。

(6)循环中如果监测到井漏,停止循环减少井漏,监测井内液面,保持及时灌浆。同时调整钻井液密度,将轻钻井液注入井内以消除井漏。

基于微流量控制系统的出口流量监测和井底压力控制,可以在钻进中进行窄窗口上限的探测,即漏失压力测试 LOT(Leak-Off Test)或地层完整性测试 FIT(Formation Integrity Test):在循环过程中不断增加井口回压(关小节流阀或增大过节流阀的流量)、同时监测排出口流量变化,直至有井漏发生,对应的井底压力即为漏失压力。

2. 动态回压控制系统

典型的、被最广泛采用的"自适应追踪安全窗口走钢丝"的技术是加拿大 Atbalance 公司(被 Schlumberger 公司收购)的动态回压控制系统(Dynamic Annular Pressure Control,DAPC)(字面上 DAPC 应该翻译为动态环空压力控制,但实质上它是通过动态控制井口回压实现控制环空压力的,故称为动态回压控制系统更为贴切),它曾获 2008 年 E&P 杂志评选的石油工程技术创新特别奖。如图 9.11 所示,由回压补偿泵、自控节流阀、出口质量流量计、数据采集、数学模型和控制模块 PLC(Programmed Logic Controller)组成。类似的系统还有美国 Halliburton 公司的 GeoBalance MPD 以及其他公司的同类技术。

动态回压控制技术实质上是在微流量控制技术基础上增加"井口回压补偿技术"。系统中的出口质量流量计仍然用于实时地精确监测是漏还是涌,而系统中的回压补偿泵和自控节流阀则通过井口施加回压调整井底压力。

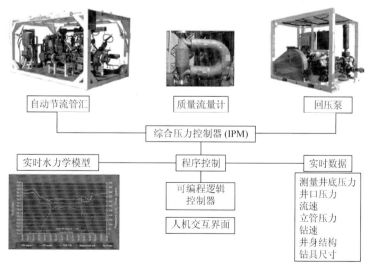

图 9.11 加拿大 Atbalance 公司的动态回压控制系统 DAPC 图(取自于 IADC 的"Managed Pressure Drilling")

动态回压控制系统的操作过程大致如下：

(1)根据预测地层压力设计钻井液的密度，实现循环动压CBHP的微过平衡状态。

(2)停止循环后(如接单根时)为微欠平衡状态，开动回压泵、调整节流阀，施加井口回压补偿，保持井底压力稳定在CBHP。

(3)如果地层压力估计准确，则循环钻进时全开节流阀，井底为微过平衡状态，不涌不漏；停止循环时开动回压泵、关小节流阀，井底仍控制为微过平衡状态，不涌不漏。

(4)如果地层压力比估计值高、使得循环钻进时产生气侵或井涌，此时关小节流阀，在井口产生回压，以增大井底液柱压力、减少气侵；不断增大井口回压，直至气侵消失，此时的井底压力近似是窄窗口的上限——地层孔隙压力，维持这个井底压力实现微过平衡钻进。当循环停止时(如接单根)，开动回压泵、关小节流阀开度，产生更大的井口回压以维持井下的微过平衡状态。但是，如果回压泵始终开动、节流阀始终关小，节流阀的长期高速冲蚀(尤其是加重钻井液)对节流阀的寿命和安全可靠性有很大影响，应尽可能避免。此时最好是对钻井液进行加重处理，钻井液加重后，实施"循环时停止回压泵、停止循环时开动回压泵"的井底恒压控制状态。

(5)如果地层压力比估计值低，使循环钻进时产生井漏，最好是停止循环以减少漏失，实时监测井筒内液面，及时灌浆，同时迅速调低钻井液密度。待钻井液密度调整合适后，重新开始微过平衡的控压钻井。

(6)在钻进中可以进行漏失压力测试，即在循环过程中不断增加井口回压(关小节流阀或增大过节流阀的流量)，同时监测排出口流量变化直至有井漏发生，对应的井底压力即为漏失压力。

3. 注气的动态回压控制系统

理论上讲，控压钻井要求对窄安全窗口具有"自适应"的控制能力，首先应该具有侦测窗口位置和窗口宽度的能力，其次应该具有灵活调整压力剖面走钢丝的平衡能力。"窗口侦测"功能的实现：第一，要求能够控制井底压力在欠到过之间任意调整；第二，要求能够监测地层由欠到过的不同反应，地层由欠到过的不同反应就是井涌和井漏。"窗口侦测"过程如下：当既没有井漏也没有井涌时，出口质量流量计记录的流量等于钻井液泵注入的流量；将井底压力调高，直到井漏发生，此时会监测到排出流量减少、低于注入流量，这就探到了窗口上限——漏失压力；将井底压力调低，直到井涌发生，此时会监测到排出流量增加、高于注入流量，这就探到了窗口下限——地层压力。

显然，目前国际上通用的动态回压控制系统完成上述"窗口侦测"的任务是比较困难的，因为它只具有将井底压力在井底静压的基础上调高的能力，而不具备将井底压力调至低于井底静压的能力。为了井控安全，控压钻井中一般都将钻进时的井底压力设计为微过平衡，即在预测的地层压力上增加一个安全附加值；在停止循环时施加井口回压，保持井底的微过状态。因此，在钻进过程中可以加大井底压力侦测窗口上限，但无法减小井底压力侦测窗口下限。在停止循环过程中，如果不施加井口回压，井底可以出现欠平衡状态的气侵溢流，此时也可以逐渐增加回压使气侵溢流消失，但停止循环条件下气侵溢流消失时对应的井底压力难以确定，因为欠平衡的地层产气和上升膨胀的环空气体都对井口返出流量的增加有贡献，且气体的上升和膨胀是不清楚的，难以识别地层停止产气的平衡点。因此，不便在停止循环的欠平衡状态下侦测窗口下限。如果在循环钻进中就出现井下欠平衡状态(这不是预先设计的目标，而是地层压力预测不准的意外结果)，此时倒是可以加大井口回压使气侵溢流消失，从而找到窗口下限，但此时井喷的风险很大(因为欠平衡程度是随机的，可能会造成严重井涌)，同时还有钻井液加重、循环的附加步骤。因此，"钻进过程中欠平衡"不是控压钻井的合理推荐。综上所述，目前的动态回压控制系统难以完成完整的"窗口侦测"任务，窗口信息不清楚，也就难以做到精准高效的控压钻井操作。

西南石油大学欠平衡钻井研究室提出：将注气稳压(或注气减压)技术与目前的动态回压控制系统相结合，产生了"注气的动态回压控制系统"，该系统不但可以施加井口回压以增加井底压力，同时还可以井筒注气以减少井底压力，使井底压力在欠平衡到过平衡之间灵活调整。这样，不但可以轻松完成"窗口侦测"的任务，还可以更加灵活、可靠地实现"缩小操作窗口、保持微过平衡的走钢丝"的任务。

注气动态回压控制系统的操作过程大致如下：

(1)根据预测地层孔隙压力设计钻井液密度，使井底静压处于微过平衡状态。

(2)以预计井下微欠状态的注气量钻进，缓慢钻入储层、监测溢流。

(3)如果发现溢流，执行下一步。如果没有监测到溢流(确定已钻入储层一段距离)，停止钻进，增大注气量循环，直至溢流出现，执行下一步。

(4)发现溢流后，停止钻进、保持循环，立即逐步关小节流阀，监测并分析溢流的消失，此时井底压力即窗口下限——地层孔隙压力。

(5)保持循环，继续关小节流阀，如果不够再减少注气量或增大注液量，直至监测到井漏，此时井底压力即窗口上限——地层漏失压力。

(6)根据侦测到的窗口上下限，确定不喷不漏的微过钻井液密度，必要时调整钻井液密度；计算回压为零时保持循环动压为静液压力的注气量。以该钻井液密度和该注气量、回压阀全开钻进。

(7)接单根停止循环，同时停止气液注入，按设计开动回压泵、关小节流阀，保持井底恒压在静液压力。接单根后恢复循环，停止回压泵、全开节流阀，按设计同时注入气液，保持井底恒压在静液压力。

(8)长期停止循环，节流阀全开持续脱气，开动回压泵持续灌浆，监测出口密度直至基本不含气，停止回压泵、节流阀全开。间断开动回压泵灌浆。此时井底处于静液压力的微过状态。

可见，将微流量控制、回压控制、注气稳压三者结合得到的注气动态回压控制系统，既可以方便地侦测窄窗口，又可以更加灵活、安全、便利地实现窄窗口走钢丝的井底压力控制，大大提高了系统的功能。

钻井液中注气，会影响钻井液脉冲信号的传递。对此，西南石油大学欠平衡钻井研究室在两年多的研究基础上，找到了解决的办法。通过理论研究、台架实验和现场试验发现了三个规律：第一，存在极限注气量，只要注气量小于极限注气量，脉冲信号传递正常；第二，存在极限深度，只要超过这个深度就有脉冲信号，在相当大的注气量范围内极限深度只有几百米；第三，极限注气量和极限深度是可以调节的，尤其对注入压力敏感。基于这三条规律，形成了"高低注气量间断注气"的方法，只要用低于极限注气量的低注气量注入 2～3min，低含气液段到达极限深度以下，立即就可接收到清晰信号。该方法在冀东油田水平井控压钻井施工中试验成功。基于该原理设计了自动阶段注气的装置，既可保证注气控压钻井的正常进行，又可保证钻井液脉冲信号的正常使用，见发明专利 201410799774.5：一种在充气钻井条件下使用钻井液脉冲传输井下信号的装置及方法。

9.2.4　控压钻井相关的其他工具

1. 随钻测压工具 PWD

美国哈里伯顿、威德福等公司发展了装在钻柱上位于钻头上方的测压传感器，并将测量数据通过钻柱内流道以压力脉冲方式输送到地面，实现了井下压力的实时监测，整个系统称为井下压力随钻测量系统或随钻测压工具(Pressure While Drilling，PWD 或 Annular Pressure While Drilling，APWD)，如图 9.12 所示。目前国内的很多公司也都有了相似的工具，有井下存储式的，也有随钻钻井液脉冲传输的。

图 9.12　美国威德福公司的随钻压力监测系统图(取自公司网页)

有人认为，有了精度高达 0.5%的随钻井下压力计，就实现了对井下压力变化规律的精确掌握，而不需要全面的工程参数采集和数学模型计算。事实上，井筒-储层的流动是一个复杂的大系统，其中包括储层产出、井筒物质组成、井内流动状态等众多的子系统和输入参数，井底压力只是这个复杂大系统的众多输出参数或状态参数中的一个，仅仅知道这个输出参数而忽略众多输入参数和众多本构关系，是无法掌控这个复杂大系统的内在规律的，更谈不上通过状态识别、过程分析、趋势预测等数学手段去分析施工和指导施工。因此，全面的工程参数采集和数学模型计算是必需的。至于系统精度，系统论中有两个著名定律：木桶定律与"大系统与高精度不相容"定律。木桶定律指出：一只木桶的容水量取决于最低的那条木板，一个复杂大系统的总体精度取决于精度最低的那个输入参数。欠平衡钻井的流动系统中，有很多带有较大随机误差、测量误差的变量，如储层渗透率、储层压力、钻井液流变性、井筒温度等。因此，不可能以井底测压精度的 0.5%保证整个系统精度的 0.5%，而应该以工程可测可控的精度为基础构建满足目标要求的系统控制精度。

在国外的控压钻井著作、文献中，随钻测压工具多被列为选用工具，只有少部分人认为它是必需工具。无论是微流量控制系统还是动态回压控制系统，随钻测压工具都不是必需的。利用可实时传输的随钻测压工具，在钻井液循环过程中，井底压力可以实时测量并传输到地面；在循环停止时，井底压力可以实时测量并存储在井下，起钻后回放；在起下钻和井内没有钻柱时，井底压力无法测量。在钻进过程中，实时测量并传输到地面的井下压力值，不能单独监测出井下是漏还是涌；虽然井涌会导致井底压力上升，但这个压力上升与井口监测到的流量增加并不对应，在时间上有滞后，在数值上压力有着更多影响；虽然井漏会导致井底压力变化，但远不如质量流量计监测流量减少及时、直接、准确。至于循环过程中的井底压力，基于完整的地面数据采集和可靠的数学模型，可以获得井底压力的计算值，虽然不像井下压力计那样高精度，但满足工程应用是足够的。有人认为，有了 PWD，造成了随钻测压工具在操作中可以提供参考，但并不是必需。但从整个控压钻井的技术发展来看，井下测压技术是必需的，无论是实时传输式还是井下存储式，所记录的数据对于发展、验证、修正井内高温高压复杂多相流计算模型是必需的。

2. 随钻井下流量计

有人在发展随钻监测井底流量变化的井下流量计，希望藉此更快地发现井底的溢流或井漏，典型的是节流式压差流量计，即利用井筒和安装在钻柱上的测量短节，构成一个节流流量计，流量变化引起测量短节两端的压差变化，将压差信号实时传输到地面。该工具处于研发阶段，尚未看到工业化样机或可用产品。目前井口返出管线上的质量流量计不但能精确监测到微小的井漏与溢流，而且反应时间也是足够快的，只有几分钟；但测量到气侵钻井液的气侵程度，仍要等待其由井底返至井口。如果能有一种井下流量计能够实时测量并传输井底液体流量和气体流量，那将是非常有好处的。

3. ECD 降低工具

有人提出了降低环空循环压力的工具，典型的是美国 Weatherford 公司申请的专利 ECD 降低工具(ECD Reduce Tool)，如图 9.13 所示。该工具为装在钻具上的短节，利用注入钻井液驱动钻杆内的涡轮旋转，带动抽吸环空钻井液的液流泵，藉此产生反推力降低下部液柱的压力。还有人利用装在钻杆上的反向喷嘴的射流举升力降低下部液柱的压力。严格讲这些工具仅仅是概念产品，它们的有效性和实用性缺乏验证。

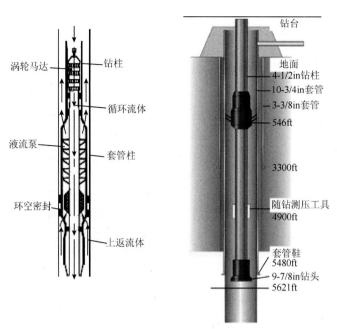

图 9.13　美国 Weatherford 公司的 ECD 降低工具图（取自于 IADC 的 "Managed Pressure Drilling"）

9.3　欠平衡控压钻井——由储层欠平衡钻井产生的控压钻井

9.3.1　储层欠平衡钻井向控压钻井的过渡

自 20 世纪 90 年代初开始，储层欠平衡钻井显示了极大的提高单井产能的优越性。因此，在欠平衡钻井操作中往往施加足够的欠平衡压差，尤其是在允许欠平衡压差较大的油井场合（如气油比低、不含酸性气体、储层不出砂的油井），"边钻边生产"的储层欠平衡钻井方式很受欢迎，尽可能大的欠平衡压差意味着尽可能高的产量，甚至有些油井在建井期间产出的油就已经抵消了钻井成本，美国 Weatherford 公司甚至提出了边钻边生产的情况下调整井眼轨迹、寻找产能最高的"产能导向技术"。到 20 世纪末，据国际钻井承包商 IADC 统计，美国的陆上钻井三分之一由欠平衡钻井完成，在加拿大则达到了 43%。但随着储层欠平衡钻井应用范围的不断扩大，人们发现了越来越多的不适合采用欠平衡钻井的场合。

第一，出现的不适合采用欠平衡钻井的场合是海上钻井。20 世纪 90 年代末在陆上欠平衡钻井技术取得了令人瞩目效果的鼓舞下，就有人尝试在海上钻井中试用欠平衡钻井（1998 年，Royal Dutch Shell 在 Southern North Sea 实施了第一口海上欠平衡钻井），到 2000 年有近百口海上钻井采用了欠平衡钻井，似乎海上钻井的欠平衡时代到来了[1]。但出人意料的是：尽管陆上欠平衡钻井得到了广泛应用，尽管海上至少 20%的油气井应该采用欠平衡钻井，但海上欠平衡钻井并未像预期的那样蓬勃地发展起来，而是大幅度地转向控压钻井。究其原因，主要是由于海上钻井安全和环保的限制。在安全方面，尽管 IADC UBO 委员会于 2000 年年底公布的统计数据显示"根据井控跟踪的记录，欠平衡钻井的井控安全性比常规过平衡钻井提高了 24%～30%"，但海上钻井的生存空间和生存环境的限制仍然禁止了平台上的点火和欠平衡油气的产出。在环保方面，海上平台返出油气的处理严格受环境保护的限制，返出油气的存储和运输也是相当高成本的。因此，人们在海上欠平衡钻井的操作中，就努力地减少欠平衡压差，以至于减少到零甚至微过，其目的就是努力减少地层流体的产出，这就产生了 IADC UBO&MPD 委员会定义的第四种控压钻井——HSE MPD。

第二，出现的不适合采用欠平衡钻井的场合是陆上的深层气井或高含气的井。深层的高压、高渗透气层，欠平衡钻进过程中井的产气量对欠平衡压差十分敏感；又由于天然气在井筒内的滑脱和膨胀，造成了深井井底产出的高压气体对井控安全的巨大影响。井越深、压力越高、渗透率越高，欠平衡压差造成的井控风险就越大。再加上气不同于油，气不便于存储和运输，钻进过程中大量产气并不产生经济价值。因此，在此类陆上欠平衡钻井操作中，人们也开始逐渐减少欠压差甚至减少为零，向控压钻井过渡。作者于 2000 年随中国石油欠平衡钻井考察团在美国得克萨斯州 Austin Chalk 油田考察过一个双分枝水平井的现场施工，就是采用了这种"最小欠压差"的欠平衡钻井控制方式：钻进时控制井内为平衡状态，接单根时为微欠平衡状态。

第三，在我国自 1997 年开始欠平衡钻井现场试验以来，通过多年的摸索，发现广泛存在一种气藏具有下列性质：①储层对正压差的伤害极其敏感，一旦有正压差伤害，无论正压差多小、作用时间多短，都会造成致命的、不可恢复的储层伤害。因此，这种气藏必须采用欠平衡，而且是全过程欠平衡保护。②欠平衡条件下井的产气量对欠压值非常敏感，而井控的安全性又对产气量非常敏感，因此从安全角度出发希望欠压差值越小越好。这就出现了欠平衡钻进中"必须保持欠平衡，但希望欠压值越小越好"的技术需求。深层裂缝型致密砂岩干气气藏就是此类气藏的典型代表。

基于上述的发展起源和发展过程，于 21 世纪初在北美就出现了"平衡钻井"的理念，如加拿大出现的 Atbalance 公司、哈里伯顿的 GeoBalance 技术，都是强调"努力减少欠压差，直至为零"的理念。

9.3.2 储层欠平衡钻井的窄窗口概念

首先，在储层欠平衡钻井中，井底压力必须低于储层压力一定值，以确保任何可能的情况下储层都不受伤害，这就是"井底压力上限"，无论如何井底压力不能高于此上限；该上限与储层压力之差称为"欠压差下限"，即无论如何欠压差不能小于此下限。不是所有的储层都存在低于储层压力的"井底压力上限"或"欠压差下限"，换句话说，不是所有储层都对过平衡压差的伤害敏感。例如，同样是气藏，含有油的凝析气藏对过平衡伤害的抵御能力要强于不含油的干气气藏，现场发现过"轻度、短暂正压差伤害下凝析气藏可以通过一定时间的反排部分解除伤害"的多个实例，但干气气藏没有发现过能够恢复的。再例如，缝洞特别发育的储层对正压差下的井漏造成的储层伤害不太敏感，甚至有的储层还可以容纳所有注入流体、实行无返出的钻井液帽钻井，钻穿储层后诱喷投产即可获得高产。无论如何，已有的经验表明，至少致密砂岩的干气气藏是必须欠平衡保护的。

其次，在储层欠平衡钻井中，井底压力又不允许比储层压力低得太多，否则会有太多的油气流入井内导致井控安全问题或环境保护问题等，这就是"井底压力下限"，无论如何井底压力不能低于此下限，该下限与储层压力之差称为"欠压差上限"，即无论如何欠压差不能大于此上限。不是所有的储层都存在"井底压力下限"，换句话说，不是所有储层都有过度欠平衡时的安全问题。例如，无裂缝发育的致密砂岩储层，只要没有欠平衡条件下的井壁失稳问题，无论欠压差值多大，都不会产出大量油气，都不会导致欠平衡的井控问题，这就是为什么很多储层可以采用气体钻井的原因，气体钻井已经是"极端条件下"的欠平衡了，在目前技术条件下没有其他方法可以获得比气体钻井更低的井底压力了。"欠压差上限"的限制主要来自于：①井控的风险，主要是高渗透(如疏松砂岩、生物礁、裂缝发育等)、长井段(厚储层、长水平井段等)储层的深层高压高产气藏和高气油比油气藏，此类储层对欠平衡压差非常敏感，很小的欠压值增加都对应着产气量的明显增加，而且气体上窜和膨胀非常严重。②富含毒害气体的高危酸性油气藏。③井壁稳定性。④特殊的环境地区(如城市、风景区等对环境污染要求高的地区，海洋平台等生存空间小、救援措施受限、地面处理能力弱、环保要求高的地区)。

　　显然，在储层欠平衡钻井过程中，井底压力的上下限组成了一个"窗口"，欠平衡钻进中井底压力应该被限制在这个窗口中；因为此时整个窗口都在欠平衡范围之内，故该窗口也可用欠压差的上下限来描述。过平衡钻井的安全窗口是由漏、喷决定的，窗口的上下位置基本上是客观的、是由储层性质决定的；而欠平衡钻井的安全窗口是由"储层保护"和"钻井安全"决定的，虽然窗口的位置和宽度主要取决于储层性质，但其中也有其他因素的较大影响、有更强的主观性。

　　储层欠平衡钻井井底压力窗口的上限是"保护储层"的界限，该限与储层压力之差值为允许的最小欠压值，这个差值除了包含保护储层所需要的最小欠压差外，还应该把不可避免且不可测控的干扰都容纳于内。随着井深的增加，井筒内不可避免的压力波动、测控误差等都会增加，而且随着井深的增加储层更加容易伤害、保护储层所需要的最小欠压差也有所增加。因此，最小欠压值随着井深的增加有一定幅度的增加。

　　储层欠平衡钻井井底压力窗口的下限是"井控安全"的界限，该限与储层压力之差值为允许的最大欠压值，它除了包含井控安全所允许的最大欠压差外，也应该把不可避免且不可测控的干扰都容纳于内。随着井深的增加，井筒内不可避免的压力波动、测控误差等都会增加，而且井控的风险随井深的增加而增加、井控安全所允许的最大欠压差也随之减小。因此，最大欠压值随着井深的增加有一定幅度的减少。

　　综上所述，允许的最小欠压值随着井深的增加而增大，或者说允许的最大井底压力与储层压力间的差值随着井深的增加而增大；允许的最大欠压值随着井深的增加而减小，或者说允许的最小井底压力与储层压力间的差值随着井深的增加而减少；这样，允许的最大井底压力与允许的最小井底压力所组成的压力窗口的宽度随着井深的增加而减小，井越深窗口越窄。因此，深井储层欠平衡钻井的窄窗口是一个普遍性的必然趋势，如图9.14所示。

9.3.3　欠平衡控压钻井

　　作者认为：IADC UBO&MPD 委员会对控压钻井的分类并不能概括控压钻井的所有应用。总体上讲，委员会认为：控压钻井就是确定地层压力和地层压力的安全窗口，精确控制液柱压力、缩小钻井操作窗口，采用微过的近平衡方式，控制液柱压力沿地层压力的窄

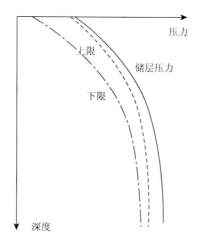

图 9.14　深井储层欠平衡钻井的窄窗口图

窗口走钢丝，以降低钻井的风险。IADC UBO&MPD 委员会强调控压钻井是"避免地层流体持续产出"的微过状态。然而，在实际应用中也大量存在"必须要欠平衡，但又不能欠得太多"的技术需求：在储层欠平衡钻井中，努力缩小欠压差，使欠压差在储层保护与井控安全的窄窗口内"走钢丝"，产生了"欠平衡控压钻井(Underbalanced MPD 或 UB MPD)"或"精细控压的储层欠平衡钻井"，尽管 IADC UBO&MPD 委员会没有对此的正式定义，但它在应用中的确大量存在。如图 9.15 所示，目前 IADC UBO&MPD 委员会所定义的控压钻井是"微过"控压钻井，它源于过平衡钻井的漏喷窄窗口安全钻井的技术需求，是由过平衡方向向平衡点逼近，它杜绝了地层流体的连续产出。而 UB MPD 是"微欠"控压钻井，它源于高风险储层的欠平衡钻井储层保护的技术需求，是由欠平衡方向向平衡点逼近，它保证地层流体的微量连续产出。

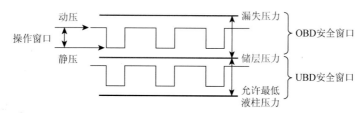

图 9.15　微过控压钻井与微欠控压钻井图

　　实施欠平衡控压钻井，必须摸清楚欠平衡钻井窄窗口的位置和宽度；为了摸清楚欠平衡钻井窄窗口，就必须得知储层的厚度、压力、渗透率、流体性质等储层参数，显然这在微流量控制技术和动态回压控制技术中是无法实现的。

　　随钻地层测试工具(Formation Testing While Drilling, FTWD)是在钻井过程中对储层实施实时测试的一种工具，其典型代表为 Schlumberger 公司于 2005 年研发的 StethoScope 随钻地层压力测试工具，以及 Halliburton 公司的 Geo-Tap、Baker Hughes 公司的 TesTrak 等。其原理是过平衡钻井中途测试中的缆式地层测试工具(Repeat Formation Test Tools, RFT)改造在钻柱上用于随钻测量地层参数。过平衡钻井的缆式地层测试工具原理和工具结构如图 9.16 所示：下入工具到储层位置，液压推靠井壁，同时液压推动探针刺穿内外滤饼进入地层,地层内流体在压差作用下流入测试室,在流动过程中记录压力和流量变化,由此分析储层压力、渗透率、堵塞比等参数;地层流体进一步还可以被存入取样室,待工具出井后对地层流体样本进行分析。普遍认为该原理的地层测试存在不足:①流动时间短,难以获得真实地层参数;②存在地层堵塞的影响,尤其是探针没有穿透内泥饼层时;③对孔缝双重介质储层,结果有很大随机性,无法求取孔缝双重介质的有效渗透率。将 RFT 测试原理移植到钻柱上的随钻地层测试工具如图 9.16(c)所示,工具下部为测量环空压力的固定传感器,上部为可以液压推出、刺入地层的探针,其工作原理与 RFT 类似,显然 RFT 的不足此时仍然存在,很多情况下该工具测得的渗透率可信度不高,该工具主要用于测量地层压力,甚至有人称此类工具为"地层压力测试工具"。

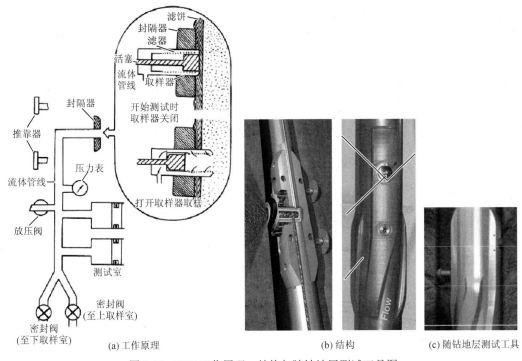

图 9.16　RFT 工作原理、结构与随钻地层测试工具图

　　随钻地层测试工具是为过平衡钻井所设计的,它仅适于在过平衡钻井中对能形成良好储层屏蔽暂堵的孔隙型介质储层的随钻地层测试:过平衡钻井钻开孔隙型砂岩地层,在正压差下井壁内外表层迅速形成薄、浅、致密的封堵层,整个过程仅几分钟,故整个地层压力基本没有扰动;需要进行地层测试时,探针刺穿封堵层进入地层、进行微流动测试,得到储层压力和渗透率。显然,这个测量原理在欠平衡钻井的条件下是不成立的,因为储层被钻开后持续的欠平衡流动造成了近井带的压降漏斗,使得近井壁层地层内的孔隙压力等于井筒内的液体压力;欠压差值越大、近井壁层孔隙压力偏离原始地层压力越多,欠平衡循环时间越长、压降漏斗波及范围越大,欠压差越大、循环时间越长、近井壁层孔隙压力恢复到原始地层压力所需时间就越长。此时,刺入地层的探针所测到的近井壁层孔隙压力是井筒内液柱压力,而不是原始地层压力。因此,目前的随钻地层测试工具不适合用于欠平衡钻井。

欠平衡钻井条件下如何进行随钻地层测试,目前国际上尚无可行方法。西南石油大学欠平衡钻井研究室提出了基于注气动态回压控制系统的随钻地层测试方法,见发明专利 ZL200610021795.X:一种随钻测试储层参数特性并实时调整钻井措施的方法。该方法首先在出口质量流量计的基础上增加了精确测量地层产气量的监测系统,结合气测录井和工程录井,可以非常精确地监测地层产出油气的速度和数量。然后,依托注气动态回压控制系统,提出了一套随钻测试储层参数的工艺流程,基于完整的数据采集和数学模型计算,得到储层的孔隙压力、渗透率剖面、贡献段长度等参数。实际上,欠平衡钻井的地层-井筒-地面一体化流动系统是一个相当复杂的大系统,实现对这个复杂大系统的认识和掌控,不但需要对系统的状态参数(如速度场、压力场、温度场等)进行监测,同时也要对系统的物质平衡关系进行监测,即对注入物质的种类、性质、数量进行监测,对返出物质的种类、性质、数量进行监测,输入与输出对比,得出由外界输入给系统的物质的种类、性质、数量以及系统输出给外界的物质的种类、性质、数量。

该方法的原理是:欠平衡状态下储层会产气,而且欠压差越大、储层产气量也越大、服从达西渗流定律。因此,将储层、井筒、井口视为统一的流动系统,建立可以调节井底压力、可以监测储层产量的稳定流动状态,以稳态达西径向流理论为基础,随钻实测储层的孔隙压力和渗透率。具体实施方法如图 9.17 所示,分别建立至少两组以上的不同井底欠压值流动状态,在稳定流动条件下测量储层产量,所得数据在产量-压力坐标图中为一斜直线,该线与压力轴的交点为储层孔隙压力,而储层的渗透率则由该线的斜率确定。

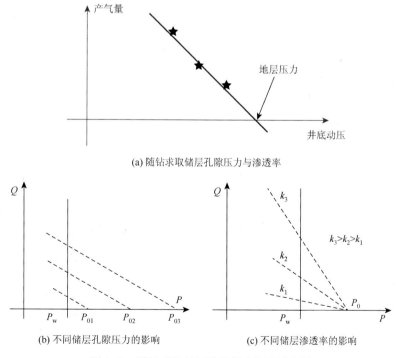

(a) 随钻求取储层孔隙压力与渗透率

(b) 不同储层孔隙压力的影响

(c) 不同储层渗透率的影响

图 9.17 随钻求取储层孔隙压力与渗透率图

连续监测欠平衡条件下储层产量随井深的变化,还可以得出有效储层的顶底边界、储层的介质类型(孔隙型介质、裂缝型介质、孔隙-裂缝双重介质)以及裂缝型储层的裂缝发育带和有效渗透率剖面,如果储层受到伤害,还可以分析表皮系数、堵塞比等储层伤害参数。如图 9.18 所示,在稳定欠平衡钻井条件下,孔隙型储层的的产量随着钻开长度呈线性增加,如图 9.18(a)所示,当储层钻穿后产量保持恒定;裂缝型储层的产量则受钻遇的裂缝数量控制而成阶梯型增加,如图 9.18(b)所示。

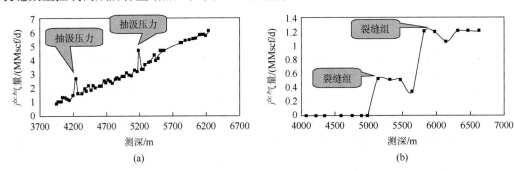

图 9.18　随钻产量监测判别储层介质特性图(取自于加拿大 TESCO 公司)

基于注气动态回压控制系统的随钻地层测试方法的测试流程如下:

(1)根据预测地层压力,由静液压力为微过平衡设计钻井液密度,设计钻井液流变性使其具有足够"固气"(即稳定悬浮微小气泡)能力。

(2)根据预测地层压力和设计钻井液,由循环动压为较大欠平衡设计注气量。

(3)下钻到底,注气循环一周以上,如注气量 $15m^3/min$。

(4)慢钻速钻井,缓慢接近储层,精确监测溢流和地层产气,加强地质卡层。

(5)一旦质量流量计显示溢流发生,停止钻进,开始地层测试流程。

(6)注气量不变。稳定循环一定时间(如果没有质量流量计,要循环一周以上)。

(7)减少注气量(如 m^3/min),稳定循环一定时间。

(8)再减少注气量(如 m^3/min),稳定循环一定时间。

(9)如果有质量流量计,则将三个注气量变化点的气侵钻井液循环出井口,同时精确监测产气量,与质量流量计监测的液量变化对比核实。

(10)根据三点数据,计算储层孔隙压力和渗透率。

(11)如果地质卡层确定已经钻入储层,但尚未见到溢流,则停止钻进,加大注气量循环,直至见到溢流,然后执行地层测试流程。

(12)根据实测储层压力,由"静液压力微过"的原则确定是否需要调整钻井液密度。若是则调整密度后执行下一步,若否则直接执行下一步。

(13)根据实测地层压力和钻井液密度、钻进参数,确定"循环动压微欠"的注气量,以该注气量开始钻进。

(14)停止循环(如接单根、起下钻等)时,注气注液同时停止,关闭节流阀、使井内静止、顶部井段脱气,间断打开节流阀放气、灌浆,直至关阀后回压为零,然后全开节流阀,注意间断灌浆。

当得到了储层的物性参数之后,便可求取欠压差值的上下限,进而实施欠平衡控压钻井。至于"欠压差下限"的具体值,则取决于储层特征、钻井液性质和钻进工艺特征等因素,要通过比较复杂的岩心测试和数学计算等方可确定。至于"欠压差上限"的具体值,取决于产气量随欠压差增长的速度、产出物的性质、井筒流动条件等,更多情况下不是简单地确定"欠压差上限"的值,而是确定保证井控安全、环境安全的地层产出物的数量和速度。

该方法的一个具体应用实例为冀东油田 NP2-82 井,这是一口潜山构造的预探定向井,目的层是 4876～4960m 的奥陶系地层。执行随钻地层测试,得到储层产气量与井底流压的关系如图 9.19 所示,求得地层压力 41.91MPa,补心高 10.5m,则有效垂深 4159.5m,地层压力系数 1.027,完井测试得到地层压力系数 1.03。

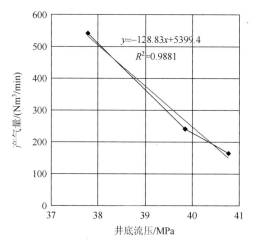

图 9.19 冀东 NP-12 井实测储层孔隙压力图

虽然由储层产气量与井底流压的关系图 9.19 可以计算已钻开储层的有效渗透率,但含有微裂缝的储层渗透率是随裂缝发育而变化的,仅计算平均渗透率是全面的。在实际监测欠压差的情况下,钻进井段 4876～4960m,实测储层的渗透率剖面如图 9.20 所示,由图明显可见所钻遇的微裂缝发育对渗透率的影响。

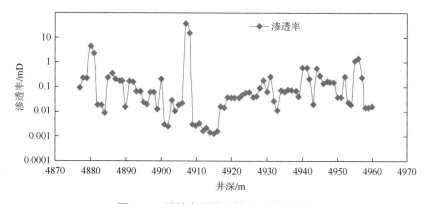

图 9.20 随钻实测储层的渗透率剖面图

在实际监测到的井底欠压差的情况下,监测到的储层产气量的变化如图 9.21 所示,由此可见钻遇微裂缝对产气量的贡献。钻进到储层底部时的井底欠压差为 3MPa,储层产气量为 5.1 万 m³/d，折算无阻流量为 35m³/d。但当钻进到储层底部时，由于螺杆钻具故障而近平衡压井(由于已经准确得知储层压力，故对近平衡压井有利)、起下钻换螺杆钻具后再恢复欠平衡循环。但压井已经对储层造成了伤害，计算表皮系数 $S=28$，存在较严重伤害，循环时无油气产出。维持 3MPa 欠压差长时间循环，试图返排解堵，6h 后油气产出，测试产油 80m³/d，产气 $32×10^4$m³/d，证实该储层可以通过降压返排解除轻度伤害。

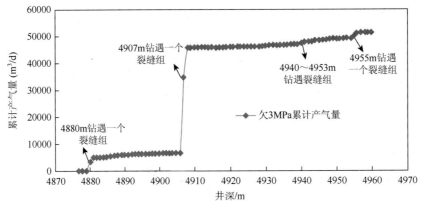

图 9.21　随钻实测储层产量图

9.4　精细控压钻井

比"窄窗口"更加复杂的情况是"零窗口、负窗口"，零窗口下地层漏失压力与溢流压力几乎相等，负窗口下欠平衡时仍有井漏、过平衡时仍有气侵，这都导致在平衡点附近一个井底压力范围内又漏又喷、漏喷同存或漏喷同层。这种情况下，很难找到界限分明的窗口上下限，也很难控制井底压力达到既不漏又不喷。因此，人们希望能够更加精细地认识窄窗口的规律、更加精细地控制井底压力实现不漏不喷的目的，这就产生了精细控压钻井。

精细控压钻井并不是 IADC UBO&MPD 委员会公布的术语，而是国内这几年出现的一个术语，也没有一个统一的定义或解释，泛指有着比现有的控压钻井更加精细的控制水平的控压钻井。作者认为，精细控压钻井应该包含两个方面：第一是对窗口的精细描述，第二是在更窄、更复杂的窗口中压力的精细控制。"窗口的精细描述"就不单是确定窗口的漏、喷界限，而是描述在平衡点附近漏失量、气侵量随井底压力的变化。在发明专利ZL200610021795.X："一种随钻测试储层参数特性并实时调整钻井措施的方法"中，叙述了基于注气回压控制系统的"窗口精细描述"方法：钻遇"漏喷同存"窄窗口后，停钻循环、进行窗口测试。先在微欠状态逐步减少井底压力(回压阀全开、逐步增大注气量)，每个注气量下稳定一定循环时间，同时监测漏失量和产气量，至少足够大差距的三个点(因为该范围漏喷规律不符合线性达西定律)；然后进入微过状态逐步加大井底压力(停止注气、逐步增大井口回压)，每个回压下稳定循环一定循环时间，同时监测漏失量和产气量，至少足够大差距的三个点；分别将欠平衡范围三个点和过平衡范围的三个点进行曲线拟合，得到平衡点附近漏失量与气侵量随井底压力的变化关系，如图 9.22 所示。

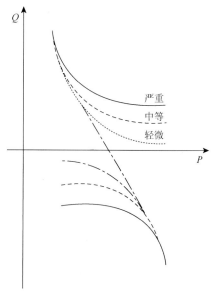

图 9.22　漏喷同存窄窗口的窗口精细描述示意图

如图 9.22 所示，纵坐标的正方向为溢流流量，随着井底压力的增大溢流量减小，直至某个压力点溢流量为零；随着井底压力的减小溢流量增大，直至达到曲线簇的渐近线，该渐近线就是地层产量与井底压力之间的线性达西渗流定律。纵坐标的负方向为漏失流量，随着井底压力的减小漏失量减小，直至某个压力点漏失量为零；随着井底压力的增大漏失量增大，直至达到曲线簇的渐近线，该渐近线就是地层漏失量与井底压力之间的线性达西渗流定律。如图 9.22 所示，"负窗口"特性越严重，曲线偏离达西定律越严重，负窗口范围越大。

得到如图 9.22 所示的窗口精细描述结果之后，地层的孔隙压力大致就在窗口的中点附近。根据窗口的精细描述结果和待钻储层长度，可以预测不同井底压力下的漏失量和溢流量。如果允许欠平衡钻井实施，那就综合确定允许的最大溢流量和其对应的井底压力值，调整钻井液密度后，采用注气稳压方法开始钻进，并根据钻开储层情况微调井底压力控制值。如果不允许欠平衡钻井，那就综合确定允许的最大漏失和其对应的井底压力值，调整钻井液密度后，采用注气稳压方法开始钻进，并根据钻开储层情况微调井底压力控制值。

"接近平衡点的微欠平衡或微过平衡"，寻找钻进中微欠平衡或微过平衡的理想控制点，实质上是一个动态调节的调控的过程，这个过程必然会经历在平衡点附近"时欠时过"的动态摸索尝试，因此，必然要求钻井的装备和工具同时具有过平衡钻井和欠平衡钻井的能力。因此，注气和井口回压相结合的井底压力控制是必须的。

非常遗憾，该思路的精细控压钻井目前尚无上井试验的机会，故其可用性和有效性有待验证。

9.5　储层段精细控压钻井实践

9.5.1　塔中地区应用实践

精细控压钻井的主要技术特点是利用旋转控制头、自动节流控制系统、回压泵、PWD

随钻测压等设备以及相关软件,将井底压力波动降到最低,实现井底压力微过平衡钻进。其核心是在钻井过程中保持井底压力略高于地层孔隙压力或井底压力在一个合适的范围内(设计过平衡值 1MPa)。在实际钻井过程时,由于地层流体侵入特别是地层气体在井底负压状态下进入井筒,起下钻、活动钻具,以及泵入排量变化都会造成井底压力波动。因此,需要利用回压补偿泵、自动节流管汇和旋转控制头来维持井口回压,以达到微过平衡钻进的目的。

塔中 I 号气田奥陶系石灰岩气藏地层流体中含地层水[2]、有毒和有害气体,天然气中普遍含 H_2S,钻井液密度窗口窄,钻井过程中若井底压力控制不当,易发生井漏、井喷,溢出的 H_2S 可能造成财产损失、人员伤害、环境污染等,地质分类见表 9.1。因此,为保证该地区钻井施工作业快速、优质、安全,可在该区块实施精细控压钻井技术。地面设备流程如图 9.23 所示。

表 9.1　塔中地区奥陶系地层岩性分类

系	统	组	地层岩性描述
奥陶系	上统	桑塔木组	灰色厚层泥岩、粉砂岩夹泥晶灰岩条带
		良里塔格组	上部为泥质条带灰岩,中部为颗粒灰岩、生物灰岩,底部为泥质泥晶灰岩
		恰尔巴克组	紫红色瘤状类岩
	中统	一间房组	灰色厚层藻黏结灰岩、颗粒灰岩,台内大部分缺失
		鹰山组	顶部为泥晶灰岩、颗粒灰岩,剥蚀缺失。上部为灰色中-薄层含云灰岩、云质灰岩,中部为灰色云质灰岩、灰质云岩不厚互层,下部为细粉晶白云岩、藻云岩
	下统	蓬莱坝组	

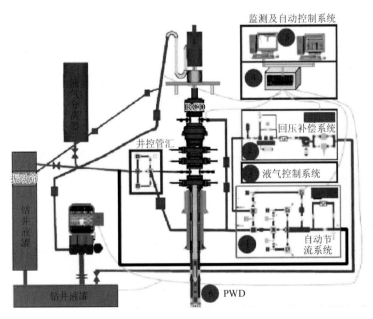

图 9.23　精细控压钻井地面设备图

以 TZ62-11H 井为例，介绍精细控压钻井技术在塔中地区的现场应用情况。井身结构设计如图 9.24 所示。

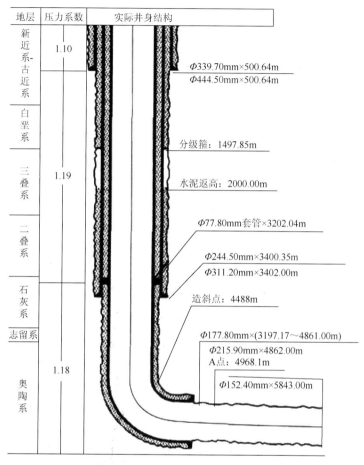

地层	压力系数	实际井身结构

新近系-古近系 1.10

Φ339.70mm×500.64m
Φ444.50mm×500.64m

白垩系

分级箍：1497.85m

三叠系 1.19

水泥返高：2000.00m

二叠系

Φ77.80mm套管×3202.04m

Φ244.50mm×3400.35m
Φ311.20mm×3402.00m

石灰系

造斜点：4488m

志留系

Φ177.80mm×(3197.17~4861.00m)
Φ215.90mm×4862.00m
A点：4968.1m

奥陶系 1.18

Φ152.40mm×5843.00m

图 9.24　TZ62-11H 井实钻井身结构图

钻具组合：Φ152.4mmPDC 钻头+Φ120mm 螺杆钻具(弯螺杆 1.5°)+双瓣式浮阀+单瓣式浮阀+保护接头+PWD 工具+HCM+MWD+保护接头+Φ88.9mm 无磁承压钻杆 1 根+Φ88.9mm 加重钻杆×45 根+Φ88.9mm 斜坡钻杆。

钻井液性能：钻井液体系为无固相低土相钻井液体系，钻井液密度为 1.08g/cm^3，黏度为 49mPa·s，塑性黏度为 15~23mPa·s，屈服值为 8~10Pa，切力为 1.5/6Pa，API 为失水 3.6mL，滤饼为 0.3mm。

钻井参数：钻压为 40~50kN，转数为 45+螺杆，排量为 11~12L/s，泵压为 21~22MPa。井口控压值为 0.6~2.6MPa，钻井液当量密度为 1.16~1.19g/cm^3，井底压力为 53.94~54.44MPa。

精细控压钻井技术在 TZ62-11H 井使用表明：使用中都没有发生井漏或严重的井侵、对该地区严重的井漏、井侵、高含 H$_2$S 的溢出起到了很好的控制作用，该技术在塔中地区具有较好的应用前景。

9.5.2　冀东油田南堡 23—平 2009 井实践

南堡 23—平 2009 井是南堡 2 号构造上的一口开发井，该构造深层潜山裂缝目的层密度窗口窄，当钻遇裂缝时，易发生井漏、井涌、又涌又漏等情况，井控风险大，且难以钻达设计地质井深。为了解决此技术难题，冀东油田决定在本井采用川庆钻采院精细控压钻井技术，降低钻井过程中井底压力的波动，实现减少漏失，降低井控风险，提高水平井段钻进能力的目的。

地层分层、岩性描述及相关提示见表 9.2，井身结构设计如图 9.25 所示。

表 9.2　南堡 23—平 2009 井钻井预测剖面表

地层					设计分层			油气显示		断点位置/m	工程提示
界	系	统	组	段	岩性剖面	底界海拔/m	厚度/m	邻井资料	本井预测		
古生界	奥陶系		下马家沟组	O（未穿）	石灰岩	-4055	1（未穿）	NP283 LPN1 NP23-P2002 NP21-X2460 NP23-P2001			防漏 防喷 防 H_2S

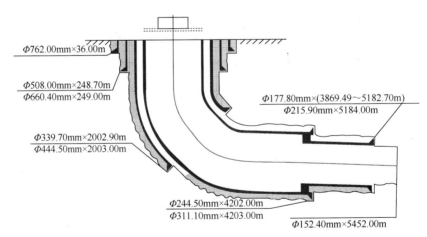

图 9.25　南堡 23—平 2009 井实钻井身结构图

1) 施工难点分析

(1) 奥陶系石灰岩储层裂缝发育，对井底压力波动敏感，易漏喷同存，难以钻达设计地质目标。

(2) 井底温度高（≥165℃），目前随钻测压传输系统（PWD）不能在此温度下正常工作，无法实时获取井底压力。

(3) 地层压力系数低（0.99～1.02）。

(4) 储层流体油气比高（4418m^3/m^3）。

(5) 可能含 H_2S，LPN1 井产出的天然气中发现有 H_2S，含量为 52.6～99.66mg/L，平

均为 66.82mg/L。

2) 应对思路

(1)针对奥陶系石灰岩储层压力敏感问题，采用控压钻井技术精细控制井底压力，减小不同工况下井底压力波动，避免井漏和溢流造成井下复杂。

(2)采用存储式井底压力计求取井底压力和温度，结合水力学计算软件计算不同钻井参数下的井筒压力剖面，为控压钻进顺利实施提供理论依据。

(3)采用低密度水包油钻井液钻进，为控压钻井顺利实施提供操作窗口。

(4)采用控压钻井技术使井底平稳，避免地层流体过多进入井筒。

(5)加强钻井液 pH 维护，确保钻井液 pH 不小于 10，同时在关键位置使用多通道气体监测仪实时监测 H_2S 含量，发现异常及时处理。

3) 控压钻井参数

设计井地质预测地层压力系数为 1.06，根据邻井潜山段钻探情况，地层压力系数预计为 0.99～1.03，控压钻井参数计算地层压力系数选取 1.02。考虑到邻井生产可能造成地层压力系数有所下降以及控压钻井底压力调整，优选钻井液密度 0.92～0.94g/cm³，钻井液排量 16～20L/s。

4) 实施效果

(1)南堡 23—平 2009 井实现了钻井过程零漏失，使用的水包油钻井液得到了回收再利用，节约了大量水基钻井液，降低了钻井液费用，保护了油气层。

(2)南堡 2 号构造深层潜山裂缝目的层采用控压钻井技术大幅降低了复杂时间，减少了非生产时间，提高了纯钻效率、生产效率首次达到 100%。大大加快了钻井节奏，缩短钻井周期。

(3)创造了南堡 2 号构造深层潜山裂缝目的层钻遇油气显示、成功点火情况下"零漏失"、"零复杂"钻达设计井深的纪录。

(4)通过微流量监测装置，溢漏能够在早期及时发现，及时控制。本井控压钻井平稳控制井底压力在窄安全操作窗口内，未出现油气大量进入井筒返出地面的情况，避免了过度溢流、严重井漏和漏喷同存，大大提高了井控安全。

9.5.3　渤海湾盆地牛东 102 井实践

渤海湾霸县凹陷主要为构造-岩性复合油藏，油质以重质稠油为主，具有高密度、高黏度、低含蜡、低含硫特点。牛东 102 井是渤海湾盆地霸县凹陷牛东潜山构造牛东 1 潜山构造带上的一口评价井，设计井深 6900m，该井设计第四次开钻井段采用 PCDS-I 精细控压钻井技术(图 9.26)。根据控压钻井工艺要求，控压钻井设计应该包括优选钻井液密度、确定施工排量、制定开停泵使井口压力的控制方案及起下钻井口压力控制方案等[3]。

$\Phi215.9$mm(8-1/2in)控压钻进井段钻井液密度范围为 1.35～1.40g/cm³。建议在开始控压钻进时使用密度为 1.40g/cm³ 的钻井液，并根据现场工况调整钻井液密度，设计钻井循环时回压控制范围为 0.00～2.74MPa，非循环控压值为 2.14～4.88MPa。

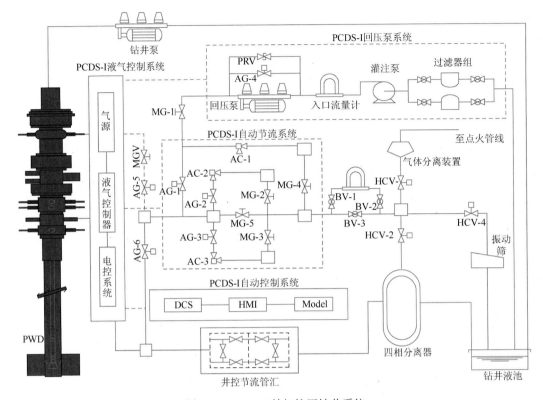

图 9.26　PCDS-I 精细控压钻井系统

控压钻井接立柱作业开停泵过程,采用分步阶梯调整井口回压和排量的方式可以减小井底压力波动。通过模拟不同排量下井底当量钻井液密度变化,制定了开停泵时井口压力控制方案,如图 9.27 所示。分步骤阶梯停泵,随着排量的减小逐步提高井口回压,开泵过程则相反,随排量的增加逐渐减小井口回压值。

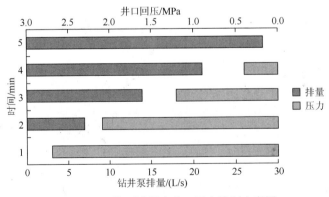

图 9.27　开停泵过程中井口压力控制方案图

控压钻井起下钻作业时,抽汲与激动引起井底压力波动。控压钻井要求井下装止回阀,此时下钻产生的激动压力会更大,因此起下钻时要限制起下钻速度,避免产生较大抽汲激动压力,并结合井口回压调节控制井底压力连续稳定[4]。

工程参数：钻压 100～120kN，转速 58～62r/min，排量 26.5～28.0L/s，泵压 14.5～18.5MPa。钻井液 KCl 聚磺钻井液，密度 1.39～1.43g/cm³，黏度 63～66s，初/终切力 1.0/3.0Pa，失水 1.6mL，滤饼 0.5mm，pH 为 9，含砂质量分数 0.1%。

钻具组合：Φ215.9mmPDC 钻头+双内接头+4A1×4A0 自封式回压阀 2 只+Φ165mm 钻铤 2 根+Φ214mm 扶正器 1 根+Φ165mm 钻铤 6 根+4A1×410+Φ127mm 加重钻杆 14 根+Φ165mm 随钻震击器 1 根+Φ127mm 加重钻杆 1 根+NC52（内接头）×411+Φ127mm 钻杆若干。

采用 PCDS-I 精细控压钻井系统在牛东 102 井四开井段（5378～5758m）进行控压钻井作业，系统性能稳定，能够对井下溢流、漏失进行动态监控，精确控制环空井底压力，实现循环钻进、起下钻和接立柱等工况压力平稳衔接，安全高效。控压作业时通过实时水力模型计算得出的目标压力为 0.38MPa，通过实时调节节流阀开度，井口实际测量的压力为 0.50MPa，实际测量压力与井口压力差值为 0.12MPa，误差在 0.20MPa 范围内。

牛东 102 井实施精细控压钻井技术表明，国产 PCDS-I 精细控压钻井系统能够实现对井下溢流、漏失进行动态监控，精确控制井底压力，迅速抑制溢流、有效控制漏失、防止井壁掉块、降低作业风险和提高机械钻速的效果。低密度钻井液减轻了"压持效应"和岩屑重复破碎现象，提高了机械钻速，延长了钻头寿命，缩短了钻井周期。实施精细控压钻井技术的井与邻近井相比，平均机械钻速由 0.63m/h 提高到 1.20m/h，提高了 90%以上，是牛东 1 井同井段机械钻速的 1.5 倍。

参 考 文 献

[1]　Underbalanced Operations Continue Offshore Movement，Don M Hannagen. SPE-68491，2001
[2]　石希天，肖铁，徐金凤等. 精细控压钻井技术在塔中地区的应用及评价. 钻采工艺，2010，（5）：32～34
[3]　周英操，杨雄文，方世良等. PCDS-I 精细控压钻井系统研制与现场试验. 石油钻探技术，2011，（4）：7～12
[4]　王凯，范应璞，周英操等. 精细控压钻井工艺设计及其在牛东 102 井的应用. 石油机械，2013，（2）：1～5

第 10 章　复杂油气藏欠平衡钻井技术展望

　　我国油气勘探开发的重点已经从以前的整装大油气田、高压和常压、中高渗透均质砂岩等良好勘探开发条件，转移到了目前的复杂中小油气田、断块油气田、薄油气层、低压低渗透低产能、老油气田改造、复杂储层条件、难动用储量、非常规油气、深层深水等恶劣的勘探开发条件，勘探开发技术已经到了打攻坚战、打硬战的时期了。为了保证在复杂勘探开发的攻坚战中取得胜利，钻井工程技术的革命性进步可以说具有最重要的地位。因为，在勘探中钻井是发现和评价的最终也是最直接的手段；在开发中钻井是建立油井产能的最基础性、最关键性的环节；在工程中钻井费用占油气勘探开发总投资的 30%～50%。因此，无论是多找油气，还是提高产能，还是降低成本，钻井工程技术都是首当其冲。逻辑上讲，凡是能够满足未来复杂油气藏勘探开发需求的工程技术，就一定是有发展前途、有生命力的革命性新技术，欠平衡钻井技术就是其中最重要的组成部分。

1. 欠平衡钻井的发展历史体现了"客观需求是技术发展的本质原动力"

　　在 1900 年以前的顿钻时期，人们采用欠平衡方式钻开储层，希望在钻开储层时看到井喷(Gusher)，由此发现油气、获取油气。

　　在 1900～1930 年，随着井越来越深、储层压力越来越高，井喷的危害越发突出，人们开始关注钻开储层时的安全。此期间人们探索了两条不同的技术路线，一条是继续欠平衡，而设法增加其安全性，另一条是彻底制止井喷，转欠平衡为过平衡。

　　出于控制井喷的考虑，早在 1920 年就出现了井口旋转控制头的概念：在美国 Trinidad 油田有人在井口套管上固定一个装有包在钻杆周围的压缩橡胶环的装置，在钻达油层井喷后还可以继续钻入油层几英尺。1921 年 Sullivan 公司将该装置商品化，1923 年用该装置的最好纪录是：井深 1350ft、井口压力 1400psi(1psi=6.89kPa)、产量每天 30000 桶(1 桶 =0.14t)。随后，气液分离器、不压井起下钻等装备相继出现，在 1930 年形成了当时称为"压力钻井"(Pressure Drilling)的技术体系。比较详细的文献记载见于 1933 年 Ellis 等 "Pressure Drilling" 的文章，以及描述这些方法在油田应用的文献[1~8]。

　　Pressure Drilling 和 Pressure Completion，以清水为钻井液，在钻进过程中边喷边钻，在起下钻过程中也不压井。由这些文献可见，当年美国人已经发明了与现代欠平衡钻井技术几乎一样的装备：旋转控制头、气液分离器、不压井起下钻、节流阀和内防喷阀等关键装备和工具一应俱全，当年的"压力钻井"、"压力完井"与现代的全过程欠平衡钻完井在概念上几乎一致，如图 10.1 所示。

　　压力钻井技术在短暂的闪现之后便很快退场，从此被彻底遗忘。为什么欠平衡的压力钻井没有发展起来呢？因为当时主要的矛盾是井控安全，在这方面过平衡钻井加防喷器的井控技术能够提供彻底的井控安全，而欠平衡的压力钻井不但设备复杂、操作不便，而且存在很大的井控风险。人们还预想压力钻井的额外好处是油气层伤害小、油井产量高。为

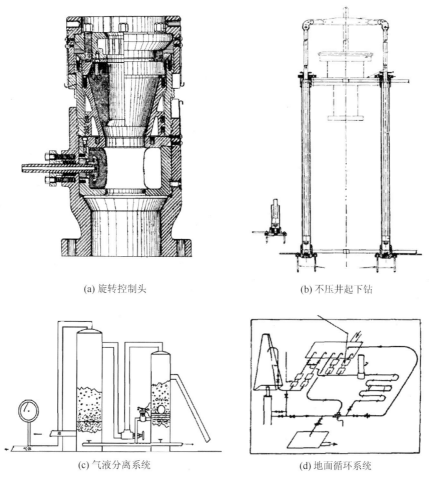

(a) 旋转控制头　　　　　　　　　　　(b) 不压井起下钻

(c) 气液分离系统　　　　　　　　　　(d) 地面循环系统

图 10.1　美国 1930 年的 Pressure Drilling 示意图

了证明这个预想，Teis 和 Winterburn 等分别对 Fitts Pool 油田和 Kettleman Hills 油田所钻的井进行了统计分析，发现难以得出"压力钻井的产量比过平衡钻井的产量高"的结论。这其中内在的原因应该是"当时所开发的储层井浅、物性好，在过平衡钻井条件下所受到的伤害并不明显且可以恢复"，因此欠平衡的储层保护作用并不突出。这样，在井控安全方面不如过平衡钻井，在储层保护方面又不需要，因此，欠平衡的压力钻井技术很快就被淘汰了。

在另一条技术路线上，1914 年钻井液取代清水，1924 年防喷器进入市场，1929 年加重钻井液出现，利用钻井液液柱压力平衡储层压力的过平衡钻井技术迅速成熟，成为石油钻井界的主导技术。到 20 世纪 60 年代，随着井越钻越深，过平衡钻井的储层伤害问题越发突出。防止储层伤害的客观需求促进了储层保护技术的出现，70 年代，过平衡钻井的储层保护技术发展成熟，使得过平衡钻井继续占据一统天下的地位。

直到 20 世纪 90 年代，在美国容易勘探、容易开发的油气资源越来越少，勘探开发的重心转移到难勘探、难开发的油气资源上，面对难动用油气资源的复杂储层，过平衡钻井配套的储层保护技术越来越显得难以适应，过平衡钻井的储层伤害问题越加凸显，这催生了欠平衡钻井技术的出现。从实质上讲，欠平衡钻井是现有过平衡钻井技术不能满足、不能适应油气勘探开发难度日益增加的必然产物，是钻井技术满足勘探开发发展需求的技术进步的必然结果；这也是欠平衡钻完井概念自 1930 年出现后的再次崛起。

2. 欠平衡钻井的本质特点决定了"欠平衡钻井应该是满足未来复杂油气藏勘探开发需求的革命性技术进步"

1) 储层欠平衡钻井——良好的保护储层手段

储层伤害是影响勘探成功率和开发效益的最重要因素，而难动用油气资源的复杂储层又是最容易受到伤害，且其伤害往往是致命的，难以恢复甚至不可逆转的。钻井是首次揭开储层的工序，储层被钻开时所受到的第一次伤害，往往改变了或决定了油气井的整个命运。因此，对难动用油气资源的勘探、开发而言，储层保护无论如何强调也不过分。目前钻井界储层保护的主体技术是基于优质水基工作液和屏蔽暂堵的过平衡钻井技术，该技术在各类中高渗透的孔隙型储层均有良好表现；但面对越来越难、越来越复杂的难动用油气资源，过平衡屏蔽暂堵技术已经明显表现出不适应，典型的几类复杂储层如下。

(1) 含有微缝隙且微缝隙对原始产能有重要贡献的储层，即所谓缝-孔双重介质，如致密砂岩储层。对产出油气来讲，孔隙型基块是油气最重要的储集空间，微裂缝的表面是油气最重要的供应门户，微裂缝是油气最重要的流动通道。对伤害来讲，微裂缝是"病从口入"的伤害源，伤害性工作液由井壁上的裂缝入口进入裂缝并迅速充满裂缝空间；而微裂缝表面是"病入膏肓"的根本，充满裂缝的水基工作液在压差和亲水势能的共同作用下沿裂缝表面向孔隙基块内侵入，从而造成裂缝表面的水锁伤害带。例如，在 3MPa 正压差下，宽度 100μm 微缝，一分钟之内，10×10^{-3}Pa·s 黏度钻井液沿缝窜进 5.3m 深、清水沿缝窜进 14.7m 深。而对微缝封堵的形成一般需要 5～10min，此时工作液沿微缝侵入已达数十米深，造成近井带数十米范围储层的致命伤害，使此范围内微裂缝的表面丧失供应能力。因此，屏蔽暂堵对于保护这类储层是低效甚至无效的。

(2) 裂缝、溶洞型漏失储层。大量漏失的液体不但对钻井工程造成损失和风险，而且还有可能对储层造成严重伤害。对于非储层的漏失，可以采用过平衡钻井中各种"堵"的办法治漏，而对于储层，漏失通道就是良好的生产通道，不希望"堵死"裂缝而伤害储层；况且，对于缝宽达毫米级以上的裂缝或直径达厘米级以上的溶洞、溶管，常规过平衡堵漏技术难以有效封堵该类漏层。个别情况下也存在"漏失"不对储层造成严重伤害的特例，此时井漏的主要影响是工程上的效益和安全，这种特例可以采用钻井液帽钻井的边漏边钻。

(3) 低渗透、超低渗透的致密岩性油气藏，强亲水、富含黏土矿物，具有超低的原始含水饱和度、高的束缚水饱和度，该类储层具有极强的自发吸水能力，原始储层一旦与水基工作液接触便大量吸水(这种自发吸水在欠平衡的状态下照样发生)，形成束缚水饱和带，造成对油气流动的水相圈闭伤害。如果还有正压差，则正压差下的液体侵入再加自发吸水，将会造成更大范围的束缚水饱和带。在吸水带，黏土矿物的水化分散和水化膨胀，将造成更加严重的储层伤害。

(4)过高的正压差问题。对原始低压储层和越来越多的开采中后期压力衰竭的低压储层，常规水基钻井液相对于低压储层的过高正压差，造成严重的储层伤害、液体漏失、黏附卡钻等问题。但更加普遍的"过高正压差"伤害来自于非低压储层，尤其是深探井，超出真正需要的钻井液高密度，一方面来自于井控安全的压力：对地层性质认识不清，对储层压力估计偏高，一味地提高密度以加强井控安全性；另一方面来自于上部井段的井壁稳定性：井壁不稳定，一味地提高密度以增加井壁稳定性。超高的钻井液密度造成了过大的正压差，带来了严重的正压差伤害。

以上四大类复杂储层，概括了我国难动用油气资源的绝大部分，过高正压差，则是我国绝大部分储层伤害的主要来源。"难动用"的概念是针对现有技术而言，其中的一个重要技术难题就是"复杂储层的储层保护"。事实已经证明：过平衡钻井及其配套的屏蔽暂堵技术不能够很好地解决这个问题。

欠平衡钻井在两个方面不同于常规的水基钻井液过平衡钻井：压力平衡关系与钻井液性质。欠平衡钻井的压力平衡关系是欠平衡状态，即井内液柱压力(动压和静压)小于储层压力，故储层内的可动流体(油、气或水)都会有控制地流入井内、返至井口。欠平衡钻井的钻井液可以同常规钻井一样是水基或油基液体，也可以是含气流体(充气或泡沫的气液混合流体)，还可以是纯粹气体(空气、氮气、天然气或燃烧尾气)。

欠平衡钻井的压力平衡关系与钻井液性质这两个方面的改变，产生了全新的储层保护技术：欠平衡压力状态产生的由储层向井内的连续流动，阻止了外来工作液进入储层，从而消除了外来工作液侵入储层的伤害，这对于保护含有微裂缝的储层效果极好。对裂缝、溶洞型漏失储层，欠平衡的压力状态可以消除"压差型漏失"，合理的欠平衡压差与合理的流体类型、性能的组合，可以减少直至消除"置换性"漏失；消除漏失，不但有利于储层保护，同时也有利于高效、安全的钻井作业。充气液、泡沫液等含气流体，可以大幅度降低井内液柱压力，适应于各类低压储层钻井、完井和修井。对于各类具有极强自发吸水能力的储层，用气体作为钻井流体，可以从根本上消除自发水渗吸造成的水相圈闭伤害。

因此，欠平衡钻井系列技术可以适应于绝大部分难动用油气资源的储层保护，是应该重点发展、推广的储层保护新技术。

2) 储层欠平衡钻井——高效、及时、准确的勘探手段

在过平衡钻井中，探井的储层伤害是最严重的，尤其是深探井。因为深探井钻井的过平衡压差最大，侵泡时间最长。在探井钻井中，由于估计储层压力的可用资料很少。因此，出于井控安全考虑，往往高估储层压力，钻井液密度普遍超高。探井，普遍是在对本区地层没有多少认识的情况下钻进的，钻井液的类型、密度、性质的选择具有极大的盲目性和经验性，钻井过程中普遍遇到井壁不稳定问题，因此不断地调整钻井液性能、不断加重、不断处理井下复杂，这就导致了钻井液的高密度、长侵泡时间。随着本区井越钻越多，所谓学习曲线效应开始体现：对地层的认识越加清晰，储层压力估计越来越接近真实，钻井液的性能越来越好、密度越来越低，钻井周期越来越短，因此储层的伤害也越来越轻。

在过平衡的探井钻井过程中，钻开储层与评价储层是分开的前后两部分。

在过平衡的钻开储层过程中，钻井液液柱压力高于储层压力，储层一旦被打开，则立即受到致命伤害——近井筒储层内形成严重伤害带，主要是液相伤害和固相堵塞。

但这种伤害并不影响钻井、录井过程中的油气显示,因为过平衡的钻井、录井中的油气显示是直接检测破碎岩屑孔隙内存在的微量油气,无论储层的伤害有多严重,只要储层段有进尺且有油气饱和度,就有破碎岩屑中的油气扩散出来,被气测、荧光、返出钻井液的气泡或油花等所显示。

钻至储层时的油气显示提示了潜在储层的存在。此时一般采用停钻、下入中测工具进行随钻测试。但由于储层已经受到严重的、不可逆转的伤害,往往降压反排的中测结果是低产、微产甚至无产。因此,经常遇到"钻进过程中油气显示良好,但中途测试或完井测试低产、微产甚至无产"的迷惑局面。

全井所有潜在储层被钻穿之后,所有储层都经历了不可逆转的严重伤害,中途测试均未得到好的结果,此时得到的印象是"全部都是较差储层,必须增产改造"。之后是下套管固井,开始对储层进行分段测试。一般先是"深穿射孔和射测联作",结果往往是微产或无产;然后是对最有希望的层位进行酸化或压裂改造,改造后所获得的产能被认为是储层的潜在产能。此时得到的印象是"储层物性很差,增产改造效果也不太好"。至此,该储层就被认为"投入很高,产出很少"。改造一个层位后,选择第二个层位进行改造,如此直至全井所有备选储层都进行了改造。

严重的储层伤害还会使储层丧失进一步被评价的机会。因为,希望层位的确定是基于钻井过程中的油气显示、中测结果、测井分析结果等综合定出;受到严重伤害的储层,中测结果失真,测井反应失真,有可能造成储层解释的失误,从而使储层失去被再次认识的机会,造成丢失重要储层。

至此,一口井的评价结束了,全井的结论是"储层物性差,必须逐层压裂改造方可建产,产出少投入高"。然后是第二、第三口井,一轮评价井结束,整个区块的评价是"每口井每个层位都必须压裂改造,而且改造后仍然低产,产出少投入高"。

可见,在第一次钻开储层时造成了不可逆转的致命伤害,后续的所有评价工作都是在致命伤害的基础上进行的,细致地、深入地做着每一项评价工作,投入了大量人力、财力和时间,钻了一口又一口的评价井,结果仍未搞清楚储层的原始产能和真实物性。因此,储层伤害对勘探钻井有着决定生死的重大影响:①低估储层物性和产能,高估开发成本;②不能及时发现储层,甚至丢失潜在储层;③导致勘探评价的高投入和长周期;④造成整体错误决策,甚至放弃有希望的油气田。

探井储层伤害的负面影响比开发井储层伤害的要严重得多,开发井的储层伤害只是影响到本层本井的产能和效益,而探井的储层伤害影响的是对整个区块的价值评价和开发方案的合理制定,影响着整个区块的投入产出。在探井钻开产层之前的地质、物探等勘探工作均是对储层含油气的推测或预测,只有钻开储层后的测试才是储层含油气的最终证实,因此业界流行"钻头不到,油气不冒"的通俗说法。但通过上述分析可以看到:如果技术措施不对,即便是钻头钻开储层以及后续各种测试、改造手段,原有的油气仍然无法流入井内。因此,对于难动用油气资源的复杂油气藏,"钻头不到,油气不冒"应该改为"钻头到技术不到,油气照样不冒",以此来突出钻开储层时配套技术的重要性。

欠平衡钻井有两大功能贡献于勘探钻井:第一,良好的保护储层功能,可以使勘探钻井得到真实客观的储层评价。第二,将"钻开储层"与"评价储层"合二为一,"边喷边钻"具有使被钻开储层的油气立刻流入井内，使油气返至地面可以被直接监测、计量的功能，这一功能不但使其具备了成为最有效的勘探技术的基本条件，同时具备了"以最短时间、最少投入获得最真实的勘探结果"的基本条件。

勘探钻井中欠平衡钻井的最大收益是什么？图 10.2 为加拿大 Tesco 公司的一口井的实际统计。由图 10.2 可知：来源于治漏、克服压差卡钻、提高钻速、延长钻头寿命等工程层面的收益以及省去中途测试、增产改造等工序过程的收益不是主要的。来源于早期投产、提高产能、提高采收率等产量层面的收益虽然显著但也不是主要的。最大的收益来源于"勘探发现"，即勘探发现中的"不丢失储层"和"准确评价储层"。

潜在节约成本		关注的收益	
➢ 钻井事故		➢ 产能	
● 漏失	$770000	● 早期产能	$748000
● 卡钻	$1208000	● 提高的产能	$48000000
● 提高钻速	$363000	● 采收率	$8000000
● 钻头寿命减少	$9100	● 测试产能	$80000～2000000
节约250万美元		● 丢失的生产区块	$150000000
		创造5000万美元	

图 10.2　加拿大 Tesco 公司探井欠平衡钻井经济效益实例图

从构造、盆地等大范围的勘探对象看，难动用油气资源还有其他的特有困难之处。勘探的目标已经从过去的巨型、大型、圈闭良好的整装构造向中小型、断块型、隐蔽型油气藏发展；储层也从过去的良好物性、巨厚的单一储层向多层、薄层、物性差的方向发展。这从另一个方面表现了难动用油气资源勘探难的特点。大型整装构造，只需要大井距的少数探井就可以探明很大控制面积；而小型、断块型、隐蔽型、零散砂体的油气藏，常常相距极近的探井，勘探资料的可比性都很差；良好物性、巨厚的单一储层，一两口井就可以探明，而物性差的多层、薄层、差层，则更需要在更多口勘探钻井过程中逐层进行细致评价。面对新的勘探对象，应该有相应的勘探技术的提高：能够实现一口井探明所有储层、少数几口井探明一个局部构造的勘探钻井技术。欠平衡钻井的良好储层保护，将使被钻开的储层以原始真实面貌出现；在欠平衡钻井基础上发展随钻储层评价技术，将使每一个钻遇的储层都能被及时发现、被客观真实地评价；这样的探井技术就有可能做到"一口井探明所有储层、少数几口井探明一个局部构造"，对整个区块，既不会在无价值的疑惑地区大量投资、反复勘察，也不会漏掉或低估任何有价值的区块，同时可以决策最短时间、最低成本、最高产出的开发方案。

3) 储层欠平衡钻井——增产、提高采收率的开发手段，尤其是与特殊轨迹井相结合

在开发钻井中，钻完井过程中的严重储层伤害使近井带的油气流动通道堵塞、流动阻力增大，从而造成低产、减产，严重时可能完全丧失油气供应能力，同时还造成油气井寿命短、最终采收率低。图 10.3 为美国 Weatherford 公司北海油田 42 口井的实际统计，可见随着储层伤害的增加，油井产量迅速下降。

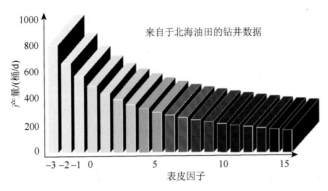

图 10.3　储层伤害对油井产量的影响图（来自 Weatherford）

储层伤害对开发钻井的重大影响主要表现为：①导致减产、低产甚至无产；②导致额外的增产改造费用和人工举升费用；③导致高的油气井废弃压力，油气井早期枯竭，最终采收率降低；④导致投资回报的延迟和总回报减少；⑤整体导致大批低效、难动用油气资源无法利用。

过平衡钻井的投产模式如图 10.4 蓝线所示：过平衡钻井中，过平衡钻开储层，遇到有油气显示的层位则进行中途测试，待所有储层钻穿后，固井射孔完成，之后是选层增产改造，然后投产。经历这些工序过程花费了很长的时间、投入了很多的经费。油气井投产后，由于严重的储层伤害导致产量低、油气井投产寿命短，最终采收率低。显然，此类过平衡钻井的投产方式是投入高、周期长、产出低的不合理方案。

欠平衡钻井的投产模式如图 10.4 红线所示：欠平衡钻井不但在钻开储层的过程中实现了良好的储层保护，而且在钻开储层的过程中就已经将储层认识清楚，免去了中途测试、固井射孔、增产改造的工艺过程，不但节约了投资，而且节省了时间。欠平衡钻井能够实现以储层的自然产能投产，如果这个自然产能高于水力压裂的产能，那么欠平衡钻开储层后直接投产，产量高、油气井生产寿命长、最终采收率高。显然，欠平衡钻井以储层自然产能直接投产的方案是以最短时间、最小投入获得最大收益的合理方案。

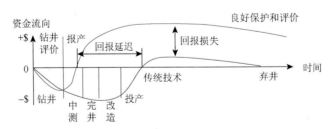

图 10.4　以最短时间、最小投入获得最大效益的开发理念图

究竟什么样的投产方式具有"最短时间、最小投入、最大产出"的特点呢？欠平衡钻井的储层自然产能会比压裂改造的产能高吗？

以川西蓬莱镇组致密砂岩为例，基质渗透率约 0.1mD，干气气藏，气体钻井已经证明：在无伤害情况下，储层的单位面积供气能力为 600m³/(m²·d)。因此，在该储层钻遇一条泄流面积 100m² 的微缝（在 4m 厚储层内延伸 25m 的缝），只要使其不受伤害，就可获得

$6\times10^4\mathrm{m}^3/\mathrm{d}$ 的产气量，钻遇 10 条这样的微缝就有 $60\times10^4\mathrm{m}^3/\mathrm{d}$ 的产气量。当微缝极其不发育时，在该储层用 6in 钻头将井筒无伤害地（如气体钻井）延伸 200m 就可获得 $6\times10^4\mathrm{m}^3/\mathrm{d}$ 的产气量，如果钻进段长 1000m 的双分枝井就有 $60\times10^4\mathrm{m}^3/\mathrm{d}$ 的产气量。而目前在该储层开裂面积达 $1600\mathrm{m}^2$ 的压裂改造产气量仅有 $5\times10^4\sim6\times10^4\mathrm{m}^3/\mathrm{d}$，可见，水力压裂尽管开裂面积很大，但因裂缝面已被严重伤害，导致单位面积供气能力大大降低，仅有 $30\mathrm{m}^3/(\mathrm{m}^2\cdot\mathrm{d})$（仅为无伤害单位面积供气能力的 5%）。

因此，无伤害地钻遇微裂缝、利用微裂缝的自然产能投产的方式就具有"最短时间、最小投入、最大产出"的特点。从保护微裂缝的角度看，无伤害钻开储层的技术可以是气体钻井，如在塔里木迪北构造的示范井，也可以是水基钻井液的全过程欠平衡钻完井，如在四川邛西构造的示范井。

在微裂缝不发育的情况下，无伤害地在储层内延伸井筒以获得大的泄流面积，也是具有"最短时间、最小投入、最大产出"特点的投产方法。此种情况下水基钻井液的全过程欠平衡钻完井不能做到无伤害，因为储层的自发吸水在欠平衡条件下也存在，由此造成的水相圈闭伤害是严重的（严格说，任何砂岩储层都存在欠平衡条件下的自发吸水，只是越低渗透越致密自发吸水越强烈，造成的伤害越严重，因此在一定条件下存在一个致密性的限度，当致密性超过这个限度就不适用水基欠平衡钻井钻开储层）。那么油基钻井液的全过程欠平衡钻完井是否可以做到无伤害呢？国内外有不少这方面的尝试，结果都显示储层受到了伤害。推测其原因可能有两个：一是在钻完井过程中很难避免的瞬间正压差导致油基液体侵入储层；二是很多储层具有两亲特性，在亲水的同时也存在亲油表面物质，尤其是有外来表面活性物质作用的情况下。因此，目前情况下能够彻底摆脱液相圈闭伤害的储层保护技术就是气体钻井。气体钻井也不是完全无伤害钻井（Damage Free Drilling），它消除了液相圈闭伤害，但也带来了近井壁压实伤害。气体钻井的井筒内几乎没有液柱压力，因此在近井壁带形成了很大的挤压应力，在该挤压应力作用下，多孔介质被压缩，导致裂缝开度减小，孔隙基块更加致密化。在深井超深井，这种压实伤害会使基块渗透率降低 90% 以上。因此，在深层超深层只能靠钻穿非闭合裂缝获得自然产能，而无法靠在孔隙型基块内延伸井筒获得自然产能。例如，在四川西部的蓬莱镇组、沙溪庙组，气体钻水平井即便没有钻遇微裂缝也可以靠增加储层内的井段长度获得高产，如白浅 111H 井、广安 002-8H 井以及大塔区块的众多气体钻水平井的开发井。而在塔里木盆地的深层致密砂岩气藏，气体钻井只要钻不到裂缝，就没有任何产量，只要钻到不闭合的微裂缝就会有高产，如满东 2 井、迪西 1 井等。

在 2000 年中国石油集团公司科技部组织的北美欠平衡钻井考察中，Weatherford 的资深专家介绍：在北美，90% 的水平井要采用欠平衡钻井，欠平衡钻井是水平井中默认的钻井手段，如果某水平井不采用欠平衡，就要特别说明原因和储层保护的替代方法。近几十年来为满足高难度勘探、开发需求而发展起来的最引人注目的两大钻井新技术：特殊轨迹井技术（或复杂结构井技术）和欠平衡钻井技术。特殊轨迹井技术是从直井向特殊轨迹井（定向井、大斜度井、水平井、超长水平井、分枝井、羽状分枝井等）的发展，是为了实现最大化的油气供应能力而在三维空间对泄流通道形状的革命，其目的是获得在储层内的最大泄流面积或接触面积，国外称为"最大储层接触井"（Maximum Reservoir Contact Well，

MRC）。特殊轨迹井提高泄流面积，实际上再细分会有两种情况：一类是主要依靠井筒的延伸增大泄流面积，如超长水平井、分枝井、羽状分枝井。另一类是主要依靠井筒的延伸沟通天然裂缝，此时井筒本身的泄流面积不太重要，而天然裂缝的泄流面积非常重要。欠平衡钻井技术则是在钻井液类型和钻井液压力控制方式上的发展，是为了实现最大化的油气供应能力而在保护泄流面积上的泄流能力的革命，其目的是获得在储层内单位泄流面积上的最大产能，作者建议可以称为"最大产能密度井"（Maximum Production Intensity Well，MPI）。仅仅追求在储层内扩大泄流面积而忽视单位泄流面积上的产能，显然不能达到全井高产；同样，仅仅追求单位泄流面积上的产能而忽视泄流总面积的大小，显然也不能达到全井高产。因此，只有欠平衡钻井与特殊轨迹井相结合，才会既获得大的储层泄流面积，又获得高的单位泄流面积上的产能，从而实现全井产能最大化，这种井才能称为"最大产能井"（Maximum Production Well），如前所述，这种井还具有最小投入、最短时间的特点。

是否可以依靠钻井工程手段实现致密砂岩气藏的高效开发？这取决于致密砂岩气藏的原始产能。致密砂岩气藏的原始产能很可能是足够大的或相当大的(这一点还远未被人们所认识)，但前提是必须加以发掘、保护和利用。第一是"发掘"原始产能，就是要保证延伸井筒与天然有利渗流通道充分沟通，要保证足够长的延伸井筒、保证储层的钻遇率、保证多多钻遇微裂缝；这其中除了储层和裂缝发育带的准确预测外，还有就是地质导向、产能导向的特殊轨迹井技术。第二是"保护"原始产能，最重要的是保护储层，从始至终的全过程保护储层，保护单位泄流面积上的高产能。第三是"利用"原始产能，将"发掘"、"保护"得到的原始产能加以充分、彻底地利用，绝不是将好不容易才钻成并良好保护的多分枝水平井井筒下套管固井然后再射开再压裂，也不是将好不容易才钻遇并良好保护的微裂缝网络井筒下套管固井然后再射开再压裂，而是采用合理的完井技术去继承和完善已经发掘、保护的油气渗流通道。因此，特殊轨迹井、欠平衡钻井、现代化完井这三者的结合是提高单井产能的最佳技术组合。

4）非储层欠平衡钻井——钻井提速增效的最有效手段

钻井液的液柱压力是导致低钻速的最重要原因。因此，各种降低钻井液液柱压力的欠平衡钻井技术都可以明显地提高钻速、延长钻头寿命、降低钻井成本、缩短建井周期。尤其是气体钻井，它是降低钻井液液柱压力的极限，可以使钻速提高4～14倍，钻头寿命延长2～6倍，而且越是深井、硬地层，提速效果越显著。如果气体钻井再配合顶驱钻机、井下空气锤和锤击钻头的冲击式钻进，则钻速提高更为明显。当地层条件不允许采用气体钻井时，泡沫钻井也是相当好的替代技术。对于必须高密度钻井液的场合，创造一切可能的条件降低钻井液密度，也是相当有效的提速增效方法；这可能并未达到"欠平衡"的范畴，仍属于"低密度"的过平衡钻井，但其提速潜力不容小视。

5）非储层欠平衡钻井——克服某些特殊钻井难题、提高钻井安全性的有效手段

对钻井工程而言，欠平衡钻井用于非储层钻进，不但在提高钻速、延长钻头寿命、降低成本方面有突出的优异表现，同时在对付井下复杂(漏喷塌卡)、提高钻井安全性等方面，同样具有令人感到惊讶的优异表现。

首先是井漏。欠平衡钻井，尤其是气体、泡沫钻井、充气钻井，对于恶性井漏是最佳选择。对于用钻井液钻井时有进无出的失返性漏失、长井段漏失，反复堵漏无效，用气体

钻井、泡沫钻井很容易就解决了。甚至对于空气泡沫钻井时也漏失失返的漏层，也可以用空气泡沫的边漏边钻(盲钻、使破碎岩屑与流体一起漏入地层)来强行钻穿。因此，欠平衡钻井是制服井漏的普遍性有效措施。

"卡钻"最多的是压差黏附卡钻，随着水平井、大斜度井、多分支井等的发展，压差黏附卡钻越来越普遍和严重。压差黏附卡钻产生的原因是过平衡压差和该压差下所形成的井壁厚滤饼。欠平衡钻井由于消除了正压差、不在井壁上形成滤饼。因此，可以有效地消除压差黏附卡钻。在北美，欠平衡钻井消除压差黏附卡钻的能力被高度重视，这与北美大量采用水平井、大斜度井、多分支井等特殊轨迹井的技术现状有关。

还有某些特殊的钻井难题可以用欠平衡钻井系列技术予以克服。例如，美国 Arco 盆地曾用气体钻井克服极强水敏性坍塌页岩的井壁失，在地热开发钻井中用气体、雾化钻井钻穿热蒸汽储层，在极地区钻井中用气体钻井钻稳穿永冻层。

控压钻井——一种由欠平衡钻井技术演变出来、专用于提高钻井安全性的手段，它基于欠平衡钻井的概念、装备、方法，以保证钻井的安全为目的，精确控制全井压力剖面在微欠、平衡、微过的状态，提高钻井的安全性和可靠性，降低作业风险，尤其是对于深井、高压、高产、高含硫以及漏喷同层窄安全窗口的油气井。

3. 目前国外的欠平衡钻井技术体系并非完全成熟的技术体系，仅仅完成了概念形成阶段和初级发展阶段，在方法、理论、装备、工具、化学剂等方面尚需大力发展

"欠平衡钻井应该是满足未来复杂油气藏勘探开发需求的革命性技术进步"，这是由欠平衡钻井所具有的本质特点所得到的推测结论，然而，欠平衡钻井毕竟仅有 20 年的发展历史，是一项仅仅完成了概念形成和初级发展、正在发展成熟、正在持续展现其辉煌前景的新兴技术。目前的欠平衡钻井技术还不能完全达到"满足复杂油气藏勘探开发需求"的目的，欠缺的方面还有很多。

(1)欠平衡钻井操作的安全性较差，尤其是对深井、高压、高产气藏，这大大地限制了欠平衡钻井技术的推广应用。深井、高压、高产气藏，其产气量对欠压差十分敏感，由于对储层参数估计得不全不准、对井内状态信息的掌握不全不准、储层-井筒流动规律理论模型的不足、井内压力控制手段的限制，综合导致了欠压差值控制的低水平，从而使得井控风险过大，影响钻井操作的安全性。

(2)勘探中欠平衡钻井的钻进过程中，需要实时地、准确地评价每一个所钻穿的储层，求全求准储层参数。这一点目前也未能很好地实现，其关键难题是对井内状态信息的掌握、储层-井筒流动规律理论模型的完全和准确、井内压力控制的灵活变化。

(3)欠平衡钻井系列技术与特殊轨迹井系列技术相结合，作为增产、提高采收率的开发手段，将是今后钻井技术革命性进步的核心内容。然而，在该领域目前尚有诸多的未解决的技术难题，尤其是气体或含气工作液的欠平衡钻井，钻特殊轨迹井必需的井下储层特性测量、井下信号的传输、井下动力钻具、精神轨迹控制等问题均未得到很好解决。

(4)与欠平衡钻井配套的完井问题，目前井眼是欠平衡钻井技术体系中的薄弱环节。

常常遇到欠平衡钻井钻遇高产层后无法合理完井。采用压井后常规完井一般会导致极其严重的储层伤害，严重减产甚至无产；采用不起钻的钻杆完井虽可防止储层伤害，但一般都遗留影响油气井寿命的完井质量问题。再加之欠平衡钻特殊轨迹井的配套完井问题，这些导致了欠平衡钻井用于开发井的障碍。

（5）欠平衡钻井用于非储层钻进，在提高钻速、延长钻头寿命、降低成本等方面，同样也存在着诸多的瓶颈难题。例如，最具提速潜力的气体钻井，存在的最大问题就是地层出水，这一难题限制了气体钻井提速在大部分地层的应用。

上述存在的技术难题大大地制约了欠平衡钻井技术的应用，但这些技术难题并不是不可克服的。当然，并非"欠平衡钻井加特殊轨迹井"就能解决难动用油气资源的所有问题。尤其是在增产改造方面和增加驱替能量方面存在着"目前尚无明确突破思路"的技术盲点。对某些致密储层，尽管人们采用了欠平衡钻分支井、羽状水平井进行增产，但由于致密低渗透、裸露面积较小，增产效果仍不太理想，而且工艺复杂、投资较高。压裂造缝的裸露面积比井筒延伸的裸露面积要大得多，压裂技术仍然需要，但如同欠平衡钻井对钻井技术产生的革命性进步一样，传统的压裂技术也需要有革命性的技术进步，否则将无法适应难动用油气资源开发的需要。美国实验的利用液氮压裂的技术值得关注。

4. 目前国内欠平衡钻井技术体系的应用与发展处于半停滞状态

虽然美国的欠平衡钻井技术也不尽完善，仍有很多的问题和不足，但是美国的欠平衡钻井的发展和应用已经具有了相当的规模，相比之下，我国欠平衡钻井的应用和发展还是有相当大差距的。

首先是我国欠平衡钻井应用的数量不足：据 USA Driller's Club 统计，美国的陆上钻井大致分了四个四分之一：四分之一的井没有采用井口旋转头，属于常规过平衡钻井；四分之一的井至少一个井段采用井口旋转头实施提速增效钻井；四分之一的井至少一个井段采用井口旋转头实施储层欠平衡钻井；四分之一的井至少一个井段采用井口旋转头实施控压钻井。据美国 Weatherford 公司的 Don Hannagen 统计：美国在用的井口旋转头有 6000余套。而我国，每年实施的欠平衡钻井井数不过几百口，在用的井口旋转头不过百余套。可见从数量上，我国的欠平衡钻井的发展与美国还是有巨大差别的。

其次是我国欠平衡钻井应用的质量不高：在欠平衡钻井的应用与发展方面，中国石油是三大石油公司的领头羊，中国石化也不错，有些示范工程也是领先的，中国海油基本未开展。以中国石油 2008 年为例（参考中国石油钻井工程院内部资料："中国石油 2008 年欠平衡钻井评估分析"），2008 年中国石油完成各类欠平衡钻井井数为 225 口，其中提速增效的气体钻井 45 口，储层欠平衡钻井 180 口。少数井获得了较好勘探开发成果，大多数井没有明显效果。除了吐哈油田批次的 11 口采用了冻胶阀的全过程欠平衡的井获得了普遍性增产 4 倍的效果之外，其他的井的效果都具有很强的随机性、普遍性增产的效果不太明显。除了吐哈油田的 11 口冻胶阀的全过程欠平衡钻井，其余的基本上停留在"钻进欠平衡、完井过平衡"的初级水平。因此，在勘探井中的应用有一定效果，在开发井上效果不太明显。原因肯定是多方面的，但技术粗糙应该是主要因素。储层欠平衡钻井是一项十分精细的工作,绝不是装上旋转头就算是欠平衡,有很多井除了常规录井没有任何监测储层的手段,有很多井根本就没有欠起来。

对欠平衡钻井技术发展而言,欠平衡钻井应用的数量与其应用的质量是相辅相成的。不规范、不精细的现场应用产生的不理想的效果,严重打击了人们对欠平衡钻井的信心,这又造成了欠平衡钻井应用规模的缩小;缩小规模的应用反过来又限制了欠平衡钻井的优势展现和发展提高。

北美的欠平衡钻井技术的应用尽管已经有了相当的规模,但该技术的发展目前也处于缓慢期,主要原因是由于一系列的未解决的瓶颈技术难题限制了它的应用和发展。我国的欠平衡钻井技术发展的半停滞状态同样也主要是由于该技术本身的不完善,除此之外,我国还有一系列的制度、习惯、认识等方面的特殊影响因素。普遍没有认识到欠平衡钻井技术发展的系统性、交叉性和阶段性。欠平衡钻井系列技术本质上不同于旋转导向、垂直钻井等类似的单项技术,欠平衡钻井系列技术是涉及勘探、开发、效益、安全等诸多方面的系统工程,其具体技术形式会表现为理念、制度、理论、工具、装备、化学剂、数据挖掘、自动控制等多个方面,涉及的研发人员也是地质、油藏、钻井、机械、自动化等多学科交叉。因此,欠平衡钻井系列技术应该是一项系统性、阶段性的长期和大规模科技攻关任务。

参 考 文 献

[1] Ellis B J,Cuthill J. Pressure Drilling. Conference Paper,WPC -1088,1933

[2] Cuthill,James. Methods of Running Tubing Against Pressure. Conference Paper,WPC -1115,1933

[3] Moon C A. Modern Development in Control of Pressure,Heaving Shales,Etc. Conference Paper,WPC -1089,1933

[4] Seamark M C. The Drilling and Control of High-Pressure Wells. Conference Paper,WPC -1087,1933

[5] Foran E V. Pressure Completions of Wells in West Texas. API Conference,1934

[6] Teis K R. Pressure Completion of Wells in the Fitts Pool. API Conference,1936

[7] Sam G,Jan L. Recent Pressure Drilling at Dominguez. 074 API Conference,1938

[8] Read W. Pressure Drilling Operations at Kettleman Hills,and Effect on Initial Production Rates. SPE Journal Paper,1938039-G,1938